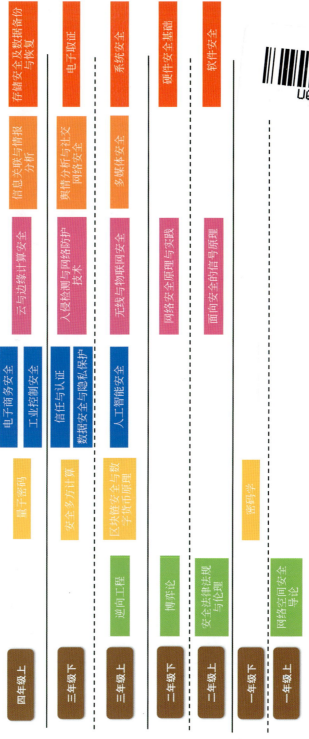

面向新工科专业建设计算机系列教材

信息安全概论

邱晓红 吴珍 颜晓莲 编著

清华大学出版社
北京

内 容 简 介

本书以物联网、大数据、区块链、人工智能等新技术应用的信息安全知识需求为目标,系统介绍信息安全技术、管理、标准和法律相关理论知识,以点带面,通过典型案例深化信息安全理论知识和实践教学内容。本书共13章,主要内容包括信息保密技术、信息认证技术、信息隐藏技术、操作系统与数据库安全、访问控制、网络安全技术、信息安全管理、信息安全标准与法律法规、无线网络应用安全、大数据安全、物联网系统安全、区块链应用安全等信息安全领域的基础知识。

本书结构清晰,知识体系完整,既可作为信息安全或计算机相关专业的本科生、研究生教材或参考书,也可供从事网络与信息安全相关的科研人员、工程技术人员和技术管理人员参考。

版权所有,侵权必究。举报: 010-62782989,beiqinquan@tup.tsinghua.edu.cn。

图书在版编目(CIP)数据

信息安全概论 / 邱晓红,吴珍,颜晓莲编著. 北京:清华大学出版社,2024.12.
(面向新工科专业建设计算机系列教材). -- ISBN 978-7-302-67843-4
Ⅰ. TP309
中国国家版本馆 CIP 数据核字第 2024GW8681 号

责任编辑:白立军　战晓雷
封面设计:刘　键
责任校对:韩天竹
责任印制:宋　林

出版发行:清华大学出版社
网　　址:https://www.tup.com.cn,https://www.wqxuetang.com
地　　址:北京清华大学学研大厦 A 座　　邮　编:100084
社 总 机:010-83470000　　邮　购:010-62786544
投稿与读者服务:010-62776969,c-service@tup.tsinghua.edu.cn
质量反馈:010-62772015,zhiliang@tup.tsinghua.edu.cn
课件下载:https://www.tup.com.cn,010-83470236
印 装 者:三河市君旺印务有限公司
经　　销:全国新华书店
开　　本:185mm×260mm　　印　张:23　　插　页:1　　字　数:574 千字
版　　次:2024 年 12 月第 1 版　　印　次:2024 年 12 月第 1 次印刷
定　　价:79.00 元

产品编号:101948-01

出版说明

一、系列教材背景

人类已经进入智能时代,云计算、大数据、物联网、人工智能、机器人、量子计算等是这个时代最重要的技术热点。为了适应和满足时代发展对人才培养的需要,2017年2月以来,教育部积极推进新工科建设,先后形成了"复旦共识""天大行动"和"北京指南",并发布了《教育部高等教育司关于开展新工科研究与实践的通知》《教育部办公厅关于推荐新工科研究与实践项目的通知》,全力探索形成领跑全球工程教育的中国模式、中国经验,助力高等教育强国建设。新工科有两个内涵:一是新的工科专业;二是传统工科专业的新需求。新工科建设将促进一批新专业的发展,这批新专业有的是依托于现有计算机类专业派生、扩展而成的,有的是多个专业有机整合而成的。由计算机类专业派生、扩展形成的新工科专业有计算机科学与技术、软件工程、网络工程、物联网工程、信息管理与信息系统、数据科学与大数据技术等。由计算机类学科交叉融合形成的新工科专业有网络空间安全、人工智能、机器人工程、数字媒体技术、智能科学与技术等。

在新工科建设的"九个一批"中,明确提出"建设一批体现产业和技术最新发展的新课程""建设一批产业急需的新兴工科专业"。新课程和新专业的持续建设,都需要以适应新工科教育的教材作为支撑。由于各个专业之间的课程相互交叉,但是又不能相互包含,所以在选题方向上,既考虑由计算机类专业派生、扩展形成的新工科专业的选题,又考虑由计算机类专业交叉融合形成的新工科专业的选题,特别是网络空间安全专业、智能科学与技术专业的选题。基于此,清华大学出版社计划出版"面向新工科专业建设计算机系列教材"。

二、教材定位

教材使用对象为"211工程"高校或同等水平及以上高校计算机类专业及相关专业学生。

三、教材编写原则

(1) 借鉴 *Computer Science Curricula* 2013(以下简称CS2013)。CS2013的核心知识领域包括算法与复杂度、体系结构与组织、计算科学、离散结构、图形学与可视化、人机交互、信息保障与安全、信息管理、智能系统、网络与通信、操作系统、基于平台的开发、并行与分布式计算、程序设计语言、软件开发基础、软件工程、系统基础、社会问题与专业实践等内容。

(2) 处理好理论与技能培养的关系，注重理论与实践相结合，加强对学生思维方式的训练和计算思维的培养。计算机专业学生能力的培养特别强调理论学习、计算思维培养和实践训练。本系列教材以"重视理论，加强计算思维培养，突出案例和实践应用"为主要目标。

(3) 为便于教学，在纸质教材的基础上，融合多种形式的教学辅助材料。每本教材可以有主教材、教师用书、习题解答、实验指导等。特别是在数字资源建设方面，可以结合当前出版融合的趋势，做好立体化教材建设，可考虑加上微课、微视频、二维码、MOOC等扩展资源。

四、教材特点

1. 满足新工科专业建设的需要

系列教材涵盖计算机科学与技术、软件工程、物联网工程、数据科学与大数据技术、网络空间安全、人工智能等专业的课程。

2. 案例体现传统工科专业的新需求

编写时，以案例驱动，任务引导，特别是有一些新应用场景的案例。

3. 循序渐进，内容全面

讲解基础知识和实用案例时，由简单到复杂，循序渐进，系统讲解。

4. 资源丰富，立体化建设

除了教学课件外，还可以提供教学大纲、教学计划、微视频等扩展资源，以方便教学。

五、优先出版

1. 精品课程配套教材

主要包括国家级或省级的精品课程和精品资源共享课程的配套教材。

2. 传统优秀改版教材

对于已经出版、得到市场认可的优秀教材，由于新技术的发展，计划给图书配上新的教学形式、教学资源的改版教材。

3. 前沿技术与热点教材

反映计算机前沿和当前热点的相关教材，例如云计算、大数据、人工智能、物联网、网络空间安全等方面的教材。

六、联系方式

联系人：白立军

联系电话：010-83470179

联系和投稿邮箱：bailj@tup.tsinghua.edu.cn

面向新工科专业建设计算机系列教材编委会
2019年6月

面向新工科专业建设计算机系列教材编委会

主　任：

张尧学　清华大学计算机科学与技术系教授　　中国工程院院士/教育部高等学校软件工程专业教学指导委员会主任委员

副主任：

陈　刚	浙江大学	副校长/教授
卢先和	清华大学出版社	总编辑/编审

委　员：

毕　胜	大连海事大学信息科学技术学院	院长/教授
蔡伯根	北京交通大学计算机与信息技术学院	院长/教授
陈　兵	南京航空航天大学计算机科学与技术学院	院长/教授
成秀珍	山东大学计算机科学与技术学院	院长/教授
丁志军	同济大学计算机科学与技术系	系主任/教授
董军宇	中国海洋大学信息科学与工程学部	部长/教授
冯　丹	华中科技大学计算机学院	院长/教授
冯立功	战略支援部队信息工程大学网络空间安全学院	院长/教授
高　英	华南理工大学计算机科学与工程学院	副院长/教授
桂小林	西安交通大学计算机科学与技术学院	教授
郭卫斌	华东理工大学信息科学与工程学院	副院长/教授
郭文忠	福州大学	副校长/教授
郭毅可	香港科技大学	副校长/教授
过敏意	上海交通大学计算机科学与工程系	教授
胡瑞敏	西安电子科技大学网络与信息安全学院	院长/教授
黄河燕	北京理工大学计算机学院	院长/教授
雷蕴奇	厦门大学计算机科学系	教授
李凡长	苏州大学计算机科学与技术学院	院长/教授
李克秋	天津大学计算机科学与技术学院	院长/教授
李肯立	湖南大学	副校长/教授
李向阳	中国科学技术大学计算机科学与技术学院	执行院长/教授
梁荣华	浙江工业大学计算机科学与技术学院	执行院长/教授
刘延飞	火箭军工程大学基础部	副主任/教授
陆建峰	南京理工大学计算机科学与工程学院	副院长/教授
罗军舟	东南大学计算机科学与工程学院	教授
吕建成	四川大学计算机学院(软件学院)	院长/教授
吕卫锋	北京航空航天大学	副校长/教授
马志新	兰州大学信息科学与工程学院	副院长/教授
毛晓光	国防科技大学计算机学院	副院长/教授

明　仲	深圳大学计算机与软件学院	院长/教授
彭进业	西北大学信息科学与技术学院	院长/教授
钱德沛	北京航空航天大学计算机学院	中国科学院院士/教授
申恒涛	电子科技大学计算机科学与工程学院	院长/教授
苏　森	北京邮电大学	副校长/教授
汪　萌	合肥工业大学	副校长/教授
王长波	华东师范大学计算机科学与软件工程学院	常务副院长/教授
王劲松	天津理工大学计算机科学与工程学院	院长/教授
王良民	东南大学网络空间安全学院	教授
王　泉	西安电子科技大学	副校长/教授
王晓阳	复旦大学计算机科学技术学院	教授
王　义	东北大学计算机科学与工程学院	教授
魏晓辉	吉林大学计算机科学与技术学院	教授
文继荣	中国人民大学信息学院	院长/教授
翁　健	暨南大学	副校长/教授
吴　迪	中山大学计算机学院	副院长/教授
吴　卿	杭州电子科技大学	教授
武永卫	清华大学计算机科学与技术系	副主任/教授
肖国强	西南大学计算机与信息科学学院	院长/教授
熊盛武	武汉理工大学计算机科学与技术学院	院长/教授
徐　伟	陆军工程大学指挥控制工程学院	院长/副教授
杨　鉴	云南大学信息学院	教授
杨　燕	西南交通大学信息科学与技术学院	副院长/教授
杨　震	北京工业大学信息学部	副主任/教授
姚　力	北京师范大学人工智能学院	执行院长/教授
叶保留	河海大学计算机与信息学院	院长/教授
印桂生	哈尔滨工程大学计算机科学与技术学院	院长/教授
袁晓洁	南开大学计算机学院	院长/教授
张春元	国防科技大学计算机学院	教授
张　强	大连理工大学计算机科学与技术学院	院长/教授
张清华	重庆邮电大学	副校长/教授
张艳宁	西北工业大学	副校长/教授
赵建平	长春理工大学计算机科学技术学院	院长/教授
郑新奇	中国地质大学(北京)信息工程学院	院长/教授
仲　红	安徽大学计算机科学与技术学院	院长/教授
周　勇	中国矿业大学计算机科学与技术学院	院长/教授
周志华	南京大学计算机科学与技术系	系主任/教授
邹北骥	中南大学计算机学院	教授

秘书长：

白立军	清华大学出版社	副编审

FOREWORD
前言

习近平总书记在党的二十大报告中指出：教育、科技、人才是全面建设社会主义现代化国家的基础性、战略性支撑。必须坚持科技是第一生产力、人才是第一资源、创新是第一动力，深入实施科教兴国战略、人才强国战略、创新驱动发展战略，这三大战略共同服务于创新型国家的建设。报告同时强调：推动战略性新兴产业融合集群发展，构建新一代信息技术、人工智能、生物技术、新能源、新材料、高端装备、绿色环保等一批新的增长引擎。报告要求：全面加强国家安全教育，提高各级领导干部统筹发展和安全能力，增强全民国家安全意识和素养，筑牢国家安全人民防线。近年来，各行各业都在大力推进数字化、信息化、智能化建设，极大地改变了既有的生产生活方式。这些发展在带来种种便利的同时，也加大了信息泄露风险。从网络偷窥、非法获取个人信息、网络诈骗等违法犯罪活动，到网络攻击、网络窃密等危及国家安全行为，给社会生产生活带来了不容忽视的安全隐患。前沿科学技术的发展和应用，比如物联网、大数据、云计算、智能驾驶，也都需要考虑各类信息安全问题。这就给所有人提出了新的要求——必须具备信息安全方面的基本技能与核心素养。如何有效保障网络与信息安全，是信息时代、数字时代、智能时代的重要课题。

信息安全是物联网、大数据、智能驾驶等新技术广泛应用的保障，是国家信息安全的基石。信息安全是信息化进程的必然产物，没有信息化就没有信息安全问题。信息安全是指通过采用计算机软硬件技术、网络技术、密钥技术等安全技术和各种组织管理措施保护信息在其生命周期内的产生、传输、交换、处理和存储等环节中的机密性、完整性和可用性不被破坏。信息化发展涉及的领域愈广泛、愈深入，信息安全问题就愈多样、愈复杂。信息网络安全问题是一个关系到国家与社会的基础性、全局性、现实性和战略性的重大问题。根据中国互联网络信息中心（CNNIC）发布的第54次《中国互联网络发展状况统计报告》，截至2024年6月，我国网民规模近11亿人，互联网普及率达78.0%。目前中国网民只是简单地知道了要"重视信息安全"，但对其形成的原因认识并不清晰，网民的信息安全意识仍处于"知其然，不知其所以然"的阶段，很多网民知道要重视信息安全，但并不知道为什么要重视，更不知道如何解决自身面临的信息安全问题。因此，人们在享受着信息技术给自身工作、学习和生活带来便捷的同时，对信息安全问题也日益关注。如何保障信息的安全存储、传输、使用,如何实现信息的保密性、完整性、可用性、不可否认性和可控性,是影响信息技术进一步发展的关键问题之一。当前,信息安全问题不仅涉及人们的个人隐私安全,而且与国家的金融安全、政治安全、国防安全息息相关,大多数国家已经将信息安全上升到国家战略的高度进行规划和建设,这为信息安全技术的发展和信息安全专业人才的培养展开了广阔的前景,也提出了迫切的发展需求,对信息安全专业人员来说,这既是前所未有的机遇,也是前所未有的挑战。

信息安全涉及的知识领域非常广泛,比如数学、物理学、计算机科学、电子信息、心理学、法律等,是一门典型的交叉学科。虽然人们都希望了解信息安全的相关理论和技术,但存在需要翻越的两座大山——复杂的专业术语和深奥的数学知识。事实证明,人类一旦认识到问题的存在,就会努力去解决问题。对信息安全的认识,也经历了一个从保密到保护、从发展到保障的深化过程。信息安全是动态发展的,只有相对安全,没有绝对安全,任何人都不能宣称自己对信息安全的认识达到终极。科学规律的掌握非一朝一夕之功,信息安全意识需要融入日常工作和生活各方面,成为个人的核心素养。

为了使读者掌握信息安全知识,提高信息安全方面的基本技能与核心素养,以满足物联网、大数据、云计算、深度学习、智能驾驶、区块链等新时代技术发展和应用对各领域人员信息安全知识的要求,本书系统介绍了信息安全知识,帮助读者增强信息安全意识,在加快推动信息资源开放共享和应用开发的同时,构筑信息安全保障体系,保护个人隐私和国家信息安全。

本书是编者在长期从事信息安全领域科研和教学所积累的经验基础上编写的,介绍了信息安全的基本概念、基本原理和主要技术,以及信息安全管理和信息安全标准。本书从应用系统角度介绍了物联网、智能驾驶、区块链等应用需要的信息安全知识,既突出了信息安全知识的广泛性,又注重对主要知识内容的深入讨论;全面介绍了信息安全的基本概念、原理、知识体系与应用,涵盖了当前信息安全领域的主要研究内容。对重点知识,通过案例教学(如RSA加密算法)提供了更实用的指导,可使读者掌握其难点;对新技术应用(如智能驾驶),从系统论角度论述了车辆劫持的风险,可使读者提高安全意识。

本书主要面向信息安全、软件工程、计算机科学与技术、通信工程、物联网工程等有关专业的本科生、研究生,作为信息安全的入门教材,计划课时为32~48学时。本书的读者要具备计算机和高等数学方面的知识,掌握基本的网络知识。通过本书,读者应该掌握基本的信息安全理论、方法和技术,对信息安全技术具备一定的实际应用能力。

本书由邱晓红、吴珍和颜晓莲编写。其中,第1、2、3、4、10、11、13章由邱晓红编写,第5、6、7、12章由吴珍编写,第8、9章由颜晓莲编写,附录A的实验代码由邱文瀚编程调试。全书最后由邱晓红负责统稿、定稿工作。在本书的编写过程中吸收了许多专家的宝贵意见,参考了大量的网站资料和国内外众多同行的研究成果,在此,对有关人士和网站表示衷心的感谢,同时也感谢清华大学出版社和江西理工大学教材建设项目的大力支持。

限于编者的水平,本书难免存在不足之处,敬请读者批评指正。

编　者

2024年7月

目录

第1章　绪论 …………………………………………………………………… 1
　1.1　概述 ……………………………………………………………………… 1
　1.2　数据、信息与信息技术 ………………………………………………… 4
　　　1.2.1　数据与信息 …………………………………………………… 4
　　　1.2.2　信息技术 ……………………………………………………… 9
　1.3　信息安全的内涵 ………………………………………………………… 11
　　　1.3.1　基本概念 ……………………………………………………… 11
　　　1.3.2　安全威胁 ……………………………………………………… 13
　1.4　信息安全的实现 ………………………………………………………… 16
　　　1.4.1　信息安全技术 ………………………………………………… 16
　　　1.4.2　信息安全管理 ………………………………………………… 19
　本章总结 ……………………………………………………………………… 22
　思考与练习 …………………………………………………………………… 22

第2章　信息保密技术 ………………………………………………………… 23
　2.1　概述 ……………………………………………………………………… 23
　2.2　基本概念 ………………………………………………………………… 25
　　　2.2.1　数学基础知识 ………………………………………………… 25
　　　2.2.2　保密通信的基本模型 ………………………………………… 27
　　　2.2.3　密码学的基本概念 …………………………………………… 28
　2.3　古典密码技术 …………………………………………………………… 29
　　　2.3.1　移位密码 ……………………………………………………… 29
　　　2.3.2　代换密码 ……………………………………………………… 31
　　　2.3.3　置换密码 ……………………………………………………… 32
　　　2.3.4　衡量密码体制安全性的基本准则 …………………………… 33
　2.4　分组密码 ………………………………………………………………… 34
　　　2.4.1　DES …………………………………………………………… 34
　　　2.4.2　分组密码的安全性及工作模式 ……………………………… 45
　2.5　公钥密码 ………………………………………………………………… 50

2.5.1 公钥密码的基本原理 ·· 50
　　　2.5.2 Diffie-Hellman 密钥交换算法 ·· 51
　　　2.5.3 ElGamal 加密算法 ·· 52
　　　2.5.4 RSA 算法 ··· 52
　本章总结 ··· 55
　思考与练习 ·· 56

第 3 章　信息认证技术 ·· 57

　3.1　概述 ··· 57
　3.2　哈希函数和消息完整性 ··· 58
　　　3.2.1 哈希函数 ··· 59
　　　3.2.2 消息认证码 ·· 64
　3.3　数字签名 ··· 67
　　　3.3.1 数字签名的概念 ·· 67
　　　3.3.2 数字签名的实现方法 ·· 70
　　　3.3.3 两种数字签名算法 ··· 73
　3.4　身份识别 ··· 76
　　　3.4.1 身份认证的概念 ·· 76
　　　3.4.2 身份认证方案 ··· 78
　3.5　公钥基础设施 ··· 81
　　　3.5.1 PKI 的组成 ·· 82
　　　3.5.2 CA 认证 ·· 83
　　　3.5.3 PKI 的功能 ·· 87
　本章总结 ··· 89
　思考与练习 ·· 89

第 4 章　信息隐藏技术 ·· 90

　4.1　基本概念 ··· 90
　　　4.1.1 信息隐藏概念 ··· 90
　　　4.1.2 信息隐藏技术的发展 ·· 91
　　　4.1.3 信息隐藏的特点 ·· 93
　　　4.1.4 信息隐藏的分类 ·· 93
　4.2　信息隐藏技术 ··· 94
　　　4.2.1 隐藏技术 ··· 94
　　　4.2.2 数字水印技术 ··· 97
　4.3　信息隐藏的攻击 ··· 100
　本章总结 ··· 101
　思考与练习 ·· 101

第 5 章 操作系统与数据库安全 102

5.1 操作系统概述 102
- 5.1.1 基本概念 102
- 5.1.2 作用和目的 103
- 5.1.3 操作系统的基本功能 103
- 5.1.4 操作系统的特征 104
- 5.1.5 操作系统的分类 104

5.2 常用操作系统简介 106
- 5.2.1 MS-DOS 106
- 5.2.2 Windows 操作系统 107
- 5.2.3 UNIX 操作系统 108
- 5.2.4 Linux 操作系统 108

5.3 操作系统安全 110
- 5.3.1 操作系统安全机制 110
- 5.3.2 Linux 的安全机制 116
- 5.3.3 Windows 典型的安全机制 118

5.4 数据库安全 125
- 5.4.1 数据库安全概述 125
- 5.4.2 数据库安全策略 127
- 5.4.3 数据库安全技术 127
- 5.4.4 数据库安全典型攻击案例 133

本章总结 135

思考与练习 135

第 6 章 访问控制 136

6.1 基础知识 136
- 6.1.1 访问控制的概况 136
- 6.1.2 基本概念 137

6.2 访问控制策略 139
- 6.2.1 自主访问控制 139
- 6.2.2 强制访问控制 140
- 6.2.3 基于角色的访问控制 140
- 6.2.4 基于任务的访问控制 142

6.3 访问控制的实现 143
- 6.3.1 入网访问控制 143
- 6.3.2 网络权限控制 143
- 6.3.3 目录级安全控制 144
- 6.3.4 属性安全控制 144

  6.3.5 网络服务器安全控制 ·········· 144
 6.4 安全级别和访问控制 ·········· 144
  6.4.1 D 级别 ·········· 145
  6.4.2 C 级别 ·········· 145
  6.4.3 B 级别 ·········· 145
  6.4.4 A 级别 ·········· 146
 6.5 授权管理基础设施 ·········· 146
  6.5.1 PMI 产生背景 ·········· 146
  6.5.2 PMI 的基本概念 ·········· 147
  6.5.3 属性证书 ·········· 148
  6.5.4 PKI 与 PMI 的关系 ·········· 148
本章总结 ·········· 148
思考与练习 ·········· 149

第 7 章 网络安全技术 ·········· 150

 7.1 概述 ·········· 150
 7.2 防火墙 ·········· 154
  7.2.1 什么是防火墙 ·········· 154
  7.2.2 防火墙的功能 ·········· 154
  7.2.3 防火墙的工作原理 ·········· 155
  7.2.4 防火墙的工作模式 ·········· 157
 7.3 VPN 技术 ·········· 158
  7.3.1 VPN 简介 ·········· 158
  7.3.2 VPN 工作原理 ·········· 159
  7.3.3 VPN 功能 ·········· 160
  7.3.4 VPN 分类 ·········· 160
  7.3.5 VPN 的协议 ·········· 162
 7.4 入侵检测技术 ·········· 163
  7.4.1 基本概念 ·········· 163
  7.4.2 入侵检测系统的分类 ·········· 164
  7.4.3 入侵检测系统模型 ·········· 166
  7.4.4 入侵检测技术的发展趋势 ·········· 167
 7.5 网络隔离技术 ·········· 168
  7.5.1 隔离技术的发展 ·········· 168
  7.5.2 隔离技术的安全要点 ·········· 169
  7.5.3 隔离技术的发展趋势 ·········· 171
 7.6 反病毒技术 ·········· 171
  7.6.1 病毒的定义及特征 ·········· 173
  7.6.2 反病毒概述 ·········· 174

7.6.3　反病毒技术的分类 …………………………………………………… 174
　本章总结 …………………………………………………………………………… 175
　思考与练习 ………………………………………………………………………… 175

第 8 章　信息安全管理 …………………………………………………………… 176

- 8.1　信息安全管理标准 …………………………………………………………… 176
- 8.2　信息安全管理的基本问题 …………………………………………………… 177
  - 8.2.1　信息系统生命周期安全管理问题 …………………………………… 177
  - 8.2.2　信息安全中的分级保护问题 ………………………………………… 177
  - 8.2.3　信息安全管理的基本内容 …………………………………………… 184
  - 8.2.4　信息安全管理的指导原则 …………………………………………… 184
  - 8.2.5　信息系统安全管理过程与 OSI 安全管理 …………………………… 186
  - 8.2.6　信息安全组织架构 …………………………………………………… 188
- 8.3　管理要素与管理模型 ………………………………………………………… 189
  - 8.3.1　概述 …………………………………………………………………… 189
  - 8.3.2　与安全管理相关的要素 ……………………………………………… 190
  - 8.3.3　管理模型 ……………………………………………………………… 193
  - 8.3.4　风险评估 ……………………………………………………………… 198
- 8.4　身份管理 ……………………………………………………………………… 202
  - 8.4.1　概述 …………………………………………………………………… 202
  - 8.4.2　身份和身份管理 ……………………………………………………… 204
  - 8.4.3　ITU-T 身份管理模型 ………………………………………………… 208
- 8.5　身份管理技术应用 …………………………………………………………… 211
  - 8.5.1　.NET Passport ………………………………………………………… 211
  - 8.5.2　自由联盟工程 ………………………………………………………… 214
- 8.6　人员与物理环境安全 ………………………………………………………… 216
  - 8.6.1　人员安全 ……………………………………………………………… 216
  - 8.6.2　物理环境安全 ………………………………………………………… 218
  - 8.6.3　设备安全 ……………………………………………………………… 220
  - 8.6.4　日常性控制措施 ……………………………………………………… 222
- 本章总结 …………………………………………………………………………… 222
- 思考与练习 ………………………………………………………………………… 223

第 9 章　信息安全标准与法律法规 ……………………………………………… 224

- 9.1　概述 …………………………………………………………………………… 224
- 9.2　重要的标准化组织 …………………………………………………………… 225
  - 9.2.1　国际组织 ……………………………………………………………… 226
  - 9.2.2　区域组织 ……………………………………………………………… 227
  - 9.2.3　国内组织 ……………………………………………………………… 228

9.3 国际信息安全标准 ··· 229
    9.3.1 BS 7799 ··· 229
    9.3.2 信息技术安全性评估通用准则 ··· 231
    9.3.3 SSE-CMM ·· 233
9.4 国内信息安全标准 ··· 236
    9.4.1 计算机信息系统安全保护等级划分简介 ······································· 236
    9.4.2 其他计算机信息安全标准 ·· 238
9.5 信息安全国家标准目录 ··· 240
9.6 信息安全法律法规 ··· 243
    9.6.1 我国信息安全立法工作的现状 ··· 243
    9.6.2 我国信息安全法制建设的基本原则 ··· 244
    9.6.3 其他国家的信息安全立法情况 ··· 246
本章总结 ··· 250
思考与练习 ··· 250

第 10 章 无线网络应用安全 ··· 251

10.1 无线网络安全概述 ··· 251
    10.1.1 无线网络概念及其发展历程 ··· 251
    10.1.2 无线网络的特点 ··· 253
10.2 无线网络存在的安全威胁 ·· 253
    10.2.1 无线网络存在的安全隐患 ·· 253
    10.2.2 WEP 的安全隐患分析 ··· 254
    10.2.3 WPA/WPA2 协议的安全性分析 ·· 255
    10.2.4 无线网络安全的防范管理 ·· 257
10.3 Android 与 iOS 安全 ··· 258
    10.3.1 Android 系统安全 ··· 258
    10.3.2 iOS 系统安全 ·· 261
10.4 移动终端安全 ·· 264
    10.4.1 移动终端概念 ·· 264
    10.4.2 移动终端面临的安全问题 ·· 264
    10.4.3 移动终端安全威胁的应对措施 ·· 265
10.5 可穿戴设备安全 ··· 265
    10.5.1 可穿戴设备概述 ··· 265
    10.5.2 可穿戴设备的主要特点 ··· 266
    10.5.3 可穿戴设备的安全问题 ··· 267
10.6 无人驾驶运输器安全 ·· 267
    10.6.1 无人机安全 ··· 267
    10.6.2 无人驾驶汽车安全 ··· 269
本章总结 ··· 270

思考与练习 ··· 270

第11章　大数据安全 ··· 271

　11.1　大数据概述 ··· 271
　　11.1.1　大数据概念 ··· 271
　　11.1.2　大数据技术架构 ··· 272
　11.2　大数据安全与隐私保护需求 ··· 272
　　11.2.1　大数据安全 ··· 272
　　11.2.2　大数据隐私保护 ··· 273
　　11.2.3　两者的区别和联系 ··· 273
　11.3　大数据生命周期安全风险分析 ··· 273
　　11.3.1　风险分析 ··· 274
　　11.3.2　大数据安全的保障策略 ··· 275
　11.4　大数据安全与隐私保护技术框架 ··· 276
　　11.4.1　大数据安全技术 ··· 276
　　11.4.2　大数据隐私保护技术 ··· 278
　11.5　大数据服务于信息安全 ··· 279
　　11.5.1　基于大数据的威胁发现技术 ··· 279
　　11.5.2　基于大数据的认证技术 ··· 280
　　11.5.3　基于大数据的数据真实性分析 ··· 281
　　11.5.4　大数据、SaaS与云服务安全 ··· 281
　本章总结 ··· 282
　思考与练习 ··· 283

第12章　物联网系统安全 ··· 284

　12.1　物联网安全概述 ··· 284
　　12.1.1　物联网的概念 ··· 284
　　12.1.2　物联网的体系结构 ··· 285
　　12.1.3　物联网的特征 ··· 287
　12.2　面向需求的物联网安全体系 ··· 288
　　12.2.1　物联网的安全需求 ··· 288
　　12.2.2　面向系统的物联网安全体系 ··· 290
　12.3　物联网感知层安全 ··· 290
　　12.3.1　感知层的信息安全现状 ··· 291
　　12.3.2　物联网感知层的信息安全防护策略 ··· 293
　12.4　物联网网络层安全 ··· 295
　12.5　物联网应用层安全 ··· 296
　　12.5.1　物联网安全参考模型 ··· 296
　　12.5.2　物联网应用层安全问题 ··· 297

12.5.3　物联网黑客攻击典型案例 ·················· 298
　　　12.5.4　安全的物联网应用实现步骤 ·················· 299
　12.6　物联网安全分析案例 ·················· 301
　本章总结 ·················· 303
　思考与练习 ·················· 303

第 13 章　区块链应用安全 ·················· 304

　13.1　区块链概述 ·················· 304
　　　13.1.1　区块链的概念 ·················· 304
　　　13.1.2　区块链的产生与发展 ·················· 305
　13.2　数字货币与加密货币 ·················· 306
　13.3　共识机制 ·················· 308
　　　13.3.1　概述 ·················· 308
　　　13.3.2　评价标准 ·················· 310
　13.4　智能合约 ·················· 310
　13.5　区块链应用安全问题 ·················· 311
　13.6　区块链应用发展趋势 ·················· 313
　本章总结 ·················· 314
　思考与练习 ·················· 314

附录 A　信息安全编程案例 ·················· 315

　A.1　基于 SHA-1 算法实现文件完整性验证 ·················· 315
　　　A.1.1　程序功能要求 ·················· 315
　　　A.1.2　SHA-1 算法原理 ·················· 316
　　　A.1.3　SHA-1 算法的 C 语言程序实现 ·················· 316
　　　A.1.4　文件完整性验证 ·················· 320
　A.2　基于 RSA 算法实现数据加解密 ·················· 326
　　　A.2.1　基本目标 ·················· 326
　　　A.2.2　RSA 算法原理 ·················· 326
　　　A.2.3　超大整数表示方法和基本运算 ·················· 326

附录 B　基于机器学习方法的 SQL 注入检测 ·················· 344

　B.1　SQL 注入的检测方法 ·················· 344
　B.2　SQL 语句的特征提取 ·················· 345
　　　B.2.1　基于图论的方法 ·················· 345
　　　B.2.2　基于文本分析的方法 ·················· 347
　B.3　基于 Jupyter 的在线交互实验 ·················· 348

参考文献 ·················· 350

第1章 绪 论

本章概要介绍信息安全涉及的基本概念,包括信息的基本概念、特征、性质、功能和分类,信息技术的产生和内涵,信息安全涉及的基本概念、信息安全的目标和属性以及信息安全的基本原则,当前面临的主要安全威胁及实现信息安全的主要技术,同时重点介绍信息安全管理的主要内容及基本原则。

本章的知识要点、重点和难点包括信息的定义和性质、信息安全的属性、实现信息安全的基本原则和主要的信息安全技术。

1.1 概 述

随着全球信息化的飞速发展,特别是计算机技术与通信技术相结合而诞生的计算机互联网的发展和广泛应用,打破了传统的时间和空间的限制,极大地改变了人们的工作方式和生活方式,促进了经济和社会的发展,提高了人们的工作水平和生活质量。

2020年,疫情暴发,人与人之间被口罩、安全距离等隔离措施所阻隔。网络无可替代地成为保障生产生活有序进行的重要角色,甚至是保障抗疫成功和经济发展的必要条件。线上办公和在线教育的兴起也带来了安全攻防重心的转移。勒索软件感染医院网络,危害病人生命安全;黑客入侵网络视频会议,打断会议或窃取会议资料。

2024年8月,中国互联网络信息中心(CNNIC)发布第54次《中国互联网络发展状况统计报告》。该报告显示,截至2024年6月,我国网民规模近11亿人。其中,农村网民规模达3.04亿人,城镇网民规模达7.95亿人。互联网普及率达78.0%。工业互联网体系构建逐步完善,"5G+工业互联网"发展步入快车道,加速人、机、物全面连接的新型生产方式落地普及,成为推动制造业高端化、智能化、绿色化发展的重要支撑。IPv6活跃用户数达7.94亿;移动电话基站总数达1188万个,累计建成开通5G基站391.7万个。移动互联网应用蓬勃发展,国内市场上监测到的活跃App进一步覆盖网民日常学习、工作、生活。各类互联网应用持续发展,多类应用用户规模获得一定程度的增长。即时通信、网络视频、短视频用户规模分别达10.78亿人、10.68亿人和10.50亿人;网约车、在线旅行预订、网络文学的用户规模分别达5.03亿人、4.97亿人、5.16亿人。

近年来,全球重大信息安全事件频发,供应链攻击、勒索软件攻击、业务欺诈、关键基础设施攻击、大规模数据泄露、地缘政治相关黑客攻击等网络犯罪威胁持续上升,这为各行各业网络安全、数据安全的防护能力敲响警钟。近年来,数据泄露事件的频率、规模和成本都在快速增长。

IBM公司于2023年发布的《数据泄露成本报告》指出,2023年数据泄露平均总成本达445万美元,创下历史新高,相比2022年的435万美元增长了2.3%。云环境是常见的攻击目标,攻击者常能获取多个环境的访问权限,39%的数据泄露涉及多个实例,平均成本为475万美元。安全系统不复杂或复杂性低的企业,数据泄露平均成本为384万美元;而安全系统复杂性高的企业,数据泄露平均成本为528万美元,相比去年增长了127万,增长了31.6%。该报告显示,医疗健康行业的数据泄露成本突破1000万美元,达到1093万美元,连续13年成为平均数据泄露成本最高的行业,紧随其后的依次是金融、能源、工业、科技、服务、运输、教育等行业。其中,金融行业的数据泄露平均成本为590万美元,能源行业的平均成本为478万美元,教育行业的平均成本为365万美元。造成数据泄露的主要攻击方式仍是网络钓鱼和凭证泄露(被盗),这两种攻击手段分别占数据泄露行为的16%和15%。其后则是云配置错误和商业电子邮件泄露,分别占11%和9%。2023年3月,医疗保健设施提供商Independent Living Systems(LLS)遭受了大规模网络攻击,这次攻击对该公司的文件系统造成了重大破坏,并泄露了多达400万人的个人数据。

以上数据充分说明,信息技术已经与人们的日常生活、学习和工作息息相关。在信息化日益普及的今天,信息资源不仅成为人们日常生活、学习、工作中的基础资源,而且日益成为国家和社会发展的重要战略资源。国际上围绕信息的获取、使用和控制的斗争愈演愈烈,信息安全成为维护国家安全和社会稳定的一个焦点,各国都给予了极大的关注和投入。

在我国,与信息技术被广泛应用形成鲜明对比的是信息安全问题日益突出,目前,我国已经成为信息安全事件的主要受害国之一。虽然多年来我国不断加强信息安全的治理工作,但信息安全问题仍然十分严重,新的信息安全事件不断出现,且迅速向更多网民蔓延,导致信息安全事件的情境日益复杂多样化,信息安全所引起的直接经济损失已达到很大规模,引发信息安全事件的因素已从此前的好奇心理升级为明显的逐利性,经济利益链条已然形成,信息安全事件中所涉及的信息类型、危害类型越来越多,且日益深入涉及网民的隐私,潜在的后果更严重。

随着网络空间大国博弈的持续深入,西方不断加大对我国境内重要单位、重点目标等的网络攻击频度与力度。当前,世界超级大国利用自身技术优势成立国家级黑客组织,对他国开展网络攻击、网络窃密等活动已屡见不鲜。2022年3月,国内360公司就曾披露具有美国国家安全局(NSA)背景的境外黑客组织APT-C-40对我国开展无差别网络攻击,攻击行为极为隐蔽,持续十余年,目标对象涵盖了我国党政机关、科研院所、高等院校、医疗机构、行业龙头企业以及关乎国计民生的关键信息基础设施运维单位等各行各业机构组织。美国国家安全局下属的"特定入侵行动办公室"(TAO)使用四十余种网络攻击武器对我国承担载人航天、探月工程等多项国家重大专项课题任务的大学(如西北工业大学)发起了上千次攻击窃密行动,窃取了学校大量关键网络设备配置、网管数据、运维数据等核心敏感信息。

网络谣言和虚假信息以及网络诈骗行为带来的社会危害最为明显。国内网络谣言和虚假信息主要集中在歪曲解读国家政策内容、编造涉疫虚假信息、恶意拼凑剪辑视频、虚构炒作社会事件等几大方面。例如,2022年,境外势力和不法分子陆续恶意编造了"中国将开放进口日本'核食'""首钢滑雪大跳台是核电站""核酸检测和抗原检测的采样棉签有毒""富士康郑州科技园726房发生死亡事件""长沙用集装箱运送阳性患者""库尔勒在建5万～10万人方舱"等网络谣言。这些谣言被中央网信办和中国互联网联合辟谣平台作为网络谣言典型案例列入辟谣榜。它们造成了危害国家安定、损害政府形象、加剧社会恐慌、扰乱社会秩序、损害公众利益等后果,给网络空间治理和网络生态健康发展带来了巨大冲击。

电信网络诈骗是影响社会稳定的一大毒瘤。近年来,电信网络诈骗犯罪持续多发高发,犯罪分子利用网络的虚拟性、匿名性特征,大肆从事网络违法犯罪活动,手段日益复杂,新骗术层出不穷。在犯罪数量方面,公安部数据显示,2023年,全国公安机关持续向电信网络诈骗犯罪发起凌厉攻势,共破获电信网络诈骗案件43.7万起。自2023年8月以来,电信网络诈骗发案数连续下降,打击治理工作取得显著成效。在犯罪形式方面,当前,电信网络诈骗主要通过冒充公检法机关、利用跨境电话、仿冒App、诱导转账、发送涉诈网络信息等形式展开。其中,利用App进行诈骗已成为当前电信网络诈骗案中的主要犯罪手段之一,约占整体案发量的六成,具有很强的迷惑性和欺骗性,其对网络空间和社会稳定的冲击影响难以估量。

公民隐私数据是网络窃密的主要目标。近年来,数据的商业价值被不断深度挖掘。为了获取数据背后高额的经济利益,网络黑客、不良应用软件开发商等均将目光锁定在公民隐私数据上。根据国内媒体的公开报道显示,2022年8月,网络黑客就曾以4000美元的价格在暗网论坛上兜售"上海随申码数据",并声称已获得4850万随申码用户的个人信息,包括用户姓名、手机号、身份证号和随申码颜色等重要敏感数据。随申码是上海作为国际化大都市精细化、智能化管理的重要举措之一,依托"随申办"App、支付宝小程序、微信小程序等,政府可以向上海市民提供多渠道的生活便利服务。然而,这些海量的隐私数据却成为网络不法分子的捞金对象之一。今后,随着"数字中国"战略的深入实施,一旦国内重要部门、重点行业、重要应用程序内部的公民隐私数据被不法分子窃取,就有可能被境外势力用于大数据深度萃取分析,或肆意炒作制造负面舆论影响,直接威胁我国社会稳定和公民隐私安全。

"新基建"数据窃密敲响了国家安全的警钟。在数字经济时代,以5G网络、工业互联网、数据中心、城际高速铁路和城市轨道交通等为代表的信息基础设施、融合基础设施和创新基础设施三方面内容共同构成当前新型基础设施建设(简称"新基建")的主要框架。"新基建"的本质是数字化,"新基建"领域的数据安全问题必然首当其冲、日益突出。央广网2022年4月报道,国家安全机关成功破获首例为境外刺探、非法提供我国高铁重要敏感数据的情报案件。在该案中,上海某信息科技公司对北京、上海等国内16个重点城市及相应的高铁线路上的中国铁路数据进行非法采集,其中包括高铁移动通信专网(GSM-R)敏感信号,该数据直接用于高铁列车运行控制和行车调度指挥,承载高铁运行管理和指挥调度等各项重要指令,直接关系高铁运行安全和旅客生命安全。在数字经济时代,随着"新基建"项目的大面积铺开,境外势力针对我国"新基建"领域敏感数据的窃密行为必将成为常态,也将给我国社会经济稳定运行埋下未知的风险隐患。

由以上分析可见,信息安全已成为亟待解决、影响国家大局和长远利益的重大关键问题,它不但是发挥信息革命带来的高效率、高效益潜力的有力保证,而且是抵御信息侵略的重要屏障。信息安全保障能力是21世纪综合国力、经济竞争实力和生存能力的重要组成部分,是世界各国都在奋力攀登的制高点。从大的方面来说,信息安全问题已威胁到国家的政治、经济和国防等领域;从小的方面来说,信息安全问题已威胁到个人隐私。因此,信息安全已成为社会稳定、安全的必要前提条件。信息安全问题全方位地影响我国的政治、军事、经济、文化、社会生活的各个方面,如果解决不好,将使国家处于信息战和高度经济金融风险的威胁之中。信息安全有两大目标:一是保证信息的保密性、完整性,也就是关注信息自身的安全,防止偶然的或未授权者对信息的恶意泄露、修改和破坏,从而导致信息的泄密或被非法使用等问题;二是保证信息的可用性、可控性,保证人们对信息资源的有效使用和管理。

信息安全涉及国家安全,需要每个公民提高信息安全素养,即能够认识到信息安全的重要作用并正确地选择和利用信息安全工具及信息安全资源的素质和能力。为满足国家网络安全和现代化社会发展的需求,培养富有创新精神和实践能力、德智体全面发展的复合型、应用型、创新型专业人才,2012年,教育部在《普通高等学校本科专业目录(2012年)》中将原信息安全专业(071205W)和科技防卫专业(071204W)合并为信息安全专业,专业代码变更为080904K,属计算机类专业。2020年,教育部颁布了《普通高等学校本科专业目录(2020年版)》,信息安全专业为工学门类专业,专业代码为080904K,属计算机类专业,授予管理学、理学或工学学士学位,培养能够从事计算机、通信、电子商务、电子政务、电子金融等领域信息安全工作的高级专业人才。

◆ 1.2 数据、信息与信息技术

在人类社会的早期,人们对信息的认识比较肤浅和模糊,对信息的含义没有明确的定义。到了20世纪中期以后,科学技术的发展,特别是信息科学技术的发展,对人类社会产生了深刻的影响,促使人们开始探讨信息的准确含义。

信息论是20世纪40年代后期从长期通信实践中总结而来的一门学科,是专门研究信息的有效处理和可靠传输的一般规律的科学。信息是系统传输和处理的对象,它承载于语言、文字、数据、图像、影视和信号等之中,要研究信息处理和传输的规律,首先要对信息进行定量的描述,即信息的度量,这是信息论研究的出发点。但要对通常含义下的信息(如知识、情报、消息等)给出一个统一的度量是困难的,因为它涉及客观和主观两个标准,而迄今为止最成功、应用最广泛的是建立在概率模型基础上的信息度量。建立在此种信息度量基础上的信息论成功地解决了信息处理和可靠传输中的一系列理论问题。

1.2.1 数据与信息

1. 数据的定义和特征

数据就是数值,也就是通过观察、实验或计算得出的结果。2021年9月1日正式实施的《中华人民共和国数据安全法》给出了的数据的定义:**数据是指任何以电子或者其他方式对信息的记录。**

数据定义所揭示的是数据的本质属性,但数据还存在许多由本质属性派生的相关特征,如普遍性、价值性、共享性、交换性、时效性、等级性等。

数据的普遍性是指数据无处不在、无时不在。数据普遍存在于自然界和人类社会中,无论是自然界的鸟语花香、风雨雷鸣、地震海啸等,还是社会经济活动中的语言文字、机械工艺、建筑工程等,均可用数据呈现。

数据的价值性又称资产性,指数据是一种类似土地、劳动力、资本、技术的有价值的资产。数据是其权属机构(企事业单位)的重要资产,可通过数据交易平台进行交易,能为其权属机构带来丰厚的经济效益。

数据的共享性是指数据可由不同个体或群体(机构)在同一时间或不同时间共同享用。数据只有进行共享,其资产价值才能充分体现,才能避免"数据烟囱""数据孤岛"现象,才能真正体现体系化数据对科学决策的重要支撑。

数据的交换性是指不同个体或机构之间可以将其权属数据互相交换。数据交换与实物交换是有本质区别的:实物交换,一方有所得,必使另一方有所失;而在数据交换过程中,原有数据一般不会丧失,而且还有可能同时获得新的数据。正是由于数据的交换性,才使数据生生不息,形成当今的数字经济。

数据的时效性又称实时性,是指数据具有时间特征。数据时效性包括三层含义:一是"数据产生→数据记录"的时间,即传感设备或人工采集/更新数据的时间,该时间越短,其实时性就越高;二是"数据记录→数据传递→数据处理→数据利用"的时间,该时间越短且其使用程度越高,其时效性越强;三是数据价值与数据存在时间的关系,数据反映的内容越新,价值越大,反之,其价值越小,一旦超过其生命周期,就会价值失去。

数据的等级性又称敏感性,是指数据的敏感程度及其保护级别。数据的等级性主要有两个作用:一是满足网络安全监管部分的数据安全审查要求;二是避免敏感数据的泄露。数据的等级一般分为绝密级、机密级、秘密级、核心商密级、普通商密级、内部级、公开级等。

2. 信息的定义

1928 年,L. V. R. Hartley 在 *Bell System Technical Journal* 上发表了一篇题为 *Transmission of Information* 的论文,在这篇论文中,他把信息理解为选择通信符号的方式,且用选择的自由度衡量信息的大小。Hartley 认为,任何通信系统的发信端总有一个字母表,称为符号表,发送方所发出的信息就是他在符号表中选择符号的具体方式。假设这个符号表中一共有 S 个不同的符号,发送信息选定的符号序列包含 N 个符号,则一共有 S^N 种不同的选择方式,因而可以形成 S^N 个长度为 N 的序列。因此,可以把发送方产生信息的过程看成从 S^N 个不同的序列中选择一个特定序列的过程,或者说是排除其他序列的过程。

Hartley 的这种理解在一定程度上解释了通信工程中的一些信息问题,但也存在一些严重的局限性。主要表现在两方面:一方面,他所定义的信息不涉及内容和价值,只考虑选择的方式,没有考虑信息的统计性质;另一方面,将信息理解为选择的方式,就必须有一个选择的主题作为限制条件。这两个局限性使 Hartley 的信息定义的适用范围受到很大的限制。

1948 年,美国数学家 C. E. Shannon 在 *Bell System Technical Journal* 上发表了一篇题为 *A Mathematical Theory of Communication* 的论文,在对信息的认识方面取得了重大突破,他由此被称为信息论的创始人。这篇论文以概率论为基础,深刻阐述了通信工程的一系列基本理论问题,给出了计算信源信息熵和信道容量的方法和一般公式,得出了著名的编码三大定理,为现代通信技术的发展奠定了理论基础。

Shannon 指出,通信系统中的信息在本质上都是随机的,可以用统计方法进行处理。Shannon 在进行信息的定量计算时明确地把信息量定义为随机不定性程度的减少,这表明他对信息的理解是:信息是用来减少随机不定性的东西。

虽然 Shannon 的信息概念比以往的认识有了巨大的进步,但仍存在局限性,这一概念同样没有包含信息的内容和价值,只考虑了随机不定性,没有从根本上回答"信息是什么"的问题。

1948 年,就在 Shannon 创立信息论的同时,N. Wiener 出版了专著 *Cybernetics*:*Control and Communication in the Animal and the Machine*,创建了控制论,一门新的学科由此诞生。Wiener 从控制论的角度出发,认为"信息是人们在适应外部世界并且这种适应反作用于外部世界的过程中同外部世界互相交换的内容的名称"。Wiener 关于信息的定义包含了信息的内容与价值,从动态的角度揭示了信息的功能与范围,但也有局限性。在人们与外部世界的相互作用过程中同时也存在着物质与能量的交换,Wiener 关于信息的定义没有将信息与物质、能量区别开来。

1975 年,意大利学者 G. Longo 在 *Information theory*:*New Trends and Open Problems* 一书的序言中认为"信息是反映事物的形式、关系和差别的东西。它包含在事物的差异之中,而不在事物本身之中"。当然,"有差异就是信息"的观点是正确的,但是反过来说"没有差异就没有信息"就不够确切。所以,"信息就是差异"的定义也有其局限性。

据不完全统计,有关信息的定义有 100 多种,它们都从不同的侧面、不同的层次揭示了信息的特征与性质,但同时也都有这样或那样的局限性。

以下列出几种典型的关于信息的定义。

(1) 信息是指有新内容、新知识的消息(Hartley)。

(2) 信息是用来减少随机不定性的东西(Shannon)。

(3) 信息是人们在适应外部世界并且这种适应反作用于外部世界的过程中同外部世界互相交换的内容的名称(Wiener)。

(4) 信息是反映事物构成、关系和差别的东西,它包含在事物的差异之中,而不在事物本身(Longo)。

(5) 信息是系统的组成部分,是物质和能量的形态、结构、属性和含义的表征,是人类认识客观的纽带。例如,物质表现为具有一定质量、体积、形状、颜色、温度、强度等属性。物质的属性都是以信息的形式表达的。通过信息可以认识物质、认识能量、认识系统、认识周围世界。

(6) 信息是反应客观世界中各种事物特征和变化的知识,是数据加工的结果,信息是有用的数据。

(7) 信息是经过加工后的数据,它对接收方有用,对决策或行为有现实或潜在的价值。

(8) 信息是指以声音、语言、文字、图像、动画、气味等方式所表示的实际内容。

为了进一步加深对信息概念的理解,下面讨论一些与信息概念关系特别密切、但又很容易混淆的相关概念。

(1) 信息与消息。消息是信息的外壳,信息则是消息的内核,也可以说,消息是信息的笼统概念,信息则是消息的精确概念。

(2) **信息与信号**。信号是信息的载体,信息则是信号所承载的内容。

(3) **信息与数据**。数据是记录信息的一种形式,同样的信息也可以用文字或图像等不同的数据描述。当然,在计算机中,所有的多媒体文件都是用数据表示的,计算机和网络上信息的传递都是以数据的形式进行的,此时信息等同于数据。

(4) **信息与情报**。情报通常是指秘密的、专门的、新颖的信息,可以说所有的情报都是信息,但不能说所有的信息都是情报。

(5) **信息与知识**。知识是由信息抽象出来的产物,是具有普遍性和概括性的信息,是信息的一个特殊的子集,也就是说,知识就是信息,但并非所有的信息都是知识。

信息有许多独特的性质与功能,它是可以测度的。为了对其进行系统研究,形成了信息论的研究方向。

3. 信息的特征

信息有许多重要的特征,最基本的特征包括以下几点。

信息来源于物质,又不是物质本身;它从物质的运动中产生,又可以脱离源物质而寄生于媒体之中,相对独立地存在。信息是"事物运动的状态和状态变化方式",但"事物运动的状态和状态变化方式"并不是物质本身,信息不等于物质。

信息也来源于精神世界。既然信息是事物运动的状态与状态变化方式,那么精神领域的事物运动(思维的过程)当然可以成为信息的一个来源。同客观物质所产生的信息一样,精神领域的信息也具有相对独立性,可以被记录并加以保存。

信息与能量息息相关,传输信息或处理信息总需要能量的支持,而控制和利用能量需要信息的引导。但是信息与能量又有本质的区别,即信息是事物运动的状态和状态变化的方式,能量是事物做功的本领,提供的是动力。

信息是具体的并可以被人(生物、机器等)所感知、提取、识别,可以被传递、存储、变换、处理、显示、检索、复制和共享。正是由于信息可以脱离源物质而承载于媒体上,可以被无限制地进行复制和传播,因此信息可为众多用户所共享。

4. 信息的性质

信息具有下面一些重要的性质。

(1) **普遍性**。信息是事物运动的状态和状态变化的方式,因此,只要有事物存在,只要事物在不断地运动,就会有它们运动的状态和状态变化的方式,也就存在着信息,所以信息是普遍存在的,即信息具有普遍性。

(2) **无限性**。在整个宇宙时空中,信息是无限的。即使在有限的时空中,信息也是无限的。由于一切事物运动的状态和方式都是信息,而事物是无限多样的,事物的发展变化更是无限的,因而信息是无限的。

(3) **相对性**。对于同一个事物,不同的观察者所能获得的信息量可能不同。

(4) **传递性**。信息可以在时间上或在空间中从一点传递到另一点。

(5) **变换性**。信息是可变换的,它可以用不同载体(媒体)以不同的方法承载。

(6) **有序性**。信息可以用来消除系统的不确定性,增加系统的有序性。获得了信息,就可以消除认识主体对于事物运动状态和状态变化方式的不确定性。信息的这一性质对人类具有特别重要的价值。

(7) **动态性**。信息具有动态性质,一切信息都随时间而变化,因此信息是有时效的。由于事物本身在不断发展变化,因而信息也会随之变化。脱离了母体的信息因为不再能够反映母体的新的运动状态和状态变化方式而效用降低,以至完全失去效用。所以,人们在获得信息之后,不能就此满足,要不断补充和更新。

(8) 转化性。在一定的条件下,信息可以转化为物质、能量。

上面这些是信息的主要性质。了解信息的性质,一方面有助于对信息概念的进一步理解,另一方面有助于更有效地掌握和利用信息。一旦信息被人们有效而正确地利用,就有可能在同样的条件下创造更多的物质财富和能量。

5. 信息的功能

信息的基本功能在于维持和强化世界的有序性,可以说,缺少物质的世界是空虚的世界,缺少能量的世界是死寂的世界,缺少信息的世界是未知的世界。信息的社会功能则表现为维系社会的生存,促进人类文明的进步和人类自身的发展。

信息具有许多有用的功能,主要表现在以下几方面。

(1) 信息是一切生物进化的导向资源。生物生存于自然环境之中,而外部自然环境经常发生变化。生物如果不能得到这些变化的信息,就不能及时采取必要的措施来适应环境的变化,就可能被变化的环境所淘汰。

(2) 信息是知识的来源。知识是人类长期实践的结晶,知识既是人们认识世界的结果,也是人们改造世界的方法。信息具有知识的秉性,可以通过一定的归纳算法被加工成知识。

(3) 信息是决策的依据。决策就是选择,而选择意味着消除不确定性,意味着需要大量、准确、全面与及时的信息。

(4) 信息是控制的灵魂。这是因为,控制是依据策略信息干预和调节被控对象的运动状态和状态变化的方式。没有策略信息,控制系统便会不知所措。

(5) 信息是思维的材料。思维的材料只能是事物运动的状态和状态变化的方式,而不可能是事物的本身。

(6) 信息是管理的基础,是一切系统实现自组织的保证。

(7) 信息是一种重要的社会资源。虽然人类社会在漫长的发展过程中一直没有离开信息,但是只有到了信息时代,人类对信息资源的认识、开发和利用才可以达到较高水平。

现代社会将信息、材料和能源看成支撑社会发展的三大支柱,充分说明了信息在现代社会中的重要性。信息安全的任务是确保信息功能的正确实现。

6. 信息的分类

信息是一种十分复杂的研究对象,为了有效地描述信息,一定要对信息进行分类,分门别类地进行研究。由于目的和出发点的不同,信息的分类也不同。

从信息的性质出发,信息可以分为语法信息、语义信息和语用信息。

从信息的过程出发,信息可以分为实在信息、先验信息和实得信息。

从信息的地位出发,信息可以分为客观信息和主观信息。

从信息的作用出发,信息可以分为有用信息、无用信息和干扰信息。

从信息的逻辑意义出发,信息可以分为真实信息、虚假信息和不定信息。

从信息的传递方向出发,信息可以分为前馈信息和反馈信息。

从信息的生成领域出发,信息可以分为宇宙信息、自然信息、社会信息和思维信息等。

从信息的应用部门出发,信息可以分为工业信息、农业信息、军事信息、政治信息、科技信息、经济信息和管理信息等。

从信息源的性质出发,信息可以分为语音信息、图像信息、文字信息、数据信息和计算信息等。

从信息的载体性质出发,信息可以分为电子信息、光学信息和生物信息等。

从携带信息的信号形式出发,信息可以分为连续信息、离散信息和半连续信息等。

还可以有其他的分类原则和方法,这里不再赘述。

从上面的讨论可以看到,描述信息的一般原则是抓住事物运动的状态和状态变化的方式这两个基本的环节。事物运动的状态和状态变化的方式描述清楚了,信息也就描述清楚了。

7. 数据、信息、知识、智慧之间的关系

数据、信息、知识、智慧是数字经济时代的4个重要概念,它们之间既有联系又有区别,人们对其既熟悉又容易混淆。

(1) 数据是原始的、未解释的符号,是信息的记录,例如日期、温度、流量、PM2.5等。

(2) 信息是经过加工的、有意义的数据,是数据间的关系,例如明日高温、后天有雾等。

(3) 知识是含有观点、发挥作用的信息,是对信息的理解,例如高温防暑、雾大封路等。

(4) 智慧是综合经验、进行创新的知识,是知识的运用,例如厚德载物、难得糊涂等。

依据上述解释,数据、信息、知识、智慧之间的关系可由图1-1描述。按它们对人类社会的重要程度,其逻辑关系是数据≤信息≤知识≤智慧;按它们数量的多少,其逻辑关系是数据≥信息≥知识≥智慧。

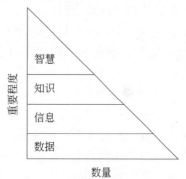

图1-1 数据、信息、知识、智慧之间的关系

1.2.2 信息技术

1. 信息技术的产生

任何一门科学技术的产生和发展都不是偶然的,而是源于人类社会实践活动的实际需要。科学是扩展人类各种器官功能的原理和规律,而技术则是扩展人类各种器官功能的具体方法和手段。从历史上看,在很长的一段时间里,人类为了维持生存而一直采用优先发展自身体力功能的战略,因此,材料科学与技术和能源科学与技术就相继发展起来。与此同时,人类的体力功能也日益加强。

虽然信息也很重要,但在生产力和生产社会化程度不高的时候,一方面,人们凭借自身信息器官的能力,就基本上可以满足当时认识世界和改造世界的需要了;另一方面,从发展过程来说,物质资源比较直观,信息资源比较抽象,而能量资源则介于两者之间,由于人类的认识过程必然是从简单到复杂、从直观到抽象,因而必然是材料科学与技术的发展在前,接着是能源科学与技术的发展,而后才是信息科学与技术的发展。

人类的一切活动都可以归结为认识世界和改造世界。从信息的观点来看,人类认识世界和改造世界的过程,就是一个不断从外部世界的客体中获取信息,并对这些信息进行变换、传递、存储、处理、比较、分析、识别、判断、提取和输出等,最终把大脑中产生的决策信息反作用于外部世界的过程。

人类的信息处理模型如图 1-2 所示。

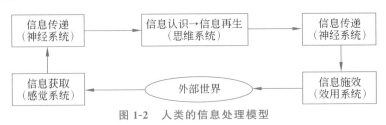

图 1-2　人类的信息处理模型

但是,随着材料科学与技术、能源科学与技术的迅速发展,人们对客观世界的认识取得了长足的进步,不断地向客观世界的深度和广度发展,这时,人类信息器官的功能已明显滞后于行为器官的功能了。例如,人类要"上天""入地""下海""探微",但与生俱来的视力、听力以及大脑存储信息的容量、处理信息的速度和精度越来越不能满足人类认识世界和改造世界的实际需要,这时,人类迫切需要扩展和延伸信息器官的功能。从 20 世纪 40 年代起,人类在信息的获取、传输、存储、处理和检索等方面的技术与手段,以及利用信息进行决策、控制、指挥、组织和协调等方面的原理与方法,都取得了突破性的进展,而且是综合性的。这些事实说明,现代人类所利用的表征性资源是信息资源,表征性科学技术是信息科学技术,表征性工具是智能工具。

2. 信息技术的内涵

对于信息技术(Information Technology,IT),目前还没有一个准确而又通用的定义,估计有数十种之多。笼统地说,**信息技术是能够延伸或扩展人的信息能力的手段和方法**。但在本节后面的讨论中,将信息技术的内涵限定在下面定义的范围内,即信息技术是指在计算机和通信技术支持下,用以获取、加工、存储、变换、显示和传输文字、数值、图像、视频、音频以及语音信息,并且包括提供设备和信息服务两大方面的方法与设备的总称。

信息技术中的信息处理模型如图 1-3 所示。

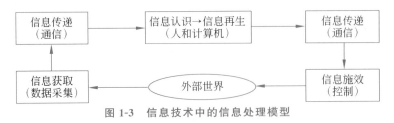

图 1-3　信息技术中的信息处理模型

由于在信息技术中信息的传递是通过现代通信技术完成的,信息处理是通过各种类型的计算机(智能工具)完成的,而信息要为人类所利用并发布决策命令,又必须是可以控制的,因此,也有人认为信息技术简单地说就是 4C:决策命令(Command)、计算机(Computer)、通信(Communication)和控制(Control),即

$$IT = Command + Computer + Communication + Control$$

以上的表述给出了信息技术最主要的技术特征。

随着信息技术的迅速发展,信息在传递、存储和处理中的安全问题也逐渐出现,而且越来越受到广泛的关注。

1.3 信息安全的内涵

1.3.1 基本概念

信息技术的应用引起了人们生产方式、生活方式和思想观念的巨大变化,极大地推动了人类社会的发展和人类文明的进步,把人类带入了崭新的时代——信息时代。信息已成为社会发展的重要资源。然而,人们在享受信息资源所带来的巨大利益的同时,也面临着信息安全的严峻考验。信息安全已经成为世界性的问题。"安全"一词的基本含义为"远离危险的状态或特性",或"主观上不存在威胁,主观上不存在恐惧"。安全是一个普遍存在于各个领域的问题。随着计算机网络的迅速发展,人们对信息的存储、处理和传递过程中涉及的安全问题越来越关注,信息领域的安全问题变得非常突出。

国际标准化组织(ISO)对信息安全的定义是:"在技术上和管理上为数据处理系统建立的安全保护,保护计算机硬件、软件和数据不因偶然的和恶意的原因而遭到破坏、更改和泄露。"

信息安全是一个广泛和抽象的概念。所谓信息安全就是关注信息本身的安全,而不管是否应用了计算机作为信息处理的手段。信息安全的任务是保护信息财产,以防止偶然的或未授权者对信息的恶意泄露、修改和破坏,从而导致信息的不可靠或无法处理等。这样可以保证在最大限度地利用信息的同时而不招致损失或使损失最小。

信息安全之所以引起人们的普遍关注,是由于信息安全问题目前已经涉及人们日常生活的各个方面。以网上交易为例,传统的商务运作模式经历了漫长的社会实践,在社会的意识、道德、素质、政策、法规和技术等各个方面都已经非常完善了。然而对于电子商务来说,这一切却处于刚刚起步的阶段,其发展和完善将是一个漫长的过程。作为交易人,无论从事何种形式的电子商务都必须清楚以下事实:交易的对方是谁,信息在传输过程中是否会被篡改(即信息的完整性),信息在传输过程中是否会被外人看到(即信息的保密性),网上支付后对方是否会不认账(即不可抵赖性),等等。因此,无论是商家、银行还是个人,对电子交易安全的担忧是必然的,电子商务的安全问题已经成为阻碍电子商务发展的瓶颈之一。改进电子商务的安全现状,让用户不必为安全担心,是推动信息安全技术不断发展的动力。

信息安全可以说是一门既古老又年轻的学科,内涵极其丰富。信息安全不仅涉及计算机和网络本身的技术问题、管理问题,而且涉及法律学、犯罪学、心理学、经济学、应用数学、计算机科学、计算机病毒学、密码学、审计学等学科。

信息安全经历了漫长的发展过程。从某种意义上说,从人类开始进行信息交流,就遇到了信息安全的问题。从古代的烽火传信到现在的网络通信,只要存在信息交流,就存在信息的欺骗、破坏和窃取等安全威胁。从信息安全的发展过程来看,在计算机出现以前,通信安全以保密为主,密码学是信息安全的核心和基础。随着计算机的出现,计算机系统安全保密成为现代信息安全的重要内容,网络的出现使得大范围的信息系统的安全保密成为信息安全的主要内容。信息安全的宗旨是:向合法的服务对象提供准确、正确、及时、可靠的信息服务;而对其他任何人员和组织,包括内部、外部甚至敌对方,保持最大限度的信息的不透明性、不可获取性、不可接触性、抗干扰性、抗破坏性,不论信息所处的状态是静态的、动态的还是传输过程中的。

1. 信息的安全属性

信息安全研究所涉及的领域相当广泛。随着计算机网络的迅速发展,人们越来越依赖网络,人们对信息资产的使用主要是通过计算机网络实现的,在计算机和网络上信息的处理是以数据的形式进行的,在这种情况下,信息就是数据。因而,从这个角度来说,信息安全可以分为数据安全和系统安全,即信息安全可以从两个层次来看。

从消息层次来看,信息安全的属性包括以下几方面:

(1) **完整性**(integrity)。完整性是指信息在存储或传输的过程中保持未经授权不能改变的特性,即对抗主动攻击,保证数据的一致性,防止数据被非法用户修改和破坏。对信息安全发动攻击的最终目的是破坏信息的完整性。

(2) **保密性**(confidentiality)。保密性是指信息不被泄露给未经授权者的特性,即对抗被动攻击,以保证机密信息不会泄露给非法用户。

(3) **不可否认性**(non-repudiation)。不可否认性也称为不可抵赖性,即所有参与者都不可能否认或抵赖曾经完成的操作和承诺。发送方不能否认已发送的信息,接收方也不能否认已收到的信息。

从网络层次来看,信息安全的属性包括以下两方面。

(1) **可用性**(availability)。可用性是指信息可被授权者访问并按需求使用的特性,即保证合法用户对信息和资源的使用不会被不合理地拒绝。对可用性的攻击就是阻断信息的合理使用,例如破坏系统的正常运行就属于这种类型的攻击。

(2) **可控性**(controllability)。可控性是指对信息的传播及内容具有控制能力的特性。授权机构可以随时控制信息的机密性,能够对信息实施安全监控。

要实现信息安全,就是要通过技术手段和管理手段实现信息的上述 5 种安全属性。对于攻击者来说,就是要通过一切可能的方法和手段破坏信息的安全属性。

2. 信息安全的目标

基于以上分析,目前实现信息安全的具体目标包括以下几方面:

(1) **真实性**。能够实现对信息来源的判断确认,能够对伪造的信息进行鉴别。

(2) **保密性**。能够保证机密信息不被窃听,或窃听者不能了解信息的真实含义。

(3) **完整性**。能够保证数据的一致性,防止数据被非法用户篡改。

(4) **可用性**。能够保证合法用户对信息和资源的使用不会被不正当地拒绝。

(5) **不可抵赖性**。建立有效的责任机制,防止用户否认其行为。不可抵赖性对于电子商务尤为重要,是保证电子商务健康发展的基本保障。

(6) **可控制性**。对信息的传播及内容具有控制能力。

(7) **可审查性**。对出现的网络安全问题能够提供调查的依据和手段。

3. 信息安全的基本原则

为了达到信息安全的目标,各种信息安全技术的使用必须遵守以下 **3 个基本原则**:最小权限原则、分权制衡原则和安全隔离原则。

(1) **最小权限原则**。受保护的敏感信息只能在一定范围内被共享。对于履行工作职责和职能的安全主体,在法律和相关安全策略允许的前提下,为满足其工作需要,仅授予其访问信息的适当权限,称为最小权限原则。对敏感信息的知情权一定要加以限制,是在"满足工作需要"前提下的一种限制性开放。

(2) **分权制衡原则**。在信息系统中,对所有权限应该进行适当划分,使每个授权主体只能拥有其中的一部分权限,使他们之间相互制约、相互监督,共同保证信息系统的安全。如果一个授权主体分配的权限过大,无人监督和制约,就埋下了滥用权力的安全隐患。

(3) **安全隔离原则**。隔离和控制是实现信息安全的基本方法,而隔离是控制的基础。信息安全的一个基本策略就是将信息的主体与客体分离,按照一定的安全策略,在可控和安全的前提下实施主体对客体的访问。

1.3.2 安全威胁

1. 基本概念

随着计算机网络的迅速发展,信息的交换和传播变得非常容易。由于信息在存储、共享和传输中会被非法窃听、截取、篡改和破坏,从而导致不可估量的损失。特别是一些重要的部门,如银行系统、证券系统、商业系统、政府部门和军事系统,在公共通信网络中进行信息的存储和传输,其安全问题更为重要。所谓信息安全威胁就是指某个人、物、事件或概念对信息资源的保密性、完整性、可用性或合法使用所造成的危险,例如攻击就是对安全威胁的一种具体体现。虽然人为因素和非人为因素都可以对通信安全构成威胁,但是精心设计的人为攻击威胁最大。

安全威胁有时可以分为故意的和偶然的。故意的威胁包括假冒、篡改等,偶然的威胁包括信息被发往错误的地址、错误操作等。故意的威胁又可以进一步分为被动攻击和主动攻击。被动攻击不会导致对系统中所含信息的任何改动,包括搭线窃听、业务流分析等,而且系统的操作和状态也不会改变,因此被动攻击主要威胁信息的保密性;主动攻击则意在篡改系统中的信息,或者改变系统的状态和操作,因此主动攻击主要威胁信息的完整性、可用性和真实性。

目前还没有统一的方法对各种威胁进行分类,也没有统一的方法对各种威胁加以区别。信息安全所面临的威胁与环境密切相关,不同威胁的存在及重要性是随环境的变化而变化的。

2. 安全威胁

对信息系统来说,信息安全的威胁来自方方面面,不可能完全罗列出所有的安全威胁。通过对已有的信息安全事件进行研究和分析,安全威胁从性质上可以分为以下几类:

(1) 信息泄露。信息被暴露或透露给某个非授权的实体。

(2) 破坏信息的完整性。数据被非授权地进行增删、修改或破坏而受到损失。

(3) 拒绝服务。对信息或其他资源的合法访问被无条件地阻止。

(4) 非授权访问(非法使用)。某一资源被某个非授权的人使用或被人以非授权的方式使用。

(5) 窃听。用各种可能合法的或非法的手段窃取系统中的信息资源和敏感信息。例如,对通信线路中传输的信号搭线监听,或者利用通信设备在工作过程中产生的电磁泄漏截取有用信息等。

(6) 业务流分析。通过对系统进行长期监听,利用统计分析方法对通信频度、通信的信息流向、通信总量的变化等参数进行研究,从中发现有价值的信息和规律。

(7) 假冒。非法用户通过欺骗通信系统(或用户)冒充合法用户,或者特权小的用户冒充特权大的用户。黑客大多采用假冒实施攻击。

(8) 网络钓鱼。攻击者通过大量发送声称来自银行或其他知名机构的欺骗性垃圾邮件,引诱收信人给出敏感信息(如用户名、口令、账号、ATM PIN 码或信用卡详细信息)。最典型的网络钓鱼攻击是将收信人引诱到一个与被仿冒机构的网站非常相似的钓鱼网站上,并获取收信人在此网站上输入的个人敏感信息,通常这个攻击过程不会让受害者警觉,它是社会工程攻击的一种形式。

(9) 社会工程攻击。是一种利用社会工程学实施的网络攻击行为。社会工程学不是一门科学,而是一种技巧或者"术"。社会工程学利用人的弱点,以顺应人的意愿、满足人的欲望的方式诱骗人上当。说它不是科学,是因为它不是总能重复和成功,而且在信息充分多的情况下会自动失效。现实中运用社会工程学实施的犯罪很多。短信诈骗(如诈骗银行信用卡号码)和电话诈骗(如以知名人士的名义行骗等)都运用了社会工程学的方法。近年来,更多的黑客转向利用人的弱点,即社会工程学方法实施网络攻击。利用社会工程学手段突破信息安全防御措施的事件近年来呈现上升甚至泛滥的趋势。

(10) 旁路控制。攻击者利用系统的安全缺陷或安全性上的脆弱之处获得非授权的权限或特权。例如,攻击者通过各种攻击手段发现原本应保密,但是被暴露出来的一些系统特性。利用这些特性,攻击者可以绕过防御措施侵入系统的内部。

(11) 授权侵犯。被授权以某一目的使用某一系统或资源的某个人将此权限用于其他非授权的目的,也称作内部攻击。

(12) 特洛伊木马。软件中含有一个察觉不出的或者无害的程序段,当它被执行时,会破坏用户的安全。这种应用程序称为特洛伊木马(Trojan horse)。

(13) 陷阱门。在某个系统或某个部件中设置的后门,使得在输入特定的数据时允许违反安全策略。

(14) 抵赖。这是一种来自用户的攻击,如否认自己曾经发布过某条消息、伪造一份对方发来的消息等。

(15) 重放。出于非法目的,将截获的某次合法的通信数据复制一份,再重新发送。

(16) 计算机病毒。所谓病毒,是一种在计算机系统运行过程中能够实现传染和侵害的功能程序。一种病毒通常含有两种功能:一种功能是感染其他程序;另一种功能是引发损坏或者发动植入攻击。病毒造成的危害主要表现为以下形式:格式化磁盘,致使信息丢失;删除可执行文件或者数据文件;破坏文件分配表,使用户无法读取磁盘上的信息;修改或破坏文件中的数据;改变磁盘分配,造成数据写入错误;病毒本身迅速复制或使磁盘出现假的坏扇区,使磁盘可用空间减少;影响内存常驻程序的正常运行;在系统中产生新的文件;更改或重写磁盘的卷标等。

病毒是对计算机软硬件和网络系统的最大威胁。网络应用的普及,特别是 Internet 的发展,大大加剧了病毒的传播。计算机病毒的潜在破坏力极大,正在成为信息战中的一种新式进攻武器。

(17) 违规操作。授权的人为了某种利益或由于粗心将信息泄露给非授权的人。

(18) 媒体废弃。从被废弃的磁盘或打印的文档中获得信息。

(19) 物理侵入。侵入者绕过物理控制,获得对系统的现场访问机会。

(20) 窃取。盗窃重要的安全物品,如令牌或身份卡。

(21) 业务漏洞。以假冒的系统或系统部件欺骗合法用户,或系统自动放弃敏感信息等。

上面给出的是一些常见的安全威胁,各种安全威胁之间是相互联系的,如窃听、业务流分析、违规操作、媒体废弃等可造成信息泄露,而信息泄露、窃取、重放等可造成假冒,而假冒等又可造成信息泄露。

对于信息系统来说,安全威胁可以是针对物理环境、通信链路、网络系统、操作系统、应用系统以及管理系统等方面的。

(1) 物理环境安全威胁。它是指对系统所用设备的威胁。物理环境安全是信息系统安全最重要的方面。物理环境安全威胁主要有:自然灾害(地震、水灾、火灾等),可能造成整个系统毁灭;电源故障,可能造成设备断电,导致操作系统引导失败或数据库信息丢失;设备被盗、被毁造成数据丢失或信息泄露,通常计算机里存储的数据价值远远超过计算机本身,必须采取严格的防范措施确保计算机不会被入侵者偷去;媒体废弃物,如废弃磁盘或一些打印错误的文件,都不能随便丢弃,必须经过安全处理,对于废弃磁盘仅删除文件是不够的,必须销毁;电磁辐射,可能造成数据信息被窃取或偷阅。

(2) 通信链路安全威胁。网络入侵者可能在传输线路上安装窃听装置,窃取网上传输的信号,再通过一些技术手段读出数据,造成信息泄露;或对通信链路进行干扰,破坏数据的完整性。

(3) 网络系统安全威胁。计算机的联网使用对数据造成了新的安全威胁。网络上存在着电子窃听,而分布式计算机的特征是一个个分立的计算机通过一些媒介相互通信。例如,局域网一般都是广播式的,每个用户都可以收到发向任何用户的信息。当内部网络与Internet 相接时,Internet 的开放性、国际性与无安全管理性,对内部网络形成严重的安全威胁。如果系统内部局域网络与外部网络之间不采取一定的安全防护措施,内部网络容易受到来自外部网络入侵者的攻击。例如,攻击者可以通过网络监听等手段获得内部网络用户的用户名、口令等信息,进而假冒内部合法用户非法登录,窃取内部网络的重要信息。

(4) 操作系统安全威胁。操作系统是信息系统的工作平台,其功能和性能必须绝对可靠。由于系统的复杂性,不存在绝对安全的系统平台。对系统平台最危险的威胁是在系统软件或硬件芯片中的植入威胁,如木马和陷阱门。操作系统的一些安全漏洞通常是操作系统开发者有意设置的,这样他们就能在失去了对系统的所有访问权时仍能进入系统。例如,一些 BIOS 有万能口令,维护人员用这个口令可以进入计算机。

(5) 应用系统安全威胁。它是指对于网络服务或用户业务系统安全的威胁。应用系统对应用安全的需求应有足够的保障能力。应用系统安全也会受到木马和陷阱门的威胁。

(6) 管理系统安全威胁。不管是什么样的网络系统,都离不开人员管理,必须从人员管理上杜绝安全漏洞。再先进的安全技术也不可能完全防范由于人员不慎造成的信息泄露,管理系统安全是信息安全有效的前提。

要保证信息安全,就必须想办法在一定程度上消除以上的种种安全威胁。需要指出的是,无论采取何种防范措施都不能保证信息系统的绝对安全。安全是相对的,不安全才是绝对的。在具体使用过程中,经济因素和时间因素是辨别安全性的重要指标。换句话说,过时的成功攻击和赔本攻击都被认为是无效的。

1.4 信息安全的实现

保护信息安全所采用的手段也称为安全机制。所有的安全机制都是针对某些安全攻击威胁而设计的,可以按不同的方式单独或组合使用。合理地使用安全机制可以在有限的投入下最大限度地降低安全风险。

信息安全并非局限于信息加密等技术问题,它涉及许多方面。一个完整的信息安全系统至少包含3类措施:一是技术方面的安全措施,二是管理方面的安全措施,三是相应的政策、法律、法规。信息安全的政策、法律、法规是安全的基石,是建立安全管理制度的标准和指南。信息安全技术涉及信息传输的安全、信息存储的安全以及对网络传输信息内容的审计等方面,当然也包括对用户的鉴别和授权。

为保障数据传输的安全,需采用数据传输加密技术、数据完整性鉴别技术;为保证信息存储的安全,需保障数据库安全和终端安全;信息内容审计是实时地对进出内部网络的信息进行内容审计,以防止或追查可能的泄密行为。

根据国家标准《信息处理系统 开放系统互连 基本参考模型 第2部分:安全体系结构》(GB/T 9387.2—1995)的规定,适用于数据通信环境下的安全机制有加密机制、数字签名机制、访问控制机制、数据完整性机制、鉴别交换机制、业务流填充机制、抗抵赖机制、公证机制、安全标记、安全审计跟踪和安全恢复等。

1.4.1 信息安全技术

目前,实现信息安全的主要技术包括信息加密技术、数字签名技术、数据完整性保护技术、身份认证技术、访问控制技术、网络安全技术、反病毒技术和安全审计等。

1. 信息加密技术

信息加密是指使有用的信息变为看上去无用的乱码,使攻击者无法读懂信息的内容,从而保护信息。信息加密是保障信息安全最基本、最核心的技术措施和理论基础,也是现代密码学的主要组成部分。信息加密过程由形形色色的加密算法具体实施,它以很小的代价提供强大的安全保护。在多数情况下,信息加密是保证信息机密性的唯一方法,据不完全统计,到目前为止,已经公开发表的各种加密算法多达数百种。如果按照收发双方密钥是否相同来分类,可以将这些加密算法分为对称密码算法和公钥密码算法。当然在实际应用中,人们通常将对称密码和公钥密码结合在一起使用,如利用 DES 或者 IDEA 加密信息,采用 RSA 传递会话密钥。如果按照每次加密所处理的比特数分类,可以将加密算法分为序列密码和分组密码。前者每次只加密一个比特序列,而后者则先将信息序列分组,每次处理一个组。

2. 数字签名技术

数字签名是保障信息来源的可靠性,防止发送方抵赖的一种有效技术手段。根据数字签名的应用场景和实现方式,目前常见的数字签名包括不可否认数字签名和群签名等。实现数字签名的基本流程包括以下两个过程:

(1) 签名过程。利用签名者的私有信息作为密钥,或对数据单元进行加密,或产生该数据单元的密码校验值。

(2) 验证过程。利用公开的规程和信息确定签名是否是利用该签名者的私有信息产生的。数字签名是在数据单元上附加数据，或对数据单元进行密码变换，使数据单元的接收方可以证实数据单元的来源和完整性，同时对数据进行保护。

验证过程利用了公之于众的规程和信息，但并不能推出签名者的私有信息，即数字签名与日常的手写签名效果一样，可以为仲裁者提供发送方对消息签名的证据，而且能使消息接收方确认消息是否来自真实的发送方。

3. 数据完整性保护技术

数据完整性保护用于防止非法篡改。利用密码理论的完整性保护能够很好地对付非法篡改。

完整性的另一用途是提供不可抵赖服务，当信息源的完整性可以被验证却无法被模仿时，收到信息的一方就可以认定信息的发送方，数字签名可以提供这种手段。

4. 身份认证技术

身份识别是信息安全的基本机制，通信的双方应互相认证对方的身份，以保证赋予对方正确的操作权限和对数据的访问控制权限。网络也必须认证用户的身份，以保证合法的用户进行正确的操作并进行正确的审计。

目前，常见的身份认证实现方式包括以下 3 种：

(1) 只有该主体了解的秘密，如口令、密钥。

(2) 主体携带的物品，如智能卡和令牌卡。

(3) 只有该主体才具有的独一无二的特征或能力，如指纹、声音、视网膜或签字等。

5. 访问控制技术

访问控制的目的是防止用户对信息资源的非授权访问和使用。它允许用户对其常用的信息库进行一定权限的访问，限制其随意删除、修改或复制信息。访问控制技术还可以使系统管理员跟踪用户在网络中的活动，及时发现并拒绝黑客的入侵。

访问控制采用最小权限原则：在给用户分配权限时，根据每个用户的任务特点使其获得完成自身任务的最小权限，不给用户赋予其工作范围之外的任何权限。权限控制和访问控制是主机系统必备的安全手段，系统根据正确的认证，赋予某用户适当的操作权限，使其不能进行越权的操作。该机制一般采用角色管理办法，针对不同的用户，系统需要定义各种角色，然后赋予各个用户不同的执行权限。Kerberos 访问控制就是访问控制技术的一个代表，它由数据库、验证服务器和票据授权服务器 3 部分组成。其中，数据库包括用户名称、口令和授权存取的区域；验证服务器验证要存取的人是否有此资格；票据授权服务器在验证之后颁发票据允许用户进行存取。

6. 网络安全技术

实现网络安全的技术种类繁多而且还相互联系。这些网络安全技术虽然没有完整、统一的理论基础，但是在不同的场合下，为了不同的目的，许多网络安全技术确实能够发挥较好的功能，实现一定的安全目标。

当前主要的网络安全技术包括以下几方面。

(1) 防火墙技术。它是一种既允许接入外部网络，又能够识别和抵抗非授权访问的安全技术。防火墙在网络中扮演的是"交通警察"的角色，指挥网上信息合理、有序地安全流动，同时也处理网上的各类"交通事故"。防火墙可分为外部防火墙和内部防火墙，前者在内部网络和外部网络之间建立一个保护层,从而防止黑客的侵袭,其方法是监听和限制所有进出通信,挡住外来非法信息并防止敏感信息被泄露;后者将内部网络分隔成多个局域网,从而限制外部攻击造成的损失。

(2) VPN技术。虚拟专用网(Virtual Private Network,VPN)被定义为通过一个公用网络(通常是Internet)建立一个临时的安全连接,是一条穿过混乱的公用网络的安全、稳定的隧道。它类似于城市大道上的公交专用线,在特定时刻专用于公交车通行。虚拟专用网是对企业内部网的扩展,通过安全技术可以在一条公用线路中为两台计算机建立一个逻辑上的专用通道,具有良好的保密性和不受干扰性,使双方能进行自由而安全的点对点连接。

(3) 入侵检测技术。入侵检测技术扫描当前网络的活动,监视和记录网络的流量,根据已定义的规则过滤从主机网卡到网线上的流量,提供实时报警。大多数的入侵监测系统可以提供关于网络流量非常详尽的分析。

(4) 网络隔离技术。网络隔离(network Isolation)主要是指把两个或两个以上可路由的网络(如 TCP/IP)通过不可路由的协议(如 IPX/SPX、NetBEUI 等)进行数据交换而达到隔离的目的。由于其原理主要是采用了不同的协议,因此通常也叫协议隔离(protocol isolation)。网络隔离技术是在物理隔离概念上发展起来的,外网直接连接互联网,内网是相对安全的。其主要目标是将有害的网络安全威胁隔离开,以保障数据信息在可信网络内进行安全通信。

(5) 安全协议。整个网络系统的安全强度实际上取决于所使用的安全协议的安全性。安全协议的设计和改进有两种方式:一是对现有网络协议(如 TCP/IP)进行修改和补充;二是在网络应用层和传输层之间增加安全子层,如安全套接字层(SSL)协议、安全超文本传输协议(SHTTP)和专用通信协议(PCP)。依据安全协议实现身份鉴别、密钥分配、数据加密、防止信息重传和不可否认等安全机制。

7. 反病毒技术

由于计算机病毒具有传染的泛滥性、病毒侵害的主动性、病毒程序检测和病毒行为判定的困难性、非法性与隐蔽性、衍生性、衍生体的不等性和可激发性等特性,因此必须花大力气认真研究。实际上,计算机病毒研究已经成为计算机安全学的一个极具挑战性的重要课题,作为普通的计算机用户,虽然没有必要全面研究病毒和防止措施,但是应该养成严谨的工作习惯,并备有最新的杀毒工具软件。

8. 安全审计

安全审计是防止内部犯罪和事故后调查取证的基础,通过对一些重要事件的记录,从而在系统发生错误或受到攻击时能定位错误和找到攻击成功的原因。安全审计是一种很有价值的安全机制,可以通过事后的安全审计检测和调查安全策略执行的情况以及安全遭到破坏的情况。

安全审计需要记录与安全有关的信息,通过明确相关事件的类别,安全审计跟踪信息的收集以适应各种安全需要。审计技术能使信息系统自动记录设备的使用时间、敏感操作和违规操作等,因此安全审计类似于飞机上的黑匣子,为系统进行事故原因查询和定位、事故发生前的预测和报警以及事故发生后的实时处理提供详细、可靠的依据或支持。安全审计对用户的正常操作也有记载,因为往往有些看似正常的操作(如修改数据等)恰恰是攻击系统的非法操作。安全审计信息应具有防止非法删除和修改的措施。安全审计对潜在的安全攻击源的攻击行为起到威慑作用。

9. 业务填充

所谓业务填充是指在业务空闲时发送无用的随机数据,以增加攻击者通过通信流量获得信息的困难。它是一种制造假的通信、产生欺骗性数据单元或在数据单元中填充假数据的安全机制。该机制可用于应对各种等级的保护要求,用来防止攻击者对业务进行分析,同时也增加了密码通信的破译难度。发送的随机数据应具有良好的模拟性能,能够以假乱真。该机制只有在得到保密性服务的支持时才有效。

10. 路由控制机制

路由控制机制可使信息发送方选择特殊的路由,以保证连接、传输的安全。路由控制机制的基本功能包括以下 3 方面。

(1) 路由选择。路由可以动态选择,也可以预定义,选择物理上安全的子网、中继器或链路进行连接和传输。

(2) 路由连接。在监测到持续的操作攻击时,端系统可能同意网络服务提供者另选路由,建立连接。

(3) 安全策略。携带某些安全标签的数据可能被安全策略禁止通过某些子网、中继器或链路。连接的发起者可以提出有关路由选择的警告,要求回避某些特定的子网、中继器或链路进行连接和传输。

11. 公证机制

公证机制是由公证机构对在两个或多个实体间进行通信的数据的性能(如完整性、来源、时间和目的地等)加以保证,这种保证由第三方公证者提供。公证者能够得到通信实体的信任并掌握必要的信息,用可以证实的方式提供通信实体所需要的保证。通信实体可以采用数字签名、加密和完整性机制以利用公证者提供的服务。在使用公证机制时,数据在受保护的通信实体之间交换。公证机制在 PKI、密钥管理等技术中得到了广泛应用,可以有效支持抗抵赖服务。

图 1-4 给出了信息安全技术体系,在该体系中,当前主要的信息安全技术可以归纳为以下 5 类:核心基础安全技术(密码技术、信息隐藏技术)、安全基础设施技术(信息认证技术、访问控制技术)、基础设施安全技术(主机系统安全技术、网络系统安全技术)、应用安全技术(网络与系统攻防技术、系统防护与应急响应技术、安全审计技术、恶意代码检测与防护技术、内容安全技术)和支撑安全技术(信息安全监测评估技术、信息安全管理技术),后续各章将对这些技术进行详细介绍。

1.4.2 信息安全管理

信息安全问题不是单靠信息安全技术就可以解决的,很多信息安全专家指出,信息安全是"七分管理,三分技术"。所谓管理,就是在群体的活动中为了完成某一任务,实现既定的目标,针对特定的对象,遵循确定的原则,按照规定的程序,运用恰当的方法,进行有计划、有组织的指挥、协调和控制等活动。信息安全管理是信息安全中具有能动性的组成部分,大多数安全事件和安全隐患的发生,并非完全是技术上的原因,而往往是由于管理不善造成的。为实现安全管理,应有专门的安全管理机构,设有专门的安全管理人员,有逐步完善的管理制度,有逐步提供的安全技术设施。

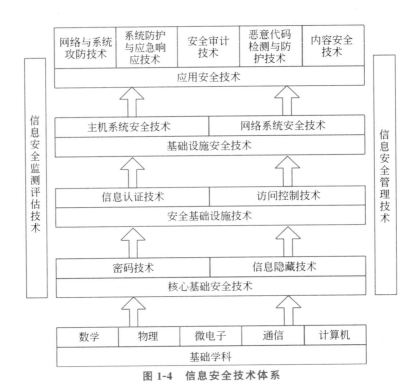

图 1-4　信息安全技术体系

信息安全管理主要涉及人事管理、场地管理、设备管理、存储媒介管理等，如图 1-5 所示。

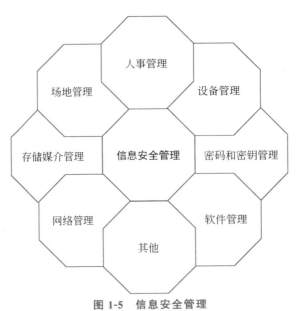

图 1-5　信息安全管理

在信息安全实践中，一方面，应用先进的安全技术以及建立严格的管理制度的安全系统不仅需要大量的资金，而且会给使用带来不便，所以安全性和效率是一对矛盾，增强安全性，必然要损失一定的效率。因此，要正确评估面临的安全风险，在安全性与经济性之间、安全性与方便性之间、安全性与工作效率之间折中选取方案。另一方面,没有绝对的安全,安全总是相对的,无论多么完善的安全机制也不可能完全杜绝非法攻击,并且破坏者的攻击手段也在不断变化,而安全技术与安全管理手段又总是滞后于攻击手段的变化,因此信息系统存在一定的安全隐患是不可避免的。

另外,为了保证信息的安全,除了运用技术手段和管理手段外,还要运用法律手段。对于违法行为,坚决依靠法律进行惩处。法律是保护信息安全的最终手段,法律的威慑力还可以使攻击者产生畏惧心理,达到遏制犯罪的效果。

法律在信息安全中具有重要作用,可以说,法律是信息安全的第一道防线。在信息安全的管理和应用中,相关法律条文指出了什么是违法行为,警示人们自觉遵守法律而不进行违法活动。

信息安全保护工作不仅包括加强行政管理、法律法规制定和技术开发工作,还必须进行信息安全的法律法规教育,提高人们的安全意识,创造一个良好的社会环境,保护信息安全。

首席信息官(Chief Information Officer,CIO)是一种新型的信息管理者。当前很多企业没有养成主动维护信息系统安全的习惯,同时也缺乏安全方面良好的管理机制。对于合格的CIO来说,首先要做到重视信息安全管理,绝对不能坐等问题出现。

同样,信息安全当然不能只依靠CIO和信息化部门认识上的加强,相应的产品和技术也必不可少。例如,防火墙等设备就如同企业内网的大闸门,通过控制访问网络的权限,允许特定用户进出企业内网。再配合用户验证、虚拟专用网和入侵检测等技术和相应的产品,将企业的安全风险降到最低。

可以将CIO对于信息安全管理的原则归纳为以下3点。

1. 加强体系

随着企业信息化建设的展开,企业业务与IT系统的连接日渐紧密,使得信息安全成为诸多企业的严峻问题。信息安全体系的建立,涉及管理和技术两个层面,而管理层面的体系建设是首当其冲的。

虽然新的技术层出不穷,但是新的威胁和攻击手段也不断出现,单纯依靠技术和产品保障企业信息安全虽然能够起到一定效果,但是复杂多变的安全威胁和隐患靠产品难以消除。CIO应该把信息安全提升到管理的高度上实施,然后落实到技术层次上做好保障。

CIO应该认识到,技术上的建设和加强只是信息安全的一方面,而且单纯的实现技术不是目的,技术只是围绕企业具体的工作业务展开应用的,保障业务流程的信息安全,进而促进IT在企业应用层面的拓展,才是企业和CIO应用安全技术最根本的目的。"七分管理,三分技术"这句话放在这里再合适不过了。

2. 规范管理

规范网络行为的根本立足点不是对设备的保护,也不是对数据的看守,而是规范企业员工的网络行为,这已经上升到了对人的管理的阶段。

对于企业和CIO来说,势必要通过技术设备和规章制度的结合来指导、规范员工正确使用公司的信息资源。

信息安全的根本政策一定要包含内部的安全管理规范。例如,一些企业花费颇多购买了防火墙,但是那些已经离职的员工还是有可能通过某些漏洞入侵企业内网。对此,CIO必须为信息安全建立一套监督与使用的管理程序,并且在企业高层的支持下,全方位、彻底地加以执行,任何部门和个人都没有讨价还价的余地。

3. 增强意识

仅依靠技术和管理,并不能完全解决安全问题,这是因为过了一段时间,一些先进的技术可能就过时了,或者被不怀好意的人发现了漏洞,因此,CIO 不能对信息安全有丝毫的懈怠,而是应该始终有很高的安全意识,重视企业的安全措施。

面对不断袭来信息的安全威胁,除了购买信息安全产品、制订相应的网络管理规范外,企业高层和 CIO 都应该向员工灌输"安全意识至高无上"的理念。没有信息安全,企业运营在网络上的业务就只能处于"皮之不存,毛将焉附"的悲惨境地。

安全设施的建立只是企业信息安全的第一步,如何在安全体系中有效彻底地贯彻安全制度,以及不断深化全员安全意识才是关键所在。对于公司的全体员工,要让他们意识到,很多行为会导致严重的安全问题,包括忽视系统补丁、浏览不良网站、随意下载和安装来历不明的软件等。防微杜渐,信息安全管理就是从一点一滴做起的。

信息技术已经应用到政治、经济、军事、科学、教育和文化等各个领域,并取得了显著的社会和经济效益。信息高速公路的建设、国际互联网的形成,使得国与国的信息交流更加便捷。由于计算机系统内的数据很容易受到非授权的更改、删除、销毁、外泄等有意或无意的攻击,因此,始终会有犯罪分子企图通过各种手段窃取和破坏计算机系统内的重要信息和资源。重要信息的泄露和破坏将威胁到国家的政治、经济、军事等领域,所以信息安全问题不仅是一个技术问题,而且对维护社会稳定与发展具有深远的意义,是社会稳定与发展的必要前提条件。因此,每个人都要学习信息安全知识,培养信息安全意识,每个领域都要加强信息安全管理。

◆ 本 章 总 结

随着信息技术的应用发展,信息安全问题日益严重,信息安全技术也日益引起人们的关注和重视。要解决信息系统面临的安全威胁,需要从系统的角度综合考虑,制定体系化的信息安全解决方案。信息安全技术涉及数学、计算机、通信等多个领域,知识体系庞杂,知识内容丰富,并且还在不断发展之中。本章重点从知识体系的角度概要介绍了信息的相关基础知识,重点介绍了信息安全涉及的基本概念、面临的主要安全威胁以及主要的信息安全技术。后续各章将围绕信息安全技术和知识体系具体展开介绍。

◆ 思考与练习

1. 数据、信息、知识、智慧之间的关系如何?
2. 结合实际谈谈你对"信息安全是一项系统工程"的理解。
3. 当前信息系统面临的主要安全威胁有哪些?
4. 如何理解信息安全"七分管理,三分技术"的说法?

第 2 章 信息保密技术

密码学有着悠久而传奇式的发展历史,密码技术是信息安全的核心技术。本章首先简要介绍密码技术的发展历程,给出密码技术涉及的数学基础知识,介绍古典密码中基于置乱和替换操作的两种典型密码算法——代换密码和置换密码,以及密码学中的基本概念和模型,重点介绍现代密码学中被广泛应用的分组密码算法——DES 算法和公钥密码算法——ElGamal 加密算法和 RSA 算法的基本原理和过程,并对其安全性能进行简要分析。

本章的知识要点、重点和难点包括密码学中的基本概念和模型、数学基础知识、密码安全性评价准则、DES 算法和 RSA 算法的基本原理。RSA 算法编程实践参考附录 A。

2.1 概 述

人们很难对密码学的起始时间给出准确的判断。一般认为人类对密码学的研究与应用已经有几千年的历史,它最早应用在军事和外交领域,随着科技的发展而逐渐进入人们的生活中。密码学研究的是密码编码和破译的技术方法,其中通过研究密码变化的客观规律,并将其应用于编制密码,实现保密通信的技术被称为编码学;通过研究密码变化的客观规律,并将其应用于破译密码,实现获取通信信息的技术被称为破译学。编码学和破译学统称为密码学。David Kahn 在其被称为"密码学圣经"的著作 *Kahn on Codes: Secrets of the New Cryptology* 中这样定义密码学:Cryptology, the science of communication secrecy(密码学是通信保密的科学)。

密码学研究对通信双方要传输的信息进行何种保密变换以防止未被授权的第三方对信息的窃取。此外,密码技术还可以用来进行信息鉴别、数据完整性检验、数字签名等。密码学作为保护信息的手段主要经历了 3 个阶段。

第一阶段从古代到 1949 年。这一阶段的加密技术根据实现方式分为手工时代和机器时代。在手工时代,人们通过纸和笔对字符进行加密。

密码学的历史源远流长,人类对密码的使用可以追溯到古巴比伦。图 2-1 的 Phaistos 圆盘是一种直径约为 160mm 的黏土圆盘,表面有以空格分隔的字母。该圆盘于 1930 年在克里特岛被人们发现,但人们无法破译圆盘上的象形文字。近年来,有研究者认为它记录了某种古代天文历法,但真相仍是一个谜,研究者只能大致推断出它的时间(公元前 1700—前 1600 年)。手工时代还产生了另一种著名的加密方式——凯撒密码,为了避免重要信息落入敌军手中而导致泄密,凯撒发明了一种单字替代密码,把明文中的每个字母用密文中的对应字母替代,明文字母集与密文字母集是一一对应的关系,通过替代操作,凯撒密码实现了对字母信息的加密。

随着工业革命的兴起,密码学也先后进入了机器时代和电子时代。与手工操作相比,电子密码机使用了更复杂的加密手段,同时也拥有更高的加密解密效率。其中最具有代表性的就是图 2-2 所示的 Enigma 密码机。

图 2-1 Phaistos 圆盘

图 2-2 Enigma 密码机

Enigma 密码机是德国在 1919 年发明的一种加密电子机器,它表面上像常用的打字机。它的键盘与电流驱动的转子相连,可以多次改变每一次按键输入的字母。相应信息以摩尔斯密码输出,同时还需要密钥,而密钥每天都会修改。Enigma 密码机被证明是有史以来最可靠的加密系统之一,第二次世界大战期间它被德军大量使用,令德军保密通信技术长期处于领先地位。

这个时期的密码技术虽然在加密设备上有了很大的进步,但是密码学的理论却没有多大的改变,加密的主要手段仍是替代和换位,而且实现信息加密的过程过于简单,安全性能很差。在计算机的出现以后,古典密码体制逐渐退出了历史舞台。

第二阶段是 1949—1975 年。密码学正式作为一门科学的理论基础应该首推 1949 年美国科学家 Shannon 的论文 *Communication Theory of Secrecy Systems*。Shannon 在研究密码机的基础上,提出将密码建立在解某个已知数学难题上的观点,为近代密码学研究奠定了理论基础。这一阶段有关密码学研究的科技文献难得一见。在这一阶段密码学的研究成果几乎专门服务于军事领域,大批的资源被用来研究如何进行信息保密和破译对方的保密技术,相应的研究成果不能公开,由此导致公开的研究文献近乎空白。

第三阶段是 1976 年至今。这一阶段,伴随着高性能计算机的出现,利用密码算法进行高度复杂的运算成为可能。20 世纪 70 年代,以公钥密码体制(非对称密码体制)的提出和数据加密标准DES的问世为标志,密码学才真正取得了重大突破,进入现代密码学阶段。其中,1976年Diffie和Hellman发表了研究论文 *New Directions in Cryptography*,引发了密码学的一场革命,在这篇论文中,Diffie和Hellman首先证明了在发送端和接收端无密钥传输的保密通信是可能的,从而开创了公钥密码学的新纪元。现代密码学改变了古典密码学单一的加密手法,融入了大量数论、几何和代数等知识,使密码学得到蓬勃的发展。

直到现在,世界各国仍然对密码学研究高度重视,密码技术已经有了突飞猛进的发展。密码学已经成为结合物理学、量子力学、电子学、语言学等多个学科的综合学科,出现了量子密码、混沌密码等先进理论。随着计算机技术和网络技术的发展、互联网的普及和网上业务的大量开展,人们更加关注密码学,更加依赖密码技术。密码技术在信息安全中扮演着十分重要的角色。

◆ 2.2 基本概念

2.2.1 数学基础知识

在介绍密码算法之前,先介绍一些需要用到的数学知识。

1. 带余除法

对于任意的两个正整数 a 和 b,一定可以找到唯一确定的两个整数 k 和 r,满足 $a=kb+r$ 且 $0 \leqslant r < b$,分别称 k 和 r 为 a 除以 b(或者 b 除 a)的商和余数,并称满足这种规则的运算为带余除法。显然,在带余除法中,$k = \lfloor a/b \rfloor$,其中 $\lfloor x \rfloor$ 表示不大于 x 的最大整数,或者称为 x 的下整数。

若记 a 除以 b 的余数为 $a \bmod b$,则带余除法可表示成

$$a = \lfloor a/b \rfloor b + a \bmod b$$

【例2-1】 若 $a=17, b=5$,则 $a=3b+2$,即 $k = \lfloor 17/5 \rfloor = 3, r = 17 \bmod 5 = 2$。

对于整数 $a<0$,也可以类似地定义带余除法和它的余数,例如,$-17 \bmod 5 = 3$。

2. 整数同余与模运算

设 $a,b,n \in \mathbf{Z}$ 且 $n>0$,如果 a 和 b 除以 n 的余数相等,即 $a \bmod n = b \bmod n$,则称 a 与 b 模 n 同余,并将这种关系记为 $a \equiv b \bmod n$,n 称为模数,$a \bmod n$ 相应地也可以被称为 a 模 n 的余数。

【例2-2】 $17 \equiv 2 \bmod 5$,$73 \equiv 27 \bmod 23$。

显然,如果 a 与 b 模 n 同余,则必然有 $n|(a-b)$(表示 $a-b$ 的值能整除 n),也可以写成 $a-b=kn$ 或 $a=kn+b$,其中 $k \in \mathbf{Z}$。

由带余除法的定义可知,任何整数 a 除以正整数 n 的余数一定在集合 $\{0,1,\cdots,n-1\}$ 中,结合整数同余的概念,所有整数根据模 n 同余关系可以分成 n 个集合,每一个集合中的整数模 n 同余,并将这样的集合称为模 n 同余类或剩余类,且可依次记为 $[0]_n, [1]_n, \cdots, [n-1]_n$ 上,即 $[x]_n = \{y | y \in \mathbf{Z} \land y \equiv x \bmod n, x \in \{0,1,\cdots,n-1\}\}$。如果从每一个模 n 同余类中取一个数为代表,形成一个集合,此集合称为模 n 的完全剩余系,以 $\mathbf{Z}_n$ 表示。显然,$\mathbf{Z}_n$ 最简单的表示就是集合 $\{0,1,\cdots,n-1\}$,这也是最常用的表示,即 $\mathbf{Z}_n = \{0,1,\cdots,n-1\}$。

综上所述,$a \bmod n$ 将任一整数 a 映射到 $\mathbf{Z}_n = \{0,1,\cdots,n-1\}$ 中唯一的数,这个数就是

a 模 n 的余数,所以可将 $a \bmod n$ 视作一种运算,并称其为模运算。

模运算具有如下性质(其中 $n>1$)。

性质(1):如果 $n|(a-b)$,则 $a \equiv b \bmod n$。

性质(2):模 n 同余关系是整数间的一种等价关系,它具有等价关系的3个基本性质。

- 自反性:对任意整数 a,有 $a \equiv a \bmod n$。
- 对称性:如果 $a \equiv b \bmod n$,则 $b \equiv a \bmod n$。
- 传递性:如果 $a \equiv b \bmod n$ 且 $b \equiv c \bmod n$,则 $a \equiv c \bmod n$。

性质(3):如果 $a \equiv b \bmod n$ 且 $c \equiv d \bmod n$,则 $a \pm c \equiv b \pm d \bmod n, ac \equiv bd \bmod n$。

性质(4):模运算具有普通运算的代数性质,可交换,可结合,可分配,例如:

$$(a \bmod n \pm b \bmod n) \bmod n = (a \pm b) \bmod n$$
$$(a \bmod n \times b \bmod n) \bmod n = (a \times b) \bmod n$$
$$((a \times b) \bmod n \pm (a \times c) \bmod n) \bmod n = (a \times (b \pm c)) \bmod n$$

性质(5):加法消去律:如果 $(a+b) \equiv (a+c) \bmod n$,则 $b \equiv c \bmod n$。

乘法消去律:如果 $ab \equiv ac \bmod n$,且 $\gcd(a,n)=1$,则 $b \equiv c \bmod n$。

性质(6):如果 $ac \equiv bd \bmod n$ 且 $c \equiv d \bmod n$ 及 $\gcd(c,n)=1$,则 $a \equiv b \bmod n$。

上述性质均可由同余和模运算的定义直接证明,请读者自己完成。

【例 2-3】 已知 $11 \bmod 9 = 2$ 和 $17 \bmod 9 = 8$,下面是对性质(4)的验证:

$((11 \bmod 9) + (17 \bmod 9)) \bmod 9 = (2+8) \bmod 9 = 1$

$(11+17) \bmod 9 = 1$

$((11 \bmod 9) - (17 \bmod 9)) \bmod 9 = (2-8) \bmod 9 = -6 \bmod 9 = 3$

$(11-17) \bmod 9 = -6 \bmod 9 = 3$

$((11 \bmod 9) \times (17 \bmod 9)) \bmod 9 = (2 \times 8) \bmod 9 = 16 \bmod 9 = 7$

$(11 \times 17) \bmod 9 = 187 \bmod 9 = 7$

$((5 \times 11 \bmod 9) + (5 \times 17 \bmod 9)) \bmod 9 = (1+4) \bmod 9 = 5$

$(5 \times (11+17)) \bmod 9 = 140 \bmod 9 = 5$

$((5 \times 11 \bmod 9) - (5 \times 17 \bmod 9)) \bmod 9 = (1-4) \bmod 9 = -3 \bmod 9 = 6$

$(5 \times (11-17)) \bmod 9 = -30 \bmod 9 = 6$

由性质(4)还可知,指数模运算可以变成模指数运算,从而使计算得以简化。例如,计算 $3^{11} \bmod 19$ 可按如下方式进行:

$13^2 \bmod 19 = 17$

$13^4 \bmod 19 = (13^2 \times 13^2) \bmod 19 = (17 \times 17) \bmod 19 = 4$

$13^8 \bmod 19 = (13^4 \times 13^4) \bmod 19 = (4 \times 4) \bmod 19 = 16$

$13^{11} \bmod 19 = (13 \times 13^2 \times 13^8) \bmod 19 = (13 \times 17 \times 16) \bmod 19 = 2$

【例 2-4】 利用同余式演算证明 $5^{60}-1$ 是 56 的倍数。

证明:由于 $5^3 \bmod 56 = 125 \bmod 56 = 13$,所以 $5^6 \bmod 56 = (5^3)^2 \bmod 56 = 13^2 \bmod 56 = 1$,于是 $5^{60} \bmod 56 = (5^6)^{10} \bmod 56 = 1^{10} \bmod 56 = 1$,所以,$5^{60} \equiv 1 \bmod 56$,即 $56|(5^{60}-1)$,$(5^{60}-1)$ 是 56 的倍数。

对于性质(5),应注意加法的消去律是无条件的,但模运算的乘法消去律是有条件的,如 $6 \times 3 \equiv 2 \bmod 8$ 和 $6 \times 7 \equiv 2 \bmod 8$,但 3 与 7 模 8 不同余,这就是因为 6 与 8 不互素,不满足乘法消去律的附加条件,两边的 6 不能被消去。

其实,有一个概念可以作为性质(5)的保障,这个概念就是逆元,其定义如下。

设 $a, n \in \mathbf{Z}$ 且 $n > 1$,如果存在 $b \in \mathbf{Z}$ 使得 $a + b \equiv 0 \bmod n$,则称 a、b 互为模 n 的加法逆元,也称负元,记为 $b \equiv -a \bmod n$。

设 $a, n \in \mathbf{Z}$ 且 $n > 1$,如果存在 $b \in \mathbf{Z}$ 使得 $ab \equiv 1 \bmod n$,则称 a、b 互为模 n 的乘法逆元,记为 $b \equiv a^{-1} \bmod n$。

显然,对任何整数 a,其模 n 的加法逆元总是存在的,$n - a$ 就是其中的一个,但不能保证任何整数都有模 n 的乘法逆元。

定理 2.1 设 $a, n \in \mathbf{Z}$,如果 $\gcd(a, n) = 1$,则存在唯一的 $b \in \mathbf{Z}$,满足 $ab \equiv 1 \bmod n$。

证明:任取 $i, j \in \mathbf{Z}_n$,且 $i \neq j$,由于 $\gcd(a, n) = 1$,根据性质(6)可知 $ai \neq aj \bmod n$。因此,$a\mathbf{Z}_n \bmod n = \mathbf{Z}_n$,即 $\{a \bmod n, 2a \bmod n, \cdots, (n-1)a \bmod n\} = \{1, 2, \cdots, n-1\}$。所以,$1 \in a\mathbf{Z}_n \bmod n$,即存在 $b \in \mathbf{Z}_n$ 使得 $ab \bmod n \equiv 1 \in a\mathbf{Z}_n$。由 $\mathbf{Z}_n$ 中数的互异性可知,满足上面条件的 b 是唯一的。

扩展欧几里得算法(extended Euclidean algorithm)是欧几里得算法(又叫辗转相除法)的扩展。已知整数 a、b,扩展欧几里得算法可以在求得 a、b 的最大公约数的同时找到整数 x、y(其中一个很可能是负数),使它们满足裴蜀等式(Bezout's equation)

$$ax + by = \gcd(a, b)$$

如果 a 是负数,可以把问题转化成 $|a|(-x) + by = \gcd(|a|, b)$,然后令 $x' = (-x)$。

该算法的 C 语言实现如下:

```c
int gcdEx(int a, int b, int * x, int * y)
{
    if(b==0)
    {
        * x=1, * y=0 ;
        return a ;
    }
    else
    {
        int r=gcdEx(b,a%b,x,y);
        /* r = GCD(a, b) = GCD(b, a%b) */    //原辗转相除法
        int t= * x ;
        * x= * y ;
        * y=t-a/b**y ;
        return r ;
    }
}
```

2.2.2 保密通信的基本模型

保密是密码学的核心目的。密码学的基本目的是面对攻击者(以下称为 Oscar)的主动攻击或被动攻击,通信双方(以下称为 Alice 和 Bob)之间应用不安全的信道进行通信时,保证通信安全。

在通信过程中,Alice 和 Bob 分别被称为信息的发送方(信源)和接收方(信宿),Alice

要发送给 Bob 的信息称为明文 P(Plaintext)，为了保证信息不被未经授权的 Oscar 识别，Alice 需要使用密钥 K（Key）对明文进行加密（Encryption），加密得到的结果称为密文 C（Ciphertext），密文一般是不可理解的，Alice 将密文通过不安全的信道发送给 Bob，同时通过安全的通信方式将密钥发送给 Bob。Bob 在接收到密文和密钥后，可以对密文进行解密（Decryption），从而获得明文。对于 Oscar 来说，他可能会窃听到信道中的密文，但由于得不到加密密钥，所以无法知道相应的明文。图 2-3 给出了保密通信的基本模型。

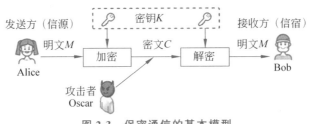

图 2-3　保密通信的基本模型

2.2.3　密码学的基本概念

在图 2-3 给出的保密通信的基本模型中，根据加密和解密过程所采用的密钥的特点可以将加密算法分为两类：对称加密算法（Symmetric Cryptography Algorithm，单钥密码算法）和非对称密码算法（Asymmetric Cryptography Algorithm，双钥密码算法）。

对称加密算法也称为传统加密算法，是指解密密钥与加密密钥相同或者能够从加密密钥中直接推算出解密密钥的加密算法。通常，在大多数对称加密算法中解密密钥与加密密钥是相同的，所以这类加密算法要求 Alice 和 Bob 在进行保密通信前通过安全的方式商定一个密钥。对称加密算法的安全性依赖于密钥的管理。

非对称加密算法也称为公钥加密算法，是指用来解密的密钥不同于用来加密的密钥，也不能够通过加密密钥直接推算出解密密钥。一般情况下，加密密钥是可以公开的，任何人都可以应用加密密钥对信息进行加密，但只有拥有解密密钥的人才可以解密出被加密的信息。在以上过程中，加密密钥称为公钥，解密密钥称为私钥。在图 2-3 所示的保密通信机制中，为了使接收方能够有效地恢复出明文信息，要求加密过程必须是可逆的。可见，加密方法、解密方法、密钥和消息（明文、密文）是保密通信中的几个关键要素，它们构成了相应的密码体制（cipher system）。

定义 2-1　密码体制。密码体制包括以下要素：

（1）M：明文消息空间，表示所有可能的明文组成的有限集合。
（2）C：密文消息空间，表示所有可能的密文组成的有限集合。
（3）K：密钥空间，表示所有可能的密钥组成的有限集合。
（4）E：加密算法集合。
（5）D：解密算法集合。

该密码体制应该满足的基本条件是：对任意的 $key \in K$，存在一个加密规则 $e_{key} \in E$ 和相应的解密规则 $d_{key} \in D$，使得对任意的明文 $x \in M$，$e_{key}(x) \in C$ 且 $d_{key}(e_{key}(x)) = x$。

在以上密码体制的定义中，最关键的条件是加密过程 e_{key} 的可逆性，即密码体制不仅能够对明文消息 x 应用 e_{key} 进行加密，而且应该可以使用相应的 d_{key} 对得到的密文进行解密，从而恢复出明文。

显然，密码体制中的加密函数 e_{key} 必须是一个一一映射。要避免出现在加密时 $x_1 \neq x_2$，而对应的密文 $e_{key}(x_1) = e_{key}(x_2) = y$ 的情况，否则，在解密过程中无法准确地确定密文 y 对应的明文 x。

自从有了加密算法，对加密信息的破解技术也应运而生了。密码算法的对立面称作密码分析，也就是研究密码算法的破译技术。加密和破译构成了一对矛盾体，密码学的主要目的是保护通信消息的秘密以防止被攻击。假设攻击者 Oscar 完全能够截获 Alice 和 Bob 之间的通信，密码分析是指在不知道密钥的情况下恢复出明文的方法。根据密码分析的 Kerckhoffs 原则：攻击者知道所用的加密算法的内部机理，不知道的仅仅是加密算法所采用的加密密钥。常用的密码分析攻击分为以下 4 类。

(1) **唯密文攻击**(ciphertext only attack)。攻击者有一些消息的密文，这些密文都是用相同的加密算法进行加密得到的。攻击者的任务就是恢复出尽可能多的明文，或者能够推算出加密算法采用的密钥，以便可以采用相同的密钥解密出其他被加密的消息。

(2) **已知明文攻击**(know plaintext attack)。攻击者不仅可以得到一些消息的密文，而且知道对应的明文。攻击者的任务就是用加密消息推算出加密算法采用的密钥或者导出一个算法，此算法可以对用同一密钥加密的任何新的消息进行解密。

(3) **选择明文攻击**(chosen plaintext attack)。攻击者不仅可以得到一些消息的密文和相应的明文，而且可以选择被加密的明文，这比已知明文攻击更为有效，因为攻击者能够选择特定的明文消息进行加密，从而得到更多有关密钥的信息。攻击者的任务是推算出加密算法采用的密钥，或者导出一个算法，此算法可以对用同一密钥加密的任何新的消息进行解密。

(4) **选择密文攻击**(chosen ciphertext attack)。攻击者能够选择一些不同的被加密的密文并得到与其对应的明文消息，攻击者的任务是推算出加密密钥。

对于以上任何一种攻击，攻击者的主要目标都是确定加密算法采用的密钥。显然这 4 种类型的攻击强度依次增大，相应的攻击难度则依次减小。

2.3 古典密码技术

古典密码是密码学的源头，虽然古典密码都比较简单而且容易破译，但研究古典密码的设计原理和分析方法对于理解、设计以及分析现代密码技术是十分有益的。通常，古典密码大多是以单个字母为作用对象的加密法，本节介绍几种古典密码体制。

2.3.1 移位密码

移位密码的加密对象为英文字母，它采用对明文消息的每一个英文字母向前推移固定 key 位的方式实现加密。换句话说，移位密码实现了 26 个英文字母的循环移位。由于英文共有 26 个字母，可以在英文字母表和 $Z_{26} = \{0, 1, \cdots, 25\}$ 之间建立一一对应的映射关系，因此，可以在 Z_{26} 中定义相应的加法运算以表示加密过程。在移位密码中，当取密钥 key=3 时，得到的移位密码称为凯撒密码，因为该密码体制首先被凯撒所使用。移位密码的密码体制定义如下。

定义 2-2 移位密码体制。令 $M=C=K=Z_{26}$。对任意的 $\text{key} \in Z_{26}, x \in M, y \in C$，定义

$$e_{\text{key}}(x)=(x+\text{key}) \bmod 26, d_{\text{key}}(y)=(y-\text{key}) \bmod 26$$

在使用移位密码体制对英文字母进行加密之前，首先需要在 26 个英文字母与 Z_{26} 中的元素之间建立一一对应关系，然后应用以上密码体制进行相应的加密计算和解密计算。

【例 2-5】 设移位密码的密钥为 $\text{key}=7$，英文字母与 Z_{26} 中的元素之间的对应关系如下：

A	B	C	D	E	F	G	H	I	J	K	L	M
00	01	02	03	04	05	06	07	08	09	10	11	12
N	O	P	Q	R	S	T	U	V	W	X	Y	Z
13	14	15	16	17	18	19	20	21	22	23	24	25

假设明文为 ENCRYPTION，则加密过程如下。

首先，将明文根据对应关系映射到 Z_{26}，得到相应的整数序列：

04 13 02 17 24 15 19 08 14 13

其次，对以上整数序列进行加密计算：

$$e_{\text{key}}(04)=(04+7) \bmod 26=11$$
$$e_{\text{key}}(13)=(13+7) \bmod 26=20$$
$$e_{\text{key}}(02)=(02+7) \bmod 26=09$$
$$e_{\text{key}}(17)=(17+7) \bmod 26=24$$
$$e_{\text{key}}(24)=(24+7) \bmod 26=05$$
$$e_{\text{key}}(15)=(15+7) \bmod 26=22$$
$$e_{\text{key}}(19)=(19+7) \bmod 26=00$$
$$e_{\text{key}}(08)=(08+7) \bmod 26=15$$
$$e_{\text{key}}(14)=(14+7) \bmod 26=21$$
$$e_{\text{key}}(13)=(13+7) \bmod 26=20$$

由此得到相应的整数序列：

11 20 09 24 05 22 00 15 21 20

最后，根据对应关系将以上数字转换成英文字母，即得相应的密文：

LUJYFWAPVU

解密是加密的逆过程，计算过程与加密相似。首先根据对应关系将密文字母转换成数字，再应用解密公式 $d_{\text{key}}(y)=(y-\text{key}) \bmod 26$ 进行计算，在本例中，将每个密文对应的数字减去 7，再和 26 进行取模运算，对计算结果根据原来的对应关系即可还原成英文字母，从而解密出相应的明文。

移位密码的加密和解密过程的本质都是循环移位运算，由于 26 个英文字母顺序移位 26 次后就会还原，因此移位密码的密钥空间大小为 26，其中有一个弱密钥，即 $\text{key}=0$。

由于移位密码中明文字母和相应的密文字母之间具有一一对应的关系，因此密文中英文字母的出现频率与明文中相应的英文字母的出现频率相同，加密结果不能隐藏由于明文

中英文字母出现的统计规律性导致的密文出现的频率特性,频率分析法可以发现其弱点并对其进行有效攻击。

2.3.2 代换密码

移位密码可看成对 26 个英文字母的简单置换,因此可考虑 26 个英文字母集合上的一般置换操作。鉴于 26 个英文字母和 Z_{26} 的元素之间可以建立一一对应关系,于是,Z_{26} 上的任一个置换也就对应 26 个英文字母表上的一个置换。可以借助 Z_{26} 上的置换改变英文字母表中英文字母的原有位置,即用新的字母代替明文消息中的原有字母以达到加密明文消息的目的,Z_{26} 上的置换被当作加密所需的密钥。由于该置换对应 26 个英文字母表上的一个置换,因此,可将代换密码的加密和解密过程看作应用英文字母表的置换变换进行的代换操作。

定义 2-3 代换密码体制。令 $M=C=Z_{26}$,K 是 Z_{26} 上所有可能置换构成的集合。对任意的置换 $\pi \in Z_{26}$,$x \in M$,$y \in C$,定义 $e_\pi(x)=\pi(x)$,$d_\pi(y)=\pi^{-1}(y)$。其中 π 和 π^{-1} 互为逆置换。

【**例 2-6**】 置换定义如下(由于 Z_{26} 上的任意置换均可以对应 26 个英文字母表上的一个置换,因此,本例直接将 Z_{26} 上的置换 π 表示成英文字母表上的置换):

A	B	C	D	E	F	G	H	I	J	K	L	M
q	w	e	r	t	y	u	i	o	p	a	s	d
N	O	P	Q	R	S	T	U	V	W	X	Y	Z
f	g	h	j	k	l	z	x	c	v	b	n	m

其中,大写字母代表明文字母,小写字母代表密文字母。

假设明文为 ENCRYPTION,则根据置换 π 定义的对应关系,可以得到相应的密文为 tfeknhzogf。

解密时首先根据加密过程中的置换 π 定义的对应关系计算相应的逆置换 π^{-1},本例中的逆置换 π^{-1} 为

q	w	e	r	t	y	u	i	o	p	a	s	d
A	B	C	D	E	F	G	H	I	J	K	L	M
f	g	h	j	k	l	z	x	c	v	b	n	m
N	O	P	Q	R	S	T	U	V	W	X	Y	Z

根据计算得到的逆置换 π^{-1} 定义的对应关系对密文 tfeknhzogf 进行解密,可以恢复出相应的明文 ENCRYPTION。

代换密码的任一个密钥 π 都是 26 个英文字母的一种置换。由于所有可能的置换有 26! 种,所以代换密码的密钥空间大小为 26!。代换密码有一个弱密钥:26 个英文字母都不进行置换。

对于代换密码,如果采用密钥穷举搜索的方法进行攻击,计算量相当大。但是,代换密码中明文字母和相应的密文字母之间具有一一对应的关系,密文中英文字母的出现频率与

明文中相应的英文字母的出现频率相同,加密结果也不能隐藏由于明文中英文字母出现的统计规律性导致的密文出现的频率特性,因此,如果应用频率分析法对其进行密码分析,其攻击难度要远远小于采用密钥穷举搜索法的攻击难度。

2.3.3 置换密码

本节介绍的密码体制,通过重新排列消息中元素的位置而不改变元素本身的方式对一个消息进行变换。这种密码体制称为置换密码(也称为换位密码)。置换密码是古典密码中除代换密码外的重要一类,被广泛应用于现代分组密码的构造。

定义 2-4 置换密码体制。 令 $m \geq 2$ 是一个正整数,$M=C=(Z_{26})^m$,K 是 $Z_m=\{0,1,\cdots,m-1\}$ 上所有可能置换构成的集合。对任意的 $(x_1,x_2,\cdots,x_m) \in M, \pi \in K, (y_1,y_2,\cdots,y_m) \in C$,定义

$$e_\pi(x_0,x_1,\cdots,x_{m-1})=(x_{\pi(0)},x_{\pi(1)},\cdots,x_{\pi(m-1)})$$
$$d_\pi(y_0,y_1,\cdots,y_{m-1})=(y_{\pi^{-1}(0)},y_{\pi^{-1}(1)},\cdots,y_{\pi^{-1}(m-1)})$$

其中,π 和 π^{-1} 互为 Z_m 上的逆置换;m 为分组长度。对于长度大于分组长度 m 的明文消息,可对明文消息先按照长度 m 进行分组,然后对每一个分组消息重复进行同样的加密过程,最终实现对明文消息的加密。

【例 2-7】 令 $m=4$,$\pi=(\pi(0),\pi(1),\pi(2),\pi(3))=(1,3,0,2)$。假设明文为

Information security is important

加密过程首先根据 $m=4$ 将明文分为 6 个分组,每个分组 4 个字母。

Info rmat ions ecur ityi simp orta nt

然后根据加密规则 $e_\pi(x_0,x_1,\cdots,x_{m-1})=(x_{\pi(0)},x_{\pi(1)},\cdots,x_{\pi(m-1)})$,应用置换变换 π 对每个分组消息进行加密,得到相应的密文:

Noifmtraosincreutiiyipsmraottn

解密过程需要用到加密置换 π 的逆置换,在本例中,根据置换 π 定义的对应关系得到相应的解密置换 π^{-1}:

$$\pi^{-1}=(\pi^{-1}(0),\pi^{-1}(1),\pi^{-1}(2),\pi^{-1}(3))=(2,0,3,1)$$

解密时,首先根据分组长度 m 对密文进行分组,得到

noif mtra osin creu tiiy ipsm raot tn

然后根据解密规则 $d_\pi(y_0,y_1,\cdots,y_{m-1})=(y_{\pi^{-1}(0)},y_{\pi^{-1}(1)},\cdots,y_{\pi^{-1}(m-1)})$,应用解密置换 π^{-1} 对每个分组消息进行置换变换,就可以得到解密的消息。

需要说明的是,在以上加密过程中,应用给定的分组长度 m 对消息序列进行分组,当消息长度不是分组长度的整数倍时,可以在最后一段分组消息后面添加足够的特殊字符,从而保证能够以 m 为分组长度对消息进行分组处理。在例 2-7 中,在最后的分组消息 tn 后面增加了两个空格,以保证分组长度的一致性。

对于固定的分组长度 m,Z_m 上共有 $m!$ 种不同的排列,对应产生 $m!$ 个不同的加密密钥 π,因此,相应的置换密码共有 $m!$ 种不同的密钥。应注意的是,置换密码尽管没有改变密文消息中英文字母的统计特性,但应用频率分析的攻击方法对其进行密码分析时,由于密文中英文字母的常见组合关系不再存在,并且与已知密文消息序列具有相同统计特性的对应明文组合并不唯一,导致相应的密码分析难度增大。因此,相比较而言,置换密码能较好

地抵御频率分析法。另外，可以用唯密文攻击法和已知明文攻击法破解置换密码。

在上面介绍的几个典型的古典密码体制里含有两个基本操作：替换（substitution）和置换（permutation），替换实现了英文字母外在形式上的改变，每个英文字母被其他字母替换；置换实现了英文字母所处位置的改变，但没有改变字母本身。替换操作分为单表替换和多表替换两种。单表替换的特点是把明文中的每个英文字母正好映射为一个密文字母，是一种一一映射，不能抵御基于英文字母出现频率的频率分析攻击法；多表替换的特点是明文中的同一字母可能用多个不同的密文字母代替，与单表替换的密码体制相比，在形式上增强了加密的安全性。

替换和置换这两个基本操作具有原理简单且容易实现的特点。随着计算机技术的飞速发展，古典密码体制的安全性已经无法满足实际应用的需要，但是替换和置换这两个基本操作仍是构造现代对称加密算法最重要的核心方式。举例来说，替换和置换操作在数据加密标准（DES）和高级加密标准（AES）中都起到了核心作用。几个简单密码算法的结合可以产生一个安全的密码算法，这就是简单密码仍被广泛使用的原因。除此之外，简单的替换和置换密码在密码协议上也有广泛的应用。

2.3.4 衡量密码体制安全性的基本准则

对于加密法的评估，20 世纪 40 年代，Shannon 提出了一个常用的评估概念，他认为一个好的加密法应具有混淆性（Confusion）和扩散性（Diffusion）。混淆性意味着加密法应隐藏所有的局部模式，将可能导致破解密钥的提示性信息特征进行隐藏；扩散性要求加密法将密文的不同部分进行混合，使得任何字母都不在原来的位置。前面介绍的几个古典密码，由于未能满足 Shannon 提出的两个条件，所以能被破解。此外，加密系统的评估也要考虑经济因素，一个加密算法不能为了安全而追求"牢不可破"（而且它未必是牢不可破的）。如果获得信息的代价比破译密钥的代价更小，则该数据是安全的；如果破译密钥需要的时间比信息的有用时间更长，该数据也认为是安全的。换句话说，任何加密算法的最终安全性基于这样一个原则：破译密钥的付出大于回报。按照这一原则，安全的密码系统应具备以下条件：

(1) 系统即使在理论上不是不可破译的，也应该是实际上不可破译的。

(2) 系统的安全性不依赖于加/解密算法和系统的保密性，而仅依赖于密钥的保密性。

(3) 加/解密运算简单、快捷，易于软/硬件实现。

(4) 加/解密算法适用于所有密钥空间的元素。

通常，破译密钥需要考虑破译的时间复杂度和空间复杂度。衡量密码体制安全性的基本准则有以下 3 项：

(1) **计算安全的**（computational security）。如果破译加密算法所需要的计算能力和计算时间是现实条件无法实现的，那么就认为相应的密码体制是计算安全的。这意味着强力破解证明是安全的。

(2) **可证明安全的**（provable security）。如果对一个密码体制的破译依赖于对某一个经过深入研究的数学难题的解决，就认为相应的密码体制是可证明安全的。这意味着理论保证是安全的。

(3) **无条件安全的**（unconditional security）。如果攻击者在拥有无限计算能力和计算时间的前提下也无法破译加密算法，就认为相应的密码体制是无条件安全的。这意味着该密码体制在极限状态下是安全的。

除了一次一密加密算法以外,从理论上说,不存在绝对安全的密码体制。因此,在实际应用中,只要能够证明采用的密码体制是计算安全的,就有理由认为加密算法是安全的,因为计算安全性能够保证采用的算法在有效时间内的安全性。

2.4 分组密码

分组密码也叫作块密码(block cipher),是现代密码学的重要组成部分,它的主要功能是提供有效的数据加解密技术,实现对数据内容的保护。

本节简要介绍 DES (Data Encryption Standard)的加密原理和算法分析,并简要介绍分组密码的工作模式。

2.4.1 DES

DES 是使用最为广泛的一种分组密码算法,对推动密码理论的发展和应用起了重大的作用。学习 DES 对于掌握分组密码的基本理论、设计思想和实际应用都有重要的意义。20 世纪 70 年代中期,美国政府认为需要一个强大的标准加密系统,美国国家标准局提出了开发这种加密算法的请求,最终 IBM 公司的 Lucifer 加密系统胜出。有关 DES 的历史过程如下。

1972 年,美国商业部所属的美国国家标准局开始实施计算机数据保护标准的开发计划。

1973 年 5 月 13 日,美国国家标准局发布文告征集在传输和存储数据中保护计算机数据的密码算法。

1975 年 3 月 17 日,首次公布 DES 的算法描述,进行公开讨论。

1977 年 1 月 15 日,正式批准 DES 为无密级应用的加密标准(FIPS-46),当年 7 月 1 日正式生效。以后每隔 5 年由美国国家安全局对其安全性进行一次评估,以便确定是否继续使用它作为加密标准。

1994 年 1 月,美国国家安全局在对 DES 进行评估后决定 1998 年 12 月以后不再将其作为数据加密标准。

1. DES 的描述

DES 是一个包含 16 个阶段的替换-置换的分组加密算法,它以 64 位的分组为单位对数据进行加密。64 位的分组明文序列作为加密算法的输入,经过 16 轮加密得到 64 位的密文序列。尽管 DES 密钥的长度有 64 位,但用户只提供 56 位(通常是以转换成 ASCII 码的 7 个字母的单词作为密钥),其余的 8 位由算法提供,分别放在第 8、16、24、32、40、48、56、64 位上,结果是每 8 位的密钥包含了用户提供的 7 位和 DES 算法确定的 1 位。添加的位是有选择的,使得每个 8 位的块都含有奇数个奇偶校验位(即 1 的个数为奇数)。DES 的密钥可以是任意的 56 位数,其中极少量的 56 位数被认为是弱密钥,为了保证加密的安全性,在加密过程中应该尽量避开使用这些弱密钥。

DES 对 64 位的明文分组进行操作。首先通过一个初始置换 IP,将 64 位的明文分成各 32 位长的左半部分和右半部分,该初始置换只在 16 轮加密过程进行之前进行一次,在接下来的轮加密过程中不再进行该置换操作。在经过初始置换操作后,对得到的 64 位序列进行

16 轮加密运算,这些运算被称为函数 f,在运算过程中,输入数据与密钥结合。经过 16 轮后,左、右半部分合在一起得到一个 64 位的输出序列,该序列再经过一个末尾置换 IP^{-1}(初始置换的逆置换)获得最终的密文,具体加密流程如图 2-4 所示。初始置换 IP 和对应的逆初始置换 IP^{-1} 操作并不会增强 DES 的安全性,它的主要目的是更容易地将明文和密文数据以字节大小放入 DES 芯片中。

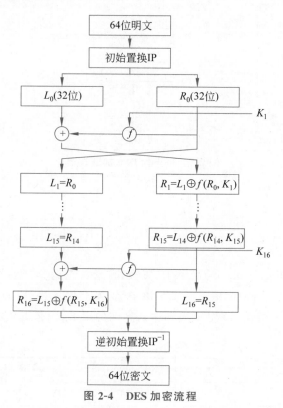

图 2-4 DES 加密流程

DES 的每个阶段使用的是不同的子密钥和上一阶段的输出,但执行的操作相同。这些操作定义在 3 种盒子中,分别称为扩展盒(Expansion box,E 盒)、替换盒(Substitution box,S 盒)、置换盒(Permutation box,P 盒)。在每一轮加密过程中,3 种盒子的使用顺序如图 2-5 所示。在每一轮加密过程中,函数 f 的运算包括以下 4 部分:首先,将 56 位密钥等分成长度为 28 位的两部分,根据加密轮数,这两部分密钥分别循环左移 1 位或 2 位后合并成新的 56 位密钥系列,从移位后的 56 位密钥序列中选出 48 位(该部分采用一个压缩置换实现);其次,通过一个扩展置换将输入序列 32 位的右半部分扩展成 48 位后与 48 位的轮密钥进行异或运算;再次,通过 8 个 S 盒将异或运算后获得的 48 位序列替代成一个 32 位的序列;最后,对 32 位的序列应用 P 盒进行置换变换,作为 f 的 32 位输出序列。

将函数 f 的输出序列与输入序列的左半部分异或运算后的结果作为新一轮加密过程输入序列的右半部分,将当前输入序列的右半部分作为新一轮加密过程输入序列的左半部分。上述过程重复操作 16 次,便实现了 DES 的 16 轮加密运算。

假设 B_i 是第 i 轮计算结果,则 B_i 为一个 64 位的序列,L_i 和 R_i 分别是 B_i 的左半部分和右半部分,K_i 是第 i 轮的 48 位密钥,且 f 是实现替换、置换及密钥异或等运算的函数,那

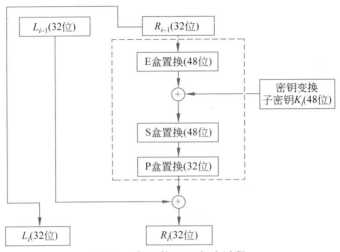

图 2-5 每一轮 DES 加密过程

么每一轮加密具体过程为

$$L_i = R_{i-1}$$
$$R_i = L_{i-1} \oplus f(R_{i-1}, K_i)$$

1）初始置换

初始置换（Initial Permutation）简称 IP 置换，在第一轮运算之前执行，对输入分组实施如表 2-1 所示的 IP 置换。例如，表 2-1 表示该 IP 置换把输入序列的第 58 位置换到输入序列的第 1 位，把输入序列的第 50 位置换到输入序列的第 2 位，依此类推。

表 2-1 初始置换

58	50	42	34	26	18	10	2	60	52	44	36	28	20	12	4
62	54	46	38	30	22	14	6	64	56	48	40	32	24	16	8
57	49	41	33	25	17	9	1	61	53	45	37	29	21	13	3
63	55	47	39	31	23	15	7	63	55	47	39	31	23	15	7

2）密钥置换

DES 加密算法输入的初始密钥大小为 8 字节，由于每字节的第 8 位用来作为初始密钥的校验位，所以加密算法的初始密钥不考虑每字节的第 8 位，DES 的初始密钥实际对应一个 56 位的序列，每字节第 8 位作为奇偶校验位以确保密钥不发生错误。首先对初始密钥进行如表 2-2 所示的置换操作。

表 2-2 密钥置换

57	49	41	33	25	17	8	2	1	58	50	42	34	26	18	4
10	2	59	51	43	35	27	6	19	11	3	60	52	44	36	8
63	55	47	39	31	23	15	1	7	62	54	46	38	30	22	3
14	6	61	53	45	37	29	7	21	13	5	28	20	12	4	7

DES 的每一轮加密过程是从 56 位密钥中产生 48 位子密钥（subkey），这些子密钥 K_i 通过以下方式产生。

首先将 56 位密钥等分成两部分。然后根据加密轮数，这两部分密钥分别循环左移 1 位或 2 位。表 2-3 给出了不同轮数产生子密钥时循环左移的位数。

表 2-3　不同轮数产生子密钥时循环左移的位数

轮数（迭代次数）i	1	2	3	4	5	6	7	8	9	10	11	12	13	14	15	16
循环左移 LS_i	1	1	2	2	2	2	2	2	1	2	2	2	2	2	2	1

对两个 28 位的密钥循环左移以后，通过如表 2-4 所示的压缩置换从 56 位密钥中选出 48 位作为当前加密的轮密钥。表 2-4 给出的压缩置换不仅置换了 56 位密钥序列的顺序，同时也选出了 48 位的子密钥，因为该运算提供了一组 48 位的数字集。例如，在 56 位的密钥中，位于第 33 位的密钥数字对应输出到 48 位轮密钥的第 38 位，位于第 18 位的密钥数字在输出的 48 位轮密钥中将不会出现。

表 2-4　压缩置换

14	17	11	24	1	5	3	28	15	6	21	10
23	19	12	4	26	8	16	7	27	20	13	2
41	52	31	37	47	55	30	40	51	45	33	48
44	49	39	56	34	53	46	42	50	36	29	32

在以上产生密钥的过程中，由于每一次进行压缩之前都包含一个循环移位操作，所以产生每一个子密钥时使用了不同的初始密钥子集。虽然初始密钥的所有位在密钥中使用的次数并不完全相同，但在产生的 16 个 48 位的子密钥中，初始密钥的每一位大约会被 14 个子密钥使用。由此可见，密钥的设计非常精巧，使得密钥随明文的每次置换而不同，每个阶段使用不同的密钥执行替换或置换操作，其流程如图 2-6 所示。

3）扩展置换

扩展置换也称为 E 盒，将 64 位输入序列的右半部分 R_i 从 32 位扩展为 48 位。扩展置换不仅改变了输入序列的次序，而且重复了某些位。这个操作有以下 3 个基本的目的：第一，经过扩展置换可以应用 32 位的输入序列产生一个与轮密钥长度相同的 48 位的序列，从而实现与轮密钥的异或运算；第二，扩展置换针对 32 位的输入序列提供了 48 位的结果，使得在接下来的替换运算中可以对其进行压缩，从而达到更好的安全性；最后，由于输入序列的每一位将影响两个替换，所以输出序列对输入序列的依赖性将传播得更快，体现出良好的雪崩效应。因此，该操作有助于 DES 算法尽可能快地使密文的每一位依赖于明文和密钥的每一位。

表 2-5 给出了扩展置换中输出位与输入位的对应关系。例如，处于输入分组中的第 3 位对应输出序列的第 4 位，而输入分组中的第 21 位则分别对应输出序列的第 30 位和第 32 位。

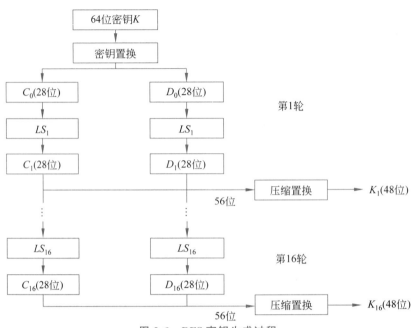

图 2-6 DES 密钥生成过程

表 2-5 扩展置换（E 盒）

32	1	2	3	4	5	4	5	6	7	8	9
8	9	10	11	12	13	12	13	14	15	16	17
16	17	18	19	20	21	20	21	22	23	24	25
24	25	26	27	28	29	28	29	30	31	32	1

在扩展置换过程中，每一个输出分组的长度都大于输入分组，而且该过程对于不同的输入分组都会产生唯一的输出分组。

E 盒的真正作用是确保最终的密文与所有的明文位都有关。下面看一下第 1 位的值通过 E 盒操作的情况。第一个 E 盒操作将第 1 位复制后将它放在位置 2 和 32；第二次 E 盒作用于该单词，初始的影响延伸到了位置 1、3 和 31；等到第 8 次该单词通过 E 盒后，E 盒对每一位都有影响。详细的过程如下：

    初始阶段 10000000000000000000000000000000
    第 1 阶段 01000000000000000000000000000001
    第 2 阶段 10100000000000000000000000000010
    第 3 阶段 01010000000000000000000000000101
    第 4 阶段 10101000000000000000000000000101
    第 5 阶段 01010100000000000000000000010101
    第 6 阶段 10101111010000000000000010101010
    第 7 阶段 01010101111000100101010101010101
    第 8 阶段 10101010101111111010111010101010

4）S 盒替换

每一轮加密的48位的轮密钥与扩展后的分组序列进行异或运算以后,得到一个48位的结果序列,接下来应用S盒对该序列进行替换运算,替换8个S盒。每一个S盒对应6位的输入序列,得到相应的4位输出序列。在DES算法中,这8个S盒是不同的(DES的这8个S盒所占的存储空间为256B)。48位的输入被分为8个6位的分组,每一分组对应一个S盒替换操作：分组1由S_1操作,分组2由S_2操作,以此类推,如图2-7所示。

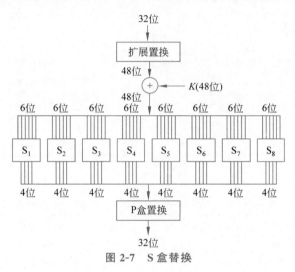

图 2-7　S 盒替换

在DES算法中,每个S盒对应一个4行、16列的表,表中的每一项都是一个十六进制的数,对应一个4位的序列。表2-6列出了8个S盒。

表 2-6　8 个 S 盒

列	行																S盒
	0	1	2	3	4	5	6	7	8	9	10	11	12	13	14	15	
0	14	4	13	1	2	15	11	8	3	10	6	12	5	9	0	7	
1	0	15	7	4	14	2	13	1	10	6	12	11	9	5	3	8	S_1
2	4	1	14	8	13	6	2	11	15	12	9	7	3	10	5	0	
3	15	12	8	2	4	9	1	7	5	11	3	14	10	0	6	13	
0	15	1	8	14	6	11	3	4	9	7	2	13	12	0	5	10	
1	3	13	4	7	15	2	8	14	12	0	1	10	6	9	11	5	S_2
2	0	14	7	11	10	4	13	1	5	8	12	6	9	3	2	15	
3	13	8	10	1	3	15	4	2	11	6	7	12	0	5	14	9	
0	10	0	9	14	6	3	15	5	1	13	12	7	11	4	2	8	
1	13	7	0	9	3	4	6	10	2	8	5	14	12	11	15	1	S_3
2	13	6	4	9	8	15	3	0	11	1	2	12	5	10	14	7	
3	1	10	13	0	6	9	8	7	4	15	14	3	11	5	2	12	

续表

列	行																S盒
	0	1	2	3	4	5	6	7	8	9	10	11	12	13	14	15	
0	7	13	14	3	0	6	9	10	1	2	8	5	11	12	4	15	
1	13	8	11	5	6	15	0	3	4	7	2	12	1	10	14	9	S_4
2	10	6	9	0	12	11	7	13	15	1	3	14	5	2	8	4	
3	3	15	0	6	10	1	13	8	9	4	5	11	12	7	2	14	
0	2	12	4	1	7	10	11	6	8	5	3	15	13	0	14	9	
1	14	11	2	12	4	7	13	1	5	0	15	10	3	9	8	6	S_5
2	4	2	1	11	10	13	7	8	15	9	12	5	6	3	0	14	
3	11	8	12	7	1	14	2	13	6	15	0	9	10	4	5	3	
0	12	1	10	15	9	2	6	8	0	13	3	4	14	7	5	11	
1	19	15	4	2	7	12	9	5	6	1	13	14	0	11	3	8	S_6
2	9	14	15	5	2	8	12	3	7	0	4	10	1	13	11	6	
3	4	3	2	12	9	5	15	10	11	14	1	7	6	0	8	13	
0	4	11	2	14	15	0	8	13	3	12	9	7	5	10	6	1	
1	13	0	11	7	4	9	1	10	14	3	5	12	2	15	8	6	S_7
2	1	4	11	13	12	3	7	14	10	15	6	8	0	5	9	2	
3	6	11	13	8	1	4	10	7	9	5	0	15	14	2	3	12	
0	13	2	8	4	6	15	11	1	10	9	3	14	5	0	12	7	
1	1	5	13	8	10	3	7	4	12	5	6	11	0	14	9	2	S_8
2	7	11	4	1	9	12	14	2	0	6	10	13	15	3	5	8	
3	2	1	14	7	4	10	8	13	15	12	9	0	3	5	6	11	

输入序列以一种非常特殊的方式对应S盒中的某一项,通过S盒的6位输入标记确定了输出序列在S盒中的行和列的值。假定S盒的6位输入标记为$b_1 \sim b_6$,则b_1和b_6组合构成了一个2位的序列,该序列对应一个0~3的十进制数字,该数字即输出序列在对应的S盒中所处的行;输入序列中$b_2 \sim b_5$构成了一个4位的序列,该序列对应一个0~15的十进制数字,该数字即输出序列在对应的S盒中所处的列。根据行和列的值可以确定相应的输出序列。

【例2-8】 假设对应第6个S盒的输入序列为110011。第1位和最后一位组合构成的序列为11,对应的十进制数为3,说明对应的输出序列位于S盒的第3行;中间的4位组合构成的序列为1001,对应的十进制数为9,说明对应的输出序列位于S盒的第9列。第6个S盒的第3行第9列处的数字是14(注意,行列数均从0开始,而不是从1开始),14对应的二进制数为1110,对应输入序列110011的输出序列为1110。

S盒的设计是DES分组加密算法的关键步骤,因为在DES中,所有其他的运算都是线性的,易于分析;而S盒是非线性运算,它能提供比DES的其他任何操作都更好的安全性。运用S盒替换过程的结果为8个4位的分组序列,它们重新合在一起形成了一个32位的分组。对这个分组进行下一步操作,即P盒置换。

5) P盒置换

经S盒替换运算后的32位输出依照P进行置换。该置换对32位的输入序列进行一个置换操作,把每个输入位映射到相应的输出位,任何一位都不能被映射两次,也不能被略去。表2-7给出了P盒置换的具体操作。例如,输入序列的第21位置换到输出序列的第4位,而输入序列的第4位被置换到输出序列的第31位。

表2-7 P盒置换

16	7	20	21	29	12	28	17	1	15	23	26	5	18	31	10
2	8	24	14	32	27	3	9	19	13	30	6	22	11	4	25

将P盒置换的结果与该轮输入的64位分组的左半部分进行异或运算后,得到本轮加密输出序列的右半部分;将本轮加密输入序列的右半部分直接输出,作为本轮加密输出序列的左半部分。这样就得到64位的输出序列。

6) 逆初始置换

逆初始置换是初始置换的逆过程,表2-8列出了逆初始置换的具体操作。需要说明的是,DES在16轮加密过程中,左半部分和右半部分并没有进行交换位置的操作,而是将R_{16}与L_{16}并在一起形成一个分组作为逆初始置换的输入,这样做保证了DES加密和解密过程的一致性。

表2-8 逆初始置换

40	8	18	16	56	24	64	32	39	7	47	15	55	23	63	31
38	6	46	14	54	22	62	30	37	5	45	13	53	21	61	29
36	4	44	12	52	20	60	28	35	3	43	11	51	19	59	27
34	2	42	10	50	18	58	26	33	1	41	9	49	17	57	25

7) DES解密

DES的加密过程经过了多次的替换、置换、异或和循环移动操作,整个加密过程似乎非常复杂。实际上,DES经过精心选择各种操作而获得了一个非常好的性质:加密和解密可使用相同的算法,即解密过程是将密文作为输入序列进行相应的DES加密,与加密过程唯一不同之处是解密过程使用的轮密钥与加密过程使用的次序相反。如果加密过程中各轮的子密钥分别是$K_1,K_2,\cdots,K_{16}$,那么解密过程中相应的解密子密钥分别是$K_{16},\cdots,K_2$,K_1。因此,解密过程产生各轮子密钥的算法与加密过程生成轮密钥的算法相同。与加密过程不同的是解密过程产生子密钥时,初始密钥进行循环右移操作,每产生一个子密钥,对应的初始密钥移动位数分别为0,1,2,2,2,2,2,2,1,2,2,2,2,2,2,1。这样就可以根据初始密钥生成加密和解密过程所需的各轮子密钥。

下面给出一个DES加密的例子。

【例2-9】 已知明文$m=$computer,密钥$k=$program,相应的ASCII码表示如下:

m = 01100011 01101111 01101101 01110000 01110101 0111010001100101 0111001 0
k = 01110000 01110010 01101111 01100111 01110010 01100001 01101101

其中 k 只有 56 位,必须加入第 8、16、24、32、40、56、64 位的奇偶校验位构成 64 位。其实加入的 8 位奇偶校验位对加密过程不会产生影响。

令 $m = m_1 m_2 \cdots m_{64}$,$k = k_1 k_2 \cdots k_{64}$,其中 $m_1 = 0, m_2 = 1, \cdots, m_{64} = 0, k_1 = 0, k_2 = 1, \cdots, k_{64} = 0$。

m 经过初始置换后得到

L_0 = 11111111 10111000 01110110 01010111
R_0 = 00000000 11111111 00000110 10000011

密钥 k 经过置换后得到

C_0 = 11101100 10011001 00011011 1011
D_0 = 10110100 01011000 10001110 0110

循环左移一位并经压缩置换后得到 48 位的子密钥 k_1:

k_1 = 00111101 10001111 11001101 00110111 00111111 01001000

R_0 经过扩展置换得到的 48 位序列为

10000000 00010111 11111110 10000000 11010100 00000110

结果再和 k_1 进行异或运算,得到的结果为

10111101 10011000 00110011 10110111 11101011 01001110

将得到的结果分成 8 组:

101111 011001 100000 110011 101101 111110 101101 001110

通过 8 个 S 盒得到 32 位的序列:

01110110 00110100 00100110 10100001

对 S 盒的输出序列进行 P 盒置换,得到

01000100 00100000 10011110 10011111

经过以上操作,得到经过第 1 轮加密的结果序列:

00000000 11111111 00000110 10000011 10111011 10011000 11101000 11001000

以上加密过程进行 16 轮,最终得到加密的密文为

01011000 10101000 01000001 10111000 01101001 11111110 10101110 00110011

需要说明的是,DES 的加密结果可以看作明文 m 和密钥 k 之间的一种复杂函数,所以对应明文或密钥的微小改变,产生的密文序列都将发生很大的变化。

2. DES 的分析

自从被采用为美国联邦数据加密标准以来,DES 遭到了猛烈的批评和质疑。首先是 DES 的密钥长度是 56 位,很多人担心这样的密钥长度不足以抵御穷举式搜索攻击;其次是 DES 的内部结构(即 S 盒的设计标准)是保密的,这样使用者无法确信 DES 的内部结构不存在任何潜在的弱点。

S 盒是 DES 强大功能的源泉,8 个不同的 S 盒定义了 DES 的替换模式。查看 DES 的 S 盒结构,可以发现 S 盒具有非线性特征,这意味着给定一个输入-输出对的集合,很难预计所有 S 盒的输出。S 盒的另一个很重要特征是,改变一个输入位,至少会改变两个输出位。例如,如果 S_1 的输入为 010010,其输出位于行 0(二进制为 00)列 9(二进制为 1001),值为 10

(二进制为 1010)。如果输入的一位改变,假设改变为 110010,那么输出位于行 2(二进制为 10)列 9(二进制为 1001),其值为 12 (二进制为 1100)。比较这两个值可以发现,中间的两位发生了改变。事实上,后来的实践表明 DES 的 S 盒被精心设计成能够防止诸如差分分析方法类型的攻击。

另外,DES 的初始方案——IBM 公司的 Lucifer 密码体制具有 128 位的密钥长度,DES 的最初方案也有 64 位的密钥长度,但是后来公布的 DES 将其减少到 56 位。IBM 公司声称其原因是必须在密钥中包含 8 位奇偶校验位,这意味着 64 位的存储空间只能包含一个 56 位的密钥。

经过人们的不懈努力,对 S 盒的设计已经有了一些基本的要求,例如,S 盒的每行必须包括所有可能输出位的组合;如果 S 盒的两个输入只有一位不同,那么输出位必须至少有两位不同;如果两个输入中间的两位不同,那么输出也必须至少有两位不同。

许多密码体制都存在着弱密钥,DES 也存在这样的弱密钥和半弱密钥。

如果 DES 的密钥 k 产生的子密钥满足 $k_1=k_2=\cdots=k_{16}$,则有 $\text{DES}_k(m)=\text{DES}_k^{-1}(m)$,这样的密钥 k 称为 DES 算法的弱密钥。DES 的弱密钥有以下 4 种(以十六进制数描述):

$k=$ 01 01 01 01 01 01 01 01

$k=$ 1F 1F 1F 1F 0E 0E 0E 0E

$k=$ E0 E0 E0 E0 F1 F1 F1 F1

$k=$ FE FE FE FE FE FE FE FE

如果 DES 的密钥 k 和 k' 满足 $\text{DES}_k(m)=\text{DES}_{k'}^{-1}(m)$,则称密钥 k 和 k' 是 DES 的一对半弱密钥。半弱密钥只交替地生成两种密钥。DES 的半弱密钥有以下 6 对:

$$\begin{cases} k= 01\ FE\ 01\ FE\ 01\ FE\ 01\ FE \\ k'= FE\ 01\ FE\ 01\ FE\ 01\ FE\ 01 \end{cases}$$

$$\begin{cases} k= 1F\ E0\ 1F\ E0\ 0E\ F1\ 0E\ F1 \\ k'= E0\ 1F\ E0\ 1F\ F1\ 0E\ F1\ 0E \end{cases}$$

$$\begin{cases} k= 01\ E0\ 01\ E0\ E0\ F1\ 01\ F1 \\ k'= E0\ 01\ E0\ 01\ F1\ 01\ F1\ 01 \end{cases}$$

$$\begin{cases} k= 1F\ FE\ 1F\ FE\ 0E\ FE\ 0E\ FE \\ k'= FE\ 1F\ FE\ 1F\ FE\ 0E\ FE\ 0E \end{cases}$$

$$\begin{cases} k= 01\ 1F\ 01\ 1F\ 01\ 0E\ 01\ 0E \\ k'= 1F\ 01\ 1F\ 01\ 0E\ 01\ 0E\ 01 \end{cases}$$

$$\begin{cases} k= E0\ FE\ E0\ FE\ F1\ FE\ F1\ FE \\ k'= FE\ E0\ FE\ E0\ FE\ F1\ FE\ F1 \end{cases}$$

以上密钥中,0 表示二值序列 0000,1 表示二值序列 0001,E 表示二值序列 1110,F 表示二值序列 1111。

对于 DES 的攻击,最有意义的方法是差分分析方法(difference analysis method)。差分分析方法是一种选择明文攻击法,最初是由 IBM 公司的设计小组在 1974 年发现的,因此 IBM 公司在设计 DES 的 S 盒和换位变换时有意识地避免受到差分分析攻击,对 S 盒在设计阶段进行了优化,使得 DES 能够抵抗差分分析攻击。

对 DES 攻击的另一种方法是线性分析方法(linear analysis method)。线性分析方法是一种已知明文攻击法,由 Mitsuru Matsui 在 1993 年提出的。这种攻击需要大量的已知明文-密文对,但比差分分析方法的要少。

当将 DES 用于诸如智能卡等硬件装置时,通过观察硬件的性能特征,可以发现一些加密操作的信息,这种攻击方法叫作侧信道攻击法(side-channel attack)。例如,当处理密钥中值为 1 的位时要消耗更多的能量,通过监控能量的消耗,可以知道密钥每位的值;还有一种攻击是监控完成一个算法所用时间,它也可以反映部分密钥的位。

DES 加密的轮数对安全性也有较大的影响。如果 DES 只进行 8 轮加密,则在普通的个人计算机上只需要几分钟就可以破译密码。如果 DES 加密过程进行 16 轮,应用差分分析攻击比穷尽搜索攻击略为有效。然而,如果 DES 加密过程进行 18 轮,则差分分析攻击和穷尽搜索攻击的效率基本一样。如果 DES 加密过程进行 19 轮,则穷尽搜索攻击的效率优于差分分析攻击的效率。

总体来说,对 DES 的破译研究大体上可分为以下 3 个阶段。

第一阶段是从 DES 的诞生至 20 世纪 80 年代末。这一阶段,研究者发现了 DES 的一些可利用的弱点,例如,DES 中明文、密文和密钥间存在互补关系,DES 存在弱密钥、半弱密钥,等等。然而,这些弱点都没有对 DES 的安全性构成实质性威胁。

第二阶段以差分密码分析和线性密码分析这两种密码分析方法的出现为标志。差分密码攻击的关键是基于分组密码函数的差分不均匀性,分析明文对的差量对后续各轮的输出的差量的影响,由某轮的输入差量和相应的输出确定本轮的部分内部密钥。线性密码分析的主要思想是寻求具有最大概率的明文若干比特的和、密钥若干比特的和与密文若干比特的和之间的线性近似表达式,从而破译密钥的相应比特。尽管这两种密码分析方法还不能将 16 轮的 DES 完全破译,但它们对 8 轮、12 轮 DES 的成功破译彻底打破了 DES"牢不可破"的神话,奏响了破译 DES 的前奏曲。

第三阶段从 20 世纪 90 年代末开始。随着大规模集成电路工艺的不断发展,采用穷举法搜索 DES 密钥空间进行破译在硬件设备上已经具备条件。由美国电子前沿基金会(EFF)牵头,密码研究所和高级无线电技术公司参与设计建造了 DES 破译机,该破译机可用两天多时间破译一份 DES 加密的密文,而整个破译机的研制经费不到 25 万美元。它采用的破译方法是强破译攻击法,这种方法针对特定的加密算法设计出相应的硬件,对算法的密钥空间进行穷举搜索。在 2000 年的"挑战 DES"比赛中,强破译攻击法仅用了两小时就破译了 DES,因此 20 世纪 90 年代末可以看成 DES 被破译的阶段。

DES 密码体制虽然已经被破译,但是从对密码学的贡献来看,DES 密码体制的提出和广泛使用推动了密码学在理论和实现技术上的发展。DES 密码体制对密码技术的贡献可以归纳为以下几点:

(1) 它公开展示了能完全适应某一历史阶段中信息安全需求的一种密码体制的构造方法。

(2) 它是世界上第一个数据加密标准。它确立了这样一个原则:算法的细节可以公开,而密码的使用仍是保密的。

(3) 它表明用分组密码作为对密码算法标准化这种方法是方便可行的。

(4) 由 DES 的出现而引起的讨论及附带的标准化工作已经确立了安全使用分组密码的若干准则。

(5) 由于 DES 的出现,推动了密码分析理论和技术的快速发展,出现了差分分析及线性分析等许多有效的密码分析新方法。

针对 DES 密钥位数和迭代次数偏少等问题,有人提出了多重 DES 来克服这些缺陷,比较典型的是 2DES、3DES 和 4DES 等几种形式。实用中一般广泛采用 3DES 方案,即三重 DES。它有以下 4 种使用模式:

(1) DES-EEE3 模式。使用 3 个不同密钥(K_1,K_2,K_3),采用 3 次加密算法。

(2) DES-EDE3 模式。使用 3 个不同密钥(K_1,K_2,K_3),采用加密-解密-加密算法。

(3) DES-EEE2 模式。使用两个不同密钥($K_1=K_3,K_2$),采用 3 次加密算法。

(4) DES-EDE2 模式。使用两个不同密钥($K_1=K_3,K_2$),采用加密-解密-加密算法。

3DES 的优点是:密钥长度增加到 112 位或 168 位,抗穷举攻击的能力大大增强;DES 基本算法仍然可以继续使用。

3DES 的缺点是:处理速度较慢,因为 3DES 中共需迭代 48 次,同时密钥长度也增加了,计算时间明显增加;3DES 算法的明文分组大小不变,仍为 64 位,加密的效率不高。

2.4.2 分组密码的安全性及工作模式

1. 分组密码的安全性

随着密码分析技术的发展,安全性成为分组密码设计必须考虑的重要因素。前面在介绍分组密码体制 DES、AES 和 IDEA 时,对其安全性已经做了初步的分析。本节将对针对分组密码的常见分析技术进行简要介绍。

目前,对于分组密码的分析技术主要有以下几种:

(1) 穷尽搜索攻击。

(2) 线性密码分析攻击。

(3) 差分密码分析攻击。

(4) 相关的密钥密码分析攻击。

在以上 4 种攻击方法中,线性密码分析攻击和差分密码分析攻击是两个广为人知的分组密码分析方法。

线性密码分析是对迭代密码的一种已知明文攻击,最早由 Mitsuru Matsui 在 1993 年提出,这种攻击方法使用线性近似值描述分组密码。鉴于分组密码的非线性结构是加密安全的主要源泉,线性分析方法试图发现这些结构中的一些弱点,其实现途径是查找非线性的线性近似。

线性密码分析方法的基本思想是:假设在一个明文位子集合与加密过程的最后一轮即将进行代换加密的输入序列位子集合之间能够找到一个概率上的线性关系。如果攻击者拥有大量的用同一组未知密钥加密的明文和相应的密文,则攻击者针对每一个明文和相应的密文,采用所有可能的候选密钥对加密过程的最后一轮密文进行解密。对每一个候选的密钥,攻击者计算包含在线性关系式中的相关状态位的异或值,然后确定上述线性关系是否成立。如果线性关系成立,就在对应特定候选密钥的计数器上加 1。反复进行以上过程,最后得到的计数器频数与明文-密文对个数的一半相差最大的候选密钥最有可能含有密钥位的正确值。

以上过程意味着,如果攻击者将明文的一些位和密文的一些位分别进行异或运算,然后将这两个结果进行异或运算,能够得到一个位的值,该值是将密钥的一些位进行异或运算的结果,这就是概率为 p 的线性近似值。如果 $p\neq 1/2$,那么就可以使用该偏差,用已知的明文和相应的密文猜测密钥的具体位置。以上过程得到的数据越多,猜测的结果就越可靠;概率越大,同样数据量的成功率就越高。

差分密码分析是对迭代密码的一种选择明文攻击,由 Eli Biham 和 Adi Shamir 于 1990 年提出,可以攻击很多分组密码。这种攻击方法通过对那些明文有特殊差值关系的密文对进行比较分析,攻击相应的分组密码算法。该密码分析方法的基本思想是:通过分析明文对的差值对密文对的差值的影响恢复某些密钥位。选择具有固定差分关系的两个明文位序列,这两个明文序列可以随机选取,只要它们符合固定差分的条件即可,攻击者甚至可以不知道两个明文序列的具体值。然后通过对相应的密文序列中的差分关系的分析,将不同的概率值分配给不同的密钥;选择新的满足条件的明文序列,重复以上过程。随着分析的密文序列越来越多,相应的密钥对应的概率分布也越来越清晰,最有可能的密钥序列将逐步显现出来。差分分析方法需要带有某种特性的明文和相应的密文之间的比较,攻击者寻找明文对应的某种差分的密文对,这些差分中的一部分会有较高的重现概率。差分密码分析方法用这种特征计算可能的密钥概率,最后可以确定最可能的密钥。差分密码分析方法需要大量的已知明文-密文对,使得该方法不是一个很实用的攻击方法,但它对评估分组加密算法的整体安全性很有用。

相关的密钥密码分析攻击是利用两个具有特定关系的密钥进行攻击的方法。攻击者知道两个密钥之间的关系和一些特定的明文-密文对,但不知道密钥本身。进行攻击时,利用两个具有特定关系的密钥分别对给定的明文加密,根据所得密文之间的关系建立关于密钥的等式,进而对分组密码算法的密钥进行求解。对于一个分组密码算法的密钥 K,设 K_1, $K_2,\cdots,K_r$ 是密钥 K 根据密钥扩展算法产生的各圈的圈密钥,把圈密钥 $\{K_1,K_2,\cdots,K_r\}$ 向后移一圈或若干圈,设向后移 m 圈,得到另一个圈密钥集 $\{*,\cdots,*,K_1,K_2,\cdots,K_{r-m}\}$,设此圈密钥集对应的密钥为 K^*,则称 K 和 K^* 是相关密钥。密钥扩展算法可看作一些子算法的集合,每个子算法是从前几圈子密钥导出某个特定子密钥的过程。如果所有这些子算法是相同的或有规律的,攻击者可能利用相关密钥对某些特定明文进行加密,使得密文之间具有某种特定的关系,进而对密钥 K 进行求解。

一种攻击的复杂度可以分为两部分:数据复杂度和处理复杂度。数据复杂度是实施该攻击所需输入的数据量;处理复杂度是处理这些数据所需的计算量。差分密码分析的数据复杂度是成对密钥加密所需的选择明文对个数的两倍,因此,差分密码分析的复杂度取决于数据复杂度。

2. 分组密码的工作模式

分组密码是将消息作为分组数据进行加密和解密的。通常大多数消息的长度会大于分组密码的消息分组长度,这样,在进行加密和解密过程中,长的消息会被分成一系列连续排列的消息分组进行处理。以下讨论基于分组密码的几种工作模式,这些工作模式不仅能够增强分组密码算法的不确定性,而且具有将明文消息添加到任意长度(该性质能够使密文长度与明文长度不对等)、对错误传播进行控制等作用。

分组密码的明文分组长度是固定的,而实际应用中待加密消息的数据量是不定的,数据格式可能是多种多样的。为了能在各种应用场合使用 DEA,1980 年 12 月,美国在 FIPS 74

和 FIPS 81 中定义了 DES 算法的 4 种工作模式,这些工作模式也适用于任何其他的分组密码算法。4 种常用的工作模式如下:

(1) 电码本(Electronic-Codebook,ECB)模式。
(2) 密码分组链接(Cipher-Block-Chaining,CBC)模式。
(3) 密码反馈模(Cipher-Feedback,CFB)模式。
(4) 输出反馈(Output-Feedback,OFB)模式。

除了上面的 4 种工作模式外,有一种比较新的工作模式为计数器(Counter,CTR)模式。CTR 模式已被采纳为 NIST 标准之一。现在,人们对 AES 的工作模式的研发工作正在进行中,这些 AES 的工作模式可能会包括以前 DES 的工作模式,还可能增加新的工作模式。

为了方便描述以上的工作模式,定义以下几个符号。

- $E(x)$:分组密码算法的加密过程。
- $D(y)$:分组密码算法的解密过程。
- n:分组密码算法的分组长度。
- $P_1,P_2,\cdots,P_m$:输入工作模式中的明文消息的 m 个连续分组。
- $C_1,C_2,\cdots,C_m$:从工作模式中输出的密文消息的 m 个连续分组。
- $\mathrm{LSB}_u(A)$:消息分组 A 中最低 u 位的取值,例如 $\mathrm{LSB}_3(11001101)=101$。
- $\mathrm{MSB}_v(A)$:消息分组 A 中最高 v 位的取值,例如 $\mathrm{MSB}_2(01001100)=01$。
- $A\|B$:消息分组 A 和 B 的链接。

1) ECB 模式

ECB 模式是分组密码的一个直接应用,其中加密(或解密)一系列连续的消息分组 $P_1,P_2,\cdots,P_m$ 的过程是将它们依次分别加密(或解密)。由于这种工作模式类似于电报密码本中指定码字的过程,因此被形象地称为电码本模式。ECB 模式定义如下:

(1) ECB 加密:
$$C_i=E(P_i),\ i=1,2,\cdots,m$$
(2) ECB 解密:
$$P_i=D(C_i),\ i=1,2,\cdots,m$$

ECB 模式的加密流程如图 2-8 所示。

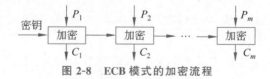

图 2-8 ECB 模式的加密流程

ECB 模式中每一个明文分组都采用同一个密钥进行加密,产生相应的密文分组。这样的加密方式使得当改变一个明文消息分组值的时候,仅仅会引起相应的密文分组取值发生变化,而其他密文分组不受影响,该性质在通信信道不十分安全的情况下比较有利。但是,这种工作模式的一个明显的缺点是加密相同的明文分组会产生相同的密文分组,安全性较差,因此建议在大多数情况下不要使用 ECB 模式。ECB 模式在用于短数据(如加密密钥)时非常理想,因此,如果需要安全地传递 DES 密钥,ECB 是最合适的工作模式。

2) CBC 模式

CBC 模式是用于一般数据加密的一个普通的分组密码算法,可以解决 ECB 模式的安全缺陷,使得重复的明文分组产生不同的密文分组。CBC 模式也只用一个密钥,其输出是一个 n 位的密文分组序列,这些密文分组链接在一起,使得每一个密文分组不仅依赖于其所对应的明文分组,而且依赖于所有以前的明文分组。CBC 模式定义如下:

(1) CBC 加密:输入为 $IV, P_1, P_2, \cdots, P_m$,输出为 $IV, C_1, C_2, \cdots, C_m$。
$$C_0 = IV, C_i = E(P_i \oplus C_{i-1}), i = 1, 2, \cdots, m$$

(2) CBC 解密:输入为 $IV, C_1, C_2, \cdots, C_m$,输出为 $IV, P_1, P_2, \cdots, P_m$。
$$C_0 = IV, P_i = D(C_i) \oplus C_{i-1}, i = 1, 2, \cdots, m$$

CBC 模式的加密流程如图 2-9 所示。

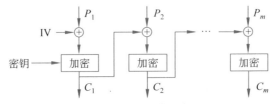

图 2-9 CBC 模式的加密流程

在以上加密过程中,第一个密文分组 C_1 的计算需要一个特殊的输入分组 C_0,习惯上称为初始向量(IV)。IV 对于收发双方都应是已知的,为使其具有较高的安全性,应像密钥一样将 IV 保护起来,可使用 ECB 模式发送 IV。IV 是一个长度为 n 的随机比特序列,每一次进行会话加密时都要使用一个新的随机序列 IV,由于 IV 可以看作密文分组,所以其取值可以公开,但一定要是不可预知的。在加密过程中,由于 IV 的随机性,第一个密文分组 C_1 被随机化,同样,后续的输出密文分组都将被前面的密文分组随机化,因此 CBC 模式输出的是随机化的密文分组。发送给接收方的密文消息应该包括 IV。因此,对于 m 个分组的明文消息,CBC 模式将输出 $m+1$ 个密文分组。

鉴于 CBC 模式的链接机制,它适用于对较长的明文消息进行加密。

3) CFB 模式

CFB 模式的特点是在加密过程中反馈后续的密文分组,这些密文分组从工作模式的输出端返回作为分组密码算法的输入。设消息的分组长度为 s,其中 $1 \leqslant s \leqslant n$。CFB 模式要求以 IV 作为初始的 n 位随机输入分组,因为在系统中 IV 是在密文中出现,所以 IV 的取值可以公开。CFB 模式定义如下:

(1) CFB 加密:输入为 $IV, P_1, P_2, \cdots, P_m$,输出为 $IV, C_1, C_2, \cdots, C_m$。
$$I_1 = IV, I_i = LSB_{n-s}(I_{i-1}) \| C_{i-1}, i = 2, 3, \cdots, m$$
$$O_i = E(I_i), C_i = P_i \oplus MSB(O_i), i = 1, 2, \cdots, m$$

(2) CFB 解密:输入为 $IV, C_1, C_2, \cdots, C_m$,输出为 $IV, P_1, P_2, \cdots, P_m$。
$$I_1 = IV, I_i = LSB_{n-s}(I_{i-1}) \| C_{i-1}, i = 2, 3, \cdots, m$$
$$O_i = E(I_i), P_i = C_i \oplus MSB(O_i), i = 1, 2, \cdots, m$$

在以上的 CFB 模式中,分组密码算法的加密函数用在加密和解密的两端,因此分组密码算法的加密函数 $E(x)$ 可以是任意的单向变换。在 CFB 模式中改变一个明文分组 P_i 的取值,则其对应的密文 C_i 与其后所有的密文分组都会受到影响。

CFB 模式的加密流程如图 2-10 所示。

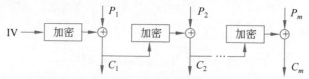

图 2-10　CFB 模式的加密流程

4) OFB 模式

OFB 模式在结构上类似于 CFB 模式。OFB 模式的特点是将分组密码算法的连续输出分组反馈回去。OFB 模式要求 IV 作为初始的 n 位随机输入分组。因为在这种工作模式下 IV 出现在密文中,所以它的取值不需要保密。OFB 模式定义如下:

(1) OFB 加密:输入为 $IV, P_1, P_2, \cdots, P_m$,输出为 $IV, C_1, C_2, \cdots, C_m$。

$$I_1 = IV, I_i = O_{i-1}, i = 2, 3, \cdots, m$$
$$O_i = E(I_i), C_i = P_i \oplus O_i, i = 1, 2, \cdots, m$$

(2) OFB 解密:输入为 $IV, C_1, C_2, \cdots, C_m$,输出为 $IV, P_1, P_2, \cdots, P_m$。

$$I_1 = IV, I_i = O_{i-1}, i = 2, 3, \cdots, m$$
$$O_i = E(I_i), P_i = C_i \oplus O_i, i = 1, 2, \cdots, m$$

OFB 模式的加密流程如图 2-11 所示。

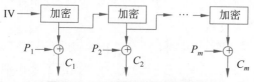

图 2-11　OFB 模式的加密流程

在 OFB 模式中,加密和解密是相同的:将输入的消息分组与反馈过程生成的密钥流进行异或运算。反馈过程实际上构成了一个有限状态机,其状态完全由分组加密算法的加密密钥和 IV 决定。因此,如果密码分组发生了传输错误,那么只有相应位置上的明文分组会发生错误。

5) CTR 模式

CTR 模式的特点是将计数器值 Ctr 从初始值 IV 开始计数所得到的值发送给分组密码算法。随着 Ctr 的增加,分组密码算法输出连续的分组构成一个比特串,该比特串被用来与明文分组进行异或运算。记 $IV = Ctr_1$(其他的计数器值 Ctr_i 可以由 IV 计算而来)。CTR 模式定义如下:

(1) CTR 加密:输入为 $Ctr_1, P_1, P_2, \cdots, P_m$,输出为 $Ctr_1, C_1, C_2, \cdots, C_m$。

$$C_i = P_i \oplus E(Ctr_i), i = 1, 2, \cdots, m$$

(2) CTR 解密:输入为 $Ctr_1, C_1, C_2, \cdots, C_m$,输出为 $Ctr_1, P_1, P_2, \cdots, P_m$。

$$P_i = C_i \oplus E(Ctr_i), i = 1, 2, \cdots, m$$

CTR 模式的加密流程如图 2-12 所示。

因为没有反馈,所以 CTR 模式的加密和解密能够同时进行,这是 CTR 模式比 CFB 模式和 OFB 模式优越的地方。

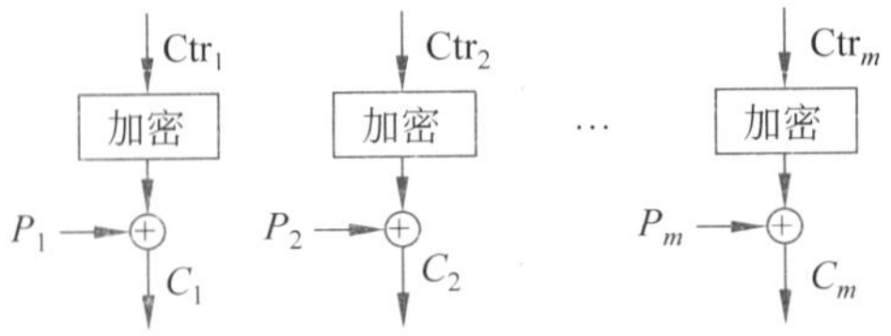

图 2-12 CTR 模式的加密流程

2.5 公钥密码

前面几节介绍的经典密码系统能够有效地实现数据的保密性,但它们面临的一个棘手问题是以密钥分配为主要内容的密钥管理(key management)。本节简要介绍能够有效解决密钥管理问题的公钥密码体制(public key cryptography system)的基本原理,并给出常用的 RSA 和 ElGamal 公钥算法的原理和算法分析。

2.5.1 公钥密码的基本原理

运用诸如 DES 等经典密码系统进行保密通信时,通信双方必须拥有一个共享的秘密密钥实现对消息的加密和解密,而密钥具有的机密性使得通信双方获得一个共同的密钥变得非常困难。通常采用人工传送的方式分配双方所需的共享密钥,或借助一个可靠的密钥分配中心分配双方所需的共享密钥。但在具体实现过程中,这两种方式都面临很多困难,尤其是在计算机网络化时代更为困难。

1976 年,美国密码学者 W. Diffie 和 M. Hellman 在美国国家计算机会议上提交了一篇名为 *New Directions in Cryptography* 的论文,首次提出了公钥密码体制的新思想,它为解决传统经典密码学中面临的诸多难题提供了一个新的思路。其基本思想是把密钥分成公开密钥和私有密钥(简称公钥和私钥)两部分,分别用于消息的加密和解密。公钥密码体制又被称为双钥密码体制或非对称密码体制(asymmetric cryptography system),与之对应,传统的经典密码体制被称为单钥密码体制或对称密码体制(symmetric cryptography system)。

公钥密码体制中的公钥可被记录在一个公共数据库里,或者以某种可信的方式公开发放,而私钥必须由持有者妥善地秘密保存。这样,任何人都可以通过某种公开的途径获得一个用户的公钥,然后与其进行保密通信,而解密者只知道相应私钥的持有者。用户公钥的这种公开性使得公钥体制的密钥分配变得非常简单,目前常以公钥证书的形式发放和传递用户公钥,而私钥的保密专用性决定了它不存在分配的问题(但需要用公钥来验证它的真实性,以防止欺骗)。

公钥密码算法的最大特点是采用两个具有一一对应关系的密钥对 $k=(pk,sk)$,使加密和解密的过程相分离。当两个用户希望借助公钥体制进行保密通信时,发送方 Alice 用接收方 Bob 的公钥 pk 加密消息并发送给接收方;而接收方 Alice 使用与公钥相对应的私钥 sk 进行解密。根据公私钥之间严格的一一对应关系,只有与加密时所用公钥相对应的用户私钥才能够正确解密,从可恢复出正确的明文。由于这个私钥是通信中的接收方独有的,其他用户不可能知道,因此,只有该接收方才能正确地恢复出明文,其他有意或无意获得消息密文的用户都不能解密出正确的明文,这样就达到了保密通信的目的。

图 2-13 给出了公钥密码体制消息加解密的基本流程。

图 2-13 公钥密码体制消息加解密的基本流程

公钥密码体制的思想完全不同于单钥密码体制,公钥密码体制的基本操作不再是单钥密码体制中使用的替换和置换,公钥密码体制通常将其安全性建立在某个尚未解决(且尚未证实能否有效解决)的数学难题的基础上,并经过精心设计以保证其具有非常高的安全性。公钥密码算法以非对称的形式使用两个密钥,不仅能够在实现消息加解密基本功能的同时简化密钥分配任务,而且还对密钥协商与密钥管理、数字签名与身份认证等密码学问题产生了深刻的影响。可以说公钥密码思想为密码学的发展提供了新的理论和技术基础,是密码学发展史上的一次革命。

2.5.2 Diffie-Hellman 密钥交换算法

Diffie 和 Hellman 在 1976 年发表的论文中提出了公钥密码思想,但没有给出具体的方案,原因在于没有找到单向函数,但在该论文中给出了通信双方通过信息交换协商密钥的算法,即 Diffie-Hellman 密钥交换算法,这是第一个密钥协商算法,只能用于密钥分配,而不能用于加密或解密信息。

1. 算法描述

Diffie-Hellman 的安全性是基于 $\mathbf{Z}_p$ 上的离散对数问题。设 p 是一个满足要求的大素数,并且 $g(0<g<p)$ 是循环群 $\mathbf{Z}_p$ 的生成元,g 和 p 公开,所有用户都可以得到 g 和 p。在两个用户 A 与 B 通信时,它们可以通过如下步骤协商通信使用的密钥。

(1) 用户 A 选取一个大的随机数 $\alpha(2\leqslant\alpha\leqslant p-2)$,计算 $S_A = g^\alpha \bmod p$,并且把 S_A 发送给用户 B。

(2) 用户 B 选取一个大随机数 $\beta(2\leqslant\beta\leqslant p-2)$,计算 $S_B = g^\beta \bmod p$,并且把 S_B 发送给用户 A。

(3) 用户 A 收到 S_B 后,计算 $k_{AB} = S_B^\alpha \bmod p$。用户 B 收到 S_A 后,计算 $k_{BA} = S_A^\beta \bmod p$。

由于有 $k_{AB} = S_B^\alpha \bmod p = (g^\beta \bmod p)^\alpha \bmod p = g^{\alpha\beta} \bmod p = k_{BA}$,令 $k = k_{AB} = k_{BA}$,这样用户 A 和 B 就拥有了一个共享密钥 k,就能以 k 作为会话密钥进行保密通信了。

2. 安全性分析

当模 p 较小时,很容易求出离散对数。依目前的计算能力,当模 p 达到至少 150 位十进制数时,求离散对数成为一个数学难题。因此,Diffie-Hellman 密钥交换算法要求模 p 至少达到 150 位十进制数,其安全性才能得到保证。但是,该算法容易遭受中间人攻击。造成中间人攻击的原因在于通信双方交换信息时不认证对方,攻击者很容易冒充其中一方获得相关信息。

2.5.3 ElGamal 加密算法

ElGamal 公钥密码体制是由 ElGamal 在 1985 年提出的,是一种基于离散对数问题的公钥密码体制。该密码体制既可用于加密,又可用于数字签名,是除 RSA 密码算法之外最有代表性的公钥密码体制之一。由于 ElGamal 体制有较好的安全性,因此得到了广泛的应用。著名的美国数字签名标准 DSS 就是采用了 ElGamal 签名方案的一种变形。其算法描述如下。

(1) 密钥生成。首先随机选择一个大素数 p,且要求 $p-1$ 有大素数因子。$g \in \mathbf{Z}_p^*$($\mathbf{Z}_p$ 是一个有 p 个元素的有限域,$\mathbf{Z}_p^*$ 是由 $\mathbf{Z}_p$ 中的非零元构成的乘法群)是一个生成元。然后再选一个随机数 $x(1 \leqslant x \leqslant p-1)$,计算 $y = g^x \bmod p$,则公钥为 (y, g, p),私钥为 x。

(2) 加密过程。不妨设信息接收方的公私钥对为 $\{x, y\}$,对于待加密的消息 $m \in \mathbf{Z}_p$,发送方选择一个随机数 $k \in \mathbf{Z}_{p-1}^*$,然后计算 $c_1 = g^k \bmod p$,$c_2 = m y^k \bmod p$,则密文为 (c_1, c_2)。

(3) 解密过程。接收方收到密文 (c_1, c_2) 后,由私钥 x 计算 $c_2(c_1^x)^{-1} \bmod p$,因为

$$c_2(c_1^x)^{-1} \bmod p = (m y^k \bmod p)((g^k \bmod p)^x)^{-1} = m(y(g^x)^{-1})^k \bmod p = m$$

所以消息 m 被恢复。

实际上,ElGamal 加密算法最大的特点在于它的非确定性。由于密文依赖于执行加密过程的发送方所选取的随机数 k,因此加密相同的明文可能会产生不同的密文。ElGamal 还具有消息扩展因子,即对于每个明文,其密文由两个 $\mathbf{Z}_p$ 上的元素组成。ElGamal 通过乘以 y^k 掩盖明文 m,同样 g^k 也作为密文的一部分进行传送。因为正确的接收方知道解密密钥 x,可以从 g^k 中计算得到 $(g^k)^x = (g^x)^k = y^k$,从而能够从 c_2 中去除掩盖而得到明文 m。

2.5.4 RSA 算法

数论里有一个大数分解问题:计算两个素数的乘积非常容易,但分解该乘积却异常困难,特别是在这两个素数都很大的情况下。基于这个事实,1978 年,美国 MIT 的数学家 R. Rivest、A. Shamir 和 L. Adleman 提出了著名的公钥密码体制:RSA 公钥算法。该算法是基于指数加密概念实现的,它以两个大素数的乘积作为算法的公钥加密消息,而在密文解密时必须知道相应的两个大素数。迄今为止,RSA 公钥算法是思想最简单、分析最透彻、应用最广泛的公钥密码体制。RSA 算法非常容易理解和实现,经受住了密码分析,密码分析者既不能证明也不能否定它的安全性,这恰恰说明了 RSA 算法具有一定的可信度。

1. RSA 算法的描述

基于大数分解问题,为了产生公私钥,首先独立地选取两个大素数 p 和 q(为了获得最大程度的安全性,选取的 p 和 q 的长度应该差不多,都应为长度在 100 位以上的十进制数字)。

计算 $n = p \times q$ 和 $\varphi(n) = \varphi(p)\varphi(q) = (p-1)(q-1)$。这里,$\varphi(n)$ 表示 n 的欧拉函数,即 $\varphi(n)$ 为比 n 小且与 n 互素的正整数的个数。

随机选取一个满足 $1 < e < \varphi(n)$ 且 $\gcd(e, \varphi(n)) = 1$ 的整数 e,那么 e 存在模 $\varphi(n)$ 下的乘法逆元 $d = e^{-1} \bmod \varphi(n)$,$d$ 可由扩展的欧几里得算法求得。

这样,由 p 和 q 获得了 3 个参数:n、e、d。在 RSA 算法中,以 n 和 e 作为公钥,以 d 作

为私钥(p 和 q 不再需要,可以销毁,但一定不能泄露)。具体的加解密过程如下。

(1) 加密变换。先将消息划分成数值小于 n 的一系列数据分组,即以二进制表示的每个数据分组的比特长度应小于 $\log_2 n$。然后对每个明文分组 m 进行如下的加密变换,得到密文 c。

$$c = m^e \bmod n$$

(2) 解密变换:

$$m = c^d \bmod n$$

RSA 算法中的解密变换 $m = c^d \bmod n$ 是正确的。

证明:数论中的欧拉定理指出,如果两个整数 a 和 b 互素,那么 $a^{\varphi(b)} \equiv 1 \pmod{b}$。

在 RSA 算法中,明文 m 必与两个素数 p 和 q 中至少一个互素。否则,若 m 与 p 和 q 都不互素,那么 m 既是 p 的倍数也是 q 的倍数,于是 m 也是 n 的倍数,这与 $m < n$ 矛盾。

由 $de \equiv 1 \pmod{\varphi(n)}$ 可知,存在整数 k 使得 $de = k\varphi(n) + 1$。下面分两种情形讨论。

情形一:m 仅与 p、q 二者之一互素,不妨假设 m 与 p 互素且与 q 不互素,那么存在整数 a 使得 $m = aq$,由欧拉定理可知

$$m^{k\varphi(n)} \equiv m^{k\varphi(p)\varphi(q)} \equiv (m^{\varphi(p)})^{k\varphi(q)} \equiv 1 \pmod{p}$$

于是存在一个整数 t 使得 $m^{k\varphi(n)} = tp + 1$。对该式两边同乘以 $m = aq$ 得到

$$m^{k\varphi(n)+1} = tapq + m = tan + m$$

由此得

$$c^d = m^{ed} = m^{k\varphi(n)+1} = tan + m \equiv m \pmod{n}$$

情形二:如果 m 与 p 和 q 都互素,那么 m 也和 n 互素,即有

$$c^d = m^{ed} = m^{k\varphi(n)+1} = m^{k\varphi(n)} \times m \equiv m \pmod{n}$$

RSA 算法实质上是一种单表代换系统。给定模数 n 和合法的明文 m,其相应的密文为 $c = m^e \bmod n$,且对于 $m' \neq m$ 必有 $c' \neq c$。RSA 算法的关键在于,当 n 极大时,在不知道陷门信息的情况下,很难确定明文和密文之间的这种对应关系。

【例 2-10】 选取 $p = 5$,$q = 11$,则 $n = 55$ 且 $\varphi(n) = 40$,明文分组应取为 1~54 的整数。如果选取加密指数 $e = 7$,则 e 满足 $1 < e < \varphi(n)$ 且与 $\varphi(n)$ 互素,于是解密指数为 $d = 23$。假如有一个消息 $m = 53197$,分组可得 $m_1 = 53$,$m_2 = 19$,$m_3 = 7$。分组加密得到

$$c_1 = m_1^e \bmod n = 53^7 \bmod 55 = 37$$
$$c_2 = m_2^e \bmod n = 19^7 \bmod 55 = 24$$
$$c_3 = m_3^e \bmod n = 7^7 \bmod 55 = 28$$

密文的解密为

$$c_1^d \bmod n = 37^{23} \bmod 55 = 53 = m_1$$
$$c_2^d \bmod n = 24^{23} \bmod 55 = 19 = m_2$$
$$c_3^d \bmod n = 28^{23} \bmod 55 = 7 = m_3$$

最后恢复出明文 $m = 53197$。

2. RSA 算法的安全性

RSA 算法的安全性完全依赖于对大数分解问题困难性的推测,但面临的问题是迄今为止还没有证明大数分解问题是一类 NP 问题。为了抵抗穷举攻击,RSA 算法采用了大密钥空间,通常模 n 取得很大,e 和 d 也取为非常大的自然数,但这样做的一个明显缺点是密钥

产生和加解密过程都非常复杂,系统运行速度比较慢。

与其他的密码体制一样,尝试每一个可能的 d 来破解是不现实的,因此分解模数 n 就成为最直接的攻击方法。只要能够分解 n,就可以求出 $\varphi(n)$,然后通过扩展的欧几里得算法可以求得加密指数 e 模 $\varphi(n)$ 的逆 d,从而达到破解的目的。目前还没有找到分解大整数的有效方法,但随着计算能力的不断提高和计算成本的不断降低,许多被认为是不可能分解的大整数已被成功分解。例如,模数为 129 位十进制数字的 RSA-129 已于 1994 年 4 月在 Internet 上通过分布式计算被成功分解出一个 64 位的因子和一个 65 位的因子。更困难的 RSA-130 也于 1996 年被分解出来,紧接着 RSA-154 被分解。据报道,158 位的十进制整数也已被分解,这意味着 512 位模数的 RSA 算法已经不安全了。更危险的安全威胁来自大数分解算法的改进和新算法的不断提出。当年破解 RSA-129 采用的是二次筛法,而破解 RSA-130 使用的算法称为推广的数域筛法,该算法使破解 RSA-130 的计算量仅比破解 RSA-129 多 10%。尽管如此,密码专家仍然认为一定时期内 1024~2048 位模数的 RSA 算法还是相对安全的。

除了对 RSA 算法本身的攻击外,RSA 算法还面临着攻击者对密码协议的攻击,即利用 RSA 算法的某些特性和实现过程对其进行攻击。下面介绍一些攻击方法。

1) 共用模数攻击

在 RSA 算法的实现中,如果多个用户选用相同的模数 n,但有不同的加解密指数 e 和 d,这样做会使算法运行起来更简单,但这是不安全的。假设一个消息用两个不同的加密指数加密且共用同一个模数,如果这两个加密指数互素(一般情况下都这样),则不需要知道解密指数,任何一个加密指数都可以恢复明文。理由如下。

设 e_1 和 e_2 是两个互素的加密密钥,共用的模数为 n。对同一个明文消息 m 加密得

$$c_1 = m^{e_1} \bmod n \text{ 和 } c_2 = m^{e_2} \bmod n$$

攻击者知道 n、e_1、e_2、c_1 和 c_2,就可以用如下方法恢复出明文 m。

由于 e_1 和 e_2 互素,由扩展的欧几里得算法可找到满足 $re_1 + se_2 = 1$ 的 r 和 s。由此可得

$$c_1^r \times c_2^s \equiv m^{re_1} \times m^{se_2} \equiv m^{re_1+se_2} \equiv m^1 \equiv m \pmod{n}$$

明文消息 m 被恢复出来(注意,r 和 s 必有一个为负整数,上述计算需要用扩展的欧几里得算法算出 c_1 或者 c_2 在模 n 下的逆)。

2) 低加密指数攻击

较小的加密指数 e 可以加快消息加密的速度,但太小的 e 会影响 RSA 系统的安全性。在多个用户采用相同的加密密钥 e 和不同的模数 n 的情况下,如果将同一个消息(或者一组线性相关的消息)分别用这些用户的公钥加密,那么利用中国剩余定理可以恢复出明文。举例来说,取 $e=3$,3 个用户的不同模数分别是 n_1、n_2 和 n_3,将消息 x 用这 3 组密钥分别加密为:

$$y_1 = x^3 \bmod n_1, y_2 = x^3 \bmod n_2, y_3 = x^3 \bmod n_3$$

一般来讲,应使 n_1、n_2 和 n_3 互素,以避免通过求出它们的公因子的方式导致模数被分解。根据中国剩余定理,可由 y_1、y_2 和 y_3 求出

$$y = x^3 \bmod n_1 n_2 n_3$$

由于 $x < n_1$,$x < n_2$,$x < n_3$,所以 $x^3 < n_1 n_2 n_3$,于是 $x = \sqrt[3]{y}$。

已经证明,只要 $k>e(e+1)/2$,将 k 个线性相关的消息分别使用 k 个加密指数相同而模数不同的加密密钥加密,则低加密指数攻击能够奏效;如果消息完全相同,那么 e 个加密密钥就够了。因此,为了抵抗这种攻击,加密指数 e 必须足够大。对于较短的消息则要进行独立的随机数填充,破坏明文消息的相关性,以防止低加密指数攻击。

3) 中间相遇攻击

指数运算具有可乘性,这种可乘性有可能招致其他方式的攻击。事实上,如果明文 m 可以被分解成两项之积 $m=m_1m_2$,那么

$$m^e=(m_1m_2)^e=m_1^e m_2^e\equiv c_1c_2 (\bmod\ n)$$

这意味着明文的分解可导致密文的分解,明文分解容易使得密文分解也容易。密文分解容易导致中间相遇攻击,攻击方法描述如下。

假设 $c=m^e\bmod n$,攻击者知道 m 是一个合数,且满足 $m<2^l,m=m_1m_2,m_1$ 和 m_2 都小于 $2^{l/2}$。那么,由 RSA 算法的可乘性有 $c=m_1^e m_2^e\bmod n$。

攻击者可以先创建一个有序的序列:

$$\{1^e,2^e,\cdots,(2^{l/2})^e\}\bmod n$$

然后,攻击者搜索这个有序的序列,尝试从中找到两项 i^e 和 j^e,使其满足

$$c/i^e\equiv j^e (\bmod\ n),\text{其中}\ i,j\in\{1,2,\cdots,2^{l/2}\}。$$

攻击者能在 $2^{l/2}$ 步操作之内找到 i^e 和 j^e,攻击者由此获得明文 $m=ij$。

攻击者的空间代价是需要能够提供 $2^{l/2}\log_2 n$ 位的存储空间,时间代价的复杂度为 $O\left(2^{\frac{l}{2}+1}\times\left(\frac{l}{2}+\log_2^3 n\right)\right)$,明显小于 $O(2^l)$,与平方根量级相当。在明文消息的长度为 40~60 位的情况下,明文可被分解成两个大小相当的整数的概率为 18%~50%。举例来说,假设用 1024 位模数的 RSA 算法加密一个长度为 56 位的比特串,如果能够提供 $2^{28}\times1024=2^{38}$ 位(约为 32GB)的存储空间,经过 2^{29} 次模指数运算,就可以有很大的把握找出明文比特串,它是两个 28 位的整数之积。这种空间和时间的代价用一台普通的个人计算机就足够了。

这说明用 RSA 算法直接加密一些比较短的比特串(如 DES 等单钥体制的密钥或者长度小于 64 位的系统口令等)是非常危险的。

随着信息技术的发展和普及,对信息保密的需求将日益广泛和深入,密码技术的应用也将越来越多地融入人们的日常工作、学习和生活中。鉴于密码学有着广阔的应用前景和完善的理论研究基础,可以相信,密码学一定能够不断地发展和完善,为信息安全提供坚实的理论基础和支撑,为信息技术的发展提供安全服务和技术保障。

◆ 本 章 总 结

密码技术已经从早期实现信息的保密性发展到可以提供信息的完整性、真实性、不可否认性等属性功能,成为信息安全的核心技术,其在信息认证、信息隐藏、访问控制和网络安全技术中有着广泛的应用。

本章首先简要回顾了密码技术的发展历史,介绍了密码技术涉及的数学基础知识以及密码学中的基本概念和模型,给出了古典密码技术的典型算法,其中包含了设计实现现代密

码算法的两个基本操作——置换和替换操作。然后,重点介绍了现代密码技术中被广泛应用的分组密码算法——DES 的基本框架和加密流程,同时介绍了典型的公钥密码算法——ElGamal 加密算法和 RSA 算法的基本原理,并对其相关性能进行了简要分析。

本章只介绍了密码技术中最基本的理论和方法,密码技术一直在发展变化。近几年,量子信息技术在安全性、实用性等方面的研究均取得了很大进展,为信息安全的实现提供了更好的技术支撑。量子信息技术是指利用量子力学的原理实现信息的高速、安全处理和传输的技术,是信息技术领域的前沿方向之一。目前在量子计算、量子通信和量子密码学等领域取得较大进展,但仍然面临许多挑战,如量子比特的稳定性、量子错误纠正、量子算法的开发和可扩展性等问题。

◆ 思考与练习

1. 古典密码技术对现代密码体制的设计有哪些可以借鉴之处?
2. 衡量密码体制安全性的基本准则有哪些?
3. 谈谈公钥密码在实现保密通信中的作用。
4. 验证 RSA 算法中解密过程的有效性。
5. 简述 ElGamal 加密算法。

第3章 信息认证技术

信息认证技术涉及身份认证和消息认证两个方面。本章首先概要介绍信息认证的基本概念,哈希函数、典型的 MD5 和 SHA-1 算法和消息认证码、数字签名的基本概念和典型算法、身份认证的基本概念和几种典型的身份认证协议,然后重点介绍在信息认证中被广泛使用的一种技术——公钥基础设施的组成和基本功能。

本章的知识要点、重点和难点包括哈希函数的概念、典型的 MD5 和 SHA-1 算法、数字签名的基本原理和典型算法、身份认证的典型方法和身份认证协议、公钥基础设施的组成及各组成部分的功能。SHA-1 算法编程实践参考附录 A。

3.1 概　述

在信息安全领域中,常见的信息保护手段大致可以分为保密和认证两大类。信息的可认证性是信息安全的一个重要方面。认证的目的有两个:一是验证信息的完整性,即验证信息在传送或存储过程中未被篡改、重放或延迟等;二是验证信息发送方是真的,而不是冒充的。认证是防止敌手对系统进行主动攻击(如伪造、篡改信息等)的一种重要技术。实现信息认证涉及的主要技术包括信息的完整性检验、数字签名技术和身份认证技术等。

目前的信息认证技术包括对用户身份的认证和对消息的认证两种方式。

身份认证技术主要用于鉴别用户的身份是否合法和真实。在真实世界中,认证一个人的身份主要有 3 种方式:一是根据这个人所知道的信息(What you know?),假设某些信息只有某人知道,如暗号等,通过询问这个信息就可以确认此人的身份;二是根据这个人所拥有的物品(What you have?),假设某一物品只有某人才有,如介绍信、身份证、印章等,通过出示该物品也可以确认个人的身份;三是直接根据这个人独一无二的身体特征(Who you are?),如面貌等。基于这种经验,在虚拟的数字世界中,用户身份认证包括以下几种方式:

(1) 基于用户名/密码的认证。

(2) 基于智能卡等硬件的认证。

(3) 基于生物特征的认证。

消息认证技术主要用于验证所收到的消息确实来自真正的发送方且未被修改,它包含两层含义:一是验证信息的发送方是真正的而不是冒充的,即数据起源认证;二是验证信息在传送过程中未被篡改、重放或延迟等。消息认证的内容应包括：认证报文的信源和信宿，认证报文内容是否遭到偶然或有意篡改，认证报文的序号是否正确，认证报文的到达时间是否在指定的期限内。

前面已经介绍了，针对密码系统的攻击分为两类：一类是被动攻击，攻击者只对截获的密文进行分析，不影响接收方正常接收发送来的信息；另一类是主动攻击，攻击者通过删除、增添、重放、伪造等手段主动向系统注入假消息。

为了保证信息的可认证性，一个安全的认证体制应该至少满足以下要求：

(1) 已定的接收方能够检验和证实消息的合法性、真实性和完整性。

(2) 消息的发送方对其发送的消息不能抵赖，有时也要求消息的接收方不能否认其收到的消息。

(3) 除了合法的消息发送方外，其他人不能伪造合法的消息。

认证体制中通常存在一个可信中心或可信第三方，负责仲裁、颁发证书或管理某些机密信息。认证过程还希望对关键信息保密，不会造成泄密，即在很多应用场景中，信息需要验证其是真实的，但其内容又需保密。例如，企业可以在不泄露商业机密的情况下证明产品的来源和合规性，银行可以向监管机构证明其持有足够的资本储备而无须透露具体的资产细节。这都有助于保护企业的商业机密，同时确保监管机构对合规性的信任。这就要用到零知识证明技术。

零知识证明(Zero-Knowledge Proof,ZKP)是由 S. Goldwasser、S. Micali 及 C. Rackoff 在 20 世纪 80 年代初提出的。它指的是证明者能够在不向验证者提供任何有用的信息的情况下使验证者相信某个论断是正确的。零知识证明实质上是一种涉及两方或更多方的协议，即两方或更多方完成一项任务所需采取的一系列步骤。证明者向验证者证明并使其相信自己知道或拥有某一消息，但证明过程不能向验证者泄漏任何关于被证明消息的信息。如果能够将零知识证明用于验证，将可以有效解决许多问题。零知识证明就是既能充分证明自己是某种权益的合法拥有者，又不把有关的信息泄露出去——给外界的知识为零。其实，零知识证明并不是新方法，早在 16 世纪的文艺复兴时期，意大利就有两位数学家塔尔塔里雅和菲奥都宣称自己是一元三次方程求根公式的发现者，就采用了零知识证明的方法。为了证明自己没有说谎，又不把公式的具体内容公布出来（可能在当时数学公式也是一种技术秘密），他们摆下擂台：双方各出 30 个一元三次方程给对方解，谁能全部解出，就说明谁掌握了求根公式。比赛结果显示，塔尔塔里雅解出了菲奥出的全部 30 个方程，而菲奥没有解出对手出的方程。于是人们相信塔尔塔里雅是一元三次方程求根公式的真正发现者，虽然当时除了塔尔塔里雅外，谁也不知道这个公式到底是什么。

零知识证明的主要好处是能够在透明系统（如以太坊等公共区块链网络）中利用隐私保护数据集。虽然区块链被设计为高度透明的，任何运行自己的区块链节点的人都可以看到和下载存储在分类账上的所有数据，但零知识证明技术的加入允许用户和企业在执行智能合约时利用他们的私有数据集，而不会泄露底层数据。

◆ 3.2 哈希函数和消息完整性

在实际的通信保密中，除了要求实现数据的保密性之外，对传输数据安全性的另一个基本要求是保证数据的完整性(integrality)。哈希(Hash)函数的主要功能是提供有效的数据完整性检验,本节主要介绍哈希函数的基本原理和迭代哈希函数的基本结构。

3.2.1 哈希函数

1. 基本概念

数据的完整性是指数据从发送方产生并经过传输或存储以后未被以未授权的方式修改的性质。密码学中的哈希函数在现代密码学中扮演着重要的角色,该函数虽然与计算机应用领域中的哈希函数有关,但两者之间存在着重要的差别。

哈希函数(也称散列函数)是一个将任意长度的消息序列映射为较短的、固定长度的一个值的函数。密码学中的哈希函数能够保障数据的完整性,它通常被用来构造数据的"指纹"(即函数值),当被检验的数据发生改变的时候,对应的"指纹"信息也将发生变化。这样,即使数据被存储在不安全的地方,也可以通过数据的"指纹"信息检测数据的完整性。

设 H 是一个哈希函数,x 是消息,不妨假设 x 是任意长度的二元序列,相应的"指纹"定义为 $y=H(x)$,哈希函数值通常也称为消息摘要(message digest)。一般要求消息摘要是相当短的二元序列,常用的消息摘要是 160 位。

如果消息 x 被修改为 x',则可以通过计算消息摘要 $y'=H(x')$ 并且验证 $y'=y$ 是否成立确认数据 x 是否被修改的事实。如果 $y'\neq y$,则说明消息 x 被修改,从而达到检验消息完整性的目的。对于哈希函数的安全要求,通常采用下面的 3 个问题进行判断。如果一个哈希函数对这 3 个问题都是难解的,则认为该哈希函数是安全的。

用 X 表示所有消息的集合(有限集或无限集),Y 表示所有消息摘要构成的有限集合。

定义 3-1 原像问题(preimage problem):设 $H:X\rightarrow Y$ 是一个哈希函数,$y\in Y$。是否能够找到 $x\in X$,使得 $H(x)=y$?

如果对于给定的消息摘要 y,原像问题能够解决,则 (x,y) 是有效的。不能有效解决原像问题的哈希函数称为单向的或原像稳固的。

定义 3-2 第二原像问题(second preimage problem):设 $H:X\rightarrow Y$ 是一个哈希函数,$x\in X$。是否能够找到 $x'\in X$,使得 $x'\neq x$ 并且 $H(x')=H(x)$?

如果第二原像问题能够解决,则 $(x',H(x))$ 是有效的二元组。不能有效解决第二原像问题的哈希函数称为第二原像稳固的。

定义 3-3 碰撞问题(collision problem):设 $H:X\rightarrow Y$ 是一个哈希函数。是否能够找到 $x,x'\in X$,使得 $x'\neq x$ 并且 $H(x')=H(x)$?

对于碰撞问题的有效解决并不能直接产生有效的二元组,但是,如果 (x,y) 是有效的二元组,并且 x' 和 x 是碰撞问题的解,则 (x',y) 也是一个有效的二元组。不能有效解决碰撞问题的哈希函数称为碰撞稳固的。

实际应用中的哈希函数可分为简单的哈希函数和带密钥的哈希函数。一个带密钥的哈希函数通常用来作为消息认证码(message authentication code)。假定 Alice 和 Bob 有一个共享的密钥 k,通过该密钥可以产生一个哈希函数 H_k。对于消息 x,Alice 和 Bob 都能够计算出相应的消息摘要 $y=H_k(x)$。Alice 通过公共通信信道将二元组 (x,y) 发送给 Bob。当 Bob 接收到 (x,y) 后,可以通过检验 $y=H_k(x)$ 是否成立确定消息 x 的完整性。如果 $y=H_k(x)$ 成立,说明消息 x 和消息摘要 y 都没有被篡改。

2. 迭代的哈希函数

下面讨论一种可以将有限定义域上的哈希函数延拓到具有无限定义域上的哈希函数的方法——迭代哈希函数。1979 年，Merkle 基于数据压缩函数 compress 建立了一个哈希函数的通用模式。压缩函数 compress 接收两个输入：m 位长度的压缩值和 t 位的数据值 y，并生成一个 m 位的输出。Merkle 建议的内容是，数据值由消息分组组成，对所有数据分组进行迭代处理。

假设哈希函数的输入和输出都是位串。位串的长度记为 $|x|$，把位串 x 和 y 的**串联**记为 $x\|y$。下面给出一种构造无限定义域上哈希函数 H 的方法，该方法将一个已知的压缩函数 compress：$\{0,l\}^{m+t} \to \{0,1\}^m (m \geq 1, t \geq 1)$ 扩展为可以具有无限长度输入的哈希函数 H，通过这种方法构造的哈希函数称为迭代哈希函数，其系统结构如图 3-1 所示。

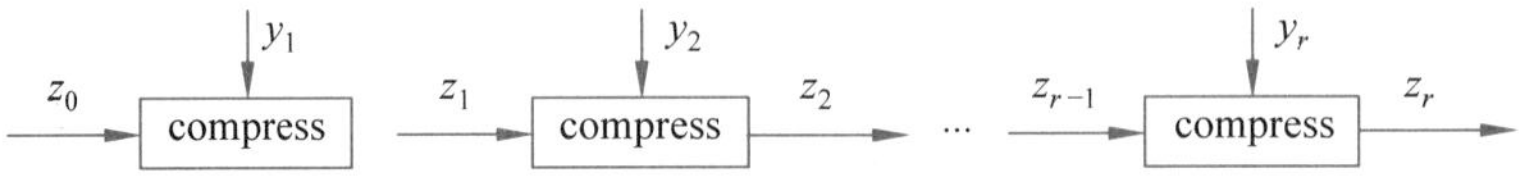

图 3-1 迭代哈希函数系统结构

基于压缩函数 compress 构造迭代哈希函数包括以下 3 步。

（1）预处理。输入一个消息 x，其中 $|x| \geq m+t+1$，基于 x 构造相应的位串 $y[|y| \equiv 0 \pmod{t}]$ 的过程如下：

$$y = y_1 \| y_2 \| \cdots \| y_r$$

其中，$|y_i| = t$，$1 \leq i \leq r$，r 为消息分组的个数。

（2）迭代压缩。设 z_0 是一个公开的初始位串，$|z_0| = m$。具体的迭代过程如下：

$$z_1 = \text{compress}(z_0 \| y_1)$$
$$z_2 = \text{compress}(z_1 \| y_2)$$
$$\cdots$$
$$z_r = \text{compress}(z_{r-1} \| y_r)$$

最终得到长度是 m 的位串 z_r。

（3）后处理。设 $g：\{0,1\}^m \to \{0,1\}^t$ 是一个公开函数，定义 $H(x) = g(z_r)$。则有

$$H：\bigcup_{i=m+t+1}^{\infty} \{0,1\}^i \to \{0,1\}^t$$

在上述预处理过程中位串的构造常采用以下方式实现：

$$y = x \| \text{pad}(x)$$

其中 pad(x) 是填充函数，一个典型的填充函数是在消息 x 后填入 $|x|$ 的值，并填充一些额外的比特，使得到的比特串 y 的长度是 t 的整数倍。在预处理阶段，必须保证映射 $x \to y$ 是单射（如果映射 $x \to y$ 不是一一对应的，就可能找到 $x \neq x'$ 使得 $y = y'$，则有 $H(x) = H(x')$，从而设计的 H 将不是碰撞稳固的），同时保证 $|x\|\text{pad}(x)|$ 是 t 的整数倍。

基于压缩函数 compress 构造迭代哈希函数的核心技术是设计一种无碰撞的压缩函数，而攻击者对算法的攻击重点也是 compress 的内部结构。由于迭代哈希函数和分组密码一样是由 compress 对消息 x 进行若干轮压缩处理过程组成的，所以对 compress 的攻击要通过对各轮之间的位模式的分析进行，分析过程中常常需要先找到 compress 的碰撞。由于 compress 是压缩函数，其碰撞是不可避免的，因此在设计 compress 时就应保证其碰撞在计

算上是不可行的。

目前使用的哈希函数大多数是迭代哈希函数,例如被广泛使用的 MD5、安全哈希算法(SHA-1)等。

3. MD5

MD5(Message Digest 5)是 RSA 数据安全公司开发的一种单向哈希算法,MD5 可以用来对不同长度的数据块进行运算处理,生成一个 128 位的数据块。

MD5 可简要地叙述为:以 512 位分组处理输入的信息,且每一分组又被划分为 16 个 32 位的子分组,经过一系列处理后,算法的输出由 4 个 32 位分组组成,最终将这 4 个 32 位分组级联后生成一个 128 位哈希值。MD5 的总体框架如图 3-2 所示。

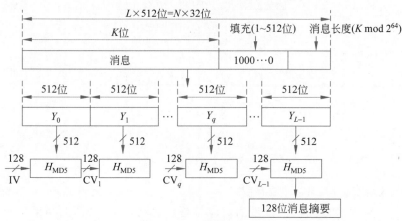

图 3-2 MD5 的总体框架

在 MD5 中,首先需要对信息进行填充,使其位长度满足模 512 等于 448。因此,信息的位长度将被扩展至 $N \times 512 + 448$,即 $(N \times 64 + 56)$ 字节,N 为一个非负整数。填充的方法如下,在信息的后面填充一个 1 和无限个 0,直到满足上面的条件时才停止用 0 对信息的填充。然后,再在这个结果后面附加一个以 64 位二进制表示的填充前信息长度。经过这两步的处理,现在的信息字节数为 $= N \times 512 + 448 + 64 = (N+1) \times 512$,即长度恰好是 512 的整数倍。这样做是为了满足后面的处理中对信息长度的要求。对单个 512 位分组,MD5 的处理过程如图 3-3 所示。

MD5 中有 4 个被称作链接变量(chaining variable)的 32 位整数参数,它们分别为

$$A = 0x01234567, B = 0x89abcdef, C = 0xfedcba98, D = 0x76543210$$

当设置好这 4 个链接变量后,就开始进入算法的 4 轮循环运算,循环的次数是信息中 512 位信息分组的数目。

主循环有 4 轮(MD4 只有 3 轮),每轮循环都很相似。第一轮进行 16 次操作。每次操作对 A、B、C 和 D 中的 3 个作一次非线性函数运算,然后将所得结果加上第 4 个变量,再将所得结果向右环移一个不定的数,并加上 A、B、C 或 D 之一,最后用该结果取代 A、B、C 或 D 之一。

以下是每次操作中用到的 4 个非线性函数(每轮一个):

$$F(X, Y, Z) = (X \& Y) | ((\sim X) \& Z)$$
$$G(X, Y, Z) = (X \& Z) | (Y \& (\sim Z))$$

$$H(X,Y,Z) = X \oplus Y \oplus Z$$
$$I(X,Y,Z) = Y \oplus (X | (\sim Z))$$

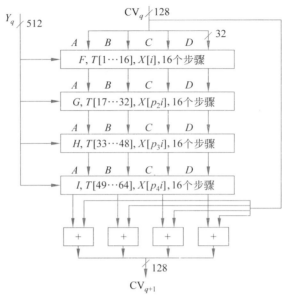

图 3-3 MD5 对单个 512 位分组的处理过程

其中,& 是与,| 是或,~ 是非,⊕ 是异或。

对于这 4 个函数,如果 X、Y 和 Z 的对应位是独立和均匀的,那么结果的每一位也应是独立和均匀的。F 是一个逐位运算的函数,即,如果 X,则 Y,否则 Z。H 是逐位奇偶操作函数。

每一轮都会使用一个包含 64 个元素的表 $T[1\cdots64]$ 中的 1/4,$T[1\cdots64]$ 表是通过正弦函数得到的。T 中的 i 个元素表示为 $T[i]$,它等于 $2^{32} \times \mathrm{abs}(\sin(i))$ 的整数部分,i 的单位是弧度。

在 MD5 算法中,其核心是压缩函数 H_{MD5}。MD5 的压缩函数中有 4 次循环,每一次循环包含对缓冲区 A、B、C、D 的 16 步操作,每一循环的形式为

$$(a,b,c,d) = (d, b + ((a + g(b,c,d) + X[k] + T[i]) <<_s), b, c)$$

其中,a、b、c、d 对应缓冲区 A、B、C、D 中的 4 个字;g 表示 F、G、H、I 中的一个函数;$X[k]$ 表示当前 512 位数据块 Y_q 中的 k 个 32 位;$<<_s$ 表示把 32 位循环左移 s 位;+ 是 mod 2^{32}。MD5 的基本操作如图 3-4 所示。

4. SHA-1

安全哈希算法(Secure Hash Algorithm,SHA)是一种密码散列函数,由美国国家安全局设计,美国国家标准技术研究所 1993 年发布为联邦信息处理标准(Federal Information Processing Standards,FIPS)。SHA 在 1995 年修订以后称为 SHA-1(FIPSPUB180-1 标准)。SHA-1 是基于 MD4 算法设计的。详细的 C 语言代码可参考附录 A。

SHA-1 主要适用于数字签名标准(Digital Signature Standard,DSS)中定义的数字签名算法(Digital Signature Algorithm,DSA)。对于长度小于 2^{64} 位的消息,SHA-1 会产生一个 160 位的消息摘要。当接收到消息的时候,这个消息摘要可以用来验证数据的完整性。在

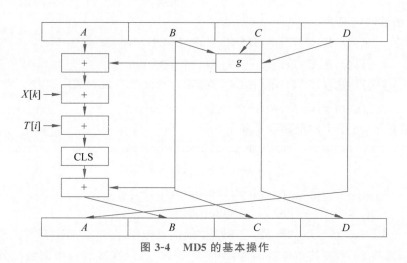

图 3-4 MD5 的基本操作

传输的过程中,数据很可能会发生变化,这时候就会产生不同的消息摘要。SHA-1 有这样的特性:无法从消息摘要中复原信息;两个不同的消息不会产生同样的消息摘要。

SHA-1 算法的处理步骤如下:

(1) 添加填充位。SHA-1 算法对信息的填充和 MD5 采用的办法完全一样。

(2) 添加长度。用一个 64 位的数据块表示原始消息的长度。

(3) 初始化消息摘要的缓冲区(IV 值)。消息缓冲区包括 160 位,用 5 个 32 位的寄存器 $(A,B,\cdots,E)$ 表示,用来存储中间和最终哈希函数的结果。初始化为(十六进制表示)

$A=\text{0x67452301}, B=\text{0xefcdab89}, C=\text{0x98badcfe}, D=\text{0x10325476}, E=\text{0xc3d2e1f0}$

(4) 以 512 位数据块作为单位对消息进行处理。算法的核心是 4 个循环模块,每个循环由 20 个处理步骤组成,其处理过程如图 3-5 所示。

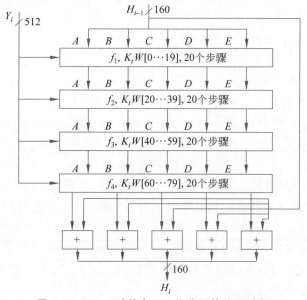

图 3-5 SHA-1 对单个 512 位分组的处理过程

在图 3-5 中,$f_1 \sim f_4$ 为 4 个基本逻辑函数,它们的结构相似,每个循环使用不同的逻辑

函数。逻辑函数的定义为

$$f_1(t,B,C,D)=(B\&C)|((\sim B)\&D), 0\leqslant t\leqslant 19$$
$$f_2(t,B,C,D)=B\oplus C\oplus D, 20\leqslant t\leqslant 39$$
$$f_3(t,B,C,D)=(B\&C)|(B\&D)|(C\&D), 40\leqslant t\leqslant 59$$
$$f_4(t,B,C,D)=B\oplus C\oplus D, 60\leqslant t\leqslant 79$$

K_t 为常量字,可用十六进制表示如下:

$$K_t=0x5a827999, 0\leqslant t\leqslant 19$$
$$K_t=0x6ed9eba1, 20\leqslant t\leqslant 39$$
$$K_t=0x8f1bbcdc, 40\leqslant t\leqslant 59$$
$$K_t=0xca62c1d6, 60\leqslant t\leqslant 79$$

在图 3-6 中,$+$ 表示 mod 2^{32},Y_q 是 512 位的消息分组。$W[j]$ 是由当前消息分组 Y_i 生成的一组字,总共 80 个。其生成规则为:$W[0]\sim W[15]$ 直接取自当前消息分组 Y_i 对应字的值,其他字的定义为

$$W[t]=S^1(W[t-16]\oplus W[t-14]\oplus W[t-8]\oplus W[t-3])$$

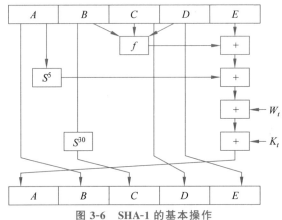

图 3-6 SHA-1 的基本操作

其中,S^1 表示循环左移一位操作。

SHA-1 的压缩函数可表示为

$$(A,B,C,D,E)=((E+f(t,B,C,D)+S^5(A)+W_t+K_t), A, S^{30}(B), C, D)$$

3.2.2 消息认证码

在消息传递的过程中,需要考虑以下两个问题:一方面,为了可以抵抗窃听等被动攻击,需要应用数据加密技术对传输消息的内容进行保护;另一方面,需要应用消息鉴别技术防止攻击者的主动攻击。消息鉴别是一个过程,该过程不仅能够用来鉴别接收方 Bob 收到的消息的真实性和完整性,鉴别消息的顺序和时间性,而且能够与数字签名技术相结合,防止通信双方中的某一方对所传输消息的否认和抵赖。因此,消息鉴别技术对于开放的网络环境中的信息系统安全尤为重要。

消息认证码(Message Authentication Code,MAC)是实现消息鉴别的理论基础,MAC 具有与前面讨论的单向哈希函数相同的特性,不同的是 MAC 还包含密钥。一个 MAC 算

法一般由一个秘密密钥 k 和参数化的簇函数 H_k 构成,该簇函数应该具有如下特性:

(1) 容易计算。对于一个已知函数 H,给定一个密钥 k 和一个消息 x,$H_k(x)$ 的计算过程应该容易实现。这个计算结果被称为消息认证码。

(2) 压缩。H_k 能够把有限长度的任意消息序列 x 映射为一个固定长度的输出 $H_k(x)$。

(3) 强抗碰撞性。攻击者 Oscar 要找到两个不同的消息 x 和 y,使得 $H_k(x)=H_k(y)$ 在计算上是不可行的。

利用 MAC 进行消息鉴别的基本方法是:假设通信双方具有共享密钥 k,而且函数 H_k 公开,发送方 Alice 首先对要发送的消息 x 使用密钥 k 计算得到 MAC=$H_k(x)$,其中 MAC 的取值只与消息和密钥 k 有关。Alice 将计算结果 MAC 附在消息 x 后面,得到 $x'=x||$MAC,然后将消息 x' 作为一个整体发送给接收方 Bob。接收方 Bob 收到消息 x' 后,使用共享密钥 k 对其中的消息部分 x 计算 $H_k(x)$,将计算结果与收到的消息中的 MAC 部分进行比较,如果两者相等,则可以得到以下结论:

(1) 接收方 Bob 收到的消息 $x=M$ 没有被篡改。

(2) 消息 x 确实来自发送方 Alice。

上述消息鉴别过程如图 3-7 所示。

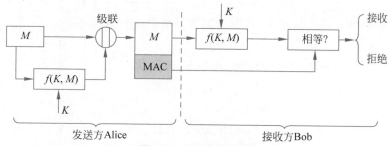

图 3-7 消息鉴别过程

MAC 需要使用密钥,这类似于加密,但区别是 MAC 不要求加密过程可逆,因为它不需要解密过程,这个性质使得 MAC 比加密算法更难于破解。同时,H_k 函数具有压缩、强抗碰撞性等性质,使得它更类似于哈希函数。因此,在实际应用中,人们往往使用带密钥的单向哈希函数作为函数 H_k。

将单向哈希函数变成 MAC 的一个简单办法是应用对称加密算法对消息摘要进行加密。但这种方法需要在发送消息和消息摘要的同时将加密算法使用的加密密钥通过安全的信道发送,这样做降低了算法的实用性。

构造 MAC 的常用方法是把密钥作为哈希函数的输入消息的一部分,使得产生的消息摘要不仅与消息序列有关,而且与附加的密钥有关,从而在一个不带密钥的哈希函数中引入一个密钥。但这样做往往是不安全的,下面通过实例加以说明。

设 $H(x)$ 是不带密钥的迭代结构的哈希函数,k 是一个密钥,其长度为 m 位。现在要构造一个新的带密钥的哈希函数 $H_k(x)$。为了描述简单,假定 $H(x)$ 没有预处理过程和输出变换过程。输入的消息序列记为 x,则 x 的长度应该是 t 的整数倍,建立哈希函数的压缩函数记为 compress:$\{0,1\}^{m+t} \to \{0,1\}^m$。

下面给出在已知一组有效的消息 x 和相应的消息认证码 $H_k(x)$ 且无须知道密钥 k 的

情况下构造一个有效的消息认证码的过程。设 x' 是一个长度为 t 的位串,现在考虑消息序列 $x||x'$。

产生消息摘要 $H_k(x||x')$ 的过程如下:
$$H_k(x||x') = \text{compress}(H_k(x)||x')$$

因为 $H_k(x)$ 和 x' 都是已知的,所以攻击者在无须知道密钥 k 的情况下也能构造出有效的消息认证码 $(x||x', H_k(x||x'))$。应用上述方法构造的带密钥的哈希函数存在安全问题。

根据以上分析可知,构造消息认证码时,不能简单地将密钥参数和消息 x 进行拼接,然后直接计算相应的哈希函数值,根据消息 x 和密钥 k 计算消息认证码需要更复杂的处理过程。下面介绍两种广泛使用的消息认证码。

1. 基于分组密码的 MAC

目前被广泛使用的 MAC 是基于分组密码的 MAC。下面以 DES 分组密码为例,说明构造 MAC 的过程。消息分组的长度取为 64 位,MAC 的密钥取为 DES 的加密密钥。给定消息序列 x 和 56 位的密钥 k,构造相应的 MAC 的过程如下。

(1) 填充和分组。对消息序列 x 进行填充,将消息序列 x 分成 t 个长度为 64 位的分组,记为
$$x = x_1 || x_2 || \cdots || x_t$$

(2) 分组密码的计算。应用 DES 分组加密算法的计算过程如下:
$$H_1 = \text{DES}_k(x_1)$$
$$H_2 = \text{DES}_k(x_2 \oplus H_1)$$
$$H_3 = \text{DES}_k(x_3 \oplus H_2)$$
$$\cdots$$
$$H_t = \text{DES}_k(x_k \oplus H_{t-1})$$

(3) 可选择输出。使用第二个密钥 $k'(k' \neq k)$ 计算相应的 $H(x)$ 的过程如下:
$$H'_t = \text{DES}_{k'}^{-1}(H_t)$$
$$H(x) = \text{DES}_k(H'_t)$$

通过以上构造过程最终得到消息 x 的 MAC 为 $H(x)$。

在以上计算 MAC 的过程中,第(3)步可选择输出过程相当于对最后一个消息分组进行了三重 DES 加密,该操作能够有效减少 MAC 受到穷举密钥搜索攻击的威胁。由于三重 DES 加密只在可选择输出过程中进行,没有在整个分组密码计算过程中采用,因此不会影响中间过程的效率。

当然,上述算法也存在一些问题,例如应用 DES 算法进行数据的加密只能得到 64 位的消息分组,因此最终计算得到的消息摘要长度只有 64 位,在对安全性要求较高的应用环境中,这样的消息摘要长度就太小了。另外,由于 DES 的加密速度较慢,导致相应的 MAC 算法效率较低,给算法的实时性应用带来不便。由于存在以上问题,人们开始将基于分组密码的 MAC 算法的研究转移到 AES 算法上,因为 AES 算法具有更长的消息分组,计算速度也相当快,因而能够部分克服应用 DES 算法的缺点。

上述算法的基本过程如图 3-8 所示。

2. 基于序列密码的 MAC

考虑到基于异或运算的流密码的位运算会直接导致作为基础明文的可预测变化,对流

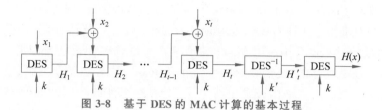

图 3-8 基于 DES 的 MAC 计算的基本过程

密码进行数据完整性保护显得更为重要。一般的哈希函数每次处理的是消息序列的一个分组,而为流密码设计的 MAC 算法每次处理的是消息的一个位。

给定长度为 m 位的消息序列 x,构造相应的 MAC 计算过程如下:

(1) 建立关联多项式。建立与消息序列 $x=x_{m-1}\cdots x_1 x_0$ 相关联的多项式 $P_x = x_0 + x_1 t + \cdots + x_{m-1} t^{m-1}$。

(2) 密钥的选择。随机选择一个 n 次的二进制不可约多项式 $q(t)$,同时随机选择一个 n 位的密钥 k。MAC 的密钥由 $q(t)$ 和 k 组成。

(3) 计算过程。计算 $h(x) = \text{coef}(P_x(t) t^n \bmod q(t))$,这里 coef 表示取 $P_x(t) t^n$ 除以 $q(t)$ 所得到的次数为 $n-1$ 次的余式多项式的系数,计算结果对应 n 位的序列。

(4) MAC 定义。消息序列 x 的 MAC 定义为 $H(x) = h(x) \oplus k$。

经过以上构造过程后得到消息 x 的 MAC 为 $H(x)$。

在上面的 MAC 计算过程中,对于不同的消息序列,不可约多项式 $q(t)$ 可以重复使用,但对于不同的消息序列,相应的随机密钥 k 要随时更新,以保证算法的安全性。

任何一个基于哈希函数的 MAC 算法的安全性都在某种方式下依赖于算法使用的哈希函数的安全性。MAC 的安全性一般表示为伪造成功的概率,该概率等价于对 MAC 使用的哈希函数进行以下攻击中的一种:

(1) 即使对攻击者来说 z_0 是随机的、秘密的和未知的,攻击者也能够计算出压缩函数的输出。

(2) 即使 z_0 是随机的、秘密的和未知的,攻击者也能够找到哈希函数的碰撞。

在以上两种情况下,对应的 MAC 算法都是不安全的。

3.3 数字签名

公钥密码体制不仅能够有效解决密钥管理问题,而且能够实现数字签名(digital signature),提供数据来源的真实性、数据内容的完整性、签名者的不可否认性以及匿名性等与信息安全相关的服务和保障。数字签名对网络通信的安全以及各种用途的电子交易系统(如电子商务、电子政务、电子出版、网络学习、远程医疗等)的成功实现具有重要作用。本节简要介绍数字签名的基本原理,给出常用的 RSA 签名以及数字签名算法(DSS)。

3.3.1 数字签名的概念

哈希函数和消息认证码能够帮助合法通信的双方不受来自系统外部的第三方攻击和破坏,但是无法防止系统内通信双方之间的抵赖和欺骗。例如,Alice 和 Bob 进行通信并使用消息认证码提供数据完整性保护。Alice 确实向 Bob 发送了消息并附加了用双方共享密钥生成的消息认证码,但随后 Alice 可以否认曾经发送了这条消息,因为 Bob 完全有能力生成同样消息及消息认证码。同时,Bob 也有能力伪造一个消息及认证码并声称此消息来自 Alice。如果通信的过程没有第三方参与,这样的局面是难以仲裁的。因此,安全的通信仅有消息完整性认证是不够的,还需要有能够防止通信双方作弊的安全机制,数字签名技术正好能够满足这一需求。在人们的日常生活中,为了表达事件的真实性并使文件核准、生效,常常需要当事人在相关的纸质文件上手书签名或盖上表示自己身份的印章。在数字化和网络化的今天,大批的社会活动正在逐步实现电子化和无纸化,这些活动主要是在计算机及其网络上执行的,因而传统的手书签名和印章已经不能满足新形势下的需求,在这种背景下,以公钥密码理论为支撑的数字签名技术应运而生。

数字签名是对以数字形式存储的消息进行某种处理,产生一种类似于传统手书签名功效的信息处理过程。它通常将某个算法作用于需要签名的消息,生成一种带有操作者身份信息的编码。通常将执行数字签名的实体称为签名者,将使用的算法称为签名算法,将签名操作生成的编码称为签名者对该消息的数字签名。消息连同其数字签名能够在网络上传输,可以通过算法验证签名的真伪以及识别相应的签名者。

类似于手书签名,数字签名至少应该满足 3 个基本要求:

(1) 签名者任何时候都无法否认自己曾经签发的数字签名。

(2) 接收方能够验证和确认收到的数字签名,但任何人都无法伪造别人的数字签名。

(3) 当各方对数字签名的真伪产生争议时,通过仲裁机构(可信的第三方)进行裁决。

数字签名与手书签名也存在许多差异,大体上可以概括为以下几点:

(1) 手书签名与被签文件在物理上是一个整体,不可分离。数字签名与被签名的消息是可以互相分离的比特串,因此需要通过某种方法将数字签名与对应的被签消息绑定在一起。

(2) 在验证签名时,手书签名是通过物理比对,即将需要验证的手书签名与一个已经被证实的手书签名副本进行比较,以判断其真伪。验证手书签名的操作也需要一定的技巧,甚至需要经过专门训练的人员和机构(如公安部门的笔迹鉴定中心)执行。而数字签名却能够通过一个严密的验证算法准确地被验证,并且任何人都可以借助这个公开的验证算法验证一个数字签名的真伪。安全的数字签名方案还能够杜绝伪造数字签名的可能性。

(3) 手书签名是手写的,会因人而异,它的复制品很容易与原件区分开来,从而容易确认复制品是无效的;数字签名的副本与其原件是完全相同的二进制比特串,或者说是两个相同的数值,不能区分谁是原件,谁是复制品。因此,必须采取有效的措施防止一个带有数字签名的消息被重复使用。例如,Alice 向 Bob 签发了一个带有她的数字签名的数字支票,允许 Bob 从 Alice 的银行账户上支取一笔现金,那么这个数字支票必须是不能重复使用的,即 Bob 只能从 Alice 的账户上支取指定金额的现金一次,否则 Alice 的账户很快就会一无所有,这个结局是 Alice 不愿意看到的。

从上面的对比可以看出,数字签名必须能够实现与手书签名同等的甚至更强的功能。为了达到这个目的,签名者必须向验证者提供足够多的非保密信息,以便验证者能够确认签名者的数字签名;但签名者又不能泄露任何用于产生数字签名的机密信息,以防止他人伪造他的数字签名。因此,签名算法必须能够提供签名者用于签名的机密信息与验证者用于验证签名的公开信息,但两者的交叉不能太多,联系也不能太直观,从公开的验证信息不能轻易地推测出用于产生数字签名的机密信息。这是对签名算法的基本要求之一。

一个数字签名体制一般包含两个组成部分,即签名算法(signature algorithm)和验证算法(verification algorithm)。签名算法用于对消息产生数字签名,它通常受一个签名密钥的控制,签名算法或者签名密钥是保密的,由签名者掌握;验证算法用于对消息的数字签名进行验证,根据签名是否有效验证算法能够给出该签名为真或者假的结论。验证算法通常也受一个验证密钥的控制,但验证算法和验证密钥应当是公开的,以便需要验证签名的人能够方便地验证。

数字签名体制(signature algorithm system)是一个满足下列条件的五元组($M,S,K,$ SIG,VER),其中:

- M 代表消息空间,它是某个字母表中所有串的集合。
- S 代表签名空间,它是所有可能的数字签名构成的集合。
- K 代表密钥空间,它是所有可能的签名密钥和验证密钥对(sk,vk)构成的集合。
- SIG 是签名算法,VER 是验证算法。对于任意的一个密钥对 $(sk,vk) \in K$、消息 $m \in M$ 和签名 $s \in S$,签名变换 $SIG:M \times K|_{sk} \to S$ 和验证变换 $VER:M \times K|_{vk} \to \{true,false\}$ 是满足下列条件的函数:

$$VER_{vk}(m,s) = \begin{cases} true, & s = SIG_{vk}(m) \\ false, & s \neq SIG_{vk}(m) \end{cases}$$

由上面的定义可以看出,数字签名算法与公钥加密算法在某些方面具有类似的性质,甚至在某些具体的签名体制中,两者的联系十分紧密,但是它们之间还是有本质的不同。例如,对消息的加解密一般是一次性的,只要在消息解密之前是安全的就行了;而被签名的消息可能是一个具有法定效用的文件,如合同等,很可能在消息被签名多年以后才需要验证它的数字签名,而且可能需要多次重复验证此签名。因此,签名的安全性和防伪造的要求应更高一些,而且要求签名验证速度比签名生成速度还要快一些,特别是联机的在线实时验证。

综合数字签名应当满足的基本要求,其应具备一些基本特性,分为功能特性和安全特性两大方面。

数字签名的功能特性是指为了使数字签名能够实现人们需要的功能要求而应具备的一些特性,这类特性主要包括以下 5 点。

(1) 依赖性。数字签名必须依赖于被签名消息的具体比特模式,不同的消息具有不同的比特模式,因而通过签名算法生成的数字签名也应当是互不相同的。也就是说,一个数字签名与被签消息是紧密相关、不可分割的,离开被签消息,签名不再具有任何效用。

(2) 独特性。数字签名必须是根据签名者拥有的独特信息产生,包含了能够代表签名者特有身份的关键信息。唯有这样,签名才不可伪造,也不能被签名者否认。

(3) 可验证性。数字签名必须是可验证的,通过验证算法能够确切地验证一个数字签名的真伪。

(4) 不可伪造性。伪造一个签名者的数字签名不仅在计算上不可行,而且希望通过重用或者拼接的方法伪造签名也是行不通的。例如,希望把一个签名者在过去某个时间对一个消息的签名用来作为该签名者在另一时间对另一消息的签名,或者希望将签名者对多个消息的多个签名组合成对另一消息的签名,都是不可行的。

(5) 可用性。数字签名的生成、验证和识别的处理过程必须相对简单,能够在普通的设备上快速完成,甚至可以在线处理,签名的结果可以存储和备份。

除了上述功能特性之外,数字签名还应当具备一定的安全特性,以确保它提供的功能是安全的,能够满足安全需求,实现预期的安全保障。上面的不可伪造性也可以看作安全特性的一个方面,除此之外,数字签名至少还应当具备如下安全特性:

(1) 单向性。类似于公钥加密算法,数字签名算法也应当是一个单向函数,即对于给定的数字签名算法,签名者使用自己的签名密钥 sk 对消息 m 进行数字签名是计算上容易的,但给定一个消息 m 和它的一个数字签名 s,希望推导出签名者的签名密钥 sk 是计算上不可行的。

(2) 无碰撞性。即对于任意两个不同的消息 $m \neq m'$,它们在同一个签名密钥下的数字签名 $SIG_{sk}(m) = SIG_{sk}(m')$ 的概率是可以忽略的。

(3) 无关性。即对于两个不同的消息 $m \neq m'$,无论 m 与 m' 存在什么样的内在联系,希望从某个签名者对其中一个消息的签名推导出对另一个消息的签名是不可能的。

数字签名算法的这些安全特性从根本上消除了成功伪造数字签名的可能性,使一个签名者针对某个消息产生的数字签名与被签消息的搭配是唯一确定的,不可篡改,也不可伪造。生成数字签名的唯一途径是将签名算法和签名密钥作用于被签消息,除此之外别无他法。

3.3.2 数字签名的实现方法

现在的数字签名方案大多是基于某个公钥密码算法构造出来的。这是因为在公钥密码体制里,每一个合法实体都有一个专用的公私钥对,其中的公钥是对外公开的,可以通过一定的途径查询;而私钥是对外保密的,只有拥有者自己知晓,可以通过公钥验证其真实性,因此,私钥与其持有人的身份一一对应,可以看作其持有人的一种身份标识。恰当地应用发送方私钥对消息进行处理,可以使接收方确信收到的消息确实来自其声称的发送方,同时,发送方也不能对自己发出的消息予以否认,即实现了消息认证和数字签名的功能。图 3-9 给出了基于公钥密码算法的数字签名体制的基本流程。

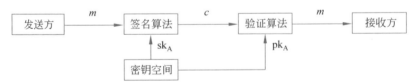

图 3-9 基于公钥密码算法的数字签名体制的基本流程

在图 3-9 中,发送方 Alice 用自己的私有密钥 sk_A 加密消息 m,任何人都可以轻易获得 Alice 的公开秘密 pk_A,然后解开密文 c,因此这里的消息加密起不了信息保密的作用。可以从另一角度认识这种不保密的私钥加密。由于用私钥产生的密文只能由对应的公钥解密,根据公私钥一一对应的性质,别人不可能知道 Alice 的私钥,如果接收方 Bob 能够用 Alice 的公钥正确地还原明文,表明这个密文一定是 Alice 用自己的私钥生成的,因此 Bob 可以确信收到的消息确实来自 Alice,同时,Alice 也不能否认这个消息是自己发送的;另外,在不知道发送方私钥的情况下不可能篡改消息的内容,因此,接收方还可以确信收到的消息在传输过程中没有被篡改,是完整的。也就是说,图 3-9 所示的这种公钥密码算法使用方式不仅能够证实消息来源和发送方身份的真实性,还能保证消息的完整性,即实现了前面所说的数字签名和消息认证的效果。

在上述认证方案中,虽然传送的消息不能被篡改,但是很容易被窃听,因为任何人都可以轻易取得发送方的公钥解密消息。为了同时实现保密和认证的能力,可以将发送方的私钥加密和接收方的公钥加密结合起来,进行双重加解密。基于公钥密码算法的加密和签名体制的基本流程如图 3-10 所示。

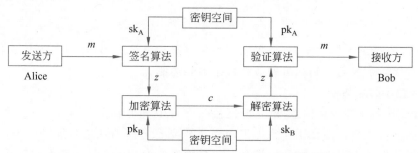

图 3-10 基于公钥密码算法的加密和签名体制的基本流程

在图 3-10 中,发送方 Alice 先用自己的私钥 sk_A 加密待发送消息,对消息作签名处理,然后再用 Bob 的公钥 pk_B 对签名后的消息加密,以达到保密的目的;接收方 Bob 收到消息后,先用自己的私钥 sk_B 解密消息,再用 Alice 的公钥 pk_A 验证签名,只有签名通过验证的消息,接收方才会接受,其中,$z=E_{sk_A}(m)$,$c=E_{pk_B}(z)=E_{pk_B}(E_{sk_A}(m))$。

也许有人会想象改变图 3-10 中发送方 Alice 对消息双重"加密"的顺序,即先使用 Bob 的公钥 pk_B 加密,再使用 Alice 的私钥 sk_A 签名,接收方 Bob 解密的顺序也要相应修改。这样做,似乎同样可以实现消息的保密性和认证性,但是如果真的按这样的顺序处理,可能会有很大的安全隐患。这是因为,在这种先加密后签名的方案中,发送方产生的密文,也就是在信道上传输的密文是 $c=E_{sk_A}(E_{pk_B}(m))$,任何人(不妨说是 Oscar)中都可以用 Alice 的公钥 pk_A 解密 c 得到 $E_{pk_B}(m)$,然后用自己的私钥 sk_X 加密 $E_{pk_B}(m)$ 产生 $E_{sk_X}(E_{pk_B}(m))$,并仍然发送给 Bob,那么 Bob 就会以为他收到的消息来自 Oscar(而不是 Alice),接下来 Bob 就会将原本要发送给 Alice 的消息转而发送给 Oscar。也就是说,这种先加密后签名的方案允许任何用户(Oscar)伪装成合法用户 Alice,并假冒 Alice 行事。这是一个很大的安全漏洞,因此不能简单地采用这样的处理顺序。当然,这样的处理顺序也有一个优点,那就是如果接收方发现收到的消息不能通过签名验证,就不用再对其解密了,因而减少了运算量,但这点优势与安全隐患相比就显得微不足道了。

在实际应用中,对消息进行数字签名时,可以选择对分组后的原始消息直接签名,但考虑到原始消息一般都比较长,可能以千比特为单位,而公钥算法的运行速度却相对较低,因此通常先让原始消息经过哈希函数处理,再签名得到哈希码(即消息摘要)。在验证数字签名时,也是针对哈希码进行的。通常,验证者先对收到的消息重新计算它的哈希码,然后用签名验证密钥解密收到的数字签名,再将解密的结果与重新计算的哈希码比较,以确定签名的真伪。显然,当且仅当签名解密的结果与重新计算的哈希码完全相同时,签名为真。一个消息的哈希码通常只有几十到几百位。例如,SHA-1 能对任何长度的消息进行哈希处理,得到 160 位的消息摘要。因此,经过哈希处理后再对消息摘要签名能大大地提高签名和验证的效率,而且哈希函数的运行速度一般都很快,两次哈希处理的开销对系统影响不大。

数字签名的实现方法如图 3-11 所示。

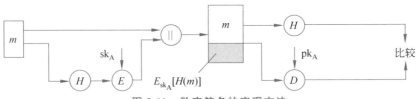

图 3-11　数字签名的实现方法

经过研究者持续不懈的努力,很多数字签名方案相继被提出,它们大体上可以分成两大类方案,即直接数字签名体制和可仲裁的数字签名体制。

1. 直接数字签名体制

直接数字签名仅涉及通信双方,它假定接收方 Bob 知道发送方 Alice 的公钥,在发送消息之前,发送方使用自己的私钥作为加密密钥对需要签名的消息进行加密处理,产生的"密文"就可以当作发送方对消息的数字签名。但是由于要发送的消息一般都比较长,直接对原始消息进行签名的成本以及相应的验证成本都比较高,而且速度慢,因此发送方常常先对需要签名的消息进行哈希处理,然后用私钥对所得的哈希码进行上述的签名处理,所得结果作为对被发送消息的数字签名。显然,这里用私钥对被发送消息或者它的哈希码进行加密变换,其结果并没有保密作用,因为相应的公钥众所周知,任何人都可以轻而易举地恢复原来的明文消息,这样做只是为了数字签名。

虽然上述直接数字签名体制的思想简单可行,且易于实现,但它也存在一个明显的弱点,即直接数字签名方案的有效性严格依赖于签名者私钥的安全性。一方面,如果一个用户的私钥不慎泄密,那么在该用户发现他的私钥已泄密并采取补救措施之前,必然会遭受其数字签名有可能被伪造的威胁。更进一步,即使该用户发现自己的私钥已经泄密并采取了适当的补救措施,攻击者仍然可以伪造其更早时间(实施补救措施之前)的数字签名,这可以通过对数字签名附加一个较早的时间戳(实施补救措施之前的任何时刻均可)实现。另一方面,如果因为某种原因签名者在签名后想否认他曾经对某个消息签过名,他可以声称他的私钥早已泄密,并被盗用伪造了该签名。方案本身无力阻止这种情况的发生,因此在直接数字签名方案中,签名者有作弊的机会。

2. 可仲裁的数字签名体制

为了解决直接数字签名体制存在的问题,可以引入一个可信的第三方作为数字签名系统的仲裁者。每次需要对消息进行签名时,发送方先对消息执行数字签名操作,然后将生成的数字签名连同被签消息一起发送给仲裁者;仲裁者对消息及其签名进行验证,通过仲裁者验证的数字签名被签发一个证据来证明它的真实性;最后,消息、数字签名以及签名真实性证据一起被发送给接收方。在这样的方案中,发送方无法对自己签名的消息予以否认,而且即使一个用户的签名密钥泄密也不可能伪造该签名密钥泄密之前的数字签名,因为这样的伪造签名不可能通过仲裁者的验证。然而正所谓有得必有失,这种可仲裁的数字签名体制比直接的数字签名体制更加复杂,仲裁者有可能成为系统性能的瓶颈,而且仲裁者必须是公正可信的中立者。

3.3.3 两种数字签名算法

1. RSA 数字签名算法

RSA 签名体制是 Diffie 和 Hellman 提出数字签名思想后的第一个数字签名体制，它是由 Rivest、Shamir 和 Adleman 共同完成的，该签名体制来源于 RSA 公钥密码体制的思想，将 RSA 公钥体制按照数字签名的方式运用。

RSA 数字签名算法的系统参数的选择与 RSA 公钥密码体制基本一样。首先，选取两个不同的大素数 p 和 q，计算 $n=pq$，$\varphi(n)=(p-1)(q-1)$。其次，选取一个与 $\varphi(n)$ 互素的正整数 e，并计算出 d 以满足 $ed\equiv 1\pmod{\varphi(n)}$，即 d 是 e 模 $\varphi(n)$ 的逆。最后，公开 n 和 e 作为签名验证密钥，秘密保存 p、q 和 d 作为签名密钥。RSA 数字签名算法的消息空间和签名空间都是 $\mathbf{Z}_n$，分别对应于 RSA 公钥密码体制的明文空间和密文空间，而密钥空间为 $K=\{n,p,q,e,d\}$，与 RSA 公钥密码体制相同。

当需要对一个消息 $m\in \mathbf{Z}_n$ 进行签名时，签名者计算

$$s=\mathrm{SIG}_{sk}(m)=m^d \bmod n$$

得到的结果 s 就是签名者对消息 m 的数字签名。

验证签名时，验证者通过下式判定签名的真伪：

$$\mathrm{VER}_{pk}(m,s)=\mathrm{true} \Leftrightarrow m=s^e \bmod n$$

这是因为，类似于 RSA 公钥密码体制的解密计算，有

$$s^e \bmod n=(m^d)^e \bmod n=m^{ed} \bmod n\equiv m\pmod n$$

可见，RSA 数字签名的处理方法与 RSA 加解密的处理方法基本一样，不同之处在于，签名时签名者要用自己的私有密钥对消息"加密"，而验证签名时验证者要使用签名者的公钥对签名者的数字签名"解密"。

对 RSA 数字签名算法进行选择密文攻击可以实现 3 个目的，即消息破译、骗取仲裁签名和骗取用户签名，简述如下。

(1) 消息破译。攻击者对通信过程进行监听，并设法成功收集到使用某个合法用户公钥 e 加密的密文 c。攻击者想恢复明文消息 m，即找出满足 $c=m^e \bmod n$ 的消息 m，可以按如下方法处理。

第一步，攻击者随机选取 $r<n$ 且 $\gcd(r,n)=1$，计算 3 个值：$u=r^e \bmod n$，$y=uc \bmod n$ 和 $t=r^{-1} \bmod n$。

第二步，攻击者请求合法用户用其私钥 d 对消息 y 签名，得到 $s=y^d \bmod n$。

第三步，由 $u=r^e \bmod n$ 可知 $r=u^d \bmod n$，所以 $t=r^{-1} \bmod n=u^{-d} \bmod n$。因此，攻击者容易计算出

$$ts \bmod n=u^{-d}y^d \bmod n=u^{-d}u^d c^d \bmod n=c^d \bmod n=m^{ed} \bmod n\equiv m\pmod n$$

即得到了原始的明文消息。

(2) 骗取仲裁签名。仲裁签名是仲裁方(即公证人)用自己的私钥对需要仲裁的消息进行签名，起到仲裁的作用。如果攻击者有一个消息需要仲裁签名，但由于公证人怀疑消息中包含不真实的成分而不愿意为其签名，那么攻击者可以按下述方法骗取仲裁签名。

假设攻击者希望签名的消息为 m，那么他随机选取一个值 x，并用仲裁者的公钥 e 计算 $y=x^e \bmod n$。再令 $M=my \bmod n$，并将 M 发送给仲裁者要求仲裁签名。仲裁者回送仲

裁签名 $M^d \bmod n$，攻击者即可计算

$$(M^d \bmod n)x^{-1} \bmod n = m^d y^d x^{-1} \bmod n = m^d x^{ed} x^{-1} \bmod n = m^d \bmod n$$

立即得到消息 m 的仲裁签名。

(3) **骗取用户签名**。这实际上是指攻击者可以伪造合法用户对消息的签名。例如，如果攻击者能够获得某合法用户对两个消息 m_1 和 m_2 的签名 $m_1^d \bmod n$ 和 $m_2^d \bmod n$，那么他马上就可以伪造出该用户对新消息 $m_3 = m_1 m_2$ 的签名 $m_3^d \bmod n = m_1^d m_2^d \bmod n$。因此，当攻击者希望某合法用户对一个消息 m 进行签名但该签名者可能不愿意为其签名时，他可以将 m 分解成两个（或多个）更能迷惑合法用户的消息 m_1 和 m_2，且满足 $m = m_1 m_2$，然后让合法用户对 m_1 和 m_2 分别签名，攻击者最终获得该合法用户对消息 m 的签名。

容易看出，上述选择密文攻击都利用了指数运算能够保持输入的乘积结构这一缺陷（称为可乘性）。因此一定要记住，任何时候都不能对陌生人提交的消息直接签名，最好先经过某种处理，如先用单向哈希函数对消息进行哈希运算，再对运算结果签名。

以上这些攻击方法都是利用了模幂运算本身具有的数学特性实施的。还有一种类似的构成 RSA 签名体制安全威胁的攻击方法，这种方法使任何人都可以伪造某个合法用户的数字签名，方法如下。

伪造者 Oscar 首先选取一个消息 y，并取得某合法用户（被伪造者）的 RSA 公钥 (n,e)，然后计算 $x = y^e \bmod n$，最后声称 y 是该合法用户对消息 x 的 RSA 签名，达到了假冒该合法用户的目的。这是因为，该合法用户用自己的私钥 d 对消息 x 合法签名的结果正好就是 y，即

$$\text{SIG}_{sk}(x) = x^d \bmod n = (y^e)^d \bmod n = y^{ed} \bmod n \equiv y$$

因此从算法本身不能识别伪造者的假冒行为。如果伪造者精心挑选 y，使 x 具有明确的意义，那么造成的危害将是巨大的。

2. DSS 的数字签名算法

DSS 使用的算法称为数字签名算法（Digital Signature Algorithm，DSA），它是在 ElGamal 和 Schnorr 两个方案基础上设计的。3.4.2 节介绍 Schnorr 签名方案。

DSA 的系统参数包括：

- 一个长度为 l 位的大素数 p，l 的大小为 512～1024，且为 64 的倍数。
- $p-1$ 即 $\varphi(p)$ 的一个长度为 160 位的素因子 q。
- 一个 q 阶元素 $g \in \mathbf{Z}_p^*$。g 可以这样得到：任选 $h \in \mathbf{Z}_p^*$，如果 $h^{(p-1)/q} \bmod p > 1$，则令 $g = h^{(p-1)/q} \bmod p$，否则重选 $h \in \mathbf{Z}_p^*$。
- 一个用户随机选取的整数 $a \in \mathbf{Z}_p^*$，并计算出 $y = g^a \bmod n$。
- 一个哈希函数 $H:\{0,1\}^* \to \mathbf{Z}_p$。这里使用的是安全的哈希算法 SHA-1。

这些系统参数构成 DSA 的密钥空间 $K = \{p, q, g, a, y, H\}$，其中 (p, q, g, y, H) 为公钥，a 是私钥。

为了生成对一个消息 m 的数字签名，签名者随机选取一个秘密整数 $k \in \mathbf{Z}_q$，并计算出

$$\gamma = (g^k \bmod p) \bmod q$$
$$\delta = k^{-1}(H(m) + a\gamma) \bmod q$$

则 $s = (\gamma, \delta)$ 就是消息 m 的数字签名，即 $\text{SIG}_a(m, k) = (\gamma, \delta)$。由此可见，DSA 的签名空间为 $\mathbf{Z}_q \times \mathbf{Z}_q$，签名的长度比 ElGamal 体制短。图 3-12 给出了 DSA 数字签名算法的基本

框图。

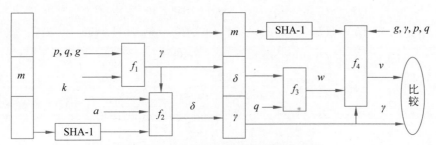

图 3-12 DSA 数字签名算法的基本框图

验证 DSA 数字签名时,验证者知道签名者的公开密钥是 (p,q,g,y,H),对于一个消息的签名对 $(m,(\gamma,\delta))$,验证者计算下面几个值并判定签名的真实性:

$$w = \delta^{-1} \bmod q$$
$$u_1 = H(m)w \bmod q$$
$$u_2 = \gamma w \bmod q$$
$$v = (g^{u_1} y^{u_2} \bmod p) \bmod q$$
$$\text{VER}(m,(\gamma,\delta)) = \text{true} \Leftrightarrow v = \gamma$$

这是因为,如果 (γ,δ) 是消息 m 的有效签名,那么

$$\begin{aligned} v &= (g^{u_1} y^{u_2} \bmod p) \bmod q \\ &= (g^{H(m)\delta^{-1}} y^{a\gamma\delta^{-1}} \bmod p) \bmod q \\ &= (g^{(H(m)+a\gamma)\delta^{-1}} \bmod p) \bmod q \\ &= (g^k \bmod p) \bmod q \\ &= \gamma \end{aligned}$$

【例 3-1】 取 $q=101$,$p=78q+1=7879$。由于 3 是 $\mathbf{Z}_{7879}^*$ 的一个生成元,因此取

$$g = 3^{78} \bmod 7\,879 = 170$$

g 是 $\mathbf{Z}_{7879}^*$ 上的一个 q 阶元素。假设签名者的私有密钥为 $a=87$,那么

$$y = g^a \bmod p = 170^{87} \bmod 7879 = 3\,226$$

现在,假如该签名者要对一个消息摘要为 SHA-$1(m)=132$ 的消息 m 签名,并且签名者选择的秘密随机数为 $k=79$,签名者需要计算:

$$k^{-1} \bmod q = 79^{-1} \bmod 101 = 78$$
$$\begin{aligned} \gamma &= (g^k \bmod p) \bmod q \\ &= (170^{79} \bmod 7879) \bmod 101 \\ &= 907 \bmod 101 \\ &= 99 \end{aligned}$$
$$\begin{aligned} \delta &= k^{-1}(H(m)+a\gamma) \bmod q \\ &= 78 \times (132+87 \times 99) \bmod 101 \\ &= 682110 \bmod 101 \\ &= 57 \end{aligned}$$

因此,$(99,57)$ 是对消息摘要为 132 的消息 m 的签名。

要验证这个签名,需要进行下面的计算:
$$w = \delta^{-1} \bmod q = 57^{-1} \bmod 101 = 39$$
$$u_1 = H(m)w \bmod q = 132 \times 39 \bmod 101 = 98$$
$$u_2 = \gamma w \bmod q = 99 \times 39 \bmod 101 = 23$$

所以
$$v = (g^{u_1} y^{u_2} \bmod p) \bmod q$$
$$= (170^{98} \times 3226^{23} \bmod 7879) \bmod 101$$
$$= \gamma$$

结果表明,以上签名和验证过程是有效的。

3.4 身份识别

在现实世界中,每个人都拥有独一无二的物理身份。而今人类也生活在数字世界中,一切信息都是由一组特定的数据表示的,当然也包括用户的身份信息。如果没有有效的身份认证管理手段,访问者的身份就很容易被伪造,使得任何安全防范体系都形同虚设。因此,在计算机和互联网世界,身份认证是一个最基本的要素,也是整个信息安全体系的基础。

3.4.1 身份认证的概念

身份认证是证实客户的真实身份与其所声称的身份是否相符的验证过程。目前,计算机及网络系统中常用的身份认证技术主要有以下几种。

(1) **用户名/密码方式**。用户名/密码是最简单也是最常用的身份认证方法,是基于"What you know?"的验证手段。每个用户的密码是由用户自己设定的,只有用户自己才知道。只要能够正确输入密码,计算机就认为操作者是合法用户。实际上,由于许多用户为了防止忘记密码,经常采用生日、电话号码等容易记住的字符串作为密码,或者把密码抄在纸上放在一个自认为安全的地方,这样很容易造成密码泄露。即使能保证用户密码不被泄露,由于密码是静态的数据,在验证过程中需要在计算机内存中和网络中传输,而每次验证使用的验证信息都是相同的,很容易被驻留在计算机内存中的木马程序或网络中的监听设备截获。因此,从安全性上讲,用户名/密码方式一直是极不安全的身份认证方式。

(2) **智能卡认证**。智能卡是一种内置集成电路的芯片,芯片中存有与用户身份相关的数据,智能卡由专门的厂商通过专门的设备生产,是不可复制的硬件。智能卡由合法用户随身携带,登录时必须将智能卡插入专用的读卡器读取其中的信息,以验证用户的身份。智能卡认证是基于"What you have?"的验证手段,通过智能卡硬件不可复制的性能保证用户身份不会被仿冒。然而,由于每次智能卡中读取的数据是静态的,通过内存扫描或网络监听等技术很容易截取用户的身份验证信息,因此还是存在安全隐患。

(3) **动态口令**。这是一种让用户密码按照时间或使用次数不断变化、每个密码只能使用一次的技术。它采用一种叫作动态令牌的专用硬件,内置电源、密码生成芯片和显示屏,密码生成芯片运行专门的密码算法,根据当前时间或使用次数生成当前密码并显示在显示屏上。认证服务器采用相同的算法计算当前的有效密码。用户使用时只需要将动态令牌上显示的当前密码输入客户端计算机,即可实现身份认证。由于每次使用的密码必须由动态令牌产生,只有合法用户才持有该硬件,所以只要通过密码验证就可以认为该用户的身份是可靠的。而用户每次使用的密码都不相同,即使黑客截获了一次密码,也无法利用这个密码仿冒合法用户的身份。动态口令技术采用一次一密的方法,有效保证了用户身份的安全性。但是,如果客户端与服务器端的时间或次数不能保持良好的同步,就可能发生合法用户无法登录的问题。并且用户每次登录时需要通过键盘输入一长串无规律的密码,一旦输错就要重新操作,使用起来非常不方便。

(4) **USB Key 认证**。基于 USB Key 的身份认证方式是近几年发展起来的一种方便、安全的身份认证技术。它采用软硬件相结合、一次一密的强双因子认证模式,很好地解决了安全性与易用性之间的矛盾。USB Key 是一种 USB 接口的硬件设备,它内置单片机或智能卡芯片,可以存储用户的密钥或数字证书,利用 USB Key 内置的密码算法实现对用户身份的认证。基于 USB Key 的身份认证系统主要有两种应用模式,分别是基于冲击/响应的认证模式和基于 PKI 体系的认证模式。

(5) **生物特征认证**。基于生物特征的身份认证技术主要是指通过可测量的身体或行为等生物特征进行身份认证的一种技术,是基于"Who you are?"的验证手段。生物特征是指唯一的可以测量或可自动识别和验证的具有唯一性的生理特征或行为方式。人的任何生物特征只要满足下面的条件,原则上就可以用于身份认证。

① 普遍性,即每个人都具有。

② 唯一性,即任何两个人都不一样。

③ 稳定性,即至少在一段时间内是不会改变的。

④ 可采集性,即该生物特征可以定量测量。

根据生物特征的来源,可以将其分为身体特征和行为特征两类,身体特征包括指纹、掌型、视网膜、虹膜、人体气味、脸型、手的血管和 DNA 等,行为特征包括签名、语音和行走步态等。从理论上说,生物特征认证是最可靠的身份认证方式,因为它直接使用人的生物特征表示人的数字身份,不同的人具有不同的生物特征,因此几乎不可能被仿冒。但是,近年来随着基于生物特征的身份认证技术被广泛应用,相应的身份伪造技术也随之发展,对其安全性提出了新的挑战。

由于以上这些身份认证方法均存在一些安全问题,接下来主要讨论基于密码技术和哈希函数设计的安全的用户身份认证协议。

从实用角度考虑,要保证用户身份认证的安全性,协议至少要满足以下条件:

(1) 识别者 A 能够向验证者 B 证明他的确是 A。

(2) 在识别者 A 向验证者 B 证明他的身份后,验证者 B 没有获得任何有用的信息,B 不能模仿 A 向第三方证明他是 A。

目前已经设计出了许多满足这两个条件的识别协议。例如,Schnorr 身份认证协议、Okanmto 身份认证协议、Guillou-Quisquater 身份认证协议和基于身份的识别协议等。这些识别协议均是询问-应答式协议。询问-应答式协议的基本过程是:验证者提出问题(通常是随机选择一些随机数,称作口令),由识别者回答,然后验证者验证其真实性。一个简单的询问-应答式协议的例子如下:

(1) 识别者 A 通过用户名和密码向验证者 B 注册。

(2) 验证者 B 发给识别者 A 一个随机号码(询问)。

(3) 识别者 A 对随机号码进行加密,将加密结果作为答复,加密过程需要使用识别者 A 的私钥完成(应答)。

(4) 验证者 B 证明识别者 A 确实拥有相关密钥(密码)。

对于攻击者 Oscar 来说,以上询问-应答过程具有不可重复性,因为当 Oscar 冒充识别者 A 与验证者 B 进行联系时,将得到一个不同的随机号码(询问),由于 Oscar 无法获知识别者 A 的私钥,因此他就无法伪造识别者 A 的身份信息。

以上例子中的身份验证过程是建立在识别者 A 和验证者 B 之间能够互相信任的基础上的。如果识别者 A 和验证者 B 之间缺乏相互信任,则以上验证过程将是不安全的。考虑到实际应用中识别者 A 和验证者 B 之间往往会缺乏信任,因此,在基于询问-应答式协议设计身份认证方案时,要保证识别者 A 的加密私钥不被分享。

根据攻击者采取的攻击方式的不同,目前,对身份认证协议的攻击包括假冒、重放攻击、交织攻击、反射攻击、强迫延时和选择文本攻击。

(1) 假冒。一个识别者 A1 声称是另一个识别者 A2。

(2) 重放攻击。针对同一个或者不同的验证者,使用从以前执行的单个协议得到的信息进行假冒或者其他欺骗。对存储的文件,类似的重放攻击是重新存储攻击,在攻击过程中使用早期版本的文件代替现有文件。

(3) 交织攻击。对从一个或多个以前的或同时正在执行的协议得来的信息进行有选择的组合,从而假冒或者进行其他欺骗,其中的协议包括可能由攻击者自己发起的一个或者多个协议。

(4) 反射攻击。利用正在执行的协议将信息发送回该协议的发起者。

(5) 强迫延时。攻击者截获一个消息,并在延迟一段时间后重新将该消息放入协议中,使协议继续执行,此时强迫延时发生(这里需要注意的是,延时的消息不是重放消息)。

(6) 选择文本攻击。是对询问-应答协议的攻击,其中攻击者有策略地选择询问消息以尝试获得识别者的密钥信息。

3.4.2 身份认证方案

1. Schnorr 身份认证方案

1991 年,Schnorr 提出了一种基于离散对数问题的交互式身份认证方案,能够有效验证识别者 A 的身份。该身份认证方案不仅具有计算量小、通信数据量少、适用于智能卡等优点,而且融合了 ElGamal 协议及 Fiat-Shamir 协议等交互式协议,具有较好的安全性和实用性,被广泛应用于身份认证的各个领域。

Schnorr 身份认证方案首先需要一个信任中心(Trusted Authority,TA)为识别者 A 颁发身份证书。TA 首先确定以下参数:

(1) 选择两个大素数 p 和 q,其中 $q|(p-1)$。

(2) 选择 $a \in \mathbf{Z}_p^*$,其中 a 的阶为 q。

(3) 选择身份认证过程中要用到的哈希函数 h。

(4) 确定身份认证过程中用到的公钥加密算法的公钥 e 和私钥 d。该过程通过识别者 A 选定加密私钥 $d \in \mathbf{Z}_p^*$ 同时计算相应的加密公钥 $e = (a^d)^{-1} \bmod p$ 实现。

对于需要进行身份认证的每一个用户,均需要先到 TA 进行身份注册,由 TA 颁发相应的身份证书,具体注册过程为:TA 首先对申请者的身份进行确认,在此基础上,对每一位申请者指定一个识别名称(Name),其中包含申请者的个人信息(如姓名、职业、联系方式等)和身份认证信息(如指纹信息、DNA 信息等)。TA 应用选定的哈希函数对用户提供为 Name 和加密公钥 e 计算其哈希函数值 h(Name, e),并对计算结果进行签名,得到 $s=$ Sign$_{TA}$(Name, e)。

在 TA 进行以上处理的基础上,识别者 A 和验证者 B 之间的具体身份认证过程如下:

(1) 识别者 A 选择随机整数 $k \in \mathbf{Z}_p^*$,并计算 $\gamma = a^k \mod p$。

(2) 识别者 A 发送 $C(A) = $(Name, e, s)和 γ 发送给验证者 B。

(3) 验证者 B 应用 TA 公开的数字签名验证算法 Ver$_{TA}$ 验证签名 Ver$_{TA}$(Name, e, s)的有效性。

(4) 验证者 B 选择一个随机整数 r, $1 \leq r \leq 2^t$,并将其发给识别者 A,其中 t 为哈希函数 h 的消息摘要输出长度。

(5) 识别者 A 计算 $y = (k+dr) \mod q$,将计算结果 y 发送给验证者 B。

(6) 验证者 B 通过计算 $\gamma \equiv a^y a^r \mod p$ 验证身份信息的有效性。

在 Schnorr 身份认证方案中,参数 t 被称为安全参数,它的目的是防止攻击者 Oscar 伪装成识别者 A 猜测验证者 B 选取的随机整数 r。如果攻击者能够知道随机整数 r 的取值,则他可以选择任意的 y,并计算 $\gamma \equiv a^y a^r \mod p$,攻击者 Oscar 将在识别过程的第(2)步将自己计算得到的 γ 发送给验证者 B,当验证者 B 将选择的参数 r 发送给 Oscar 时,Oscar 可以将自己已经经过计算的 y 值发送给验证者 B,以上提供的数据将能够通过第(6)步的验证过程,Oscar 从而成功地实现伪造识别者 A 的身份认证信息。因此,为了保证以上身份认证协议的安全性,Schnorr 建议哈希函数 h 的消息摘要长度不小于 72 位。

Schnorr 提出的身份认证方案实现了在识别者 A 的加密私钥信息不被验证者 B 知道的情况下,识别者 A 能够向验证者 B 证明他知道加密私钥 d 的值,证明过程通过身份认证协议的第(5)步实现。具体方案是:识别者 A 应用加密私钥 d,计算 $y = (k+br) \mod q$,回答验证者 B 选取的随机整数 r。在整个身份认证过程中,加密私钥 d 的值一直没有被泄露,所以,这种技术被称为零知识证明。

为了保证 Schnorr 身份认证方案的计算安全性,在加密参数的选取过程中,要求参数 q 长度不小于 140 位,参数 p 的长度则至少要达到 512 位。对于参数 a 的选取,可以先选择一个 $\mathbf{Z}_p$ 上的本原元 $g \in \mathbf{Z}_p$,通过计算 $a = g^{(p-1)/q} \mod p$ 得到相应的参数 a 的取值。

对 Schnorr 身份认证方案的攻击涉及离散对数问题的求解。当参数 p 满足一定的长度要求时,$\mathbf{Z}_p$ 上的离散对数问题在计算上是不可行的,这保证了 Schnorr 身份认证方案的安全性。

需要说明的一点是,Schnorr 身份认证方案的实现必须存在一个 TA 负责管理所有用户的身份信息,每一位需要进行身份认证的用户首先要到 TA 进行身份注册,只有经过注册的合法用户才可以通过以上方案进行身份认证。但是在整个身份认证的过程中,TA 不需要参与。

2. Okamoto 身份认证方案

Okamoto 身份认证方案是 Schnorr 方案的一种改进方案。

Okamoto 身份认证方案也需要一个 TA。TA 首先确定以下参数:

(1) 选择两个大素数 p 和 q。

(2) 选择两个参数 $a_1, a_2 \in \mathbf{Z}_p$，且 a_1 和 a_2 的阶均为 q。

(3) TA 计算 $c = \log_{a_1} a_2$，保证任何人要得到 c 的值在计算上是不可行的。

(4) 选择身份认证过程中要用到的哈希函数 h。

TA 向用户 A 颁发证书的过程如下：

(1) TA 对申请者的身份进行确认，在此基础上，为每一位申请者指定一个识别名称 Name。

(2) 识别者 A 秘密地选择两个随机整数 $m_1, m_2 \in \mathbf{Z}_q$，并计算 $v = a_1^{-m_1} a_2^{-m_2} \bmod p$，将计算结果发给 TA。

(3) TA 计算 $s = \text{Sign}_{TA}(\text{Name}, v)$ 对信息进行签名。将结果 $C(A) = (\text{Name}, v, s)$ 作为认证证书颁发给识别者 A。

在 TA 进行以上处理的基础上，在 Okamoto 身份认证方案中，识别者 A 和验证者 B 之间的过程如下：

(1) 识别者 A 选择两个随机数 $r_1, r_2 \in \mathbf{Z}_q$，并计算 $X = a_1^{-r_1} a_2^{-r_2} \bmod p$。

(2) 识别者 A 将他的认证证书 $C(A) = (\text{Name}, v, s)$ 和计算结果 X 发送给验证者 B。

(3) 验证者 B 应用 TA 公开的数字签名验证算法 Ver_{TA}，通过计算 $\text{Ver}_{TA}(\text{Name}, v, s)$ 以验证签名的有效性。

(4) 验证者 B 选择一个随机数 $r, 1 \leq r \leq 2^t$，并将 r 发给识别者 A。

(5) 识别者 A 计算 $y_1 = (r_1 + m_1 r) \bmod q$，$y_2 = (r_2 + m_2 r) \bmod q$，并将 y_1 和 y_2 发给验证者 B。

(6) 验证者 B 通过计算 $X = a_1^{-y_1} a_2^{-y_2} v^r \bmod p$ 验证身份信息的有效性。

Okamoto 身份认证方案与 Schnorr 身份认证方案的主要区别在于：若选择的计算参数保证 $\mathbf{Z}_q$ 上的离散对数问题是安全的，则可以证明 Okamoto 身份认证方案就是安全的。该证明过程的基本思想是：识别者 A 通过执行该方案多项式次向攻击者 Oscar 识别自己，假定 Oscar 能够获得识别者 A 的秘密指数 a_1 和 a_2 的某些信息，那么将可以证明识别者 A 和攻击者 Oscar 一起能够以很高的概率在多项式时间内计算出离散对数 $c = \log_{a_1} a_2$，这和离散对数问题是安全的假设相矛盾，因此就证明了 Oscar 通过该方案一定不能获得关于识别者 A 的指数的任何信息。

3. Guillou-Quisquater 身份认证方案

Guillou-Quisquater 身份认证方案的安全性基于 RSA 公钥密码体制的安全性。该方案的建立过程也需要一个 TA。TA 首先确定以下参数：

(1) 选择两个大素数 p 和 q，计算 $n = pq$，公开 n，将 p 和 q 保密。

(2) 随机选择一个大素数 b 作为安全参数，同时选择一个公开的 RSA 加密指数。

(3) 选择身份认证过程中要用到的哈希函数 h。

TA 向用户 A 颁发证书的过程如下：

(1) TA 对申请者的身份进行确认，在此基础上，对每一位申请者指定一个识别名称 Name。

(2) 识别者 A 秘密地选择一个随机整数 $m \in \mathbf{Z}_n$，计算 $v = (m^{-1})^b \bmod n$，并将计算结果发给 TA。

(3) TA 对 (Name, v) 进行签名得到 $s=\text{Sign}_{TA}(\text{Name},v)$，TA 将证书 $C(A)=$ (Name, v,s) 发给识别者 A。

在 TA 进行以上处理的基础上，在 Guillou-Quisquater 身份识别方案中，识别者 A 和验证者 B 之间的过程如下：

(1) 识别者 A 选择一个随机整数 $r\in \mathbf{Z}_n$，计算 $X=r^b \bmod n$，并将他的证书 $C(A)$ 和 X 发送给验证者 B。

(2) 验证者 B 通过计算 $\text{Ver}_{TA}(\text{Name},v,s)=\text{TRUE}$ 验证 TA 签名的有效性。

(3) 验证者 B 选择一个随机整数 $e\in\mathbf{Z}_b$，并将其发给识别者 A。

(4) 识别者 A 计算 $y=rm^e \bmod n$，并将其发送给验证者 B。

(5) 验证者 B 通过计算 $X=v^e y^b \bmod n$ 验证身份信息的有效性。

Guillou-Quisquater 身份认证方案的安全性与 RSA 公钥密码体制一样，均是基于大数分解的困难性问题，该性质能够保证 Guillou-Quisquater 身份认证方案是计算安全的。

◆ 3.5 公钥基础设施

公钥基础设施(Public Key Infrastructure，PKI)是一种遵循既定标准的密钥管理平台，它能够为所有网络应用提供加密和数字签名等密码服务及必需的密钥和证书管理体系。简单来说，PKI 就是利用公钥理论和技术建立的提供安全服务的基础设施。PKI 技术是信息安全技术的核心，也是电子商务的关键和基础技术。

在 X.509 标准中，为了区别于权限管理基础设施(Privilege Management Infrastructure，PMI)，将 PKI 定义为支持公开密钥管理并能支持认证、加密、完整性和可追究性服务的基础设施。这样的定义不仅说明了 PKI 能提供的安全服务，更强调了 PKI 必须支持公开密钥的管理。也就是说，仅仅使用公钥技术还不能叫作 PKI，它还应该提供公开密钥的管理。因为 PMI 仅使用公钥技术但并不管理公开密钥，所以 PMI 就可以单独进行论述而不会与公钥证书等概念混淆。

在 X.509 中从概念上分清 PKI 和 PMI 有利于标准叙述。然而，由于 PMI 使用了公钥技术，PMI 的建立和使用必须有 PKI 的密钥管理支持。也就是说，PMI 不得不把自己与 PKI 绑定在一起。将两者合二为一时，PMI+PKI 就完全落在 X.509 标准定义的 PKI 范畴内。根据 X.509 的定义，PMI+PKI 仍旧可以叫作 PKI，而 PMI 完全可以看成 PKI 的一部分。

美国国家审计总署在 2001 年和 2003 年的报告中都把 PKI 定义为由硬件、软件、策略和人构成的系统，当完善实施后，能够为敏感通信和交易提供一套信息安全保障，包括保密性、完整性、真实性和不可否认性。尽管这个定义没有提到公钥技术，但到目前为止，满足上述条件的也只有公钥技术构成的基础设施。

PKI 具有以下优点：

(1) 采用公开密钥密码技术，能够支持可公开验证并无法仿冒的数字签名，从而在支持可追究的服务上具有不可替代的优势。这种可追究的服务也为原发数据完整性提供了更高级别的担保。支持可以公开地进行验证(或者说任意第三方可验证)，能更好地保护弱势个体，完善平等的网络系统间的信息和操作的可追究性。

(2) 由于密码技术的采用,保护机密性是 PKI 最得天独厚的优点。PKI 不仅能够为相互认识的实体之间提供机密性服务,同时也可以为陌生的用户之间的通信提供保密支持。

(3) 由于数字证书可以由用户独立验证,不需要在线查询,在原理上能够保证服务范围的无限制扩张,这使得 PKI 能够成为一种服务规模巨大的用户群的基础设施。PKI 采用数字证书方式进行服务,即通过第三方颁发的数字证书证明末端实体的密钥,而不是在线查询或在线分发。这种密钥管理方式突破了过去安全验证服务必须在线的限制。

(4) PKI 提供了证书的撤销机制,从而使得其应用领域不受具体应用的限制。撤销机制提供了在意外情况下的补救措施,在各种安全环境下都可以让用户更加放心。另外,因为有撤销技术,无论是永远不变的身份还是经常变换的角色,都可以得到 PKI 的服务而不用担心被窃后身份或角色被永远作废或被他人恶意盗用。为用户提供"改正错误"或"后悔"的途径是良好工程设计中必要的一环。

(5) PKI 具有极强的互联能力。不论是上下级的领导关系,还是平等的第三方信任关系,PKI 都能够按照人类世界的信任方式进行多种形式的互联互通,从而使 PKI 能够很好地服务于符合人类习惯的大型网络信息系统。PKI 中各种互联技术的结合使建设一个复杂的网络信任体系成为可能。PKI 的互联技术为消除网络世界的信任孤岛提供了充足的技术保障。

3.5.1 PKI 的组成

PKI 的基础技术包括加密、数字签名、数据完整性机制、数字信封和双重数字签名等。一个完整的 PKI 系统必须具有权威认证中心(Certificate Authority,CA)、注册中心(Registration Authority,RA)、数字证书库、密钥备份与恢复系统、证书撤销处理系统、PKI 应用接口系统等基本组成部分,PKI 也将围绕着这几个系统着手构建。

1. 认证中心

认证中心(CA)是整个 PKI 体系中各方都承认的一个值得信赖的、公正的第三方机构。CA 负责产生、分配并管理 PKI 结构下的所有用户的数字证书,把用户的公钥和用户的其他信息捆绑在一起,在网上验证用户的身份,同时 CA 还负责证书撤销列表的登记和发布。由于 CA 是一个各方都信任的机构,它签发的数字证书也是大家都信任的,从而保证了证书所代表的通信双方身份的可信性。

2. 注册中心

注册中心(RA)是 CA 的证书发放、管理的延伸。RA 负责证书申请者的信息录入、审核以及证书的发放等任务,同时对发放的证书完成相应的管理功能。RA 一般都是由一个独立的注册机构承担的,它接受用户的注册申请,审查用户的申请资格,并决定是否同意 CA 给其签发数字证书。RA 并不给用户签发证书,只是对用户进行资格审查。因此,RA 可以设置在直接面对客户的业务部门,如银行的营业部、机构认证部门等。当然,对于一个规模较小的 PKI 应用系统来说,可以把注册管理的职能由 CA 来完成,这样就不需要设置独立运行的 RA。PKI 国际标准推荐由一个独立的 RA 完成注册管理的任务,这样可以增强应用系统的安全性。

3. 数字证书库

数字证书库是一种网上公共信息库,用于存储已签发的数字证书及公钥,用户可由此获得所需的其他用户的证书及公钥。构造数字证书库的常用方法是采用支持轻量级目录访问协议(Lightweight Directory Access Protocal,LDAP)的目录服务系统,用户或相关的应用通过 LDAP 接口来访问数字证书库。PKI 系统必须保证数字证书的完整性和真实性,防止伪造、篡改证书。

4. 密钥备份及恢复系统

如果用户丢失了用于解密数据的密钥,则数据将无法被解密,这将造成合法数据丢失。为避免这种情况,PKI 提供了备份与恢复密钥的机制。但应注意,密钥的备份与恢复必须由可信的机构完成。密钥备份与恢复只能针对解密密钥,签名私钥为确保其唯一性而不能备份。

5. 证书撤销处理系统

证书撤销处理系统是 PKI 的一个必备的组件。与日常生活中的各种身份证件一样,证书在有效期以内也可能需要作废,原因可能是密钥介质丢失或用户身份变更等。为实现这一点,PKI 必须提供撤销证书的一系列机制。在 PKI 中撤销证书是通过维护一个证书撤销列表(Certificate Revocation List,CRL)实现的。PKI 系统将撤销的证书列入 CRL,当用户需要验证数字证书的有效性和真实性时,由 CA 负责检查证书是否在 CRL 中。

6. PKI 应用接口系统

PKI 的价值在于使用户能够方便地使用加密、数字签名等安全服务,因此一个完整的 PKI 必须提供良好的应用接口系统,使得各种各样的应用能够以安全、一致、可信的方式与 PKI 交互,确保安全网络环境的完整性和易用性。

3.5.2 CA 认证

1. 数字证书

数字证书如同日常生活中使用的身份证明,它是持有者在网络上证明自己身份的凭证。在一个电子商务系统中,所有参与活动的实体都必用数字证书证明自己的身份。数字证书是一个经过认证中心数字签名的、包含公钥拥有者信息以及公钥的文件。一方面,数字证书可以用来向系统中的其他实体证实自己的身份;另一方面,由于每份证书都携带着证书持有者的公钥,所以数字证书也可以向接受者证明某人或某个机构对公钥的拥有权,同时也起着公钥分发的作用。

2. 数字证书的格式

X.509 定义的数字证书包括 3 部分:证书内容、签名算法和使用签名算法对数字证书内容所作的签名。

X.509 数字证书中各项的具体内容如下:

(1) 证书版本号。用于识别数字证书版本号,版本号可以是 V1、V2 和 V3,目前常用的是 V3。

(2) 证书序列号。是由 CA 分配给数字证书的数字类型的唯一标识符。当数字证书被撤销时,将此证书序列号放入由 CA 签发的 CRL。

(3) 签名算法标识。用来标识对数字证书进行签名的算法和算法包含的参数。X.509 规定,这个算法同数字证书格式中出现的签名算法必须是同一个算法。

(4) 证书签发机构。签发数字证书的 CA 的名称。

(5) 证书有效期。证书启用和废止的日期和时间,数字证书在该时间段内有效。

(6) 证书对应的主体。证书持有者的名称。

(7) 证书主体的公钥算法。包括证书主体的签名算法、需要的参数和公钥参数。

(8) 证书签发机构唯一标识。该项为可选项。

(9) 证书主体唯一标识。该项为可选项。

(10) 扩展项。X.509 证书的 V3 版本还规定了证书的扩展项。公钥证书的标准扩展可以分为 4 类。

① 密钥信息扩展。包括以下 4 类关于密钥对和证书进一步使用的信息的扩展。

- CA 密钥标识符。该标识符指定 CA 签名密钥对的唯一标识符。当 CA 有多个密钥对时,该标识符对验证证书签名很有用。
- 证书持有者密钥标识符。该标识符的功能和 CA 密钥标识符相似,主要用来标识和证书的公钥相对应的密钥对。该标识符在 CA 的安全域内多次更新其密钥对时特别有用。
- 密钥用途。该扩展项用来指定密钥的实际用途。密钥的实际用途包括认证、证书签名、CRL 签名、数字签名、密钥传输时的对称密钥加密、数据加密和 Diffie-Hellman 密钥协议。
- 私有密钥使用有效期。该扩展项指定证书持有者签名密钥对的私钥的有效期。解密私钥没有这项要求。

② 政策信息扩展。该类扩展为 CA 提供了一种解释和使用一类特定的证书的方法。它主要包括以下两类扩展。

- 证书使用政策。规定了证书签发的原则,用对象标识符表示,需要向国际标准组织注册。在一个证书里,可以指定多个证书使用策略,并且要求这些证书使用策略不能互相冲突。
- 策略映射。证书使用策略适用于用户证书和 CA 的交叉认证证书,而策略映射仅用于交叉认证证书。当 CA 验证另一个 CA 的公钥时,该 CA 就产生了一个交叉认证证书。

③ 证书持有者以及 CA 属性扩展。该类扩展提供一种识别证书持有者及 CA 身份信息的机制。它包括以下 3 类扩展。

- 证书持有者别名。指定一个或多个证书的持有者唯一确定的名字,允许的名字形式包括电子邮件地址、Internet 域名、IP 地址、Web 统一地址标识符等。这种信息主要用来支持其他应用,如电子邮件,在这种应用中用户的名字必须唯一。
- 签发者别名。指定 CA 的一个或者多个唯一确定的名字,可能的形式和证书持有者别名相同。
- 证书持有者目录属性。证书持有者目录属性主要提供包含在证书中的 X.500 目录属性,提供了除证书持有者 X.500 名字和证书持有者别名以外的身份信息。

④ 证书路径限制扩展。此类扩展主要为 CA 提供一种控制和限制在证书交叉认证中对可信任的第三方的扩展机制。

- 基本限制。仅表明证书的持有者是最终用户还是认证机构。如果证书是认证机构的证书,此证书就是一个交叉证书。交叉证书可以指定可接受的证书链的长度。如果长度为1,那么该认证机构验证终端用户公钥证书以及在该证书中指定的认证机构签发的 CRL。
- 名字限制。用在交叉证书中,在交叉认证环境中用来限制可信任的域名。基本限制规定了可信任链的长度,而名字限制提供了定义可信任链的复杂机制。名字限制允许签发交叉证书的认证机构指定在证书链中可以接受的域名。
- 策略限制。该扩展为管理者指定交叉证书中可以使用的策略提供了方便。策略限制扩展可以指定是否所有的证书都必须使用同一个策略,或者在处理一个证书链时是否禁止某些策略映射。

3. 认证中心

认证中心(CA)的主要功能是签发证书和管理证书,具体包括用户注册、证书签发、证书撤销、密钥恢复、密钥更新、证书使用和安全管理等。以下对其进行详细介绍。

1) 用户注册

用户要使用 CA 提供的服务,首先需要进行注册。注册有多种形式。如果用户有证书,可以使用证书证明自己的身份。用户也可以通过安全通道在线注册。这里介绍使用 PIN 进行注册的基本过程。

第一步:申请证书的用户向 RA 提供个人信息,包括电子邮件地址、用户密码等。

第二步:RA 对用户的个人信息进行审核。审核通过后,先为用户产生一个 PIN,然后计算电子邮件地址的哈希值,把这个哈希值作为密钥对 PIN 加密。把电子邮件地址、用户密码和加密后的 PIN 保存起来。用户申请证书、撤销证书及申请恢复密钥时,都以这 3 项作为验证用户身份的依据。

第三步:RA 通过电子邮件把 PIN 发送给申请证书的用户。

第四步:用户接收到该 PIN 后妥善保管。

在以上注册过程中,用到了用户的电子邮件地址。如果用户输入不合法或者不存在的电子邮件地址信息,将不能接收到 PIN,因此也无法申请证书。RA 管理员会将这类用户的信息删除,这样可以避免恶作剧者多次注册,造成数据库中存在大量无用记录。

2) 证书签发

从证书的最终使用者来看,数字证书可以分为系统证书和用户证书。系统证书指 CA 系统自身的证书,包括 CA 的证书、业务受理点的证书以及 CA 系统操作员的证书;用户证书从应用的角度可以分为个人用户证书、企业用户证书和服务器证书。一个完整的 CA 应该能够签发以上各类证书。

从证书的用途来看,数字证书可以分为签名证书和加密证书。签名证书用于对用户信息进行签名,以保证信息的不可否认性;加密证书用于对用户传送的信息进行加密,以保证信息的真实性和完整性。CA 需要为加密证书备份私钥,而签名证书无须备份私钥。

证书的签发流程包括以下步骤:申请人提交证书请求,RA 对证书请求进行审核,CA 生成数字证书,数字证书的发布,下载并安装数字证书。

3) 证书撤销

在私钥泄露、证书包含信息改变、使用终止等情况下,证书必须被撤销。每一个 CA 均可以产生一个证书撤销列表(CRL)。CRL 可以定期产生,也可以在每次有证书作废请求后产生。CRL生成后发布到目录服务器上。

CRL的获得方式有多种,例如CA产生CRL后自动发送到下属实体。大多数情况下,由使用证书的各个PKI实体从目录服务器获得相应的CRL。

使用CRL也存在不足。由于证书认证机构可能不经常发布CRL,周期性发布的CRL有时是令人难以接受的,因为业务伙伴可能需要几天的时间才能收到有关证书撤销的通知,从而增加了安全风险。另外,由于CRL数量庞大,用户基数很大,导致CRL越变越大,最终导致每次发布CRL时都会大量消耗网络带宽和用户端的处理能力。

4)密钥恢复

如果用户的证书是加密证书,或者用户要求备份私钥,则应该备份与用户证书中的公钥相对应的私钥。如果用户私钥丢失或者被破坏,CA可以应用恢复私钥功能为用户恢复私钥。恢复过程如下:用recoverkey对加密私钥encryptedkey的内容进行解密,得到私钥保护密钥(随机数k),最后将k和数据库中的encryptedCert域的内容交给申请恢复密钥的用户。

5)密钥更新

任何密钥都不能无限期地使用,它应当能够自动失效。在密钥被泄露的情况下,将产生新的密钥和新的证书;即使未被泄露,密钥也应该定期更换。这种更换的方式也有多种。PKI体系中的各个实体可以在不同时间更换密钥。相应地,每个证书都有一个有效截止日期,与签发者和被签发者的密钥作废时间中较早者保持一致。

如果CA和其下属的密钥同时达到有效截止日期,则CA和其下属同时更换密钥,CA用自己的新私钥为下属成员的新公钥签发证书。

也有可能CA和其下属的密钥不是同时达到有效截止日期。当用户的密钥到期后,CA将用它当前的私钥为用户的新公钥签发证书;而达到CA密钥的有效截止日期时,CA用新私钥为所有用户的当前公钥重新签发证书。

6)证书使用

证书使用包括证书获取和验证。

(1)证书获取。证书获取可以有多种方式,例如,发送方发送签名信息时附加自己的证书,单独发送证书,通过访问证书发布的目录服务器获得证书,直接从证书相关的实体处获得证书,等等。

(2)验证。在电子商务系统中,证书的持有者可以是个人用户、企事业单位、商家、银行等。无论是电子商务的哪一方,在使用证书验证数据时都遵循同样的验证流程。一个完整的验证流程如下:

① 将客户端发来的数据解密。
② 将解密后的数据分解成原始数据、签名数据和客户证书3部分。
③ 用CA根证书验证客户证书的签名完整性。
④ 检查客户证书是否有效。
⑤ 检查客户证书是否已被撤销。
⑥ 验证客户证书结构中的证书用途。
⑦ 客户证书验证原始数据的签名完整性。
⑧ 如果以上各项内容均通过验证,则接收原始数据。

7) 安全管理

CA 的安全防范机制除了需要考虑基本安全外,还需要重点考虑 CA 的密钥安全。因为数字证书的安全性和可靠性主要依靠 CA 的数字签名保证,而 CA 的数字签名是使用自身的私钥签名的,所以 CA 的密钥安全非常重要。一旦 CA 的密钥泄露,将引起整个 PKI 体制的崩溃。

为此,对 CA 的密钥采取的安全管理措施需要符合以下要求:

(1) 选择模长较长的密钥。

(2) 使用硬件加密模块。

(3) 使用专用硬件产生密钥对。

(4) 采用密钥分享的控制原则。

(5) 建立对密钥进行备份和恢复的机制。

3.5.3　PKI 的功能

一个典型、完整、有效的 PKI 应用系统至少应该具备公钥密码证书管理、黑名单的发布和管理、密钥的备份和恢复、自动更新密钥、自动管理历史密钥、支持交叉认证等功能。

1. CA 的功能

CA 的功能如下:

- 签发自签名的根证书。
- 审核和签发其他 CA 系统的交叉认证证书。
- 向其他 CA 系统申请交叉认证证书。
- 受理和审核各 RA 机构的申请。
- 为 RA 机构签发证书。
- 接受并处理各 RA 服务器的证书业务请求。
- 证书的审批、发放、更新。
- 接受用户的证书撤销请求。
- 产生和发布证书撤销列表。
- 管理系统的用户资料。
- 管理系统的证书资料。
- 维护系统的证书作废表。
- 密钥备份。
- 历史数据整理归档。

2. RA 的功能

RA 的功能如下:

- 受理用户的证书业务。
- 审核用户身份。
- 向 CA 申请签发证书。
- 将证书和私钥写入 IC 卡后分发给各个受理中心和用户。
- 管理本地在线证书状态协议服务器,并提供证书状态的实时查询。
- 管理本地用户资料。

3. 证书管理

证书管理的内容大致可以分为证书的存取、证书验证、证书链校验和交叉认证等。

1) 证书的存取

PKI 体系中使用证书库发布和存放所有用户的数字证书并提供目录服务，当然，证书库中还存放着证书撤销列表等信息。目前，大多数数字证书选择轻量目录访问协议服务器作为证书库，供用户查询和下载，同时也使用在线证书状态协议服务器进行实时的证书状态验证。

2) 证书验证

证书验证管理的内容包括：验证证书的签名，检查证书的有效期以确保证书仍然有效，检查证书的预备用途是否符合 CA 在证书中指定的所有策略限制，确认该证书没有被 CA 撤销。

3) 证书链校验

在 PKI 体系中，CA 是有层次结构的。在 n 级 PKI 体系中，在信任体系的最高层是根认证中心(Root CA)，一般它只有一个，并且给自身签发证书。根认证中心的下级是 2 级认证中心(Second CA)，它可以有多个，其证书由根认证中心签发。2 级认证中心的下一级是 3 级认证中心(Third CA)，它负责为 4 级认证中心签发证书。以此类推，直到 n 级认证中心，它负责为最终用户签发证书。此时，从证书的层次上看，从下到上构成了一条证书链。现在假设在一个 2 级 PKI 应用系统中，用户 A 的证书由 2 级认证中心 C 签发，而用户 B 的证书由 2 级认证中心 D 签发。如果用户 A 不信任用户 B，就需要验证用户 B 的证书。这时，用户 A 首先获取为用户 B 签发证书的 2 级认证中心 D 的证书，并利用其公开的公钥校验用户 B 的证书的数字签名的有效性。如果用户 A 对 2 级认证中心 D 的身份也不信任，还需要获取为 2 级认证中心 D 签发证书的根认证中心的证书，并利用其公钥校验 2 级认证中心 D 的证书的数字签名的有效性。

4) 交叉认证

利用交叉认证技术可以扩展 CA 的信任范围，它允许不同信任体系中的认证中心建立起可信的相互依赖关系，从而使各认证中心签发的证书可以相互认证和校验。需要指出的是，交叉认证也是可以撤销的，因此，在进行交叉认证时，同样需要校验交叉证书是否已经被撤销。

4. 密钥管理

在 PKI 体系中，密钥的管理主要包括密钥产生、密钥备份和恢复、密钥更新、密钥销毁和归档处理等。PKI 要求每个用户拥有两个公私密钥对，其中一对公私密钥用于数据加密和解密，另一对公私密钥用于数字签名和验证。这样要求主要是为了支持数字签名的不可否认性，但这些密钥在密钥管理中的要求是不一样的。

1) 密钥产生

用于加密和解密的密钥对既可以在任何一个可信的第三方机构产生，也可以在客户端产生。如果在异地产生该密钥对，必须能够保证将其安全地传输到客户端。用于签名和验证的密钥对必须在客户端产生。当用户获得该密钥对后，第三方机构必须销毁该密钥对中用于签名的私钥，并且该私钥只能由用户本身唯一拥有，严禁在网络中传输，或者存放于网络中的其他地方。但用于验证的公钥可以在网络中传输，也可以随处发布。

2) 密钥备份和恢复

PKI 要求应用系统提供密钥备份与恢复功能。当用户忘记密钥口令或存储用户密钥的设备损坏时，可以利用此功能恢复原来的密钥对，从而使原来的加密信息可以正确解密。但并不是用户的所有密钥都需要备份,也不是任何机构都可以备份密钥。需要备份的密钥是用于加密和解密的密钥对,而用于签名和验证的密钥对不能进行备份,否则将无法保证签名的不可否认性。另外,可以备份密钥的应该是可信的第三方机构,如 CA、专用的备份服务器等。

3)密钥更新

密钥的使用存在有效期。当密钥到期时,用户应该到本地的 CA 申请并更新证书,同时将旧的证书撤销。

4)密钥销毁和归档处理

当用于加密和解密的密钥对成功更新后,对原来使用的密钥对必须进行归档处理,以保证原来的加密信息可以正确地解密。但用于签名和验证的密钥成功更新后,原来的密钥对中用于签名的私钥必须安全地销毁;而原来密钥对中用于验证的公钥则可以进行归档处理,以便将来对原有签名信息进行验证。需要强调的是,为了确保 PKI 体系的安全性,根证书和下属各级证书的私钥必须确保安全,同时具有严格的备份手段以便遭到破坏后能够恢复。另外,根证书的备份过程必须多人同时参与,任何一个管理员都不能独立完成备份过程,根证书和下属各级证书必须有备用证书,以便在紧急情况下使用。

◆ 本章总结

信息认证技术是实现在线信息交互和信任的前提和基础,在电子商务等领域有着广泛的应用。本章概要介绍了信息认证涉及的一些基本概念,重点介绍了哈希函数的基本概念、基本结构和基于哈希函数的消息认证码以及典型的 MD5 和 SHA-1 算法。哈希函数又称消息摘要,在消息完整性检验、数字签名技术中得到了广泛应用。

本章还介绍了基于公钥密码的数字签名体制的基本概念和典型算法,以及几种典型的基于数字签名算法的身份识别方案,并对其相关性能和应用特点进行了简要分析、评价。

PKI 是当前最重要、最流行的一种信息认证技术,它是利用公钥密码技术构建的网络安全基础设施,它以通用的方法为信息系统的实现提供支撑。本章对 PKI 的基本组成和各部分的功能进行了重点介绍。

随着大数据、人工智能、移动互联网、物联网、云计算等技术的快速发展,网络身份认证技术得到进一步发展,从以离线数字证书为主导的证书服务演化为以在线身份服务为主导的身份管理,从以静态认证为主导的身份鉴别发展为以大数据风险控制为主导并融合多种技术的身份鉴别,从简单的单一模式身份认证转变为具有多模式多安全级别的身份认证,专业化的共享共用身份管理服务逐步替代孤岛式隔离的分散的身份管理服务。

◆ 思考与练习

1. 评价哈希函数安全性的原则是什么?
2. 公钥认证的一般过程是怎样的?
3. 在 DSS 中哈希函数有哪些作用?
4. 以电子商务交易平台为例,谈谈 PKI 在其中的作用。
5. 在 PKI 中,CA 和 RA 的功能各是什么?

第4章 信息隐藏技术

信息隐藏是将秘密信息隐藏在另一非机密的载体信息中,通过公共信道进行传递。信息隐藏是一门新兴的交叉学科,在隐蔽通信、数字版权保护等方面起着越来越重要的作用。信息隐藏技术包括隐写术和数字水印两种技术。本章简要介绍信息隐藏的发展历史、涉及的基本概念、技术特点和分类,重点论述了隐藏技术中的两种基本实现——空域隐藏技术和变换域隐藏技术,介绍了数字水印的基本模型以及基于空域和变换域的数字水印实现技术,最后简要介绍了信息隐藏的常见攻击方法。

本章的知识要点、重点和难点包括信息隐藏的分类和技术特点、空域和变换域隐秘技术实现的基本原理、数字水印的基本模型及实现原理。

◆ 4.1 基本概念

4.1.1 信息隐藏概念

信息隐藏又称信息伪装,就是通过减少载体的某种冗余(如空间冗余、数据冗余等)隐藏敏感信息,达到某种特殊的目的。信息隐藏打破了传统密码学的思维范畴,从一个全新的视角审视信息安全。与传统的加密相比,信息隐藏的隐蔽性更强。信息隐藏可以和加密技术结合起来,先对秘密信息进行加密预处理,然后进行信息隐藏,则秘密信息的保密性和不可觉察性的效果更佳。

信息隐藏是一门古老的技术,直到今天一直被人们所使用,如古代的藏头诗、钞票印刷及军事情报传递等。而近几年,Internet 的迅速发展,使得网络多媒体变成现实,各种电子图书和影视作品随处可见。利用信息隐藏的方法传递重要的信息,就是将秘密信息隐藏在其他信息中,如隐藏在一段普通谈话的声音文件中,或隐藏在一幅风景的数字照片中,这样攻击者难以辨别哪些多媒体文件中藏有重要的信息,因而也就无法进行攻击。电子数据很容易任意复制,加上 Internet 快捷传播的特点,使得一些有版权作品迅速出现了大量的非法复制品,大大损害了作者和出版商的利益,挫伤了出版商的积极性。为了打击盗版、维护出版商的利益,急需一种维护版权的解决方案。正因为信息隐藏技术能达到这种特殊目的,使它在数字作品的版权保护中得到了广泛的利用,数字水印就是通过在多媒体数据中嵌入某些关于作品的信息(如作者、制造商、发行商等)以达到版权保护的目的。

信息隐藏技术主要分为隐写术(steganography)和数字水印(digital watermark)两个分支,如图 4-1 所示。

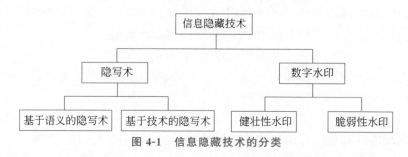

图 4-1 信息隐藏技术的分类

隐写术是关于信息隐藏的最古老的分支,其应用可以追溯到古希腊。关于隐写术的现代科学研究一般认为开始于 Simmons 提出的囚犯问题:有两个关在不同房间中的囚犯 Alice 和 Bob 试图协商一个逃跑计划,他们可以通过一个公开的信道通信,但通信的过程和内容受到看守者 Wendy 的监视,一旦 Wendy 发现他们发送可疑的信息,就会把 Alice 和 Bob 分别关入隔离的两所监狱中。Alice 和 Bob 如何通过公开信道发送秘密信息而不引起 Wendy 的怀疑?由此可见,隐写术和密码术的区别在于,密码术旨在隐藏信息的内容,而隐写术的目的在于隐藏信息的存在。

数字水印技术是指用信号处理的方法在数字化的多媒体数据中嵌入隐蔽的标记,这种标记通常是不可见的,只有通过专用的检测器或阅读器才能提取。数字水印技术的发展为解决数字产品的侵权问题提供了一个有效的解决途径。数字水印技术通过在数字作品中加入一个不可察觉的标识信息(版权标识或序列号等),需要时可以通过算法提出标识信息进行验证,作为指证非法复制的证据,从而实现对数字产品的版权保护。目前,数字水印已经发展成为信息隐藏技术的一个重要研究方向。

4.1.2 信息隐藏技术的发展

1. 传统的信息隐藏技术

数字化的信息隐藏技术是一门全新的技术,但是它的思想来自古老的隐写术。大约在公元前 440 年,隐写术就已经被应用于战争中的保密通信等很多领域。当时,两个部落之间要进行保密通信,首先让一个剃头匠将一条机密消息写在一个奴隶的光头上,然后等到这个奴隶的头发长起来之后将他送到另一个部落,从而实现了这两个部落之间的秘密通信。类似的方法直到 20 世纪初仍然被德国间谍所使用。

在我国古代,信息隐藏的发展很大程度上得益于战争中隐蔽通信的需要。我国古代有文字可考的最早的信息隐藏见于《六韬》中对"阴符"的记载。"阴符"是古代战争中采用的高度保密的通信方式,其办法是先制造形状、花纹不同的兵符,每一种表示一种固定的含义,这种含义必须事先约定好,只有当事人可以理解,即使被敌方截获,他们也不会知道其中的含义。我国古代还有一种信息隐藏技术——"阴书"。"阴书"的用法与阴符相似,但要传达的情报内容更多,一般情况下,将要传递的书信分解为 3 封,只有 3 封信合在一起,才能了解其内容,发信者将 3 封信交给 3 个信使从不同道路送去,除非敌方将 3 个信使全捉住才能知晓信的内容,只抓住一个或两个信使根本不可能了解到信的全部内容。

我国古代非军事领域中常见的信息隐藏方式就是藏头诗。《水浒传》里描写了"吴用智赚玉麒麟"的故事：吴用扮成一个算命先生，悄悄来到卢俊义庄上，利用卢俊义躲避"血光之灾"的惶恐心理，口占四句卦歌，并让他端书在家宅的墙壁上。这四句卦歌是：

芦花丛中一扁舟，俊杰俄从此地游。

义士若能知此理，反躬逃难可无忧。

吴用在这四句卦歌里巧妙地把"卢俊义反"4个字暗藏于四句之首，实现了简单的信息隐藏功能。

实际上，隐写术自古以来就一直被人们广泛地使用。隐写术的经典手法很多，例如：

（1）用藏头诗或者有歧义性的对联、文章等文学作品。

（2）把消息隐藏在微缩胶片中。

（3）在印刷旅行支票时使用特殊紫外线荧光墨水。

（4）把秘密消息隐藏在大小不超过一个标点符号的空间里。

（5）在乐谱中隐藏秘密消息。

（6）通过文字排版的微小差别隐藏秘密消息。

2. 数字信息隐藏技术的发展

虽然人们对于信息隐藏技术的研究可以追溯到古老的隐写术，但是直到1992年，国际上才有研究者首次正式对信息隐藏开展学术研究。国际信息隐藏学术会议（International Information Hiding Workshops，IHW）是国际信息隐藏学术领域的学术会议，迄今已举行了十余届，1996年，第一届国际信息隐藏学术会议在英国剑桥大学举行（Cambridge，IHW1996），这次会议的成功召开标志着信息隐藏学的诞生。

我国的信息隐藏学术研讨会是由我国信息科学领域的何德全、周仲义、蔡吉人3位院士与有关研究单位联合发起的。1999年12月11日，北京电子技术应用研究所组织召开了我国第一届信息隐藏学术研讨会，至今该研讨会已经成功举办了16届。2021年10月，在昆明举办了第十六届全国信息隐藏暨多媒体信息安全学术大会。历次研讨会的交流内容涵盖了信息隐藏的主要研究方向，具体包括：信息隐藏理论、模型与方法，匿名通信，阈下通道或潜信道，隐写术与隐写分析（steganography and steganalysis），数字水印及其攻击，知识产权的数字水印保护，信息隐藏的安全性问题，信息隐藏与密码学的结合，以及信息隐藏的其他问题，研讨会收录的论文代表了国内信息隐藏学术研究的较高水平。研讨会的召开为推动信息隐藏技术的发展和学术交流提供了良好的平台。

经过多年的努力，信息隐藏技术的研究已经取得了很大的进展，信息隐藏技术现在已经使隐藏了其他信息的信息不但能够经受人的感觉检测和仪器设备的检测，而且能够抵抗各种人为的蓄意攻击。但总的来说，信息隐藏技术尚未发展到完善的可实用的阶段，仍然有不少技术性问题需要解决。另外，信息隐藏技术发展到现在，也还没有完全找到自己的理论依据，没有形成完整的理论体系，许多人还在用香农的信息论理论对其进行解释。

随着技术的不断提高，对理论指导的期待越来越迫切，特别是在一些关键问题难以解决的时候，更需要从理论的高度对信息隐藏技术进行系统研究。目前密码技术仍然是网络上的主要信息安全传输手段，信息隐藏技术在理论研究、技术成熟度和实用性方面都还无法与密码技术相比，但在迫切需要解决的数字多媒体版权保护等方面，信息隐藏技术发挥的作用是不可替代的。

4.1.3 信息隐藏的特点

根据信息隐藏需要达到的特殊目的,分析和总结信息隐藏的各种方法,信息隐藏技术的特点可以总结为以下几点:

(1) 不破坏载体的正常使用。这是衡量信息隐藏的标准。不破坏载体的正常使用,就不会轻易引起别人的注意,能达到信息隐藏的效果。

(2) 载体具有某种冗余性。寻找和利用这种特点是信息隐藏的一个主要工作。通常很多对象在某个方面满足一定条件的情况下存在一定程度的冗余,如空间冗余、数据冗余等。

(3) 载体具有某种相对的稳定量。这是针对具有健壮性(robustness)要求的信息隐藏应用,如数字水印等。寻找载体对某个或某些应用中的相对不变量,如果这种相对不变量在满足正常条件的应用时仍具有一定的冗余空间,那么这些冗余空间就成为隐藏信息的最佳位置。

(4) 具有很强的针对性。任何信息隐藏方法都具有很多附加条件,都是在某种情况下针对某类对象的一个应用。因为这个特点,各种检测和攻击技术才有了立足之地。

4.1.4 信息隐藏的分类

1. 按载体类型分类

根据隐藏载体类型的不同,信息隐藏技术可以分为以下 3 种:

(1) 基于文本的信息隐藏技术。

(2) 基于图像的信息隐藏技术。

(3) 基于声音和视频的信息隐藏技术。

2. 按密钥类型分类

根据信息隐藏和提取过程中采用的密钥类型,信息隐藏技术可以分为以下两种:

(1) 对称隐藏算法,其嵌入和提取采用相同的密钥。

(2) 公钥隐藏算法,其嵌入和提取采用不同的密钥。

3. 按信息嵌入域分类

根据信息嵌入域的不同,信息隐藏技术可以分为以下两种:

(1) 空域隐藏技术。也称为时域隐藏技术,是用待隐藏信息替换载体信息中的冗余部分。一种简单的空域替换方法是用待隐藏信息位替换载体信息中的一些最不重要位(Least Significant Bit,LSB)。在提取过程中,只有知道隐藏信息嵌入的位置才能成功提取隐藏信息。这种方法处理数据简单,但健壮性较差。

(2) 变换域隐藏技术。基于变换域的信息隐藏技术首先对载体信息进行变换运算,然后把待隐藏的信息嵌入载体信息的一个变换空间(如频域)中,嵌入过程完成后,再将载体信息进行逆交换,还原到空域中,从而实现对待隐藏信息进行隐藏的目的。在变换域中嵌入的信号能量可以分布到空域的所有像素上,而且,变换域隐藏技术具有更好的健壮性,可以和数据压缩标准等兼容,便于实际应用。

4. 按提取的特点分类

根据隐藏信息提取过程的特点,信息隐藏技术可以分为以下两类:

(1) 盲隐藏,即在提取隐藏信息时不需要利用原始载体数据的隐藏技术。

(2) 非盲隐藏,即在提取隐藏信息时需要原始载体数据参与计算的隐藏技术。

5. 按保护对象分类

根据保护对象的不同,信息隐藏技术主要分为以下 4 类:

(1) 隐写术。其目的是在不引起任何怀疑的情况下秘密传送信息,因此它的主要要求是不被检测到和大容量等。例如,在利用数字图像实现秘密信息隐藏时,就是在合成器中利用人的视觉冗余特征把待隐藏信息加密后嵌入数字图像中,使人无法从图像的外观上发现变化。加密操作是把嵌入图像中的内容变为伪随机序列,使数字图像的各种统计值不发生明显的变化,从而增加检测的难度,当然还可以采用校验码和纠错码等方法提高抗干扰的能力,而通过公开信道接收到隐写文件的一方则用分离器把隐藏的信息分离出来。在这个过程中必须充分考虑在公开信道中被检测和干扰的可能性。相对来说,隐写术已经是一种比较成熟的信息隐藏技术。

(2) 数字水印技术。数字水印是指嵌在数字产品中的数字信号,可以是图像、文字、数字等一切可以作为标识和标记的信息,其目的是进行版权保护、所有权证明、指纹和完整性保护等,因此,数字水印要求具有健壮性和不可感知性等性能。

(3) 数据隐藏和数据嵌入。数据隐藏和数据嵌入通常用在不同的上下文环境中,它们一般指隐写术或者指介于隐写术和水印之间的应用。在这些应用中,嵌入数据的存在是公开的,无须保护。例如,嵌入数据的辅助信息等内容,它们是可以公开得到的信息,与版权保护和控制等功能无关。

(4) 指纹或者标签。它们是数字水印的特定用途。有关数字产品的创作者和购买者的信息作为水印信息嵌入。每个水印都是一系列编码中唯一的一个编码,即水印中的信息可以唯一地确定每一个数字产品的副本,因此称它们为指纹或者标签。

◆ 4.2 信息隐藏技术

隐藏算法的结果应该具有较高的安全性和不可察觉性,并要求有一定的隐藏容量。隐写术和数字水印在隐藏的原理和方法等方面基本上是相同的,不同的是两者的目的。隐写术是为了秘密通信,而数字水印是为了证明所有权,因而数字水印技术在健壮性方面的要求更严格。

信息隐藏的算法主要分为两类:空域算法和变换域算法。空域算法通过改变载体信息的空域特性来隐藏信息,变换域算法通过改变数据(主要指图像、音频、视频等)变换域的一些系数隐藏信息。

数字水印技术通过将图像、文字、数字等信息嵌入媒体中,并在嵌入的过程中对载体进行尽量小的修改,达到最强的健壮性。嵌入水印的媒体在受到攻击后仍然可以恢复水印或者检测出水印的存在。数字水印技术出现得较晚,Van Schyndel 在 ICIP'94 会议上发表了名为 *A Digital Watermarking* 的论文,标志着这一技术的诞生。

4.2.1 隐藏技术

1. 空域隐藏技术

在各种媒介中可以用很多方法隐藏信息,这些方法包括使用 LSB 替换、用图像处理或者利用压缩算法对图像的属性进行修改等。最基本的替换方法就是用秘密信息比特替换载体中最不重要的部分,以达到对秘密信息进行编码的目的。接收方如果知道秘密信息嵌入的位置,就可以提取出秘密信息。由于在嵌入过程中仅仅对载体不重要的部分进行了修改,发送方可以假定这种修改不会引起攻击者的注意。

1) LSB 替换

LSB 替换和噪声处理等方法在信息伪装中很常见,而且很容易用于图像和声音数据。载体中能隐藏大量的秘密信息,即使隐藏后对载体数据有影响,人们也几乎察觉不到。

LSB 替换方法的嵌入过程包括选择一个载体元素的子集合,然后在子集合上执行替换操作,对子集合中元素的低位进行替换,实现对秘密信息的嵌入操作。当然,在不影响隐藏效果的情况下,也可以对子集合中的多个低位进行替换。在提取过程中,首先选取相同的子集合,通过抽取子集合中低位的数据即可恢复出秘密信息。LSB 替换方法的隐藏信息位于载体数据的低位,抗干扰等能力较差,导致该方法的健壮性较差。

【例 4-1】 图像隐藏效果实例。

为了进一步说明基于 LSB 替换的信息隐藏效果,以灰度图像为例,给出基于 LSB 替换的图像隐藏和恢复效果,如图 4-2 所示。

图 4-2 表明,对载体图像的低位进行操作,可以实现信息隐藏的目的。其隐藏效果和恢复效果主要取决于隐藏参数,当然也和图像自身的灰度分布有关。

2) 二进制图像中的信息隐藏

二进制图像也称二值图像,以黑白像素表示图像的内容信息,可以利用图像中黑白像素的分布统计特性实现信息隐藏。

Zhao 和 Koch 提出了一种基于二进制图像的信息隐藏方法,该方法使用一个特定图像区域中黑像素(或白像素)的个数对秘密信息进行编码。对于给定的二进制图像,将其分成矩形图像块 A_i,令 $P_0(A_i)$ 和 $P_1(A_i)$ 分别表示黑白像素在图像块 A_i 中所占的百分比。信息隐藏的基本过程如下。

当图像块 A_i 中 $P_1(A_i) > 50\%$ 时,在该图像块中嵌入信息 1;当图像块 A_i 中 $P_0(A_i) > 50\%$,在该图像块中嵌入信息 0。在以上嵌入过程中,根据需要隐藏的秘密信息的 0、1 分布情况,为了达到希望的嵌入效果,需要修改某些像素的值。修改的原则是:对那些邻近像素有相反颜色的像素进行修改;在具有鲜明对比性的二进制图像中,应该对黑白像素的边界进行修改。这些原则是为了保证修改不引起人们的注意。

为了保证信息隐藏系统的健壮性,必须调整嵌入处理过程。如果在传输过程中一些像素改变了颜色,导致该分块区域黑白像素的统计信息发生改变,将破坏秘密信息的恢复结果。因此,有必要引入两个阈值 $R_1 > 50\%$ 和 $R_0 < 50\%$ 以及一个健壮参数 λ,λ 是传输过程中能改变颜色的像素的百分比。发送方在嵌入秘密信息的处理过程中,需要保证 $P_1(A_i) \in [R_1, R_1 + \lambda]$ 或 $P_0(A_i) \in [R_0, R_0 - \lambda]$。如果为了实现目标需要修改的像素个数太多,就把这个图像块标记为无效。对于有效的图像块,修正 $P_1(A_i)$ 以满足下面两个条件之一:

$$P_0(A_i) < R_0 - 3\lambda, P_1(A_i) > R_1 + 3\lambda$$

然后随机地选择另一个图像块。在提取过程中,无效的图像块被跳过,有效的图像块根据 $P_1(A_i)$ 进行解码,即可恢复出隐藏的秘密信息。

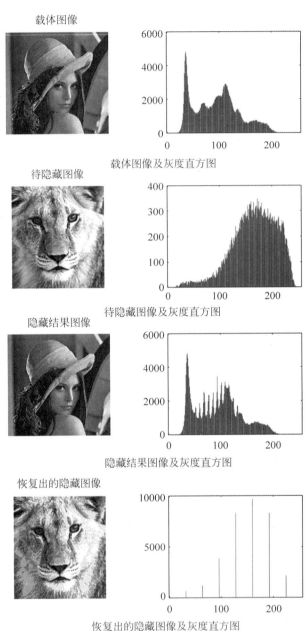

图 4-2　基于 LSB 替换的图像隐藏和恢复效果

2. 变换域隐藏技术

变换域方法是在载体图像的显著区域隐藏信息。该技术不仅比 LSB 替换技术能够更好地抵抗各种信息处理攻击方式,而且能够保持人类感官上的不可察觉性。

目前,有许多基于变换域的信息隐藏方法。例如,使用离散余弦变换(Discrete Cosine Transform,DCT)作为手段在图像中嵌入秘密信息,使用小波变换等方法也可以实现变换域的信息隐藏。变换过程可以在整个图像上进行,也可以对图像进行分块操作。然而,这种隐藏方法在图像中隐藏的秘密信息量和可获得的健壮性之间存在矛盾,隐藏的秘密信息量越大,隐藏方法的健壮性越差。

4.2.2 数字水印技术

1. 基本概念

数字水印技术是指在数字化的数据内容中嵌入不明显的记号。被嵌入的记号通常是不可见的或者不可察觉的,但是通过计算操作能够实现对该记号的提取和检测。水印信息与原始数据紧密结合并隐藏于其中,成为一个整体。数字水印的主要应用领域包括原始数据的真伪鉴别、数据侦测和跟踪、数字产品版权保护等。在数字产品版权保护应用领域中,不仅要求数字水印算法能够实现对数字产品的版权保护功能,而且要求加入水印后的数字信息必须具有与原始数据相同的应用价值。因此,数字图像的内嵌水印具有下列特点:

(1) 透明性。加入水印后的图像的视觉质量不能有明显下降,也就是说,加入水印后的图像与原始图像相比,很难发现二者的差别。

(2) 健壮性。加入图像中的水印信息必须能够承受施加于载体图像的变换操作,不会因为变换处理而丢失,水印信息经过检验提取后应该清晰可辨。

(3) 安全性。数字水印应该能够抵御各种蓄意的攻击,必须能够唯一地标识原始图像的相关信息,任何第三方都不能伪造他人的水印图像。

2. 数字水印模型

1) 数字水印嵌入模型

数字水印嵌入算法借助于密钥将水印信息 $W=\{w(k)\}$ 嵌入原始载体信号 $X_0=\{x_0(k)\}$ 当中,这样就得到嵌有水印信息的隐藏信息。数字水印嵌入模型如图 4-3 所示。一般的水印嵌入规则可描述为 $x_0(k)'=x_0(k)\oplus h(k)w(k)$。其中 $\oplus$ 为某种操作,也可能包括合适的截断操作或量化操作;$H=\{h(k)\}$ 称为 d 维(声音为一维,图像为二维,视频为三维)水印嵌入掩码。

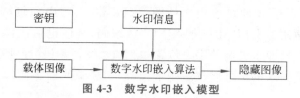

图 4-3　数字水印嵌入模型

2) 数字水印提取和检测模型

数字水印提取算法则借助于密钥从隐藏图像中提取出水印信息。对于图 4-3 给出的数字水印嵌入模型,相应的数字水印提取模型如图 4-4 所示。

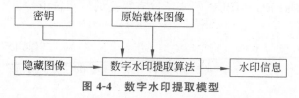

图 4-4　数字水印提取模型

数字水印检测算法则借助于密钥从隐藏图像中检测出水印信息,其模型如图 4-5 所示。数字水印检测过程可以定义为 S,已知原始图像 I 和含水印图像 I_w,W' 为提取出的水

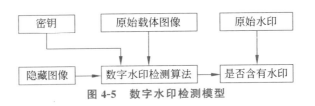

图 4-5　数字水印检测模型

印,则有

$$W' = S(I, I_w)$$

数字水印检测系统应具有良好的可靠性和计算效率。水印检测通常容易发生两类错误:第一类错误(纳伪)是数据中不存在水印,检测结果为存在水印,即虚警;第二类错误(弃真)是数据中存在水印,检测结果为不存在水印,即漏报。

3. 空域算法

接下来介绍两种典型的空域数字水印算法。较早的信息隐藏算法从本质上来说都是空域上的,隐藏信息直接加载在数据上,载体数据在嵌入信息前不需要经过任何处理。

1) LSB 算法

LSB 算法是空域水印算法的代表,该算法是利用原始数据的最低几位来隐藏信息(具体取多少位,以人的听觉或视觉系统无法察觉为准。一般对于图像来说,最低两位的修改不会对人的视觉有很强的影响)。对于数字图像,就是通过修改表示数字图像颜色(或者颜色分量)的较低位,即通过调整数字图像中对感知不重要的像素低位表示水印信息,达到嵌入水印信息的目的。

LSB 算法的优点是简单,嵌入和提取时不需要很大的计算量,计算速度比较快,而且很多算法在提取信息时不需要原始图像。但采用此方法实现的水印是很脆弱的,无法经受一些无损和有损的信息处理和变化,如图像的几何变形、噪声污染和压缩等。

2) 文档结构微调方法

Brassil 等首先提出了 3 种在通用文档图像(PostScript)中隐藏特定二进制信息的技术,隐藏信息通过轻微调整文档中的某些结构完成编码,具体包括行移编码(即垂直移动文本行的位置)、字移编码(即水平调整字符位置和距离)、特征编码(即观察文本文档并选择其中的一些特征,根据要嵌入的信息修改这些特征,例如轻微改变字体的形状等)。该方法仅适用于文档类。

4. 变换域算法

目前,变换域算法日益重视,因为在变换域嵌入的水印通常都具有很好的健壮性,对图像压缩、图像滤波以及噪声叠加等均有一定的抵抗力,并且一些水印算法还结合了当前的图像和视频压缩标准(如 JPEG、MPEG 等),所以有很高的应用价值。

1) DFT 方法

对于二维数字图像 $f(x, y)$, $1 \leqslant x \leqslant M$, $1 \leqslant y \leqslant N$, 二维 DFT(Discrete Fourier Transform,离散傅里叶变换)将空域的图像转换成频域的 DFT 系数 $F(u, v)$,变换公式如下:

$$F(u, v) = \sum_{x=1}^{M} \sum_{y=1}^{N} f(x, y) \exp\left(-j2\pi \left(\frac{ux}{M} + \frac{vy}{N}\right)\right)$$

$$u = 1, 2, \cdots, M; v = 1, 2, \cdots, N$$

逆变换的公式如下：

$$f(x,y) = \frac{1}{MN}\sum_{u=1}^{M}\sum_{v=1}^{N}F(u,v)\exp\left(j2\pi\left(\frac{ux}{M}+\frac{vy}{N}\right)\right)$$

$$x=1,2,\cdots,M; y=1,2,\cdots,N$$

离散傅里叶变换具有平移、缩放的不变性。通过修改 DFT 系数 $F(u,v)$ 使其具有某种特征以嵌入隐藏的信息，通过逆变换得到包含隐藏信息的图像。提取时，对包含隐藏信息的图像进行离散傅里叶变换，通过 DFT 系数 $F(u,v)$ 具有的某种特征提取出隐藏信息。

2) DCT 方法

仍以数字图像为例。数字图像可看作一个二元函数在离散网格点处的采样值，并可以表示为一个非负矩阵。二维离散余弦变换定义如下：

$$F(u,v) = \alpha(u)\alpha(v)\sum_{x=0}^{N-1}\sum_{y=0}^{N-1}f(x,y)\cos\frac{(2x+1)u\pi}{2N}\cos\frac{(2y+1)v\pi}{2N}$$

逆变换定义为

$$f(x,y) = \sum_{u=0}^{N-1}\sum_{v=0}^{N-1}\alpha(u)\alpha(v)F(u,v)\cos\frac{(2x+1)u\pi}{2N}\cos\frac{(2y+1)v\pi}{2N}$$

$$\alpha(0) = \sqrt{\frac{1}{N}} \text{ 且 } \alpha(m) = \sqrt{\frac{2}{N}}, 1 \leq m \leq N$$

其中，$f(x,y)$ 为图像的像素值，$F(u,v)$ 为图像的 DCT 系数。

一般通过改变 DCT 的中频系数嵌入要隐藏的信息。选择在中频分量编码是因为：在高频分量编码易于被各种信号处理方法所破坏；而在低频分量编码，则由于人的视觉对低频分量很敏感，易于察觉低频分量的改变。

3) DWT 方法

与传统的 DCT 相比，小波变换是一种可变分辨率的、将时域与频域相联合的分析方法，时间窗的大小随频率自动进行调整，更加符合人眼的视觉特性。小波分析在时域和频域同时具有良好的局部性，将传统的时域分析和频域分析很好地结合起来。目前，小波分析已经广泛应用于数字图像和视频的压缩编码、计算机视觉、纹理特征识别等领域。由于小波分析在图像处理上的许多特点可以与信息隐藏的研究内容相结合，因此这种分析方法在信息隐藏和数字水印领域的应用也越来越受到广大研究者的重视，目前已有许多比较典型的基于离散小波变换(Discrete Wavelet Transform, DWT)的数字水印算法。

与空域算法比较，变换域算法具有以下优点：

(1) 在变换域中嵌入的水印信息能量能够分布到空域的所有像素上，有利于保证隐藏信息的不可见性。

(2) 在变换域，人类视觉系统的某些特性(如频率掩蔽效应)可以更方便地结合到水印编码过程中，因而其隐蔽性更好。

(3) 变换域算法可与国际数据压缩标准兼容，从而易于实现在压缩域内的数字水印算法，同时也能经受相应的有损压缩。

4.3 信息隐藏的攻击

信息隐藏的研究分为隐藏技术和隐藏攻击技术两部分。隐藏技术主要研究向载体中嵌入秘密信息,而隐藏攻击技术则主要研究对隐藏信息的检测、破解隐藏信息或通过对载体的处理从而破坏隐藏信息和阻止秘密通信。

信息隐藏攻击主要包括以下 3 种:

(1) 检测隐藏信息的存在性。

(2) 估计隐藏信息的长度和提取隐藏信息。

(3) 在不对载体做大的改动的前提下,删除或扰乱载体中嵌入的隐藏信息。

一般称前两种为主动攻击,称最后一种为被动攻击。对不同用途的信息隐藏系统,其攻击者的目的也不尽相同。对含有水印的图像,常见攻击方法可以分为有意攻击和无意攻击两大类。数字水印必须对一些无意攻击具有健壮性,也就是说对那些能保持感官相似性的数字处理操作具有健壮性。这些操作包括剪切变换、亮度和对比度修改、增强和模糊等滤波算法、缩放和旋转操作、有损压缩以及噪声干扰等。

通常假设检测水印的过程不能获得原始数据。下面是有意攻击的分类。

(1) 伪造水印的抽取。盗版者对于特定数字产品 P 生成的一个信息 S,使得检测算子 D 输出一个肯定的结果,而且 S 是一个从来没有嵌入数字产品 P 中的水印信,盗版者将 S 作为自己的水印信息。但是,如果水印算法 W 是不可逆的,并且 S 并不能与某个密钥联系,即伪造的水印信息 S 是无效的水印。水印算法有效性和不可逆性的条件导致伪造水印的抽取几乎是不可能的。

(2) 伪造的肯定检测。盗版者应用一定的程序找到某个密钥,能够使得水印检测程序输出肯定的结果,并且用该密钥表明对数字产品的所有权。但是,当水印能够以很高的确定度检测时,该攻击方法就不再可行。

(3) 统计学上的水印抽取。大量的数字图像用同一个密钥加入水印信息,应该能够防止利用统计估计方法除去水印信息,这种统计学上的可重获性可以通过使用依赖于产品的水印技术抵御。

(4) 多重水印。攻击者可能会应用基本框架的特性嵌入自己的水印信息,从而不论是攻击者还是产品的原始所有者都能用自己的密钥检测出各自的水印信息。为了有效抵御这种攻击方式,原始数字产品所有者必须在发布产品前保存一份嵌有自己的水印信息的数字产品作为备份,当出现检测出多重水印信息的情况时,数字产品所有者可以用备份产品检测发布的产品是否被加了多重水印。

必须认识到面向版权保护的健壮性水印技术是一个具有相当难度的研究内容,实践表明,到目前为止,还没有一个数字水印算法能够真正经得起攻击。下面给出实际应用中几种典型的攻击方式:

(1) 健壮性攻击。攻击者可以通过各种信号处理的操作,在不损害图像使用价值的前提下去除或者破坏水印。还有一种方式是面向水印嵌入和检测算法进行分析,这种方法针对具体的水印嵌入和检测算法的弱点实施攻击。攻击者可以找到嵌入不同水印的统一原始图像的不同版本,产生一个新的图像,这种攻击方法在大部分情况下只要经过简单的平均处理就可以有效地逼近原始图像,消除水印信息。

(2) 表示攻击。这种攻击方式并不一定要去除水印信息,它的目标是对数据进行操作和处理,使得检测过程不能有效检测到水印信息的存在。例如,自动侵权探测软件 WebCrawler 的一个弱点就是,当被检测的图像尺寸较小时,检测过程会认为图像太小,不可能包含水印。针对该弱点,可以将含有水印信息的图像进行分割处理,使每一块图像的尺寸小于软件的检测下限,使得检测软件无法有效检测到水印信息,而在使用图像时将分割的图像进行拼接即可。这种攻击方法不仅不会改变图像的质量,而且能有效躲避水印提取和检测。

(3) 解释攻击。这种攻击方式在面对检测到的水印信息时,通过捏造出的证据证明水印信息是无效的。一种有效的攻击方式是攻击者先设计出一个自己的水印信息,然后从水印图像中去除该水印信息,将得到的图像标记为虚假的原始图像,这样,攻击者就可以通过在水印图像中提取自己的水印信息和展示虚假的原始图像证明自己的版权。

(4) 法律攻击。攻击者根据版权保护相关领域法律法规的漏洞,对数字版权作品实施非授权的使用等攻击。

实践经验表明,信息隐藏技术始终是在信息隐藏和隐藏攻击的斗争中发展壮大的。安全部门利用隐写术进行秘密通信,防止机密流失,保护国家和人民利益。同时,一些不法之徒也在利用信息隐藏技术从事非法活动,危害国家和社会。为了更有效地与违法犯罪作斗争,需要进行信息隐藏分析技术的研究。利用信息隐藏分析技术来对一些有可能隐藏信息的貌似正常的数据进行过滤,防患于未然。在数字产品生产商利用数字水印保护数字产品版权的同时,盗版者也在千方百计地去除版权标记。为了更好地保护数字产品版权,更好地测试一些水印算法的抗攻击能力,并开发出更健壮的水印算法,必须对各种攻击方法进行研究,即信息隐藏攻击技术。一些信息隐藏攻击技术反过来也成为衡量水印算法健壮性的标准。

◆ 本 章 总 结

信息隐藏技术的发展历史悠久,而现代信息隐藏技术起源于20世纪90年代。现代信息隐藏技术以数字多媒体作为隐藏信息的载体,由于人类感知系统对数字多媒体的一些信息变化不敏感,因此可以将一定用途的信息隐藏在其他数字多媒体中。本章重点介绍了隐藏技术中的两种基本实现——空域隐藏技术和变换域隐藏技术,这些隐藏技术均是利用可公开的信息隐藏秘密信息,获得对信息安全性的保障。数字水印技术根据实现方式分为基于空域的数字水印技术和基于变换域的数字水印技术。数字水印技术将防伪信息和被保护数据相融合,因此,通过数字水印可以实现数字产品的版权认证等功能。

随着人工智能技术的发展,利用智能算法将秘密信息隐藏在自动生成的内容中,这是信息隐藏技术最新的发展方向。

◆ 思考与练习

1. 结合实际应用,谈谈你对数字水印脆弱性和健壮性关系的认识。
2. 常见的信息隐藏算法有哪些?性能如何?
3. 评价信息隐藏效果的指标有哪些?

第 5 章 操作系统与数据库安全

本章主要讨论保护计算机操作系统和基于操作系统的其他信息系统的安全，内容涉及操作系统安全技术和数据库安全技术。首先介绍操作系统的基本功能和特征、当前主要的操作系统及其性能，重点介绍操作系统的安全机制，然后介绍数据库安全的基本概念、面临的安全威胁和安全需求以及实现数据库安全的主要技术，最后介绍经典的 SQL 注入攻击案例。

本章的知识要点、重点和难点包括：操作系统的主要功能、操作系统的安全机制、主要操作系统（Linux 和 Windows）采取的安全机制、数据库面临的安全威胁和需求、实现数据库安全的技术。

◆ 5.1 操作系统概述

5.1.1 基本概念

现代计算机系统都是由硬件和软件两大部分组成的。计算机硬件部分是指计算机物理装置本身，包括处理机、存储器、输入输出设备和各种通信设备，即硬件构成了系统本身和用户使用计算机的物质基础和工作环境。软件部分是指所有程序和数据的集合，它们由硬件执行，可以完成某种特定的任务。

计算机系统中的硬件和各种软件构成了层次关系。硬件部分是核心，通常称为裸机。从功能上看，裸机是有局限性的。软件的作用是在硬件的基础上对硬件的性能进行扩充和完善。计算机中的软件通常可分为系统软件和应用软件。系统软件与具体的应用领域无关，它主要用于计算机的管理、维护、控制和运行，并对运行的程序进行翻译、装载等服务工作。系统软件本身又可分为 3 部分，即操作系统、语言处理程序和支撑软件。应用软件是用户为解决某一特定问题而编制的程序。在各种软件中，一部分软件的运行往往需要另一部分软件作为基础，新增加的软件是对原有软件的扩充和完善，因此，在裸机之上每增加一个软件层次就变成一台功能更强的机器，称为虚拟机。

图 5-1 为计算机硬件和软件的层次关系，操作系统是最接近硬件的软件层，是对硬件的首次扩充，也是其他各种软件的运行基础。

总之，操作系统是计算机系统中最重要的一个系统软件，由一系列系统程序模块的集合组成。它们管理和控制整个计算机系统中的软硬件资源，并合理地组

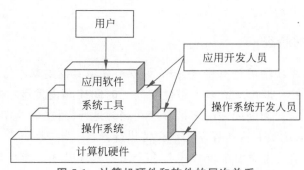

图 5-1 计算机硬件和软件的层次关系

织计算机工作流程,以便有效地利用资源,为使用者提供一个功能强大、方便实用、安全完整的工作环境,从而在最底层的软硬件基础上为计算机用户建立、提供一个统一的操作接口。

5.1.2 作用和目的

从用户的角度看,引入操作系统是为了给用户使用计算机提供一个良好的工作界面,用户无须了解许多有关硬件和系统软件的细节,就能方便灵活地使用计算机,因此操作系统是用户与计算机硬件之间的接口(interface)。

从资源管理的角度看,操作系统是计算机系统资源的管理者。用户使用计算机实际上是使用计算机系统的软硬件资源,操作系统的主要目的之一就是帮助用户管理系统资源,更好地为用户服务。

从任务组织的角度看,引入操作系统是为了合理地组织计算机工作流程,以提高资源的利用率。

从软件的角度看,操作系统是计算机系统中最重要的软件,是程序和数据的集合。

综上所述,操作系统是一组有效控制和管理计算机硬件和软件资源、合理组织计算机工作流程并方便用户使用计算机的程序的集合。它是配置在计算机上的第一层软件,是对硬件功能的首要扩充。

5.1.3 操作系统的基本功能

计算机系统的主要硬件资源有处理机、存储器和外部设备。软件资源主要以文件的形式保存在外存储器中。因而形成了操作系统的五大功能,即处理器管理、存储器管理、设备管理、文件管理和用户接口。

处理器管理主要是对处理器的分配和运行进行管理。在传统的操作系统中,处理器的分配和运行都是以进程为基本单位的,因此通常将处理器管理归结为对进程的管理。

存储器管理主要是为多道程序的运行提供良好的环境,它的任务是对内部存储器进行分配、保护和扩充。

设备指的是计算机系统中除 CPU 和内存以外的所有输入输出设备。操作系统的设备管理主要是对这些设备提供相应的设备驱动程序、初始化程序和设备控制程序等,使用户不必详细了解设备及接口的技术细节,就可方便地对这些设备进行操作。

操作系统将所有的软件资源都以文件的形式存放在外存储器(磁盘)中,操作系统对软件资源的管理就是对文件的管理。

用户接口功能在上面已作了介绍。

5.1.4 操作系统的特征

各种类型的操作系统虽然各有特点,但它们都有如下共同的基本特征:

(1) 并发性。并发是指两个或多个事件在同一时间间隔内发生。在多处理器环境下,并发是指宏观上在一段时间间隔内有多道程序在同时运行;而在单处理器环境下,每一时刻仅能执行一道程序,故微观上这些程序是在交替执行。

(2) 共享性。共享是指操作系统程序与多个用户程序共用系统中的各种资源,这种共享是在操作系统控制下实现的。共享可分为两种:

① 互斥共享。系统某些资源,如打印机、扫描仪、重要系统数据等,虽然可供多个用户程序共同使用,但在一段特定时间内只能由某一个用户程序使用。

② 同时共享。系统中还有一类资源,在同一段时间内可以被多个程序同时访问。当然这是指宏观上的,微观上这些程序访问资源有可能还是交替进行的。硬盘就是一个典型的例子。

(3) 虚拟性。虚拟是指通过某种技术将一个物理实体变为若干逻辑上的对应物。用来实现虚拟的技术称为虚拟技术。

(4) 异步性。异步是指在多道程序的环境下,每个程序以不可预知的速度向前推进。但是,与此同时,操作系统应保证程序的执行结果是可再现的,即只要运行环境相同,程序结果就相同。

5.1.5 操作系统的分类

操作系统按机型可分为大型机、小型机和微型机的操作系统,按用户数目可分为单用户操作系统和多用户操作系统,按功能特征可分为批处理操作系统、实时操作系统和分时操作系统。

下面从功能特征角度对各类操作系统加以介绍。

1. 批处理操作系统

过去,在计算中心的计算机上配置的操作系统一般采用以下方式工作:用户把要计算的应用问题编成程序,连同数据和作业说明书一起交给操作员,操作员集中一批作业并输入计算机中,由操作系统调度和控制用户作业的执行。通常,采用这种批量化处理作业方式的操作系统称为批处理操作系统。

批处理操作系统根据一定的调度策略把要求计算的问题按一定的组合和次序执行,从而使系统资源利用率高,作业的吞吐量大。批处理系统的主要特性如下:

(1) 用户脱机工作。用户提交作业之后直至获得结果之前不再和计算机及其他的作业交互,因而作业控制语言对脱机工作的作业来说是必不可少的。这种工作方式对调试和修改程序是极不方便的。

(2) 成批处理作业。操作员集中一批用户提交的作业,输入计算机成为后备作业。后备作业由批处理操作系统一批批地选择并调入内存执行。

(3) 多道程序运行。按预先规定的调度算法,从后备作业中选取多个作业进入内存,并启动它们运行,实现多道批处理。

(4) 作业周转时间长。由于作业进入计算机成为后备作业后要等待操作员选择,因而,作业从进入计算机开始到完成并获得最后结果为止所经历的时间一般相当长,一般需等待数小时至几天。

2. 分时操作系统

在批处理系统中,用户不能干预程序的运行,无法得知程序运行情况,对程序的调试和排错不利。为了克服这一缺点,便产生了分时操作系统。

允许多个联机用户同时使用一台计算机系统进行计算的操作系统称分时操作系统。其实现思想如下:每个用户在各自的终端上以问答方式控制程序运行,系统把 CPU 的时间划分成时间片,轮流分配给各个联机终端用户,每个用户只能在极短时间内执行,若时间片用完,而程序还未执行完,则挂起并等待下次分得时间片。这样一来,每个用户的每次要求都能得到快速响应,每个用户获得的印象都是独占了这台计算机。本质上,分时系统是多道程序的一个变种,不同之处在于每个用户都有一台联机终端。

分时的思想于 1959 年由麻省理工学院正式提出,并在 1962 年开发出了第一个兼容分时操作系统——CTSS,成功地运行在 IBM 7094 机上,能支持 32 个交互式用户同时工作。1965 年 8 月,IBM 公司公布了 360 机上的分时系统 TSS/360,这是一个失败的系统,因为它太大而且太慢,没有任何用户愿意使用。

分时操作系统的主要特性如下:

(1) 同时性。若干终端用户同时联机使用计算机,分时就是指多个用户分享使用同一台计算机。

(2) 独立性。终端用户彼此独立,互不干扰,每个终端用户都感觉独占了这台计算机。

(3) 及时性。终端用户的立即型请求(即不要求大量 CPU 时间处理的请求)能在足够快的时间之内得到响应。这一特性与计算机 CPU 的处理速度、分时系统中联机终端用户数和时间片的长短密切相关。

(4) 交互性。人机交互,联机工作,用户直接控制其程序的运行,便于程序的调试和排错。

分时操作系统和批处理操作系统虽然都基于多道程序设计技术,但存在以下不同点:

(1) 目标不同。批处理操作系统以提高系统资源利用率和作业吞吐率为目标,分时操作系统则要满足多个联机用户的快速响应要求。

(2) 适合的作业不同。批处理操作系统适合已经调试好的大型作业,而分时操作系统适合正在调试的小型作业。

(3) 资源使用率不同。批处理操作系统可合理安排不同负载的作业,使各种资源利用率较高;在分时操作系统中,多个终端作业使用相同类型的编译系统和公共子程序时,系统调用它们的开销较小。

(4) 作业控制方式不同。批处理操作系统由用户通过批处理的语句书写作业控制流,预先提交,脱机工作;分时操作系统采用交互型作业,由用户从键盘输入操作命令控制作业执行,联机工作。

3. 实时操作系统

虽然多道批处理操作系统和分时操作系统获得了较高的资源利用率和快速的响应时间,从而使计算机的应用范围日益扩大,但它们难以满足实时控制和实时信息处理领域的需要。于是,便产生了实时操作系统。

目前有3种典型的实时系统:实时过程控制系统、实时信息处理系统和实时事务处理系统。计算机用于生产过程控制时,要求系统能现场实时采集数据,并对采集的数据进行及时处理,进而能自动地发出控制信号控制相应的执行机构,使某些参数(压力、温度、距离、湿度)能按预定规律变化,以保证产品质量。导弹制导系统、飞机自动驾驶系统、火炮自动控制系统都是实时过程控制系统。计算机还可用于控制实时信息处理,情报检索系统是典型的实时信息处理系统。计算机接收成千上万从各处终端发来的服务请求和提问,系统应在极快的时间内做出回答和响应。事务处理系统不仅要对终端用户及时做出响应,而且要对系统中的文件或数据库频繁地进行更新。例如,每次银行与客户发生业务往来,银行业务处理系统均需修改文件或数据库。要求这样的系统响应快、安全保密、可靠性高。

实时操作系统是指当外界事件或数据产生时,能够接收并以足够快的速度予以处理,其处理的结果又能在规定的时间内用于控制生产过程或对系统做出快速响应,并控制所有执行任务协调一致运行的操作系统。由实时操作系统控制的过程控制系统较为复杂,通常由数据采集、加工处理、操作控制和反馈处理4部分组成。

(1) 数据采集。收集、接收和记录系统工作必需的信息或进行信号检测。

(2) 加工处理。对进入系统的信息进行加工处理,获得控制系统工作必需的参数或做出决定,然后进行输出、记录或显示。

(3) 操作控制。根据加工处理的结果采取适当措施或动作,达到控制或适应环境的目的。

(4) 反馈处理。监督执行机构的执行结果,并将该结果反馈至信号检测或数据接收部件,以便系统根据反馈信息采取进一步措施,达到控制的预期目的。

在实时系统中通常存在若干个实时任务,它们常常通过队列驱动或事件驱动开始工作。当系统接收到来自某些外部事件的消息后,分析这些消息,驱动实时任务完成相应的处理和控制。可以从不同角度对实时任务加以分类。例如,按任务执行是否呈现周期性可分成周期性实时任务和非周期性实时任务,按实时任务截止时间可分成硬实时任务和软实时任务。

5.2 常用操作系统简介

目前最常用的操作系统是 Windows、UNIX 和 Linux。其他比较常用的操作系统还有 Apple 公司的 macOS、Novell 公司的 NetWare、IBM 公司的 OS/2 以及 64 位的 zOS(OS/390)、OS/400 等。

5.2.1 MS-DOS

第一个微型计算机的操作系统是 CP/M,诞生于 20 世纪 70 年代。它是 Digital Research 公司为 8 位机开发的操作系统,能够进行文件管理,控制磁盘的输入输出、显示器的显示以及打印输出,是当时 8 位机操作系统的标准。

微软公司的 MS-DOS 陆续推出了 1.1、1.25 等版本后,逐渐得到了业界同行的认可。1983 年 3 月,微软公司发布了 MS-DOS 2.0,可以灵活地支持外部设备,同时引进了 UNIX 系统的目录树文件管理模式。自此 MS-DOS 开始超越 CP/M。

1987年4月,微软公司推出了MS-DOS 3.3,它支持1.44MB的磁盘驱动器,支持更大容量的硬盘等。它的流行确立了MS-DOS在个人计算机操作系统中的霸主地位。

MS-DOS的最后一个版本是6.22,这以后的DOS就和Windows相结合了。

5.2.2 Windows 操作系统

1. Windows 简介

Windows操作系统最初的研制目标是在MS-DOS的基础上提供一个多任务的图形用户界面。不过,第一个取得成功的图形用户界面系统并不是Windows,而是Windows的模仿对象——Apple公司于1984年推出的Mac OS。Macintosh计算机及其上的操作系统当时已风靡美国多年,是IBM-PC和MS-DOS操作系统在当时市场上的主要竞争对手。但是Macintosh计算机和Mac OS是封闭式体系(硬件接口不公开、操作系统源代码不公开等),与IBM-PC和MS-DOS的开放式体系(硬件接口公开、允许并支持第三方厂家做兼容机、操作系统源代码公开等),使得IBM-PC后来者居上,销量超过了Macintosh计算机,也使MS-DOS成为个人计算机市场上占主导地位的操作系统。

Windows系列操作系统包括个人、商用和嵌入式3条产品线。个人操作系统包括Windows Me、Windows 98/95及更早期的版本Windows 3.x/2.x/1.x等,主要在IBM-PC系列上运行。商用操作系统是Windows 2000和其前身版本Windows NT,主要在服务器、工作站等上运行,也可以在IBM个人机系列上运行。嵌入式操作系统有Windows CE和手机用操作系统Windows Phone等。Windows XP将家用和商用两条产品线合二为一。

Windows早期为MS-DOS的虚拟环境,后采用图形用户界面(Graphical User Interface,GUI),其操作界面先后在1995年(Windows 95)、2001年(Windows XP)、2006年(Windows Vista)、2012年(Windows 8)进行了大幅整改。Windows更新推送系统30余个,普通版本已更新至Windows 11;服务器版本已更新至Windows Server 2022;手机版本已终止研发,最后版本为Windows 10 Mobile;嵌入式版本为Windows CE(后被Windows for IoT取代)。此外,还有提供线上Web服务的Windows 365。

Windows PE是一个小型操作系统,用于安装、部署和修复Windows桌面版、Windows Server和其他Windows操作系统。

2. Windows 操作系统的特点

Windows操作系统的优点主要表现以下几方面:

(1)界面图形化。操作可以说是"所见即所得",只要移动并点击鼠标即可完成。

(2)多用户、多任务。Windows可以让多个用户使用同一台计算机而不会互相影响。Windows 2000在这方面做得比较完善,管理员可以添加、删除用户,并设置用户的权限。

(3)网络支持良好。Windows 9x和Windows 2000以后产品内置了TCP/IP和拨号上网软件,只需一些简单的设置就能上网浏览、收发电子邮件等。

(4)出色的多媒体功能。在Windows中可以进行音频、视频的编辑和播放工作,支持高级的显卡、声卡,使其声色俱佳。

(5)硬件支持良好。Windows 95以后的版本都支持即插即用(Plug and Play,PnP)技术,这使得新硬件的安装更加简单。几乎所有的硬件设备都有Windows下的驱动程序。

(6)众多的应用程序。Windows下众多的应用程序可以满足用户各方面的需求。此外,Windows NT、Windows 2000 系统还支持多处理器,这对大幅度提升系统性能有很大的帮助。

当然,作为一种集成了多种功能的庞大系统,Windows 操作系统也存在以下不足:

(1) 由于设计时集成了多种功能,导致 Windows 操作系统非常庞大,程序代码烦冗。

(2) 系统在使用过程中不是十分稳定。目前已知的多种不同版本的 Windows 操作系统都存在多种安全漏洞,这些安全漏洞虽然不一定会影响用户的正常使用,但是有可能对用户的信息安全带来安全隐患,因为这将使得计算机病毒入侵系统和人为攻击系统的机会大幅增加。

5.2.3 UNIX 操作系统

1. UNIX 简介

UNIX 是一种多用户操作系统,是目前的三大主流操作系统之一。它可以应用于各种不同的计算机上。它在推出之初就以简洁、易于移植等特点很快受到关注,并迅速得到普及和发展,是从微型机到巨型机都可以使用的唯一的操作系统。

UNIX 自诞生以来已被移植到数十种硬件平台上,许多大学、公司都发行了自己的 UNIX 版本。目前的主要变种有 SUN Solaris、IBM AIX 和 HPUX 等,不同变种间的功能、接口、内部结构与过程基本相同而又各有特色。此外,UNIX 还有一些克隆系统,如 Mach 和 Linux。

2. UNIX 操作系统的特点

UNIX 操作系统是一种多用户的分时操作系统,其主要特点如下:

(1) 可移植性好。硬件的迅速发展,迫使依赖于硬件的基础软件特别是操作系统不断地发展。由于 UNIX 几乎全部是用移植性好的 C 语言编写的,其内核极小,模块结构化,各模块可以单独编译。当硬件环境发生变化时,只要对内核中有关的模块进行修改,编译后与其他模块装配在一起,即可构成一个新的内核,而上层完全可以不动。

(2) 可靠性强。UNIX 是一个成熟而且比较可靠的系统。在应用软件出错的情况下,虽然其性能有所下降,但工作仍能可靠进行。

(3) 开放式系统。UNIX 具有统一的用户界面,使得用户的应用程序可在不同环境下运行。

5.2.4 Linux 操作系统

1. Linux 简介

1991 年年初,年轻的芬兰大学生 Linus Torvalds 在学习操作系统设计时自行设计了一个操作系统。他只花了几个月的时间就在一台 Intel 386 微机上完成了一个类似于 UNIX 的操作系统,这就是最早的 Linux 版本。1991 年年底,Linus Torvalds 首次在 Internet 上发布了基于 Intel 386 体系结构的 Linux 源代码。由于 Linux 具有结构清晰、功能简洁等优点,很快就使得许多研究者把它作为学习和研究的对象。他们在更正原有 Linux 版本中错误的同时,也不断为 Linux 增加新的功能。在众多研究者的努力下,Linux 逐渐成为一个稳定可靠、功能完善的操作系统。一些软件公司,如 RedHat、InfoMagic 等,也不失时机地推出了以 Linux 为核心的操作系统,从而极大地推动了 Linux 的商业化进程。使得 Linux 的使用日益广泛,其影响力也日益提升。Linux 是一个免费的类似 UNIX 的操作系统,用户可以获得其源代码,并能够随意修改。它是在共用许可证(General Public License,GPL)保护下的自由软件。Linux 有上百种不同的发行版,如基于社区开发的 Debian、Arch Linux 以及基于商业开发的 Red Hat Enterprise Linux、SUSE、Oracle Linux、XteamLinux 等。

Linux 具有 UNIX 的许多功能和特点,能够兼容 UNIX,但无须支付 UNIX 高额的费用。Linux 的应用也十分广泛。Sony 公司的 PS2 游戏机就采用了 Linux 作为系统软件,使 PS2 摇身一变,成为一台 Linux 工作站。对 Linux 进行适当的修改和剪裁就能够在嵌入式系统上使用,也就是嵌入式 Linux 操作系统。因其开源和免费,Linux 越来越成为许多嵌入式产品的首选操作系统。

2022 年 11 月,Linux 6.2 开始支持 Intel 公司锐炫独立显卡。

2. Linux 操作系统的特点

Linux 是一个以 UNIX 为基础的操作系统,它的主要特点如下:

(1) 基本思想。Linux 的基本思想有两点:一切都是文件;每个文件都有确定的用途。也就是说,系统中的命令、硬件和软件设备、操作系统、进程等对于操作系统内核而言都被视为拥有各自特性或类型的文件。

(2) 完全免费。Linux 是一款免费的操作系统,用户可以通过网络或其他途径免费获得,并可以任意修改其源代码。这是其他的操作系统做不到的。正是由于这一点,来自全世界的无数程序员参与了 Linux 的修改、编写工作,程序员可以根据自己的兴趣和灵感对其进行改变,这让 Linux 吸收了无数程序员的编程精华,不断壮大。

(3) 完全兼容 POSIX 1.0 标准。Linux 大部分代码是用 C 语言写的,完全兼容 POSIX 1.0 标准,这使得在 Linux 下可以通过相应的模拟器运行常见的 DOS、Windows 程序。这为用户从 Windows 转到 Linux 奠定了基础。许多用户在考虑使用 Linux 时,以前在 Windows 下常见的程序仍然能正常运行是非常重要的一个因素。

(4) 多用户、多任务。Linux 支持多用户,各个用户对于自己的文件设备有特殊的权限,保证了各用户之间互不影响。多任务则是现代计算机最主要的特点之一,Linux 可以使多个程序同时独立地运行。

(5) 良好的界面。Linux 同时具有字符界面和图形界面。在字符界面中,用户可以通过键盘输入相应的指令进行操作。它同时也提供了类似 Windows 图形界面的 X-Window 环境,用户可以使用鼠标对其进行操作。X-Window 环境和 Windows 很相似,可以说是一个 Linux 版的 Windows。

(6) 支持多种平台。Linux 可以运行在多种硬件平台上,如具有 x86、680x0、SPARC、Alpha 等处理器的平台。此外,Linux 还是一种嵌入式操作系统,可以运行在掌机、机顶盒或游戏机上。2001 年 1 月份发布的 Linux 2.4 版内核已经能够完全支持 Intel 64 位芯片架构。同时 Linux 也支持多处理器技术。多个处理器同时工作,使系统性能大大提高。

(7) Linux 可以提供广泛的网络功能,支持大多数互联网通信协议和服务。但是 Linux 和 UNIX 还是有各自的特点。UNIX 属于商业化的操作系统,多年来一直在昂贵的专业硬件设备上运行。Linux 可以在几乎任何设备上运行。UNIX 的使用是受限制的,需要销售商提供技术支持。Linux 是一个免费的、自由的操作系统,可以自己检查代码,建立系统安全机制。但要充分发挥 Linux 技术自由的全部优势,需要的技术水平要比使用面向消费者的操作系统高。有些Linux安全工具实际上已经成为工具箱，其中包含了许多独立的安全模式。Linux可以提供和实现内容广泛的各种客户安全解决方案，但也需要用户放弃简单化的操作习惯。

5.3 操作系统安全

操作系统是连接硬件与其他应用软件的桥梁。数据库通常是建立在操作系统之上的，如果没有操作系统安全机制的支持，就不可能保障数据访问控制的安全性和可信性。在网络环境中，网络的安全可信依赖于各个主机系统的安全可信，没有操作系统的安全，就不会有主机和网络系统的安全。因此，操作系统的安全在信息系统整体安全中起着至关重要的作用，没有操作系统的安全，就不可能有信息系统的安全。

5.3.1 操作系统安全机制

操作系统安全的主要目标是监督、保障系统运行的安全性，保障系统自身的安全性，标识系统中的用户，进行身份认证，依据系统安全策略对用户的操作行为进行监控。为了实现这些目标，在进行操作系统设计时，需要建立相应的安全机制，主要包括硬件安全机制、标识与认证机制、访问控制机制、最小特权管理机制等。

1. 硬件安全机制

绝大多数实现操作系统安全的硬件机制也是传统操作系统要求的，优秀的硬件保护性能是高可靠的操作系统的基础。计算机硬件安全的目标是保证其自身的可靠性和为系统提供基本的安全机制，包括存储保护、运行保护和I/O保护等。

1) 存储保护

存储保护主要是指保护用户在存储器中的数据安全。保护单元为存储器中的最小数据范围，可为字、字块、页面或者段。保护单元越小，则存储保护的精度越高。在允许多道程序并发执行的操作系统中，除了防止用户程序对操作系统的影响外，还进一步要求存储保护机制对进程的存储区域实行相互隔离措施。

对于一个安全的操作系统，存储保护是最基本的要求。存储保护与存储器管理是紧密联系的，存储保护负责保证整个系统各个任务之间互不干扰，存储器管理则是为了更有效地利用存储空间。

(1) 基于段的存储保护。

当系统的地址空间分为两个段（系统段和用户段）时，应该禁止在用户模式下运行的非特权进程对系统段进行写操作；而当在系统模式下运行时，则允许进程对所有的虚存空间进行读写操作。用户模式到系统模式的转换应该由一个特殊的指令完成，该指令将限制进程只对部分系统空间进程进行访问。这些访问限制一般由硬件根据该进程的特权模式实施，从系统灵活性的角度看，还是希望由系统软件明确地说明该进程对系统空间的哪一页是可读的和可写的。

(2) 基于物理页的访问控制。

在计算机系统提供透明的内存管理之前，访问判决是基于物理页号的识别进行的。每个物理页号都被标以一个称为密钥的秘密信息，系统只允许拥有该密钥的进程访问该物理页,同时利用一些访问控制信息指明该物理页是可读的还是可写的。每个进程相应地分配一个密钥,该密钥由操作系统装入进程的状态字中。进程每次访问内存时,硬件都要对该密钥进行验证,只有当进程的密钥与内存物理页的密钥相匹配,并且相应的访问控制信息与该物理页的读写模式相匹配时,才允许该进程访问该页内存,否则禁止访问。

这种对物理页附加密钥的方法是比较烦琐的,因为一个进程在它的生存期内可能多次受到阻塞而被挂起。当该进程重新启动时,它占有的全部物理页与挂起前所占有的物理页不一定相同。每当物理页的所有权改变一次,相应的访问控制信息就得修改一次。同时,如果两个进程共享一个物理页,但一个用于读而另一个用于写,那么相应的访问控制信息在进程转换时就必须修改,这样就会增加系统开销,影响系统性能。

（3）基于描述符的访问控制。

采用基于描述符的地址解析机制可以避免上述管理方式中的困难。在这种方式下,每个进程都有一个私有的地址描述符,进程对系统内存某页或某段的访问模式都在该描述符中说明。可以有两类访问模式集,一类用于在用户状态下运行的进程,另一类用于在系统模式下运行的进程。

描述符 W、R、E 各占一位,它们用来指明是否允许进程对内存的某页或某段进行写、读和执行的访问操作。由于在地址解析期间地址描述符同时也被系统调用检验,因此,这种基于描述符的内存访问控制方法在进程转换、运行模式(系统模式和用户模式)转换以及进程调出/调入内存等过程中不需要或仅需要很少的额外开销。

2）运行保护

安全的操作系统很重要的一点是进行分层设计,而运行域正是这种基于保护环的等级式结构。运行域是进程运行的区域。在最内层,保护环号最小,具有最高特权;而在最外层,保护环号最大,具有最低特权。一般的系统至少有三四个环。

设计两环系统是很容易理解的,它只是为了隔离操作系统程序与用户程序。多环结构的最内层是操作系统环,它控制整个计算机系统的运行;操作系统环之外的是受限使用的系统应用环,如数据库管理系统或者事务处理系统;最外层则是控制各个不同用户的应用环。

分层域的结构如图 5-2 所示,主要有两类层次结构:操作系统层次结构和分层域程序结构。

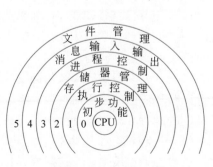
(a) 操作系统层次结构

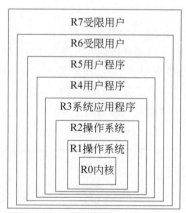
(b) 分层域程序结构

图 5-2 分层域的结构

图 5-2(a)是操作系统层次结构。0 层为最内层,用来直接加强 CPU 的功能。1 层为执行控制层,相当于任务调度。2 层为存储器管理层。3 层为进程控制层,支持进程的创建、启动、终止等。4 层为消息输入输出层,实现消息和数据的传送。5 层为文件管理层。0~5 层构成操作系统核心。5 层以外为面向系统的故障处理和系统恢复等功能。

图 5-2(b)的分层域程序结构是为了实现等级域保护。等级域机制应该保护某个环不被其外层侵入,并且允许在某个环内的进程能够有效地控制和利用该环以及特权更低的环。进程隔离机制与等级域机制是不同的。给定一个进程,它可以在任意时刻在任何一个环内运行,在运行期间还可以从一个环移到另一个环。当一个进程在某个环内运行时,进程隔离机制将保护该进程免遭在同一个环内同时运行的其他进程的破坏,也就是说,系统将隔离在同一个环内同时运行的各个进程。

为了实现两级域结构,在段描述符中相应地有两类访问模式信息,一类用于系统域,另一类用于用户域。这种访问模式信息决定了对该段可进行的访问模式。两级域结构中的段描述符如图 5-3 所示。

如果要实现多级域,那就需要在每个段描述符中保存一个分立的 W(可写)、R(可读)、E(可执行)比特集,比特集的大小将取决于设立的等级的多少。

在以上结构中,可以根据等级原则简化段描述符。如果环 N 对某一段具有一个给定的访问模式,那么所有等级高于环 N 的环都具有相同的访问模式,因此,对于每种访问模式,仅需要在段描述符中指出具有该访问模式的最大环号。所以在段描述符的表示中,不需要为每个环都保存相应的访问模式信息。对一个给定的内存段,仅需要 3 个区域(分别表示 3 种访问模式),在这 3 个区域中只要保存具有该访问模式的最大环号就行了。

多级域结构中的段描述符的基本结构如图 5-4 所示。在图 5-4 中,称 R1、R2、R3 这 3 个环号为环界,这里的 R1、R2、R3 分别表示对该段可以进行写、读、运行操作的环界。例如,在段描述符中,环界集表示为(3,5,7),这就表示环 0~环 3 可以对该段进行写操作,环 0~环 5 可以对该段进行读操作,环 0~环 7 可以运行该段内的代码。

图 5-3 两级域结构中的段描述符　　图 5-4 多级域结构中的段描述符

对于一个给定的段,每个进程都有一个相应的段描述符表以及相应的访问模式信息。利用环界集最直观和最简单的方法是,对于一个给定的段,为每个进程分配一个相应的环界集,不同的进程对该段的环界集可能是不同的。当两个进程共享一个段时,如果这两个进程在同一个环内,那么对该段的环界集就是相同的,所以它们对共享段的访问模式也是相同的;反之,处于两个不同环内的进程对某段的访问模式可能是不同的。

以上方法不能解决在同一环内两个进程对共享段设立不同访问模式的问题。该问题的解决方法是,将段的环界集定义为系统属性,它只说明某环内的进程对该段具有什么样的访问模式,即哪个环内的进程可以访问该段以及可以进行何种模式的访问,而不考虑究竟是哪个进程访问该段。所以,对一个给定的段,不是为每个进程都分配一个相应的环界集,而是为所有进程都分配一个相同的环界集。同时在段描述符中再增加 3 个访问模式位 W、R、E,访问模式位对不同的进程是相同的。这时,对一个给定段的访问条件是,仅当一个进程在环界集限定的环内运行且相应的访问模式位打开时,才允许该进程对该段进行相应的访问操作。每个进程的段描述表中的段描述符都包含上述两类信息。环界集对所有进程都是相同的,而对于不同的进程可以设置不同的访问模式集。这样在同一环内运行的两个进程共享某个段,且要使一个进程只对该段进行读访问,而另一个进程只对该段进行写访问时,只要按需设置两个进程相应的访问模式信息即可,而它们的环界集则是相同的。

在一个进程内往往会发生过程调用,通过这些调用,该进程可以在几个环内往复转移。为安全起见,在发生过程调用时,需要对进程进行检验。

3) I/O保护

在一个操作系统的所有功能中,I/O一般被认为是最复杂的,人们往往首先从系统的I/O部分寻找操作系统的安全缺陷。绝大多数情况下,I/O是仅由操作系统完成的一个特权操作,所有操作系统都对读写文件操作提供一个相应的高层系统调用,在这些过程中,用户不需要控制I/O操作的细节。

I/O访问控制最简单的方式就是将设备看作是一个客体,似乎它们都处于安全边界外。由于所有的I/O不是向设备写数据就是从设备接收数据,因此,一个进行I/O操作的进程必须受到对设备的读和写两种访问控制。这就意味着,设备到介质间的路径可以不受约束,而处理器到设备间的路径则需要施以一定的读写访问控制。

如果要对系统中的信息提供足够的保护,防止未被授权的用户滥用或者毁坏,只靠硬件是难以实现的,必须将操作系统的安全机制与适当的硬件结合,才能为系统提供强有力的保护。

2. 标识与认证机制

1) 基本概念

系统要标识用户的身份,并为每个用户取一个系统可以识别的名称,即用户标识符。用户标识符必须具有唯一性并且不能被伪造,以防止一个用户冒充另一个用户。将用户标识符与用户联系的过程称为认证,认证过程主要用以识别用户的真实身份。认证操作总是要求用户具有能够证明其身份的特殊信息,并且这个信息是秘密的,任何其他用户都不能拥有它。

在操作系统中,认证一般是在用户登录时进行的,系统提示用户输入口令,然后判断用户输入的口令是否与系统中存储的该用户口令一致。这种口令机制简单易行,但比较脆弱,许多计算机用户常常使用自己的姓名、生日等个人信息作为口令,这样设置的口令很不安全,因为它难以经受住字典攻击。比较安全的口令应该不少于6个字符并同时包含字母和数字,用户在使用中需要为口令设置一个生存期,并定期更改自己的口令信息。

近年来,基于生物特征的认证技术得到了快速发展,如利用指纹、虹膜、人脸等生物特征信息进行身份识别,目前这种技术已经有了长足的发展,达到了实用阶段。

2) 操作系统中的标识与认证

在操作系统中,可信计算基(Trusted Computing Base,TCB)要求先进行用户识别,然后才能执行要TCB调节的任何其他活动。此外,TCB要维护认证数据,不仅包括确定各个用户的许可证和授权信息,而且包括为验证各个用户标识所需的信息(如口令、生物特征等)。这些数据将由TCB使用,对用户标识进行认证,并对于代表用户行为的、位于TCB之外的主体,确保其安全级和授权是受该用户的许可证和授权支配的。TCB还必须保证认证数据不被任何非授权的用户存取。

用户认证是通过口令完成的,必须保证单个用户的口令的私密性。标识与认证机制阻止非授权用户登录系统,因此,口令管理对保证系统安全操作是非常重要的。另外,还可以运用强认证方法使每一个可信主体都有一个与其关联的唯一标识。这同样要求 TCB 维护、保护、显示所有活动用户、所有未禁止或禁止的用户实体和账户的状态信息。

3) 认证机制

由于操作系统要对所有用户进行标识与认证,因此需要建立一个登录进程与用户交互以得到用于标识与认证的必要信息。首先用户提供一个唯一的用户标识符给 TCB,接着 TCB 对用户进行认证。TCB 必须能够证实该用户的确对应于其提供的用户标识符,这就要求认证机制必须做到以下几点。

(1) 在进行任何需要 TCB 仲裁的操作之前,TCB 都应该要求用户标识他们自己。通过向每个用户提供唯一的用户标识符,TCB 维护每个用户的状态信息。同时,TCB 还将这个用户标识符与对该用户进行的所有审计操作联系起来。

(2) TCB 必须维护认证数据,包括证实用户身份的信息以及决定用户策略属性的信息,这些数据被用来认证用户身份,并确保那些代表用户行为的、位于 TCB 之外的主体的属性满足系统策略。只有系统管理员才能控制用户的标识符,当然系统管理员也可以允许用户在一定范围内修改自己的认证数据。

(3) TCB 保护认证数据,防止非授权用户使用。即使在用户标识符无效的情况下,TCB 仍然执行全部的认证过程。当用户连续执行认证过程超过系统管理员限定的次数而认证仍然失败时,TCB 应关闭登录会话,并发送警告消息给系统控制台或者系统管理员,将此事件记录在审计档案中,同时将该用户下次登录延迟一段时间,时间的长短由授权的系统管理员设定。TCB 应提供一种保护机制,当连续或不连续的登录失败次数超过系统管理员指定的次数时,该用户的身份就临时不可用,直到系统管理员干预时为止。

(4) TCB 应能维护、保护、显示所有活动用户和所有账户的状态信息。

(5) 口令作为一种保护机制,需要满足以下要求:

① 当用户选择了一个其他用户已经使用的口令时,TCB 应该保持沉默。

② TCB 应该以单向加密的方式存储口令,访问加密口令必须具有特权。

③ 在口令输入或者显示设备上,TCB 应该自动隐藏口令明文。

④ 在普通操作过程中,TCB 在默认情况下应该禁止使用空口令。

⑤ TCB 应该提供一种机制,允许用户更换自己的口令,这种机制要求重新认证用户的身份。

⑥ 对每一个用户或每一组用户,TCB 必须加强口令失效管理。

⑦ 在要求用户更改口令时,TCB 应该事先通知用户。

⑧ 在系统指定的时间段内,同一用户的口令不可重复使用。

⑨ TCB 应该提供一种算法确保用户输入口令的复杂性。口令生成算法必须满足以下要求:产生的口令容易记忆;用户可自行选择可选口令;口令应在一定程度上抵御字典攻击;生成口令的顺序应该具有随机性;连续生成的口令应该互不相关,口令的生成不具有周期性。

3. 访问控制机制

标识与认证机制防止非法用户登录。除此之外，安全的操作系统还要对用户的访问行为进行控制，这主要通过访问控制机制实现。访问控制机制又称存取控制机制，是安全操作系统最基本的安全机制，其基本原理将在第 6 章中详细介绍。

4. 最小特权管理机制

安全操作系统除了要防止用户的非法登录和非授权访问以外，还要对用户特权进行控制，即最小特权管理问题。

特权就是可违反系统安全策略的一种操作能力，如添加、删除用户等操作。在现有操作系统中，超级用户拥有特权，普通用户不拥有特权。一个进程要么拥有所有特权，要么不拥有任何特权。这种特权管理方式便于系统维护和配置，但不利于系统的安全性。一旦超级用户的口令丢失或者超级用户被冒充，将会对系统造成极大的损失，因此必须实行最小特权管理机制。

1）基本思想

特权操作被攻击者利用并不是特权操作本身有问题，而是由于超级用户的存在，使得特权被滥用。事实上，在人们的日常工作中，大多数操作不需要特权，而一些人习惯于使用超级用户处理这些工作，这样就给攻击者提供了机会，使得攻击者可以利用程序漏洞或者系统漏洞窃取超级管理员的权限，对系统造成危害。因此，可以在分配特权时只授予任务执行所需的最小特权，同时将特权进行归类和细分，设置不同类型的管理员，每个类型的管理员只能获得相应类型的特权，无法拥有全部特权，并且使管理员相互制约、相互监督。

一方面，由于特权用户之间的制约，使得具有特权的用户不会轻易冒险使用手中的特权进行非法活动；另一方面，由于特权有限，在误操作或者特权被窃取时，造成的伤害也会被限定在一定的范围内。这就是最小特权原则：系统不应该给予用户超过执行任务所需的必要特权以外的特权。

最小特权管理机制可以通过以下两步实现。

（1）特权细分。确保将特权分配给不同类型的管理员，使每一类型的管理员均无法单独完成系统的所有特权操作。

（2）特权动态分配和回收。确保在系统运行过程中只有当用户需要特权时才分配相应的特权给用户。

2）特权细分

可以将系统的特权细分为 5 类，根据特权细分结果设置 5 个特权操作员，分别管理这些特权，任何一个特权操作员都不能获得足以破坏系统的安全策略的特权。这 5 种特权操作员的主要职责如下：

（1）系统安全管理员。对系统资源和应用定义安全级，限制隐蔽通道活动，定义用户和自主访问控制的组，为所有用户赋予安全级。

（2）审计员。设置审计参数，管理审计信息，控制审计归档。

（3）操作员。启动和停止系统，进行磁盘一致性检查，格式化新的介质，设置终端参数，设置用户无关安全级的登录参数。

（4）安全操作员。完成操作员的所有职责，例行的备份和恢复，安装和拆卸可安装介质。

（5）网络管理员。管理网络软件，设置连接服务器、地址映射机构、网络等，启动和停止网络文件系统,通过网络文件系统共享和安装资源。

3) 特权动态分配和回收

特权动态分配和回收的主要目的是使进程只在执行特权操作时才拥有相应的特权,特权操作完成后将特权收回,保证任何时刻进程只具有完成工作所需的最小特权。实现方法是:对可执行文件赋予相应的特权集,对于系统中的每个进程,根据其执行程序和所代表的用户赋予相应的特权集。一个进程请求一个特权操作时,将调用特权管理机制,判断该进程的特权集中是否具有这种操作特权。

这样,特权不再与用户标识符相关联,而直接与进程和执行文件相关联。一个新进程继承的特权既有父进程的特权,也有执行文件的特权,一般把这种机制称为基于文件的特权机制。这种机制最大的优点是特权细化,其继承性提供了一种在执行进程中增加特权的能力。因此,对于一个新进程,如果没有明确赋予其特权的继承性,它就不会继承任何特权。系统中不再有超级用户,而是根据敏感操作分类,使同一类敏感操作拥有相同的特权。

5.3.2 Linux 的安全机制

1. 身份标识与认证

Linux 系统的身份标识与认证机制是基于用户名与口令实现的。其基本思想是:当用户登录系统时,守护进程 getty 要求用户输入用户名,然后由 getty 激活 login,要求用户输入口令,最后 login 根据系统中的/etc/passwd 文件检查用户名和口令,如果两者一致,则该用户是合法的,为该用户启动一个 shell。其中,/etc/passwd 文件用来维护系统中每个合法用户的信息,主要包括用户名、经过加密的口令、口令时限、用户号(UID)、用户组号(GID)、用户主目录以及用户使用的 shell。加密的口令也可能存在于系统的/etc/shadow 文件中。

2. 自主访问控制

在 Linux 中,系统中的所有活动都可以看作主体对客体的一系列操作。客体是一种信息实体,或者是从其他主体或客体接收信息的实体,如文件、内存、进程消息、网络包或 I/O 设备。主体通常是一个用户或代表用户的进程,它引起信息在客体之间流动。访问控制机制的功能是控制系统中的主体对客体的读、写和执行等各种访问。Linux 自主访问控制是比较简单的访问控制机制,其基本思想如下:

(1) 系统内的每个主体(用户或代表用户的进程)都有一个唯一的用户号(UID),并且总是属于某个用户组,而每一个用户组有唯一的组号(GID)。这些信息由超级用户或授权用户为系统内的用户设定,并保存在系统的/etc/passwd 文件中,通常情况下,代表用户的进程继承用户的 UID 和 GID。

(2) 系统对每一个客体的访问主体区分为客体的属主(U)、客体的属组(G)以及其他用户(O),而对每一客体的访问模式区分为读、写和执行,所有这些信息构成一个访问控制矩阵。允许客体的所有者和特权用户通过这一访问控制矩阵为客体设定访问控制信息。

(3) 当用户访问客体时,根据进程的 UID、GID 和文件的访问控制信息检查访问的合法性。

(4) 为了维护系统的安全性,对于某些客体,普通用户不应该具有某些访问权限,但是由于某种需要,用户又必须能越过对这些客体的访问限制,如/etc/passwd 文件,用户不具有写访问权限,但又必须允许用户修改这些文件,以修改自己的密码。Linux 通过 setuid 和

setgid 程序解决这一问题。setuid 和 setgid 程序可以使得代表普通用户的进程不继承用户的 UID 和 GID，即，使得普通用户暂时获得其他用户身份，并通过该身份访问客体。由于 setuid 和 setgid 程序所进行的活动具有局限性，而且根据需要还可能会进行相应的安全检查，所以有助于维护系统的安全。

3. 特权管理

Linux 继承了 UNIX 传统的特权管理机制，即基于超级用户的特权管理机制。其基本思想如下：

（1）普通用户没有特权，而超级用户拥有系统内的所有特权。

（2）当进程要进行某些特权操作时，系统检查进程所代表的用户是否为超级用户，即检查进程的 UID 是否为 0。

（3）当普通用户的某些操作涉及特权操作时，通过 setuid 和 setgid 程序实现。

这种特权管理方式便于系统维护和配置，但是不利于系统的安全性。一旦非法的用户获得了超级用户账号，就获得了对整个系统的控制权，他便可以为所欲为，系统将毫无安全性可言。此外，利用 setuid 和 setgid 程序实现普通用户的某些特权操作，这在 UNIX 的早期是一项很巧妙的发明，到现在也还具有很重要的意义。但是，近年来却发现它简直成了 UNIX/Linux 在安全性方面的问题根源，通常被黑客利用其存在的漏洞获得超级用户特权，进而控制整个系统。为了消除对超级用户账号的危险依赖，有效保证系统的安全性，从 Linux 2.1 版本开始，Linux 内核开发人员通过在 Linux 内核中引入权能的概念实现了基于权能的特权管理机制，有效改进了系统的安全性能。

4. 安全审计

Linux 系统的审计机制的基本思想是：将审计事件分为内核事件和系统事件两部分，分别进行维护和管理。如图 5-5 所示，内核事件由内核审计线程 klogd 维护和管理，而系统事件由审计服务进程 syslogd 维护与管理。

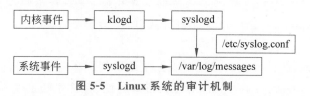

图 5-5 Linux 系统的审计机制

klogd 守护进程获得并记录 Linux 内核信息。通常 klogd 将所有的内核信息传递给 syslogd，由 syslogd 根据配置文件将内核信息记录到相应的文件中。当调用带有一个 filename 变量的 klogd 时，klogd 就在 filename 中记录所有信息，而不是传给 syslogd。当指定另一个文件进行日志记录时，klogd 就向该文件中写入所有内核信息。

syslogd 审计服务进程主要用来获得并记录来自应用层的日志信息。Linux 为应用层提供了相应的系统调用接口，任何希望生成日志信息的进程都可以通过该接口生成日志信息。syslogd 可以实现灵活配置和集中式管理。当需要对事件进行记录的单个软件发送消息给 syslogd 时，syslogd 会根据配置文件/etc/syslog.conf，按照消息的来源和重要程度，将消息记录到不同的文件、设备或其他主机中。

如图 5-6 所示，在 Linux 系统中，无论是 klogd 还是 syslogd，对日志信息的处理都是通过缓冲区实现的。

图 5-6 Linux 对日志信息的处理

5. 安全注意键

为了防止特洛伊木马口令截获攻击,Linux 提供了安全注意键以使用户确信自己的用户名和口令不被非法窃取,安全注意键的工作流程如图 5-7 所示。安全注意键是 Linux 预定义的。当用户输入这组安全注意键时,系统通过中断陷入核心。核心接收并解释用户的输入,一旦发现是安全注意键,便杀死当前终端的所有用户进程(包括特洛伊木马),并重新激活登录进程,为用户提供可信登录路径,然后用户就可以放心地输入合法用户名和口令了。

但是,安全注意键的安全性是有限的。安全注意键只能对低级特洛伊木马口令截获攻击起作用,而对于高级特洛伊木马口令截获攻击却毫无作用。这里的高级特洛伊木马口令截获攻击是指通过特洛伊木马同登录进程捆绑在一起进行口令截获攻击;反之,则为低级特洛伊木马口令截获攻击。

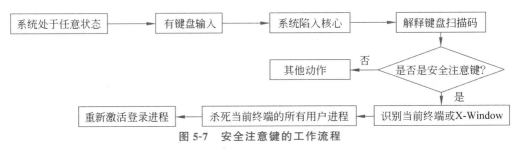

图 5-7 安全注意键的工作流程

6. 其他安全机制

Linux 的用户名与口令的身份标识和认证机制在安全性上存在不足,主要表现为口令容易猜测和泄露。为此,Linux 提供了一定的保护措施,主要有密码设置时的脆弱性警告、口令有效期、一次性口令、先进的口令加密算法、使用影子文件(shadow file)、账户加锁等安全机制。

在 Linux 系统中,通过自主访问控制确保主体访问客体的安全性,但这种自主访问控制过于简单。为此,Linux 提供了限制性 Shell、特殊属性、文件系统的加载限制以及加密文件系统等措施以提高系统的安全性能。

此外,Linux 还通过对根用户进行适当的限制,在一定程度上限制了超级用户给系统带来的安全隐患,而安全 Shell、入侵检测、防火墙等安全机制的采用也从网络安全的角度进一步提高了系统的安全性能。

5.3.3 Windows 典型的安全机制

Windows 系列产品的安全机制是类似的,主要继承于其成熟的 Windows NT 操作系统。Windows NT 操作系统是微软公司于 1992 年开发的一个完全 32 位的操作系统,支持多进程、多线程、均衡处理、分布式计算,是一个支持并发的多用户系统。此外,Windows NT 操作系统可以运行在不同的硬件平台上,例如 Intel 386 系列、MIPS 和 AlphaAXP。Windows NT 操作系统的结构是层次结构和客户/服务器结构的混合体,只有与硬件直接相关的部分是由汇编语言实现的,Windows NT 操作系统主要是由 C 语言编写的。Windows NT 操作系统使用对象模型管理它的资源,因此在 Windows NT 操作系统中使用对象而不是资源。Windows NT 操作系统的设计目标是 TCSEC 标准的 C2 级系统。在 TCSEC 中,一个 C2 级系统必须在用户级实现自主访问控制、必须提供对客体的访问审计机制,此外还必须实现客体重用。

一种操作系统的体系结构可以用以下几种方法设计:

(1) 小系统。这种系统由可以相互调用的一系列过程组成。小系统有许多缺点,如修改一个过程可能导致小系统不相关的部分发生错误。

(2) 层次结构。这种方法把系统划分为模块和层,这样的系统称为层次结构。层次结构中每个模块为更高层的其他模块提供一系列函数以供调用。这种设计方法比较容易修改和测试,也可以方便地替换其中的一层。

(3) 客户/服务器结构。在这种结构中,操作系统被划分为一个或者多个进程,每个进程被称为服务器,它提供服务。可执行的应用称为客户机,一个客户机通过向指定的服务器发送消息请求服务。客户/服务器结构如图 5-8 所示。系统中所有的消息通过微内核发送。如果有多个服务器存在,则它们共享一个微内核。客户机和服务器均在用户模式下执行,这种方法的优点是,一个服务器发生错误或者进行重启,并不会影响系统的其他部分。

图 5-8 客户/服务器结构

本节内容以用户数量较多的 Windows 2000/XP 为例进行介绍。Windows 2000/XP 的系统结构是层次结构和客户/服务器结构的混合体,其系统结构如图 5-9 所示。

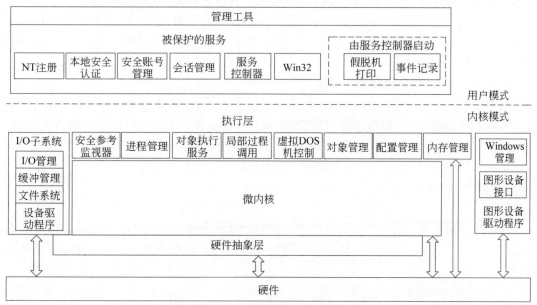

图 5-9 Windows 2000/XP 的系统结构

在 Windows 2000/XP 系统中，执行者是唯一运行在内核模式中的部分。它划分为 3 层：最底层为硬件抽象层，它为上一层提供硬件结构的接口，有了这一层可以使系统方便地移植；在硬件抽象层之上是微内核，它为低层提供执行、中断、异常处理和同步的支持；最高层为执行层，由一系列实现基本操作系统服务的模块组成，这些模块之间的通信是通过定义在每个模块中的函数实现的。

被保护的子系统（有时称为服务器或被保护的服务）提供了应用程序接口（API），它以具有一定特权的进程形式在用户模式下执行。当一个应用程序调用 API 时，消息通过本地过程调用（Local Procedure Call, LPC）发送给对应的服务器，然后服务器通过发送消息应答调用者。可信计算基（TCB）服务是被保护的服务，它在与系统安全相关的环境下以进程方式执行，这就意味着此类进程占有一个系统访问令牌。标准的服务进程包括会话管理、注册、Win32、本地安全认证和安全账号管理等。

1. Windows 2000/XP 安全模型

Windows 2000/XP 操作系统提供了一组可配置的安全性服务，这些服务达到了 TCSEC 所规定的 C2 级安全要求。

以下是 C2 级规定的主要安全性服务及其需要的基本特征：

（1）安全登录。在允许用户访问系统之前，用户要输入唯一的登录标识符和密码来标识自己。

（2）自主访问控制。允许资源的所有者决定哪些用户可以访问资源和他们可以如何处理这些资源。所有者可以授权给某个用户或一组用户，允许他们进行各种访问。

（3）安全审计。提供检测和记录与安全性有关的任何创建、访问或删除系统资源的事件或尝试的能力。登录标识符记录所有用户的身份，这样便于跟踪任何执行非法操作的用户。

（4）内存保护。防止非法进程访问其他进程的专用虚拟内存。另外，还应该保证当物理内存页分配给某个用户进程时，这一页中绝对不含有其他进程的数据。

Windows 2000/XP 通过它的安全性子系统和相关组件达到这些安全要求，并引入了一系列安全性术语，如活动记录、组织单元、安全 ID、访问控制列表、访问令牌、用户权限和安全审计等。

2. Windows 2000/XP 安全子系统

在 Windows 2000/XP 中，安全子系统由本地安全认证、安全账号管理器和安全参考监视器构成。除此之外，还包括注册、访问控制和对象安全服务等，它们之间的相互作用和集成构成了 Windows 2000/XP 安全子系统的主要部分。

Windows 2000/XP 安全子系统如图 5-10 所示。

3. 标识与认证

1）标识

每个用户必须有一个账号，以便登录和访问计算机资源，账号包含的内容有用户密码、隶属的工作组、可在哪些时间登录、可从哪些工作站登录、账号有效日期、登录脚本文件、主目录等。

一般有两种类型的账号：管理员账号（Administrator）和访问者账号（Guest），管理员账号可以创建新账号。从有效范围的角度看，还可以分为两种类型的账号：全局账号和本地

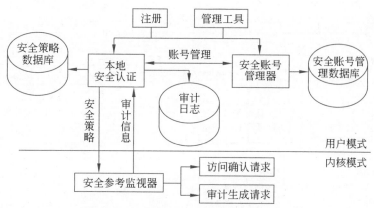

图 5-10　Windows 2000/XP 安全子系统

账号。全局账号可以在整个域内应用,而本地账号只能在生成它的本机上使用。

通过工作组,可以方便地给一组相关的用户授予特权和权限,一个用户可以同时隶属于一个或者多个工作组。

2) 认证

认证分为本地认证和网络认证两种类型。在认证之前,首先要进行初始化。

WinLogon 初始化的主要步骤如下:

(1) 创建并打开一个窗口站以代表键盘、鼠标和监视器。

(2) 创建并打开 3 个桌面:WinLogon 桌面、应用程序桌面、屏幕保护桌面。

(3) 建立与 LSA 的 LPC 连接。

(4) 调用 LsaLookupAuthenticationPackage 获得与认证包 msv1_0 相关的 ID。msv1_0 在注册表的 KEY_LOCAL_MACHINE/system/currentcontrolset/control/lsa 中。

(5) 创建一个与 WinLogon 程序相关的窗口,并注册热键,通常为 Ctrl+Alt+Delete 组合键。

(6) 注册该窗口,以便屏幕保护等程序调用。

本地认证的主要步骤如下:

(1) 按 Ctrl+Alt+Delete 组合键,激活 WinLogon。

(2) 调用标识与认证 DLL,出现登录窗口。

(3) 将用户名和密码发送至 LSA,由 LSA 判断是否为本地认证。若是本地认证,LSA 将登录信息传递给身份验证包 msv1_0。

(4) msv1_0 身份验证包向本地 SAM 发送请求,检索账号信息,首先检查账号限制,然后验证用户名和密码,返回最终创建访问令牌所需的信息(用户 SID、组 SID 和配置文件)。

(5) LSA 查看本地规则数据库,验证用户所作的访问(交互式、网络或服务进程)。若成功,则 LSA 附加某些安全项,然后添加用户特权(LUID)。

(6) LSA 生成访问令牌(包括用户和组的 SID、LUID),传递给 WinLogon。

(7) WinLogon 传递访问令牌到 Win32 模块。

(8) 登录进程建立用户环境。

Windows 2000/XP 本地认证流程如图 5-11 所示。

网络认证的主要步骤如下:

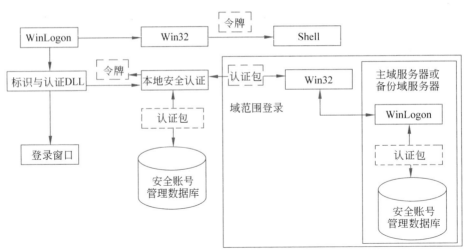

图 5-11　Windows 2000/XP 本地认证流程

(1) 客户机通过 NetBIOS 传递登录信息。

(2) 服务器进行网络认证,其过程与本地认证相同。若成功,则通过 NetBIOS 传递访问令牌。

(3) 客户机通过 NetBIOS 和访问令牌访问服务器资源。

Windows 2000/XP 网络认证流程如图 5-12 所示。

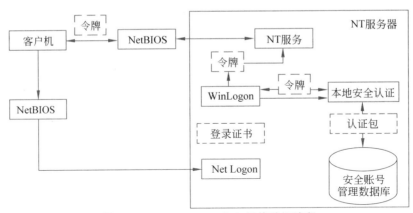

图 5-12　Windows 2000/XP 网络认证流程

4. 访问控制机制

Windows 的资源包括文件、设备、邮件槽、命名和未命名管道、进程、线程、事件、互斥体、信号量、可等待定时器、访问令牌、窗口站、桌面、网络服务、注册表键和打印机。这些资源都是以对象的方式进行管理的。为了实现对资源的安全访问,Windows 为每个资源分配一个安全描述符。

安全描述符控制哪些用户可以对访问对象做什么操作,它包括所有者的 SID、组 SID、自主访问控制列表和系统访问控制列表(指定哪些用户的哪些操作应该被记录到系统安全审计日志中)等主要属性。

当某个进程要访问一个对象时,进程的 SID 与对象的访问控制列表比较,确定是否可以访问该对象。访问控制列表由访问控制项组成,每个访问控制项标识用户和工作组对该对象的访问权限。

访问控制项由安全标识和访问掩码构成。

在 Windows 中,用户进程并不直接访问对象,Win32 代表进程访问对象。这样做的主要原因是为了使程序较为简单,程序不必知道如何直接控制每类对象,相关工作由操作系统完成。同时,由操作系统负责实施进程对对象的访问,也可以使对象更加安全。

访问控制列表的判断规则如下:

(1) 从访问控制项的头部开始,检查是否有显式的拒绝。
(2) 检查进程所要求的访问类型是否有显式的允许。
(3) 重复(1)和(2),直到遇到拒绝访问,或者进程请求的权限都被满足为止。

在客户/服务器结构中,服务器以客户端的权限完成客户端的访问操作。

5. 安全审计

要配置 Windows 2000/XP 达到 C2 级,必须具有审计功能。系统运行中产生 3 类日志:系统日志、应用程序日志和安全日志,可使用事件查看器浏览和按条件过滤显示。前两类日志任何人都能查看,它们是系统和应用程序生成的错误警告和其他信息。安全日志则对应审计数据,只能由审计管理员查看和管理。前提是它必须保存于 NTFS 文件系统中,使 Windows 2000/XP 的系统访问控制列表生效。

Windows 2000/XP 的审计子系统默认是关闭的,审计管理员可以在服务器的域用户管理或工作站的用户管理中打开审计并设置审计事件类。审计事件分为 7 类:系统类、登录类、对象存取类、特权应用类、账号管理类、安全策略管理类、详细审计类。对于每类事件,可以选择审计失败事件或成功事件,或者二者都审计。对于对象存取事件类事件的审计,审计管理员还可以在资源管理器中进一步指定各文件和目录的具体审计标准,如读、写、修改、删除、运行等操作,相关事件也分为成功和失败两类,可以进行选择。对注册表项及打印机等设备的审计类似。

审计数据文件以二进制结构形式存放在物理磁盘上。它的每条记录都包含事件发生时间、事件源、事件号和所属类别、设备名、用户名和事件本身的详细信息。

6. 注册表

注册表是一个具有容错功能的数据库,存储和管理着整个操作系统、应用程序的关键数据,是整个操作系统中最重要的一部分。注册表的数据结构由以下 5 棵子树组成。

(1) HKEY_CURRENT_USER 包含当前登录用户的配置信息,包括用户组所属的工作组、环境变量、桌面设置、网络连接、打印机和应用程序等。

(2) HKEY_USERS 包含计算机上所有用户的配置信息。HKEY_CURRENT_USER 是 HKEY_USERS 的子项。

(3) HKEY_LOCAL_MACHINE 包含计算机的配置信息,包括处理器类型、总线类型、视频和磁盘 I/O 等硬件信息,以及设备驱动程序、服务、安全性和安装的应用软件等软件信息。

(4) HKEY_CURRENT_CONFIG 包含有关本地计算机在系统启动时使用的硬件配置文件的信息。它指向 HKEY_LOCAL_MACHINE\SYSTEM\Current_ControlSet\Hardware Profiles\Current 子项。

(5) HKEY_CLASSES_ROOT 包含文件关联信息。将文件扩展名与一个应用匹配,相当于一个 OLE 类的存储器。这个子树指向 HKEY_CURRENT_USER\Software\Classes 子项。

Windows 2000/XP 的注册表分为 User.dat 和 System.dat 两个文件。注册表通过 User.dat 这个文件存放各个用户特定的一些设置,如用户的桌面设置和用户引导菜单的内容等。注册表通过 System.dat 这个文件存放 Windows 2000/XP 的一些软硬件设置。

注册表中设有若干保护层,保护这些文件中的数据。所有注册表文件均以加密的二进制形式存储。如果没有相应的工具和用户授权,就无法读取这些文件。使用纯文本编辑器是无法进入注册表的。

7. 域模型

域模型是 Windows NT 网络系统的核心,所有 Windows NT 的相关内容都是围绕着域组织的,而且大部分 Windows NT 的网络都是基于域模型的。同工作组相比,域模型在安全方面有非常突出的优越性。

域是一些服务器的集合,这些服务器被归为一组并共享同一个安全策略和用户账号数据库。域的集中化用户账号数据库和安全策略使得系统管理员可以用一个简单而有效的方法维护整个网络的安全。域由主域控制器、备份域控制器、服务器和工作站组成。通过建立域可以把机构中不同的部门区分开来。虽然设定正确的域配置并不能保证用户获得一个安全的网络系统,但能使系统管理员控制网络用户的访问。

在域中,维护域的安全和安全账号管理数据库的服务器称为主域控制器,而其他存在域的安全数据和用户账号信息的服务器则称为备份域控制器。主域控制器和备份域控制器都能验证用户登录上网的要求。备份域控制器的作用在于,如果主域控制器崩溃,备份域控制器能为网络提供一个备份并防止重要数据因此而丢失。每个域只允许有一台主域控制器,安全账号管理数据库的原件就存放在主域控制器中,并且只能在主域控制器中对数据进行维护。在备份域控制器中不能对数据进行任何改动。

委托是一种管理方法,它将两个域连接在一起,并允许域中的用户互相访问,委托关系可使用户账号和工作组能够在建立它们的域之外的域中使用。委托分为受托域和委托域两部分,受托域使用户账号可以被委托域使用。这样,用户只需要一个用户名和口令就可以访问整个域。

委托关系只能被定义为单向的。为了获得双向委托关系,域之间必须相互委托。受托域就是账号所在的域,也称为账号域;委托域含有可用的资源,也称为资源域。

在 Windows NT 中有 3 种委托模型:单一域模型、主域模型和多主域模型。

(1) 单一域模型。该模型中只有一个域,因此没有管理委托关系的负担。用户账号是集中管理的,资源可以被整个工作组的成员访问。

(2) 主域模型。该模型中有多个域,其中一个被设定为主域。主域被所有的资源域委托,而自己却不委托任何域,资源域之间不能建立委托关系。这种模型具有集中管理多个域的优点。在主域模型中,对用户账号和资源的管理是在不同的域之间进行的。资源由本地的委托域管理,而用户账号由受托的主域进行管理。

(3) 多主域模型。在该模型中,除了拥有一个以上的主域之外,与主域模型基本上是一样的。所有的主域彼此都建立了双向委托关系。所有的资源都委托所有的主域,而资源域之间彼此不建立任何委托关系。由于主域彼此委托，因此系统只需要一个用户账号数据库即可。

◆ 5.4 数据库安全

数据库是长期存储于计算机内的、有组织的、可共享的数据集合。这些数据是结构化的，一般没有有害的或者不必要的冗余，并为多种应用提供服务。数据的存储独立于使用它的程序。对数据库插入新数据、修改或者检索原有数据均能按照一种公用的和可控的方式进行。数据库已经成为人们日常工作和生活中必不可少的重要基础，数据库的安全问题也日益成为人们关注的焦点。

5.4.1 数据库安全概述

1. 数据库安全概念

数据库安全就是指保护数据库以防止非法使用所造成的信息泄露、篡改或破坏。数据库系统一般可以理解成两部分：一部分是数据库，可以按照一定的方式存取数据；另一部分是数据库管理系统，为用户及应用程序提供数据访问，并具有对数据库进行管理、维护等多种功能。

数据库系统安全包含系统运行安全和系统信息安全两层含义。

系统运行安全是指法律和政策的保护（如用户是否具有合法权利等）、物理控制安全、硬件运行安全、操作系统安全、灾害和故障恢复、电磁信息泄漏的预防等。

系统信息安全是指用户口令认证、用户存取权限控制、数据存取权限和方式控制、审计跟踪和数据加密等。

2. 数据库安全威胁

凡是造成数据库内存储的数据的非授权访问或者非授权写入，原则上都属于对数据库安全的威胁或者破坏。另外，凡是在正常业务需要访问数据库时授权用户不能正常得到数据库的数据服务，也认为是对数据库安全的威胁或者破坏。因为这两种情况都会对数据库合法用户的权益造成侵犯，或者信息被窃取，或者由于信息的破坏而形成提供错误信息的服务，或者直接拒绝提供服务。

根据违反数据库安全性所导致的后果，数据库安全威胁可以分为以下几类：

（1）非授权的信息泄露。未获授权的用户有意或者无意得到了信息。通过对授权访问的数据进行推导分析而获取非授权的信息也包含在这一类威胁中。

（2）非授权的修改。包括所有通过数据处理和修改而违反信息完整性的行为。非授权的修改不一定会涉及非授权的信息泄露，因为即使不读数据也可以进行破坏。

（3）拒绝服务。包括各种会影响到合法用户正常访问数据或使用资源的行为。

根据发生的方式，数据库安全威胁可以分为有意和无意两类。在无意的安全威胁中，日常的事故主要包括以下几类：

（1）自然或意外灾害。这些事故会破坏系统的软硬件，导致完整性被破坏和拒绝服务攻击。

（2）系统软硬件错误。这会导致应用程序实施错误的策略，从而导致非授权信息的泄露、数据修改或者拒绝服务攻击。

(3) 人为错误。无意地违反安全策略造成的错误,它导致的后果与软硬件错误类似。

而在有意的安全威胁中,主体的目标是进行欺诈并造成损失。有意的安全威胁的主体可以分为授权用户和恶意代理两类。授权用户威胁类是指滥用自己的特权,从而造成安全威胁。恶意代理威胁类是指病毒、特洛伊木马和后门等典型的安全威胁。

3. 数据库安全需求

针对数据库的安全威胁,必须采取有效的措施,以满足对数据库安全的需求。

(1) 防止非法数据访问。这是数据库安全最关键的需求之一。数据库管理系统必须根据用户或者应用程序的授权检查访问请求,以保证仅允许授权的用户访问数据库。数据库的访问控制要比操作系统中的文件访问控制复杂得多。首先,控制的对象有更细的粒度,如表、记录、属性等;其次,数据库中的数据是语义相关的,因此用户可以不直接访问数据项,而是间接获取数据。

(2) 防止推导。推导指的是用户利用授权访问的数据经过分析和推断得出机密信息,而按照安全策略,用户是无权访问该机密信息的。在统计数据库中,需要防止用户从统计聚合信息中推导出原始个体信息,统计数据库特别容易受到推导的威胁。

(3) 保证数据库的完整性。该需求指的是保护数据库不受非授权的修改,以及不会因为系统中的错误、病毒等导致存储的数据被破坏。这种保护通过访问控制、备份/恢复以及一些专用的安全机制共同实现,它们的主要目标是在系统发生错误时保证数据库中数据的一致性。

(4) 保证数据的操作完整性。这个需求定位于在并发事务中保证数据库中数据的逻辑一致性。一般而言,数据库管理系统中的并发管理器子系统负责实现这部分需求。

(5) 数据的语义完整性。这个需求主要是指在修改数据时保证新的数值在一定范围内,以确保逻辑上的完整性。对数值的约束通过完整性约束来描述,可以针对数据库定义完整性约束,也可以针对改变定义完整性约束。

(6) 审计和日志。这两者是有效的威慑和事后追查、取证、分析工具。为了保证数据库中的数据安全,一般要求数据库管理系统能够将所有的数据操作记录下来,这一功能要求系统保留日志文件。安全相关事件可以根据系统设置,记录在日志文件中,以便事后调查和分析,追查入侵者和发现系统的弱点。

(7) 标识和认证。各种计算机系统的用户管理模式基本上类似,使用的管理模型和方法也大体相同。与其他信息系统一样,标识和认证也是数据库的一种安全手段,是授权、审计等操作的前提条件。

(8) 机密数据管理。数据库中的数据有可能部分或者全部是机密数据,而有些数据库中的数据则全部是公开数据。对于同时保存机密和公开数据的数据库而言,访问控制主要实现机密数据的保密性,仅允许授权用户访问机密数据。第一种情况是授权用户被赋予对机密数据进行一系列操作的权限,并且被禁止传播这些权限。此外,这些被授权访问机密数据的用户与普通用户一样可以访问公开数据,但是不能相互干扰。第二种情况是用户可以访问一组特定的机密数据,但是不能交叉访问。第三种情况是用户可以单独访问特定的机密数据集合,但是不能同时访问全部机密数据。

(9) 多级保护。现实世界中很多应用将数据划分为不同保密级别,同一条记录的不同字段可能划分为不同的保密级别，甚至同一字段的不同值也有不同的保密级别。在多级保护体系中，对不同数据项赋予不同的保密级别，然后根据数据项的保密级别对访问数据项的操作也赋予不同的级别。

5.4.2 数据库安全策略

数据库安全策略是指组织、管理、保护和处理敏感信息的原则，它包含以下几方面：

（1）最小特权策略。该策略是在让用户可以合法地存取或者修改数据库的前提下给用户分配最小的特权，分配的特权恰好可以满足用户的工作需求即可。该策略是把信息局限在有工作需要的人员范围内，可把信息泄露限制在最小范围内，同时信息的完整性也可以得到保证。

（2）最大共享策略。该策略的目的是让用户最大限度地利用数据库信息，但这并不意味着每个人都能访问数据库中的所有信息。考虑到数据库的保密需求，只能在满足保密需求的前提下实现最大限度的共享。

（3）粒度适当策略。将数据库中的不同项分成不同的粒度，粒度越小，能够达到的安全级别越高。在实际应用中，通常根据情况决定粒度的大小。

（4）开放和封闭系统策略。在一个封闭系统中，只有明确授权的用户才能访问系统资源；在一个开放系统中，除非明确禁止访问的资源，一般用户都被允许访问系统资源。一个封闭系统固然更安全，但如果在其上实现共享就要增加许多前提，因为访问规则限制了对它的访问。

（5）按存取类型控制策略。根据用户的存取类型设定存取方案的策略称为按存取类型控制策略。

（6）与内容有关的访问控制策略。通过设定访问规则，最小特权策略可以扩充为与数据项内容有关的控制，该控制称为与内容有关的访问控制。这种控制产生较小的控制粒度。

（7）与上下文有关的访问控制策略。该策略涉及项的关系，包含两方面：一方面限制用户在一次请求或特定的一组相邻请求中不能对不同属性的数据进行存取；另一方面可以规定用户对某些不同属性的数据必须成组存取。该策略根据上下文的内容严格控制用户的存取区域。

（8）与历史有关的访问控制策略。有些数据本身不会泄密，但是当与其他数据或者以前的数据联系在一起的时候可能会泄露需要保密的信息。为了防止这类事件的发生，就必须对历史记录等进行控制，不仅考虑当时请求的上下文，而且也考虑过去请求的上下文，这样可以根据过去的访问限制目前的访问。

5.4.3 数据库安全技术

1. 数据库加密

针对数据库实施的安全策略可以有效遏制多种安全威胁，综合实现数据管理和使用的安全，防止攻击者通过正常连接渠道发起的攻击与破坏。但是安全策略在防范某些种类的攻击时存在一定的局限性，尤其是对于内部人员攻击的防范。统计数据表明，大多数网络攻击行为发生在系统内部，因此，如果内部人员窃取到以明文形式存储的数据库信息，将导致十分严重的信息泄密事件。

在数据库安全中,还有一类安全隐患涉及用户的数据隐私。在企业内部的信息系统中,数据库管理员可以不加限制地访问数据库中的所有数据,超出了系统管理员应有的职责权限。在电子商务等应用中,某些企业的业务数据由服务提供商托管和维护,数据隐私无法得到有效保障,其安全问题表现得更为突出。

数据库加密技术可以有效解决以上问题。数据加密是对计算机系统外存储器中的数据最有效的保护措施之一。对数据库实施加密后,即使关键数据泄露或者丢失,也能够有效保证关键数据的机密性。

在进行数据库加密时,可以设定各个用户的数据由用户自己的密钥加密,而不需要了解数据内容的数据库管理员无法进行正常解密,不能获得明文数据,从而保证了用户的信息安全。另外,通过加密,数据库的备份内容以密文形式存储,从而能减少因为备份介质被盗或者丢失而造成的损失。

数据库加密具有以下特点。

(1) 数据库中数据的存储时间较长,并且数量大,密钥更新的代价较大,不可能频繁地更新密钥。加密系统不可能采用通信系统中一次一密的加密方式,因此数据库加密应该保持足够的加密强度。

(2) 数据库中存储的是海量数据,加密后存在大量的明文范例。因此,如果对所有数据采用同样的密钥加密,则被破译的风险会很大。同时,因为在海量数据库中查询可能需要遍历大量数据,所以对加密处理速度的要求很高。

(3) 数据库中的数据具有很强的规律性。如果明文相同的数据加密后密文也相同,攻击者容易通过统计方法获得原文信息。因此,数据库加密应该保证相同的明文加密后的密文无明显规律。

针对数据库加密的以上特点,在设计加密系统时,应该满足以下几方面的要求:

(1) 应该有足够的加密长度,以保证长时间、大数据量不被破译。

(2) 数据加密后,存储空间应该没有明显增加。

(3) 为了维持系统的原有性能,加密和解密的速度应该足够快,保证用户没有明显的延迟感觉。

(4) 加密系统应该提供一套安全的、使用灵活的密钥管理机构,保证密钥存储安全,使用方便可靠。

(5) 加密和解密对数据库的合法操作,如查询、检索、修改和更新等,应该是透明的,加密后不影响系统的功能。

按照加密部件和数据库管理系统的关系,数据库加密可以分为库内加密和库外加密。

(1) 库内加密。

库内加密指在数据库管理系统(DataBase Management System,DBMS)内部实现支持加密的模块。其在 DBMS 内核层实现加密,加密和解密过程对用户和应用是透明的。

数据进入 DBMS 之前是明文,DBMS 在对数据进行物理存取之前完成加密或解密工作。库内加密通常是以存储过程的形式调用,因为由 DBMS 内核实现加密,加密密钥就必须保存在 DBMS 可以访问的地方,通常是以系统表的形式存在。

库内加密的优点是加密功能强,并且加密功能几乎不会影响 DBMS 的原有功能,这一点与库外加密方式相比尤为明显。另外,对于数据库来说,库内加密方式是完全透明的,不需要对 DBMS 做任何改动就可以直接使用。

图 5-13 所示为库内加密的基本原理。

（2）库外加密。

库外加密指在 DBMS 范围外，用专门的加密服务器完成加密和解密操作。数据库加密系统作为 DBMS 的一个外层工具，根据加密要求自动完成对数据库数据的加密和解密处理。加密和解密过程可以在客户端实现，或者由专业的加密服务器完成。对于使用多个数据库的多应用环境，可以提供更为灵活的配置。

图 5-14 所示为库外加密的基本原理。

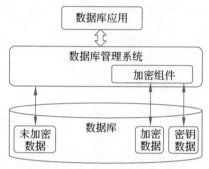

图 5-13　库内加密的基本原理

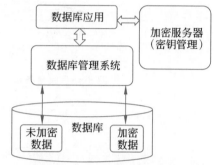

图 5-14　库外加密的基本原理

2. 数据库备份与恢复

数据库系统采用了多种措施防止数据库的机密性和完整性被破坏，保证并发事务的正确执行。所谓事务是用户定义的一个数据库操作序列，这些操作要么全做，要么全不做，是一个不可分割的工作单位。一个事务一旦完成全部操作，其对数据库的所有更新应当永久地反映在数据库中，即使以后系统发生故障，也会保留这个事务的执行痕迹。

由于计算机系统中硬件故障、软件错误、操作员失误以及恶意的破坏仍然时有发生，这些故障将导致运行事务非正常中断，影响数据库中数据的正确性，甚至破坏数据库，使数据库中部分或者全部数据丢失。此时就要求数据库管理系统必须具有把数据库从错误状态恢复到正确状态的功能，这就是数据恢复。

数据恢复的基本原理就是利用数据的备份和冗余。也就是说，数据库中任何可以根据存储在系统别处的备份和冗余数据来重建。

数据备份的根本目的是重新利用，备份工作的核心是恢复。数据备份是指将数据以某种方式加以保留，以便在系统遭受破坏或其他特定情况下重新加以恢复。数据备份不是数据复制。为降低备份数据所占用的额外空间，需要改变数据格式、进行压缩等操作。数据备份是为达到数据恢复和重建的目标所进行的一系列备份步骤和行为。

在灾难发生前，通过对主系统进行备份并加强管理，保证其完整性和可用性。在灾难发生后，利用备份数据实现主系统的还原恢复。

备份数据可采用完全备份、增量备份、差分备份等多种方式。完全备份是对系统中所有的数据进行备份，增量备份只对上次备份后产生变化的数据进行备份，差分备份只对上次进行完全备份后产生变化的数据进行备份，如图 5-15、图 5-16 所示。

接下来简要介绍数据库恢复的实现过程。

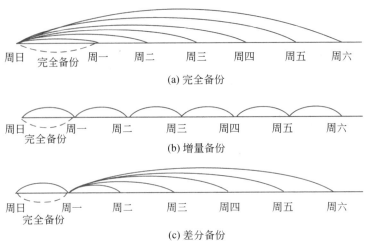

图 5-15 完全备份、增量备份和差分备份示意图

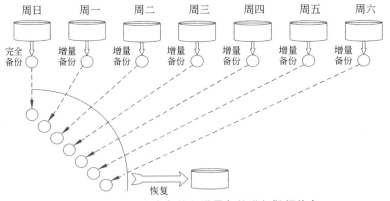

图 5-16 利用完全备份和增量备份进行数据恢复

数据库恢复机制涉及的两个关键问题是如何建立冗余以及如何利用冗余数据实施数据库恢复。

建立冗余数据最常用的技术是数据转储和登记日志文件。在一般的数据库管理系统中,这两种技术是一起使用的。

1) 数据转储

所谓数据转储,即数据库管理员(DataBase Administrator,DBA)定期地将整个数据库复制到磁带或者另一个磁盘上保存起来的过程,这些备用的数据文本称为后备副本或后援副本。

当数据库遭到破坏后,可以将后备副本重新装入,但重装后,后备副本只能将数据库恢复到转储状态,要想恢复到故障发生时的状态,必须重新运行自转储以后的所有更新事务。转储是十分耗时和耗费资源的,因此不能频繁地进行,DBA 应该根据数据库使用的情况确定一个适当的转储周期。

转储分为静态转储和动态转储。

静态转储是在系统中无事务运行时进行的转储操作,即转储操作开始的时刻,数据库处于一致性状态,转储期间不允许对数据进行任何存取和修改等操作。显然,静态转储得到的是一个具有数据一致性的副本。静态转储方法简单,但是转储必须等待正在运行的用户事务结束才能进行,同样,新的事务必须等待转储结束才能执行,这显然会降低数据库的可用性。

动态转储是指转储期间允许对数据库进行存取和修改等操作,即转储和用户事务可以并发执行。动态转储可以克服静态转储的缺点,它不用等待正在运行的用户事务结束,也不会影响事务的运行。但是,动态转储结束时,很难保证后援副本上数据的一致性。为此,必须把转储期间各事务对数据库修改的活动记录下来,建立日志文件,这样,利用后备副本加上日志文件就能把数据库恢复到某一时刻的正确状态。

2) 登记日志文件

日志文件是用来记录事务对数据库的更新操作的文件,不同数据库系统采用的日志文件格式并不完全一样。日志文件主要有两种格式:以记录为单位的日志文件和以数据块为单位的日志文件。

日志文件在数据库恢复中起着非常重要的作用,可以用来记录事务故障恢复和系统故障恢复,并协助后备副本进行介质故障恢复。具体地说,事务故障恢复和系统故障恢复必须使用日志文件。在动态转储方式中,必须建立日志文件,后备副本和日志文件综合起来才能有效地恢复数据库;在静态转储方式中,也可以建立日志文件,当数据库毁坏后可重新安装后备副本,把数据库恢复到转储结束时刻的正确状态,然后利用日志文件重新执行已经完成的事务,撤销故障发生时尚未完成的事务。这样,不必重新运行那些已经完成的事务程序,就可以把数据库恢复到故障前某一时刻的正确状态。

为了保证数据库是可恢复的,登记日志文件时必须遵循两条原则:一是严格按并发事务执行的时间次序进行;二是必须先写日志文件,后写数据库。

把对数据的修改写到数据库中和把表示这个修改的日志记录写到日志文件中是两个不同的操作。有可能在这两个操作之间发生故障,即这两个操作只完成了一个。如果先修改了数据库,而在运行记录中没有登记这个修改,则以后就无法恢复这个修改了。如果先写日志,但还没有修改数据库,按照日志文件恢复时,只不过多执行一次不必要的撤销操作,并不会影响数据库的正确性。因此,为了安全起见,一定要先写日志文件,然后修改数据库。

3. 数据容灾系统

当今的世界是信息时代,数据和信息成为各行各业的业务基础和命脉。如何实现业务数据的共享并在现有业务数据之上建立新兴的增值应用,如数据仓库、客户关系管理等,已经成为各企业建立信息系统的关键所在。数据备份必须考虑到数据恢复的问题,包括采用双机热备份、磁盘镜像或容错、备份磁带异地存放、关键部件冗余等多种灾难预防措施。这些措施能够在系统发生故障后进行系统恢复。但是这些措施一般只能处理计算机单点故障,对区域性、毁灭性灾难则束手无策,也不具备灾难恢复能力。

一切容灾系统的建立都是以数据备份为基础的,特别对关键业务不能中断的用户和行业来说,更应该实施多种备份以防止灾难。但是仅有数据备份是远远不够的。在选择容灾系统的构造时,首先要考虑的就是选择合理的远程数据复制技术。数据的远程复制技术是容灾系统的核心技术,通过有效的数据复制,远程的业务数据中心与本地的业务数据实现同步,确保一旦本地系统故障,远程的容灾中心能迅速完全接管。

数据备份是数据容灾的基础,容灾系统是数据备份的最高层次。数据备份的目的是系统数据崩溃时能够快速恢复数据。数据备份只是数据容灾方案中的一种,而且它的容灾能力有限。真正的数据容灾是要避免传统冷备份所具有的先天不足,它能在灾难发生时全面、及时地恢复整个系统。

按照容灾能力的高低,数据容灾可分为多个层次。国际标准 SHARE 78 定义的容灾系统有 7 个层次,从最简单的仅在本地进行磁带备份,到将备份的磁带存储在异地,再到建立应用系统实时切换的异地备份系统,恢复时间从几天到小时级,再到分钟级、秒级,直到零数据丢失。

参照国际灾难备份行业的通行灾难备份等级划分原则,根据异地数据的多寡、异地数据与生产数据的差异程度以及灾难恢复环境的完备程度,将灾难备份系统从低到高划分为如下 4 个等级:

(1) 第 0 级:没有备援中心。这一级容灾备份系统实际上没有灾难恢复能力,它只在本地进行数据备份,并且被备份的数据只在本地保存,没有送往异地。

(2) 第 1 级:本地磁带备份,异地保存。在本地将关键数据备份,然后送到异地保存。灾难发生后,按预定数据恢复程序恢复系统和数据。这种系统成本低,易于配置。但是这种系统当数据量增大时存在存储介质难管理的问题,并且当灾难发生时存在大量数据难以及时恢复的问题。为了解决此问题,灾难发生时,应先恢复关键数据,后恢复非关键数据。

(3) 第 2 级:热备份站点备份。在异地建立一个热备份站点,通过网络进行数据备份。也就是通过网络以同步或异步方式把主站点的数据备份到热备份站点,热备份站点一般只备份数据,不承担业务。当出现灾难时,热备份站点接替主站点的业务,从而维护业务运行的连续性。

(4) 第 3 级:活动备援中心。在相隔较远的地方分别建立两个数据中心,它们都处于工作状态,并相互进行数据备份。当某个数据中心发生灾难时,另一个数据中心接替其工作。这种级别的备份系统根据实际要求和投入资金的多少又可分为两种:①两个数据中心之间只限于关键数据的相互备份;②两个数据中心之间互为镜像,即零数据丢失。零数据丢失是目前要求最高的一种灾难备份方式,它要求不管发生什么灾难,系统都能保证数据的安全。所以,它需要配置复杂的管理软件和专用的硬件设备,需要的投资相对而言是最大的,但恢复速度也是最快的。

不同等级的灾难备份系统的投资差异非常巨大。企业需要根据实际情况,主要是遭受严重灾难后的损失情况以及发生灾难的概率,建立满足企业需求的灾难备份系统。

在建立容灾备份系统时会涉及多种技术,如远程镜像、快照和互连技术。数据集合的一个完全可用副本包括相应数据在某个时间点(备份开始的时间点)的映像。快照可以是其所表示的数据的一个副本,也可以是数据的一个复制品。快照能够进行在线数据恢复,当存储设备发生应用故障或者文件损坏时可以进行及时数据恢复,将数据恢复成快照产生时间点的状态。

虚拟存储技术为用户提供了另一个数据访问通道。当原数据进行在线应用处理时,用户可以访问快照,还可以利用快照进行测试等工作。根据程序执行的互斥性和局部性两个特点,虚拟存储技术允许作业装入的时候只装入一部分,另一部分放在磁盘上,当需要的时候再装入主存,这样一来,在一个小的主存空间就可以运行一个大的作业。同时,用户编程的时候也摆脱了主存容量的限制。也就是说,用户作业的逻辑地址空间可以比主存的物理地址空间大。对用户来说，好像计算机系统具有一个容量很大的主存，称为虚拟存储器。云计算也要用到虚拟存储技术。

虚拟存储是指将多个不同类型、独立存在的物理存储器通过软硬件技术集成转化为一个逻辑上的虚拟存储器，集中管理，供用户统一使用。这个虚拟存储器的容量是它所集中管理的各物理存储器的容量的总和，而它的访问带宽则接近各个物理存储器的访问带宽之和。

容灾是一个系统工程，不仅包括容灾技术，还应有一整套容灾流程、规范及具体措施。表 5-1 是数据备份技术与容灾技术的对比。

表 5-1　数据备份技术与容灾技术的对比

功　　能		数据备份技术	容灾技术
防范意外事件	物理硬件故障	是	是
	病毒发作	是	部分
	人为误操作	是	部分
	人为恶意破坏	是	否
	自然灾害	否	是
保护对象	数据和文件	是	是
	应用和设置	部分	是
	操作系统	部分	是
	网络系统	否	是
	供电系统	否	是
系统恢复	系统连续性	不保证	保证
	数据损失	有少量损失	完全不损失
	可恢复的时间点	多个	当前
其他方面	数据管理方式	搬移到离线	在线同步
	适用系统规模	任何系统规模	大型系统

5.4.4　数据库安全典型攻击案例

1. SQL Server 的单字节溢出攻击

SQL Server 会监听 UDP 1433 端口，而且会对值为 0x02 的单字节报文进行响应，返回关于 SQL Server 的信息。但是当单字节报文的值不是 0x02 而是其他值时，SQL Server 将会产生异常。会引起异常的单字节报文值包括 0x04（导致栈溢出发生）、0x08（导致对溢出）、0x0A（引发拒绝服务攻击）。

另外，在一些 MySQL 数据库管理工具（如 WinMySQLAdmin）中，在 my.ini 文件中以明文形式保存了 MySQL 的口令信息，使得非授权的本地用户也可以访问 MySQL 数据库。

2. SQL 注入攻击

浏览器/服务器（Browser/Server, B/S）结构是互联网兴起后的一种网络结构模式，这种模式统一了客户端,将系统功能实现的核心部分集中到服务器上,简化了系统的开发、维护和使用。B/S 结构由服务器、浏览器和通信协议三大部分组成。采用这种方式构建的 Web 服务经常受到 SQL 注入攻击。近几年,针对 Web 服务数据库的 SQL 注入攻击非常多。

利用 SQL 注入攻击,数据库系统的普通用户可以窃取机密数据、进行权限提升等,而这种攻击方式又不需要很多计算机知识,只要能熟练使用 SQL 即可,因此对数据库的安全构成了很大的威胁。另外,目前还有 SQL 注入攻击工具,更使数据库的安全受到巨大威胁。

许多 Web 应用程序在编写时没有对用户输入数据的合法性进行检验,导致应用程序通过用户输入的数据构造 SQL 查询语句时存在着安全隐患。SQL 注入攻击的基本思想是:在用户输入中注入一些额外的特殊字符或者 SQL 语句,使系统构造出来的 SQL 语句在执行时改变了查询条件,或者附带执行了攻击者注入的 SQL 语句,攻击者根据程序返回的结果获得某些想知道的数据。对 SQL 注入攻击,目前还没有一种标准的定义,常见的是对这种攻击形式和特点的描述。微软技术中心从两方面对其进行了描述:

(1) 脚本注入式攻击。

(2) 恶意用户输入,用来影响被执行的 SQL 脚本。

由于 SQL 注入攻击利用了 SQL 的语法,其针对的是基于数据的应用程序中的漏洞,这使得 SQL 注入攻击具有广泛性。从理论上说,SQL 注入攻击对于所有基于 SQL 标准的数据库软件都是有效的。

一个简单的 SQL 注入攻击示例如下。通过网页提交数据 id、password 以验证用户的登录信息;然后通过服务器端的脚本构造如下的 SQL 查询语句:

```
"SELECT * FROM user WHERE ID = '" + id + "'AND PASSWORD='"+password+"'"
```

如果用户提交的是 id=abc 和 password=123,系统会验证是否有用户名为 abc、密码为 123 的用户存在,但是攻击者会提交恶意的数据:id=abc,password=' OR '1'='1,使得脚本语言构造的 SQL 查询语句变成

```
"SELECT * FROM user WHERE ID = 'abc' AND PASSWORD='' OR '1'='1"
```

因为'1'='1'恒为真,所以攻击者就轻而易举地绕过了密码验证。

目前易受到 SQL 注入攻击的两大系统平台组合是 MySQL+PHP 和 SQL Server+ASP。其中,MySQL 和 SQL Server 是两种 SQL 数据库系统,ASP 和 PHP 是两种服务器端脚本语言,SQL 注入攻击正是服务器端脚本语言漏洞造成的。

SQL 注入攻击的手法相当灵活,在碰到意外情况时需要构造巧妙的 SQL 语句,从而成功获取需要的数据。总体来说,SQL 注入攻击有以下几个步骤:

(1) 发现 SQL 注入位置。找到存在 SQL 注入漏洞的网页地址是开始 SQL 注入攻击的一步。不同的 URL 地址带有不同类型的参数,需要用不同的方法判断。

(2) 判断数据库的类型。不同厂商的数据库管理系统的 SQL 语言虽然都基于标准的 SQL 语言,但是不同的产品对 SQL 的支持不尽相同,对 SQL 也有各自的扩展。而且不同的数据有不同的攻击方法,必须区别对待。

(3) 通过 SQL 注入获取需要的数据。获得数据库中的机密数据是 SQL 注入攻击的主

要目的,例如管理员的账户信息、登录口令等。

(4) 执行其他的操作。在取得数据库的操作权限之后,攻击者可能会采取进一步的攻击,例如上传木马以获取更高一级的系统控制权限,达到完全控制目标主机的目的。

◆ 本章总结

　　操作系统安全涉及信息认证技术和访问控制技术等,这些技术都是实现操作系统安全的核心技术。实现操作系统安全需要解决用户管理、内存和进程保护、对象保护和进程管理等问题。数据库安全技术需要解决数据完整性、数据保密性、存储可靠性等问题。本章主要讨论保护计算操作系统安全的主要机制,涉及操作系统安全技术和数据库安全技术。首先介绍了操作系统的基本功能和特征,并对当前主要的操作系统及其性能进行了介绍。然后重点介绍了操作系统需要的安全机制以及操作系统中实现的安全机制。最后介绍了数据库安全的安全需求知识、实现数据库安全的主要技术和典型攻击案例。

◆ 思考与练习

1. 操作系统安全机制有哪些?
2. Windows 操作系统的安全机制有哪些?
3. 实现数据库安全的策略有哪些?
4. 库内加密和库外加密各有什么特点?
5. 经典的 SQL 注入攻击包括哪几个步骤?

第6章 访 问 控 制

本章介绍访问控制的基本概念,然后介绍常见的访问控制策略,包括自主访问控制、强制访问控制、基于角色的访问控制和基于任务的访问控制,并分析其性能,结合访问控制策略进一步介绍访问控制的实现方式以及安全级别与访问控制的关系,最后重点介绍一种实现访问控制的技术——授权管理基础设施,包括基本概念、属性证书以及与公钥基础设施的关系。

本章的知识要点、重点和难点包括访问控制的基本概念、访问控制策略、访问控制的实现方式和授权管理基础设施。

◆ 6.1 基 础 知 识

访问控制是信息系统安全防范和保护的主要策略,它的主要任务是保证系统资源不被非法使用和非常规访问。它也是维护信息系统安全、保护系统资源的重要手段。访问控制规定了主体对客体访问的限制,并在身份认证的基础上对资源访问请求加以控制。它是对信息系统资源进行保护的重要措施,也是计算机系统最重要和最基础的安全机制。

6.1.1 访问控制的概况

20世纪70年代初期,人们在开始对计算机系统安全进行研究的同时,也开始对访问控制进行研究。1971年,B. W. Lampson提出了访问控制矩阵的概念,并成功地将其应用于保护操作系统中的资源。后来,P. J. Denning等对访问控制矩阵的概念进行了改进,最后由Harrison等将该概念完善为一种框架体系结构,并为信息系统提供保护。访问控制矩阵模型体现了自主访问控制的安全策略,其访问控制的管理比较困难,因为仅给每个用户分配对系统文件的访问属性,并不能有效地控制系统的信息流向。为此,人们开始研究安全性更高的安全策略模型。

1973年,D. E. Bell和L. J. La Padula提出了为系统中每个主体和客体分配相应的安全属性以控制主体对客体访问的BLP模型,并不断对其进行改进,于1976年完成了该模型的第四版。

1976年,P. J. Denning等提出了控制信息流向的格模型,该模型所反映的安全需求从本质上讲与BLP模型是一致的,但该模型对BLP模型进行了扩充,它不仅禁止用户直接访问超过其安全等级的客体,而且禁止其伙同有权访问这些客体的用户以某种方式间接访问这些信息。

以上工作形成了早期的两种访问控制模型：自主访问控制模型和强制访问控制模型。

1983年，美国国防部制定了《可信计算机系统评估准则》(TCSEC)，将计算机系统的安全可信度从低到高分为7个级别：D、C1、C2、B1、B2、B3、A。该标准中定义了以上两种访问控制技术，其中，自主访问控制被定义为商用、民用、政府系统和单级军事系统中的安全访问控制标准，强制访问控制被定义为多级军事系统的安全访问控制标准。这些标准一直被人们认为是安全有效的，这两种访问控制技术也在很多系统中被采用。

1987年，D. L. Clark和D.R. Wilson提出了CW模型，其中包含合式事务(well-formed transaction)和职责分散(separation of duty)原则，它体现了一种应用于商业领域的强制访问控制策略。1989年，D. F. C. Brewer等提出了中国墙(Chinese Wall)策略，它体现了一种应用于金融领域的强制访问策略。

自主访问控制和强制访问控制都存在管理困难的缺点。随着计算机应用系统的规模不断扩大，安全需求不断变化和多样化，需要一种灵活的、能适应多种安全需求的访问控制技术。20世纪90年代，基于角色的访问控制(Role-Based Access Control，RBAC)进入了人们的研究视野。RBAC作为概念产生于20世纪70年代的多用户、多应用联机系统中。20世纪90年代初，美国国家标准技术研究所(NIST)的安全专家提出了基于角色的访问控制技术。1996年，美国乔治梅森大学教授R. S. Sandhu等人在此基础上提出了RBAC96模型簇。1997年，Sandhu等人进一步扩展了RBAC96模型，提出了利用管理员角色对系统中的各种角色进行管理的思想，并提出了ARBAC97模型。这些工作成果获得了广泛的认可。

随着高度动态、异构化、分布式的现代信息系统的发展，跨越多管理域的信息交换越来越频繁，其访问控制较之前的单管理域的访问所面临的安全问题要复杂得多。已有的单域环境下的访问控制技术已经不能适应分布式系统中出现的安全问题，多管理域环境下的访问控制成为了人们的研究热点。

RBAC模型因为其可管理性强和策略灵活等特点，使得很多研究人员将其作为分布式访问控制的基础，并对其进行了各种适应性扩展，提出了基于任务的访问控制模型。从应用和企业层角度解决安全问题，以任务为中心，从任务的角度建立安全模型和实现安全机制，在任务处理过程中提供动态的、实时的、按需分配的权限管理。对象的访问控制不是静止的，而是随着执行任务的上下文环境而变化的，称为基于任务的访问控制(Task-Based Access Control，TBAC)的访问控制机制。它从工作流中的任务角度建模，可以依据任务和任务状态的不同，对权限进行动态管理。TBAC非常适合分布式计算和多点访问控制的信息处理控制，以及在工作流、分布式处理和事务管理系统中的决策控制。但是，TBAC中并没有将角色与任务清楚地分离开来，也不支持角色的等级；TBAC并不支持被动访问控制，需要与RBAC结合使用。

6.1.2 基本概念

访问控制是指主体依据某些控制策略或权限对客体本身或其资源进行的不同授权访问。访问控制的基本概念有主体、客体、访问、访问许可和访问权。图6-1表示了认证、授权和审计的关系。

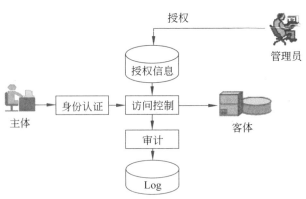

图 6-1　认证、授权和审计关系

1. 主体

主体（subject）是指主动的实体，是访问的发起者，它造成了信息的流动和系统状态的改变。主体通常包括人、进程和设备。

2. 客体

客体（object）是指包含或接收信息的被动实体。客体在信息流动中的地位是被动的，是处于主体的作用之下，对客体的访问意味着对其中所包含的信息的访问。客体通常包括文件、设备、信号量和网络节点等。

3. 访问

访问（access）是使信息在主体和客体之间流动的一种交互方式。

4. 访问许可

访问许可（access permission）反映了主体对客体的访问规则集，这个规则集直接定义了主体对客体可以施加的行为和客体对主体的条件约束。访问许可体现了一种授权行为，也就是客体对主体的权限允许。

5. 访问权

访问权（access right）描述主体访问客体的方式，通常包括读、写、添加、删除和执行等。

（1）读（read）。主体可以查看系统资源的信息，如文件、记录或记录中的字段。

（2）写（write）。主体可以对系统资源的数据进行添加、修改或删除。写权限往往包括读权限。

（3）添加（append）。仅允许主体在系统资源的现有数据上添加数据，例如在数据库表中增加记录，但不能修改现存数据。

（4）删除（delete）。主体可以删除某个系统资源，如文件或记录。

（5）执行（execute）。主体可以执行指定的程序。

另外还有拥有和控制两个特殊权限。

（1）拥有（own）。若客体是由主体创建的，则主体拥有客体，称主体是客体的拥有者。

（2）控制（control）。主体对客体的控制权表示主体有权授予或撤销其他主体对客体的访问权。

访问控制决定了谁能够访问系统、能访问系统的何种资源以及如何使用这些资源。适当的访问控制能够阻止未经允许的用户有意或无意地获取数据。

实现访问控制的常用方法有 3 种：其一，是要求用户输入一些保密信息，如用户名和口令；其二，是采用一些物理识别设备，如访问卡、钥匙或令牌；其三，是应用生物统计学系统，采用某种特殊的生物特征对人进行唯一性识别。由于后两种方法成本较高，因此最常见的访问控制方法是用户名和口令。

6. 零信任安全模型

零信任是一种新的安全模型概念，基于访问主体身份、网络环境、终端状态等尽可能多的信任要素对所有用户进行持续验证和动态授权。零信任模型与传统的安全模型存在很大不同，传统的安全模型通过"一次验证＋静态授权"的方式评估实体风险，而零信任模型基于"持续验证＋动态授权"的模式构筑企业的安全基石。零信任模型有 3 项用于指导和支持如何实现安全性的原则，分别是显式验证、最小特权访问和假定存在安全漏洞。

（1）显式验证。始终根据可用的数据点进行身份验证和授权，这些数据点包括用户标识、位置、设备、服务或工作负载、数据分类和异常。

（2）最小特权访问。通过实时和最低访问权限、基于风险的自适应策略和数据保护限制用户访问权限，从而保护数据并确保高效工作。

（3）假定存在安全漏洞。按网络、用户、设备和应用程序进行分段访问。通过加密保护数据，通过分析获得可见性、检测威胁并提高安全性。

在零信任模型中，各项元素相辅相成，共同提供端到端的安全性，其中标识、设备、应用程序、数据、基础结构、网络 6 类元素是零信任模型的基础支柱。

标识用于表示不同的用户、服务或设备。当某个标识尝试访问某个资源时，必须使用强身份验证对其进行验证，并遵循最小特权访问原则。设备是系统工作的物质基础，是数据产生的源头。当数据从设备流向本地工作负载和云时，会产生一个巨大的攻击面。监视设备的运行状况和合规性是安全性的一个重要方面。应用程序是使用数据的方式，应根据数据的属性对数据进行分类、标记和加密。信息安全工作的目标就是保护数据，确保数据在离开组织控制的设备、应用程序、基础结构和网络时保持安全。

6.2 访问控制策略

访问控制的策略不是唯一的，通常是根据实际系统的安全需求决定的，也有可能在一个系统中同时采用多种控制策略，以实现在最大限度地提供信息资源服务的情况下确保系统安全。目前，常用的有如下 4 种访问控制策略：自主访问控制、强制访问控制、基于角色的访问控制和基于任务的访问控制。

6.2.1 自主访问控制

自主访问控制（Discretionary Access Control，DAC）是最常用的访问控制机制，文件的拥有者可以按照自己的意愿精确指定系统中的其他用户对此文件的访问权。这种访问控制基于主体或主体所在组的身份。这里自主是指：如果一个主体具有某种访问权限，则他可以直接或间接地把这种权限传递给别的主体。自主访问控制是一种允许主体对访问行为施加特定限制的访问控制类型。它允许主体针对访问资源的用户设置访问权限，用户每次访问资源时，系统都会检查用户对资源的访问控制表，只有通过验证的用户才能访问资源。

自主访问控制被内置于许多操作系统当中,是系统安全措施的重要组成部分。自主访问控制在网络中有广泛的应用。在网络中使用自主访问控制应考虑如下几个问题:

(1) 什么人可以访问什么程序和服务?
(2) 什么人可以访问什么文件?
(3) 谁可以创建、读或删除某个特定的文件?
(4) 谁是管理员或超级用户?
(5) 什么人属于什么组以及相关的权利是什么?
(6) 当使用某个文件或目录时,用户有哪些权利?

自主访问控制包括基于身份的(identity-based)访问控制和用户指定的(user-directed)访问控制,通常包括目录式访问控制、访问控制表、访问控制矩阵和面向过程的访问控制等方式。

6.2.2 强制访问控制

强制访问控制(Mandatory Access Control,MAC)是一种不允许主体干涉的访问控制类型。它是基于安全标识和信息分级等信息的敏感性的访问控制,通过比较资源的敏感性与主体的级别确定是否允许访问。系统将所有主体和客体分成不同的安全等级,客体的安全等级能反映出客体本身的敏感程度,主体的安全等级标志着用户不会将信息透露给未经授权的用户。通常安全等级可分为 4 个级别,由高到低分别为最高秘密级(Top Secret,TS)、秘密级(Secret,S)、机密级(Confidential,C)以及无级别级(Unclassified,U)。一个安全级别的对象可以支配同一级别或低一级别的对象。

当一个主体访问一个客体时必须符合各自的安全级别需求,特别是以下两个原则必须遵守:

(1) 向下读(read down): 主体安全级别必须高于被读取对象的级别。
(2) 向上写(write up): 主体安全级别必须低于被写入对象的级别。

这些规则可以防止高级别对象的信息传播到低级别对象中,这样系统中的信息只能在同一级别传送或流向更高一级。

强制访问控制在军事和政府安全领域应用较多。例如,某些对安全要求很高的操作系统中规定了强制访问控制策略,安全级别由系统管理员按照严格程序设置,不允许用户修改。如果系统设置的用户安全级别不允许用户访问某个文件,那么不论用户是否是该文件的拥有者都不能进行访问。

强制访问控制的安全性比自主访问控制的安全性有了提高,但灵活性要差一些。强制访问控制包括基于规则的(rule-based)访问控制和基于管理的(administratively-based)访问控制。

6.2.3 基于角色的访问控制

随着商业和民用信息系统的发展,安全需求也在发生着变化,并呈现出多样化的发展趋势,这些系统对数据完整性的要求可能比对保密性的要求更高。而且,由于诸多部门的增加、合并或撤销以及公司职员的增加或裁减,使得系统总是处于不断变化之中,这些变化使得一些访问控制需求难以用自主访问控制或强制访问控制描述和控制。同时,在许多机构中,即使是由终端用户创建的文件,终端用户也没有这些文件的所有权。访问控制需要由用户在机构中承担的职务或工作职责或者说由用户在系统中所具有的角色确定。因此,利用现实世界中角色的概念帮助系统进行访问控制管理的思想便应运而生。

传统的自主访问控制和强制访问控制都是将用户与访问权限直接联系在一起,或直接对用户授予访问权限,或根据用户的安全级别决定用户对客体的访问权限。在基于角色的访问控制中引入了角色的概念,将用户与访问权限进行逻辑上的分离。

基于角色的访问控制(RBAC)是指在应用环境中,通过对合法的访问者进行角色认证确定访问者在系统中对哪类信息有什么样的访问权限。系统只问用户是什么角色,而不管用户是谁。角色可以理解为其工作涉及相同行为和责任范围的一组人。

在基于角色的访问控制中,系统将操作权限分配给角色,将角色的成员资格分配给用户,用户由取得的角色成员资格而获得该角色相应的操作权限。这种访问控制不是基于用户身份,而是基于用户的角色,同一个角色可以授权给多个不同的用户,一个用户也可以同时具有多个不同的角色。一个角色可以被指派具有多个不同的操作权限,一种操作权限也可以指派给多个不同的角色。这样一来,角色与用户、角色与操作权限之间构成多对多的关系,如图6-2、图6-3所示。通过角色,用户与操作权限之间也形成了多对多的关系,即,一个用户通过一个角色或多个角色可以获得多个不同的操作权限,一个操作权限通过一个或多个角色可以被授予多个不同的用户。

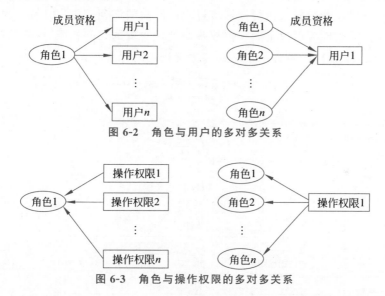

图 6-2　角色与用户的多对多关系

图 6-3　角色与操作权限的多对多关系

角色是 RBAC 机制的核心,它一方面是用户的集合,另一方面又是操作权限的集合,作为中介将用户和操作权限联系起来。角色和组的概念之间的主要区别是,组通常是用户的集合,而非操作权限的集合。

根据基于角色的访问控制机制的原理可知,该访问控制模型具有便于授权管理、赋予最小特权、根据工作需要分级、责任独立、文件分级管理、可以大规模实现等特点。

总之,基于角色的访问控制是一种有效而灵活的安全措施,系统管理模式明确,节约管理开销,当前流行的数据管理系统都采用了角色策略管理访问权限。

6.2.4 基于任务的访问控制

传统 RBAC 模型在依赖时间、地点等访问控制策略时也明显显示出了它的不足,因此对于传统的模型仍需要加以改进和完善。在 RBAC 中加入了任务的概念,整个工作流系统中的用户都被赋予特定的角色,同时规定每个角色可以执行哪些任务以及每个任务的最小访问权限。这样,权限不再直接与用户相关,而必须通过任务才能与角色关联起来。权限可以作为任务的属性实现,而不必建立类似传统模型中的二元组权限,没有了数据冗余,方便了管理员的安全管理工作。

基于任务的访问控制(TBAC)从任务角度进行授权控制,在任务执行前授予权限,在任务完成后收回权限,积极地参与任务执行过程中完成活动的运行时间管理。在 TBAC 中,访问权限是与任务绑定在一起的,权限的生命周期随着任务的执行被激活,随着任务的完成,访问权限的生命周期也就结束了,通过这种任务的动态权限管理,TBAC 支持两个著名的安全控制原则:最小特权原则和职责分离原则。

如图 6-4 所示,授权步(用 Au 表示)是指在一个任务工作流程中对处理对象(如办公流程中的原文档)的一次处理过程,它是访问控制的最小单元。授权步由受托人集和多个执行者许可集组成。受托人集是受托负责执行授权步的用户的集合,执行者许可集是受托人集的成员执行授权步时拥有的访问权限。当授权步初始化以后,一个来自受托人集中的成员将受托执行予授权步,该受托人执行授权步过程中所需的访问权限集合称为执行者许可集。其中,一个授权步的处理可以决定后续授权步对处理对象的访问权限,这些访问权限称为激活许可集。受托人集和执行者许可集一起称为授权步的保护态。

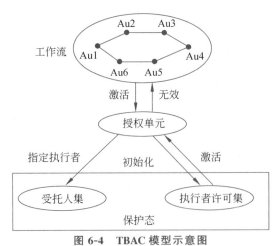

图 6-4 TBAC 模型示意图

授权单元是由一个或多个授权步组成的结构体,它们在逻辑上是联系在一起的。授权单元分为一般授权结构体和原子授权结构体。

任务是工作流程中的一个逻辑单元。它是一个可区分的动作,可能与多个用户相关,也可能包括几个子任务。

依赖是指授权步之间或授权单元之间的相互关系,包括顺序依赖、失败依赖、分权依赖和代理依赖。

总之,一个工作流的业务流程由多个任务构成,一个任务对应于一个授权单元,每个授权单元由特定的授权步组成,授权单元之间以及授权步之间通过依赖关系联系在一起。

TBRC 是主动安全模型,以任务为中心,将访问权限与任务绑定,对象拥有的访问权限不是静止不变的,而是随着执行任务的上下文环境发生变化的。TBRC 中的权限有生命周期。在任务开始时,主体获得权限;在任务完成后,主体的相应权限被撤销。因此,主体能进行自我安全管理。

◆ 6.3 访问控制的实现

根据控制手段和具体目的不同,访问控制可以通过以下几方面具体实现:入网访问控制、网络权限控制、目录级安全控制、属性安全控制以及网络服务器安全控制。访问过程还需要通过访问控制接口来实现,如图 6-5 所示。

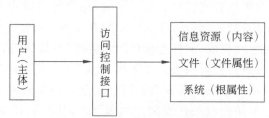

图 6-5　通过访问控制接口实现访问过程

6.3.1　入网访问控制

入网访问控制为网络访问提供了第一层访问控制。它控制哪些用户能够登录到服务器并获取网络资源,控制准许用户入网的时间和准许他们在哪台工作站入网。

基于用户名和口令的入网访问控制可分为 3 个步骤:用户名的识别与验证、用户口令的识别与验证、用户账号的默认限制检查。3 个步骤中只要有任何一个未通过验证,用户便不能进入网络。

对网络用户的用户名和口令进行验证是防止非法访问的第一道防线。用户登录时首先输入用户名和口令,服务器将验证用户输入的用户名是否合法。如果合法,才继续验证用户输入的口令;否则,用户将被拒绝进入网络。

用户名和口令验证有效之后,再进行用户账号的默认限制检查。网络应能控制用户登录入网的站点,限制用户入网的时间,限制用户入网的工作站数量。当用户对网络的访问"资费"用尽时,网络还应能对用户的账号加以限制,用户此时应无法访问网络资源。网络应对所有用户的访问进行审计。如果多次输入的口令不正确,则认为是非法用户的入侵,应给出报警信息。

由于用户名和口令验证方式容易被攻破,目前很多网络都开始采用基于数字证书的验证方式。

6.3.2　网络权限控制

网络权限控制是针对网络非法操作所提出的一种安全保护措施。能够访问网络的合法用户被划分为不同的用户组,用户和用户组被赋予一定的权限。访问控制机制明确了用户和用户组可以访问哪些目录、文件和设备等资源,以及指定用户对这些目录、文件和设备等能够执行哪些操作。它有两种实现方式:受托者指派和继承权限屏蔽。受托者指派控制用户和用户组如何使用网络服务器的目录、文件和设备;继承权限屏蔽相当于一个过滤器,可以限制子目录从父目录那里继承哪些权限。可以根据访问权限将用户分为以下几类:

(1) 特殊用户(即系统管理员)。
(2) 一般用户,系统管理员根据实际需要为他们分配操作权限。
(3) 审计用户,负责网络的安全控制与资源使用情况的审计。

用户对网络资源的访问权限可以用访问控制表描述。

6.3.3 目录级安全控制

目录级安全控制是针对用户设置的访问控制,控制用户对目录、文件、设备的访问。用户在目录一级指定的权限对所有文件和子目录有效,用户还可以进一步指定对目录下的子目录和文件的权限。对目录和文件的访问权限一般有8种:系统管理员权限、读权限、写权限、创建权限、删除权限、修改权限、文件查找权限和访问控制权限。

用户对文件或目标的有效权限取决于以下两个因素:一是用户的受托者指派和用户所在组的受托者指派,二是继承权限屏蔽取消的用户权限。一个网络系统管理员应当为用户指定适当的访问权限,这些访问权限控制用户对服务器的访问。8种访问权限的有效组合可以让用户有效地完成工作,同时又能有效地控制用户对服务器资源的访问,从而加强网络和服务器的安全性。

6.3.4 属性安全控制

属性安全控制在权限安全控制的基础上提供更进一步的安全性。当用户访问目录、文件和网络设备时,网络系统管理员应该给出目录、文件的访问属性。网络上的资源都应预先标出一组安全属性,用户对网络资源的访问权限对应一张访问控制表,用以表明用户对网络资源的访问能力。属性设置可以覆盖已经指定的任何受托者指派和有效权限。属性能够控制以下几方面的权限:向某个文件写数据、复制文件、删除目录或文件、查看目录或文件、执行文件、隐藏文件、共享、查看系统属性等,避免发生非法访问的现象。

6.3.5 网络服务器安全控制

网络允许用户在网络服务器控制台上执行一系列操作,用户使用网络控制台就可以执行装载和卸载模块、安装和删除软件等操作,这就需要在网络服务器上进行安全控制。网络服务器的安全控制包括可以设置口令锁定服务器控制台,从而防止非法用户修改、删除重要信息或破坏数据,还包括设定服务器登录时间限制、检测非法访问者和设定关闭的时间间隔等。

6.4 安全级别和访问控制

安全级别有两个含义:一个是指主客体信息资源的安全类别,分为有层次的安全级别和无层次的安全级别;另一个是访问控制系统实现的安全级别,这和计算机系统的安全级别是一样的,分为 D、C(C1、C2)、B(B1、B2、B3)和 A 4 个级别。

6.4.1 D 级别

D 级别是最低的安全级别,对系统提供最小的安全防护。拥有这个级别的系统就像一个门户大开的房子,任何人都可以自由出入,是完全不可信的。任何人不需要账号就可以进入,可以不受限制地访问他人的数据文件。这个级别的系统包括 DOS、Windows 98 等。

6.4.2 C 级别

C 级别有两个安全子级别:C1 和 C2。

C1 级别称为自由选择性安全保护级(Discretionary Security Protection),它描述了一种典型的用在 UNIX 系统上的安全级别。用户拥有注册账号和口令,系统通过账号和口令识别用户是否合法,并决定用户对程序和信息拥有什么样的访问权限。它可以实现自主安全防护,将用户和数据分离,保护或限制用户权限的传播。

C2 级别具有创建受控访问环境的权力,它可以进一步限制用户执行某些命令或访问某些文件的权限,这不仅基于许可权限,而且基于身份验证级别。它比 C1 级别的访问控制划分得更为详细,能够实现受控安全保护、个人账户管理、审计和资源隔离。这个级别的系统包括 UNIX、Linux 和 Windows NT 等。

C 级别属于自由选择性安全保护,在设计上有自我保护和审计功能,可对主体行为进行审计与约束。C 级别的安全策略主要是自主访问控制,可以实现以下功能:

(1) 保护数据,确保非授权用户无法访问。
(2) 对存取权限的传播进行控制。
(3) 对个人用户的数据进行安全管理。

C 级别的用户必须提供身份证明(如口令机制),才能够正常实现访问控制,因此用户的操作与审计自动关联。C 级别的审计能够针对实现访问控制的授权用户和非授权用户,建立、维护以及保护审计记录不被更改、破坏或受到非授权存取。这个级别的审计能够实现对要审计的事件、事件发生的日期与时间、涉及的用户、事件类型、事件成功或失败等进行记录,同时能通过对个体的识别有选择地审计任何一个或多个用户。C 级别的一个重要特点是有对于审计生命周期保证的验证,这样可以检查是否有明显的旁路可绕过或欺骗系统,检查是否存在明显的漏路(违背对资源的隔离原则,容易造成对审计或验证数据的非法操作)。

6.4.3 B 级别

B 级别包括 B1、B2 和 B3,能够提供强制性安全保护和多级安全。强制性安全护是指定义及保持标记的完整性,信息资源的拥有者不能更改自身的权限,系统数据完全处于访问控制管理的监督下。

B1 级别称为标识安全保护(Labeled Security Protection)级别。它是支持多级安全(如秘密和绝密)的第一个级别,这个级别说明一个处于强制性访问控制之下的对象,系统不允许文件的拥有者改变其许可权限。

B2 级别称为结构保护(Structured Protection)级别,要求访问控制的所有对象都有安全标签,而且给设备分配单个或多个安全级别。安全标签可以实现低级别的用户不能访问敏感信息。这是提出较高安全级别的对象与另一个较低安全级别的对象相互通信的第一个级别。

B3级别称为安全域保护(Security Domain Protection)级别,这个级别使用安装硬件的方式加强域的安全,如用内存管理硬件防止非授权访问。该级别也要求用户通过一条可信任途径连接到系统上。

B级别可以实现自主访问控制和强制访问控制,通常的实现包括以下几方面:

(1) 所有敏感标识控制下的主体和客体都有标识。

(2) 安全标识对普通用户是不可变更的。

(3) 可以审计:①任何试图违反可读输出标记的行为;②授权用户提供的无标识数据的安全级别和与之相关的动作;③信道和I/O设备的安全级别的改变;④用户身份和与之相应的操作。

(4) 维护认证数据和授权信息。

6.4.4 A 级别

A级别又称为验证设计(Verity Design)级别,是目前最高的安全级别。在A级别中,安全的设计必须给出形式化设计说明和验证,需要有严格的数学推导过程,同时应该包含秘密信道和可信分布的分析。也就是说要保证系统的部件来源有安全保证,例如,对这些软件和硬件在生产、销售、运输中进行严密跟踪和严格的配置管理,以避免出现安全隐患。

◆ 6.5 授权管理基础设施

授权是资源的所有者或者控制者准许他人访问资源,这是实现访问控制的前提。对于简单的个体和不太复杂的群体,可以考虑基于个人和组的授权。即便是这种实现,管理起来也有可能是困难的。当面临的对象是一个大型跨国集团时,如何通过正常的授权保证合法的用户使用公司公布的资源,而不合法的用户不能得到访问权限,是一个复杂的问题。

授权是指客体授予主体一定的权力,通过这种权力,主体可以对客体实施某种行为,例如登录、查看文件、修改数据、管理账户等。授权行为是指主体履行客体被授予权力的那些活动。因此,访问控制与授权密不可分。授权表示的是一种信任关系,需要建立一种模型对这种关系进行描述。

6.5.1 PMI 产生背景

在最初的PKI体系中,X.509公钥证书只能用来传递证书所有者的身份。这样的体系在实际应用中存在一个问题:如果用户数量很大,则通过身份验证仅能确定用户的身份,但不能区分出每个用户的权限。

1997年,ISO/IEC和ANSI X9开发了X.509 v3基于公钥证书的目录认证协议。在X.509 v3公钥证书中允许使用扩展项,可以利用扩展项把任意数量的附加信息写入证书中,证书签发者可以定义自己的扩展格式以满足一些特殊的需求。因此,可以利用扩展域实现对证书拥有者的授权,在验证用户身份的同时实现基于角色的访问控制。这种方式实现简单,但是在安全性和灵活性等方面存在问题。

首先，在系统的实现中，授权信息和公钥通常由不同的管理人员定义和维护，将权限信息加入 X.509 公钥证书中需要协同工作，过程比较复杂。若将属性信息从身份信息中分离出来，使得授权的过程变得更加合理和有针对性。其次，X.509 公钥证书的有效期一般较长，而用户的权限则可能会经常发生变化。X.509 公钥证书中最不稳定的内容是属性信息，人的姓名改变频率远远低于职位变化等信息。对角色、权限等信息的增加、删除、改变等操作均需要更新或者撤销 X.509 公钥证书，会产生相当大的证书撤销列表，这对于管理来说是相当大的负担。

鉴于用 X.509 公钥证书的属性实现授权在实际应用中出现的问题，所以把 X.509 证书与它的扩展项分离成两个独立的证书管理，一个证书包含身份标识，另一个证书包含属性信息。美国国家标准学会（ANSI）X9 委员会对这样的需求提出了一种称为属性证书（Attribute Certificate，AC）的改进方案，这一方案已经并入 ANSI X.509 标准和 ITU-T、ISO/IEC 有关 X.509 的标准和建议中。X.509 v4 已于 2000 年推出，其中增加了属性证书的概念，并首次对授权管理基础设施（Privilege Management Infrastructure，PMI）的概念进行了定义。属性证书将一条或多条附加信息与相应的证书持有者绑定。属性证书可能包含成员资源信息、角色信息以及其他任何与证书持有者的权限或访问控制有关的信息。

使用属性证书可以有效解决用户的身份和权限周期不同步的问题。如果属性证书被定义成非常短的有效期，它们就不需要撤销，取而代之的是因为过期而失效。采用这种方式可以实现更加细粒度的访问控制，但同时也面临着新的挑战，因为使用短有效期的属性证书无疑会加重授权中心的工作负担。

建立 PMI 的目的是向用户和应用程序提供授权管理服务，提供用户身份到应用授权的映射功能，提供与实际应用处理模式相对应的、与具体应用系统开发和管理无关的授权和访问控制机制，简化具体应用系统的开发和维护。

6.5.2 PMI 的基本概念

授权管理基础设施（PMI）是一个生成、管理、存储和撤销 X.509 属性证书的系统。PMI 实际上是 PKI 标准化过程中提出的一个新概念，但是为了使 PKI 更迅速地普及和发展，互联网工程任务组（IETF）将 PMI 从 PKI 中分离出来，单独制定了标准。以下是 PMI 中涉及的几个基本概念。

（1）属性管理机构（Attribute Authority，AA）负责对最终实体或者其他属性机构进行授权。在授予一种特权前，AA 可以为用户签发属性证书，通常情况下也需要为其签发的证书签发撤销通知，AA 一般通过属性证书撤销列表（Attribute Certificate Revocation List，ACRL）发布证书的撤销通知。

（2）起始授权机构（Source of Authority，SOA）是一个类似于根认证（CA）或者信任锚的概念。SOA 是权限的最终签发者，所有权限从 SOA 开始进行授权。SOA 是属性证书授权链的终结节点。

（3）属性证书撤销列表。AA 发布的属性证书撤销列表（Attribute Certificate Revocation List，ACRL）和 CA 发布的 CRL 采用相同的格式，也使用同样的方式进行发布和处理。

6.5.3 属性证书

属性证书具有与公钥证书不同的数据结构。通常情况下,这两种证书是由两个分立的机构颁发和管理的,使用不同的密钥签发。一个主体可以拥有不同属性管理机构颁发的多个属性证书。

1. 属性证书的特点

属性证书有以下特点:

(1) 属性证书是一种轻量级的数字证书,并且一般有效期较短,避免了公钥证书黑名单文件处理的问题。

(2) 属性证书提供了用户权限信息的证明,即证明该用户能进行什么操作。

(3) 属性证书中包含公钥证书标识,通过该标识可以找到对应的公钥证书。

(4) 属性证书可以不包含公钥。

2. 属性证书的作用

属性证书有以下作用:

(1) 将用户的公钥证书和属性证书一一对应。

(2) 将用户的身份信息和权限信息一一对应。

(3) 保证属性证书中的上述内容不被非法修改和替换。

3. 属性证书的获取方式

属性证书传送给使用这些证书的服务器的方式包括推(push)模式和拉(pull)模式。推模式即属性证书由客户端推给服务器,当用户访问服务器时,需要主动向该应用服务器提交自己的属性证书;拉模式即服务器从证书发布者或者证书目录服务器那里拉取属性证书,当用户访问服务器时,不需要提交属性证书。

6.5.4 PKI 与 PMI 的关系

前面已经提到,PMI 负责对用户进行授权,PKI 负责用户身份的认证,两者之间有许多相似之处。

AA 和 CA 在逻辑上是相互独立的,而身份证书的建立可以完全独立于 PMI 的建立,因此整个 PKI 系统可以在 PMI 系统之前建立。CA 虽然是身份认证机构,但并不自动成为权限的认证机构。

PKI 与 PMI 的用途、证书和工作模式等明显不同。

(1) 两者的用途不同。PKI 证明用户的身份;PMI 证明该用户具有什么样的权限,而且 PMI 需要 PKI 为其提供身份认证。

(2) 两者使用的证书不同。PKI 使用公钥证书,PMI 使用属性证书。

(3) 两者的工作模式不同。PKI 可以单独工作;而 PMI 是 PKI 的扩展,PMI 开展工作时依赖 PKI 为其提供身份认证服务。

◆ 本章总结

访问控制技术在操作系统安全、数据库安全和一般信息系统安全体系中被大批采用,它控制用户只能按照被授予的权限访问信息系统的资源。在访问控制实现过程中需要考虑的因素包括主体与客体属性、属性的关联方法、具体应用对安全策略的需求等。当前主要的访问控制策略主要包括 3 种：自主访问控制、强制访问控制和基于角色的访问控制，基于任务的访问控制是基于角色的访问控制的扩展。本章对这些访问控制策略的基本概念及其性能进行了介绍，结合访问控制策略进一步介绍了访问控制的实现方式以及安全级别与访问控制的关系。最后，借鉴 PKI 的实现方式，重点介绍了 PMI 的基本概念、属性证书的特点和功能以及 PKI 与 PMI 的关系。

◆ 思考与练习

1. 基于角色的访问控制有哪些技术优点？
2. 基于任务的访问控制有哪些技术优点？
3. PKI 与 PMI 的联系和区别是什么？

第7章 网络安全技术

本章首先对网络安全的现状进行介绍，对网络安全需求、安全服务和安全技术之间的关系进行分析，重点介绍实现网络安全的主要技术：防火墙技术的概念、工作原理和工作模式，VPN技术的概念、工作原理和分类，入侵检测技术的概念、分类和系统模型，网络隔离技术的概念和安全要点，病毒的定义、特征以及反病毒技术。

本章的知识要点、重点和难点包括网络安全技术的基本概念、基本原理、基本模型和实现方式。

7.1 概 述

1968年，随着计算机技术的发展和普及，美国国防部高级研究计划署(ARPA)主持研制一种用于支持军事研究的计算机实验网络——ARPANET。这个项目的初衷是帮助为美国军方工作的研究人员通过计算机交换信息，目标是网络能够经得住故障的考验而维持正常工作，当网络的一部分因受攻击而失去作用时，网络的其他部分仍能维持正常通信，该实验网络就是互联网的雏形。1985年，美国国家科学基金会(NSF)为了鼓励大学与研究机构共享其拥有的4台巨型计算机主机，利用ARPANET发展的TCP/IP，把各大学与研究机构的计算机与这4台巨型计算机连接起来，并在此基础上建立了被称为NSFNET的广域网。许多大学和研究机构把自己的局域网并入NSFNET。经过一段时间的发展，NSFNET在1986年建成，取代ARPANET成为Internet的主干网。

20世纪90年代初，随着万维网WWW的发展，Internet逐渐走向民用。由于WWW良好的界面大大简化了Internet操作的难度，使得用户的数量急剧增加，许多政府机构、商业公司意识到Internet具有巨大的潜力，于是纷纷加入Internet。这样，Internet上的点数量大大增长，网络上的信息五花八门、十分丰富，如今Internet已经深入人们生活的各个部分。通过WWW浏览、电子邮件等方式，人们可以及时地获得自己所需的信息，Internet大大方便了信息的传播，给人们带来了一个种全新的通信方式，可以说Internet是继电报、电话发明以来人类通信方式的又一次革命。目前我国的网民总体规模已占全球网民的1/5左右。其中，我国手机网民规模接近11亿人，网民中使用手机上网的比例为99.7%。未成年人、"银发"群体陆续触网，构成了多元而庞大的数字社会。

网络技术的发展和普及在给人们的工作、学习和生活带来便利的同时,也带来了严重的网络安全问题。《2020年中国互联网网络安全报告》指出,2020年全年捕获恶意程序样本数量超过4200万个,日均传播次数为482万余次,涉及恶意程序家族近34.8万个。按照传播来源统计,境外来源主要是美国、印度等。我国境内感染计算机恶意程序的主机约533.82万台,位于境外的约5.2万台计算机恶意程序通过服务器控制了我国境内约531万台主机。勒索病毒持续活跃,全年捕获勒索病毒软件78.1万余个,较2019年同比增长6.8%。近年来,勒索病毒逐渐从"广撒网"转向定向攻击,攻击目标主要是大型高价值机构。全年提示拦截次数达3.9亿次。监测发现,我国境内直接暴露在互联网上的工业控制设备和系统存在高危漏洞隐患占比仍然较高。在对能源、轨道交通等关键信息基础设施在线安全巡检中发现,20%的生产管理系统存在高危安全漏洞。App违法违规收集个人信息、个人信息非法售卖情况仍较为严重,全年累计监测发现个人信息非法售卖事件203起。

中国网络空间安全协会2024年2月发布的《2023年网络安全态势研判分析年度综合报告》指出,经过近几年的网络安全建设,2023年各月网站攻击总量整体呈现下降趋势。但是,网站安全形势仍较为严峻。监测数据显示,IPv6攻击较2022年增长20.34%;网络层的DDoS攻击次数达2.51亿次,受DDoS攻击影响的行业较2022年有所变化,其中最为严重的是游戏行业;漏洞安全态势稳定,新收录漏洞数与2022年同比基本持平,其中代码执行漏洞数量最多;恶意程序拦截量在2023年总体趋于平缓,但拦截量仍较大;移动互联网新捕获样本数与2022年相比变化不大,总量呈稳步增长趋势;物联网态势仍严峻,攻击者重点针对消费级IoT设备及特定企业的存在漏洞的IoT设备进行攻击;工业互联网、区块链安全态势相对稳定;2023年累计捕获超过1200起针对我国的APT活动,APT组织的活动和当前的政治形势、国际关系以及重要漏洞紧密相关,仍以窃取信息和情报,攫取政治和经济利益为目标;2023年新增1045个车联网漏洞,其中高危漏洞有626个,安全威胁态势严峻。

构建安全有序的网络空间是国际社会的共同责任。不少国家持续出台政策措施,通过不断完善立法、加强监管、举办科普教育活动等,切实提升网络治理能力,净化网络环境。2016年12月27日,经中央网络安全和信息化领导小组批准,国家互联网信息办公室发布了《国家网络空间安全战略》。近年来,美国各政府机构积极开发零信任架构,认为传统的网络安全手段已经无法应对当前和未来的网络安全威胁,推出零信任网络保护计划,也就是要建立一种"永不信任、始终验证"的机制,以强化自身网络安全。

针对网络安全问题,国际标准化组织(ISO)在1985年研究了开放系统网络互连参考模型OSI(Open System Interconnect Reference Model,OSI/RM),该体系结构标准定义了网络互连的7层框架(物理层、数据链路层、网络层、传输层、会话层、表示层和应用层)。同时,ISO提出了OSI安全体系结构,发布了ISO 7498-2标准,作为OSI/RM的新补充。1990年,ITU决定采用ISO 7498-2作为它的X.800推荐标准。我国的国家标准GB/T 9387.2—1995《信息处理系统 开放系统互连基本参考模型 第2部分:安全体系结构》等同于ISO/IEC 7498-2。

OSI安全体系结构不是针对实现的标准,而是关于如何设计标准的标准。因此,具体产品不应称自己遵从这一标准。OSI安全体系结构定义了许多术语和概念,还建立了一些重要的结构性准则。其中有些内容已经过时,但术语、安全服务和安全机制的定义仍然有意义。

OSI 安全体系结构中定义了鉴别服务、访问控制服务、数据机密性服务、数据完整性服务和抗抵赖性服务五大类安全服务,也称为安全防护措施。鉴别服务提供对通信中对等实体和数据来源的鉴别。访问控制服务对资源提供保护,以对抗非授权使用和操纵。数据机密性服务保护信息不被泄露或暴露给未授权的实体。数据完整性服务对数据提供保护,以对抗未授权的改变、删除或替代。抗抵赖性服务可以防止参与通信的任何一方事后否认本次通信或其内容。

数据完整性服务有 3 种类型:一是连接完整性服务,对连接上传输的所有数据进行完整性保护,确保收到的数据没有被插入、篡改、重排序或延迟;二是无连接完整性服务,对无连接数据单元的数据进行完整性保护;三是选择字段完整性服务,对数据单元中所指定的字段进行完整性保护。数据完整性服务还分为不具有恢复功能和具有恢复功能两种类型。如果仅能检测和报告信息的完整性是否被破坏,而不采取进一步措施的服务为不具有恢复功能的数据完整性服务;如果能检测到信息的完整性是否被破坏,并能将信息正确恢复的服务为具有恢复功能的数据完整性服务。

抗抵赖性服务分为两种类型:一是数据源发证明的抗抵赖性服务,使发送方不承认曾经发送过这些数据或否认其内容的企图不能得逞;二是交付证明的抗抵赖性服务,使接收方不承认曾收到这些数据或否认其内容的企图不能得逞。

表 7-1 给出了对付典型网络威胁的安全服务,表 7-2 给出了网络各层提供的安全服务。

表 7-1 对付典型网络威胁的安全服务

网 络 威 胁	安 全 服 务
假冒攻击	鉴别服务
非授权侵犯	访问控制服务
窃听攻击	数据机密性服务
完整性破坏	数据完整性服务
服务否认	抗抵赖性服务
拒绝服务	鉴别服务、访问控制服务和数据完整性服务等

表 7-2 网络各层提供的安全服务

安 全 服 务		物理层	数据链路层	网络层	传输层	会话层	表示层	应用层
鉴别	对等实体鉴别			√	√			√
	数据源发鉴别			√	√			√
	访问控制			√	√			
数据机密性	连接机密性	√	√	√	√		√	√
	无连接机密性		√	√	√		√	√
	选择字段机密性						√	√
	业务流机密性	√		√				√

续表

安全服务		物理层	数据链路层	网络层	传输层	会话层	表示层	应用层
数据完整性	可恢复的连接完整性				✓			✓
	不可恢复的连接完整性			✓	✓			✓
	选择字段的连接完整性							✓
	无连接完整性			✓	✓			✓
	选择字段的无连接完整性							✓
抗抵赖性	数据源发证明的抗抵赖性							✓
	交付证明的抗抵赖性							✓

OSI 安全体系结构没有详细说明安全服务应该如何实现。作为指南，它给出了一系列可用来实现这些安全服务的安全机制，如表 7-3 所示。其基本的机制有加密机制、数字签名机制、访问控制机制、数据完整性机制、认证交换机制、通信业务流填充机制、路由控制和公证机制（把数据向可信第三方注册，以便可使人相信数据的内容、来源、时间和传递过程）。

表 7-3 安全服务与安全机制的关系

安全服务		安全机制						
		加密	数字签名	访问控制	数据完整性	认证交换	业务流填充	公证
鉴别	对等实体鉴别	✓	✓			✓		
	数据源发鉴别	✓	✓					
访问控制	访问控制			✓				
数据机密性	连接机密性	✓					✓	
	无连接机密性	✓					✓	
	选择字段机密性	✓						
	业务流机密性	✓				✓	✓	
数据完整性	可恢复的连接完整性	✓			✓			
	不可恢复的连接完整性	✓			✓			
	选择字段的连接完整性	✓			✓			
	无连接完整性	✓	✓		✓			
	选择字段的无连接完整性	✓	✓		✓			
抗抵赖性	数据源发证明的抗抵赖性		✓		✓			✓
	交付证明的抗抵赖性	✓	✓		✓			✓

目前，网络安全领域主要的安全技术包括防火墙技术、VPN 技术、入侵检测技术、网络隔离技术以及反病毒技术。下面将对这些技术进行详细介绍。

7.2 防火墙

7.2.1 什么是防火墙

从古至今,墙给人以安全感。"防火墙"一词起源于建筑领域,用来隔离火灾,阻止火势从一个区域蔓延到另一个区域。网络通信领域的**防火墙**(firewall)是一种位于内部网络与外部网络之间的网络安全访问控制系统。

防火墙是网络安全政策的有机组成部分,是保护计算机网络安全的技术性措施。它是一种隔离控制技术,在机构的内部网络和不安全的外部网络之间设置屏障,阻止外部对信息资源的非法访问,也可以阻止重要信息从内部网络被非法输出。Internet 防火墙是在内部网络和外部网络之间实施安全防范的系统,可以认为它是一种访问控制机制,用于确定哪些内部服务允许外部访问以及允许哪些外部服务访问内部服务。它可以根据网络传输的类型决定 IP 包是否可以传进或传出内部网络,能增强机构内部网络的安全性。防火墙的基本原理如图 7-1 所示。

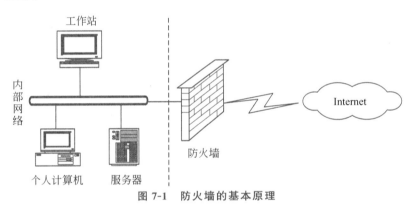

图 7-1 防火墙的基本原理

7.2.2 防火墙的功能

所谓防火墙,就是在内部网络和外部网络之间的界面上构造一个保护层,并强制所有的连接都必须经过此保护层,在此对外部网络和内部网络之间的通信进行检测。只有被授权的通信才能通过此保护层,从而有效地保护内部网资源免遭非法入侵。从实现上看,防火墙实际上是一个独立的进程或一组紧密联系的进程,运行于路由器或服务器上,控制经过它们的网络应用服务及传输的数据。

防火墙的功能可以概括为以下几方面。

(1) 防火墙是网络安全的屏障。一个防火墙能极大地提高一个内部网络的安全性,并通过过滤不安全的服务降低风险。由于只有经过精心选择的应用协议才能通过防火墙,所以网络环境变得更安全。

(2) 防火墙可以强化网络安全策略。通过以防火墙为中心的安全方案配置,能将所有安全软件(如口令、加密、身份认证、审计等)配置在防火墙上。与将网络安全问题分散到各个主机上相比,防火墙的集中安全管理更经济。例如,在网络访问时,一次一密口令系统和其他的身份认证系统完全可以不必分散在各个主机上,而集中在防火墙上。

(3) 对网络访问进行监控审计。防火墙能记录访问日志,也能提供网络使用情况的统计数据。当发生可疑动作时,防火墙能够报警,并提供网络是否受到监测和攻击的详细信息。

(4) 防止内部信息的外泄。利用防火墙对内部网络的划分可以实现内部网络重点网段的隔离,从而限制了局部重点或敏感网络安全问题对网络全局造成的影响。另外,隐私是内部网络非常关心的问题,一个内部网络中不引人注意的细节可能包含了有关安全的线索而引起外部攻击者的兴趣,甚至因此而暴露了内部网络的某些安全漏洞。使用防火墙就可以隐蔽那些透露内部细节的服务,如 Finger、DNS 等。

7.2.3 防火墙的工作原理

防火墙有许多种形式,有以软件形式运行在普通计算机之上的,也有以固件形式设计在路由器之中的。总的来说,防火墙根据工作原理可以分为 3 种:包过滤防火墙、应用级网关和状态检测防火墙。

1. 包过滤防火墙

包过滤防火墙技术是在网络层实现的,它可以只用路由器就能够实现,如图 7-2 所示。它设置在网络层,首先应建立一定数量的信息过滤表,信息过滤表是以收到的数据包头信息为基础而建立的。数据包头含有数据包源 IP 地址、目的 IP 地址、传输协议类型(TCP、UDP、ICMP 等)、协议源端口号、协议目的端口号、连接请求方向等。当一个数据包满足过滤规则时,则允许数据包通过;否则禁止通过。

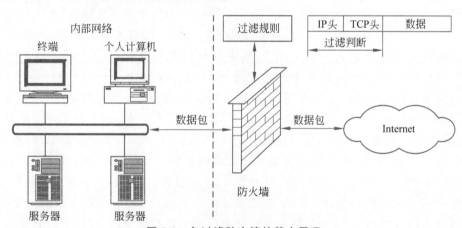

图 7-2 包过滤防火墙的基本原理

由于包过滤技术要求内外通信的数据包必须通过使用该技术的设备才能进行过滤,因而包过滤技术必须用在路由器上。因为只有路由器才是连接多个网络的桥梁,所有网络之间交换的数据包都得经过它,所以路由器就有能力对每个数据包进行检查。

包过滤防火墙的优点是它对用户来说是透明的,处理速度快而且易于维护,因此,包过滤防火墙通常作为局域网安全的第一道防线。

包过滤防火墙存在以下缺陷:

(1) 包过滤防火墙只能访问部分数据包的头信息。

(2) 包过滤防火墙是无状态的,因此它不可能保存来自通信和应用的状态信息。

(3) 包过滤防火墙处理信息的能力是有限的。

由于包过滤路由器通常没有用户的使用记录,这样就不能得到入侵者的攻击记录。包过滤防火墙不能识别有危险的信息包,无法实施对应用级协议的处理。

2. 应用级网关

应用级网关也叫代理服务器,它工作在应用层,直接和应用服务程序相关联,其基本原理如图 7-3 所示。应用级网关不会让数据包直接通过,而是自己接收数据包,并对其进行分析。当它理解了连接请求之后,将启动另一个连接,向外部网络发送同样的请求,然后将返回的数据发送给提出请求的内部网络计算机。

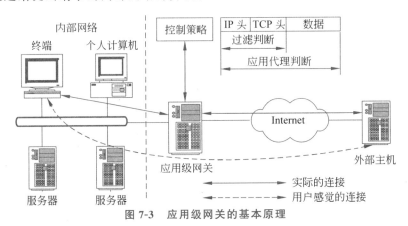

图 7-3 应用级网关的基本原理

一般而言,由于代理服务器要针对一个请求启动一个代理服务连接,因此代理服务器效率不高。但是,针对具体的服务应用,可以在代理服务器上配置大量的缓冲区,通过缓冲区提高其工作效率,提供更高的性能。例如,当使用 HTTP 代理服务器时,代理服务器就能在缓冲区中查找到同样的数据,因而不必再次访问 Internet,减少了对 Internet 带宽的占用。代理服务器不仅能起到防火墙的作用,还能用来提高访问 Internet 的效率。

常用的代理服务器有 HTTP 代理服务器、FTP 代理服务器等。所有的代理服务都需要客户端软件的支持。这也意味着当用户要使用代理功能的时候需要设置客户端软件,如浏览器。如果客户端软件不支持代理功能,就无法使用代理服务器。然而,为了减轻配置负担,利用代理服务器的缓冲能力可以设置一种透明代理服务器,这种方式不需要设置客户端软件,通过设置路由器,将本来发送给其他计算机的 IP 数据包按照 IP 地址和端口转发给代理服务器。

与包过滤防火墙相比,应用级网关检查所有应用层的数据包,并将检查的内容信息放入决策过程,这样安全性有所提高。然而,它们是通过打破客户/服务器模式实现的,每一个客户/服务器通信需要两个连接:一个是从客户端到防火墙,另一个是从防火墙到服务器。另外,每一个代理需要一个不同的应用进程或一个后台运行的服务程序,这样,如果有一个新的应用,就必须添加针对此应用的服务程序,否则不能使用该种服务,导致可伸缩性差。

应用级网关防火墙存在以下缺陷:

(1) 每一个服务都需要自己的代理,所以可提供的服务数和伸缩性受到限制。

(2) 应用级网关不能为 UDP、RPC 及普通协议族的其他服务提供代理。

(3) 实现应用级网关将会影响一些系统性能。

3. 状态检测防火墙

无论是包过滤还是代理服务，都是根据管理员预先定义好的规则提供服务或者限制某些访问。然而，在提供网络访问能力和防止网络安全方面，显然存在以下矛盾：只要允许访问某些网络服务，就有可能造成某种系统漏洞；如果限制太严厉，合法的网络访问就受到不必要的限制。代理型防火墙的限制就在这个方面，必须为一种网络服务单独提供一个代理程序。当网络上出现新型服务的时候，不可能立即提供这个服务的代理程序。事实上，代理服务器一般只能代理最常用的几种网络服务，可提供的网络访问十分有限。

为了在开放网络服务的同时也提供安全保证，必须有一种方法能监测网络情况，当出现网络攻击时就立即告警或切断相关连接。主动监测技术就是基于这种思路发展起来的，它维护一个记录各种攻击模式的数据库，并时刻运行一个监测程序在网络中进行监控，一旦发现网络中存在与数据库中的某个模式相匹配的情况时，就能推断可能出现了网络攻击。由于主动监测程序要监控整个网络的数据，因此需要运行在路由器上，或运行在路由器旁能获得所有网络流量的位置。由于监测程序会消耗大量内存，并会影响路由器的性能，因此最好不在路由器上直接运行。

状态检测方式作为网络安全的一种新兴技术，由于需要维护记录了各种网络攻击模式的数据库，因此需要一个专业机构进行维护。理论上，这种技术能在不妨碍正常网络使用的基础上保护网络安全。然而，这依赖于网络攻击的数据库和监测程序对网络数据的智能分析，而且在网络流量较大时，使用嗅探（sniffing）技术的监测程序可能会遗漏数据包信息。因此，这种技术只用于对网络安全要求非常高的网络系统中，常用的网络并不需要使用这种方式。

7.2.4 防火墙的工作模式

目前，硬件防火墙的工作模式包括 3 种：路由模式、透明模式和混合模式。简单地说，如果防火墙以第三层对外连接（接口有 IP 地址），则认为防火墙的工作模式是路由模式；若防火墙通过第二层对外连接（接口无 IP 地址），则防火墙的工作模式是透明模式；若防火墙同时具有工作在路由模式和透明模式的接口（某些接口有 IP 地址，某些接口无 IP 地址），则防火墙的工作模式是混合模式。

1. 路由模式

当防火墙位于内部网络和外部网络之间时，需要将防火墙与内部网络、外部网络以及隔离区 3 个区域相连的接口分别配置成不同网段的 IP 地址，重新规划原有的网络拓扑，此时防火墙相当于一台路由器。

防火墙的信任区域接口与内部网络相连，非信任区域接口与外部网络相连。值得注意的是，信任区域接口和非信任区域接口分别处于两个不同的子网中。采用路由模式时，可以完成访问控制列表（ACL）包过滤、ASPF 动态过滤、NAT 转换等功能。然而，路由模式需要对网络拓扑进行修改（内部网络用户需要更改网关，路由器需要更改路由配置，等等），这是一件相当麻烦的工作，因此在使用该模式时需权衡利弊。

2. 透明模式

如果硬件防火墙采用透明模式进行工作，则可以避免改变网络拓扑结构造成的麻烦。此时，防火墙对于子网用户和路由器来说是完全透明的，也就是说，用户完全感觉不到防火墙的存在。

采用透明模式时，只需在网络中像放置网桥(bridge)一样插入防火墙设备即可，无须修改任何已有的配置。与路由模式相同，IP 报文同样经过相关的过滤检查(但是 IP 报文中的源或目的地址不会改变)，内部网络用户依旧受到防火墙的保护。

防火墙的信任区域接口与公司内部网络相连，非信任区域接口与外部网络相连。需要注意的是，内部网络和外部网络必须处于同一个子网中。

3. 混合模式

如果硬件防火墙既存在工作于路由模式的接口(接口有 IP 地址)，又存在工作于透明模式的接口(接口无 IP 地址)，则防火墙工作在混合模式下。混合模式主要用于以透明模式进行双机备份的情况，此时启动虚拟路由冗余协议(Virtual Router Redundancy Protocol，VRRP)功能的接口需要配置 IP 地址，其他接口不配置 IP 地址。

主/备防火墙的信任区域接口与内部网络相连，非信任区域接口与外部网络相连，主/备防火墙之间通过集线器(Hub)或局域网交换机(LAN switch)实现互相连接，并运行 VRRP 进行备份。需要注意的是，内部网络和外部网络必须处于同一个子网中。

◆ 7.3　VPN 技 术

7.3.1　VPN 简介

当今社会，随着网络的普及，很多企业由于自身的发展和跨国化发展，导致分支机构越来越多，企业和各分支机构的通信需求日益增加，人们经常需要随时随地连入企业内部网络。为了保证数据在网络中传输的安全性，需要为不同的通信方建立专用网络，但相应地会导致网络建设成本急剧增加，并且造成资源浪费，增加企业负担。

为了有效解决上述问题，人们提出了**虚拟专用网**(Virtual Private Network，VPN)的概念，VPN 被定义为通过一个公用网络(通常是 Internet)建立一个临时的、安全的连接，是一条穿过混乱的公用网络的安全、稳定的隧道。VPN 是对企业内部网的扩展。VPN 的基本原理是：在公共通信网上为需要进行保密通信的通信双方建立虚拟的专用通信通道，并且所有传输数据均经过加密后再在网络中进行传输，这样做可以有效保证机密数据传输的安全性。在 VPN 中，任意两个节点之间的连接并没有传统专用网所需的端到端的物理链路，虚拟的专用网络通过某种公共网络资源动态组成。VPN 的基本含义如图 7-4 所示。

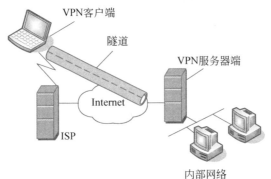

图 7-4　VPN 的基本含义

VPN 至少应能提供如下功能：
(1) 加密数据，以保证通过公网传输的信息即使被他人截获也不会泄露。
(2) 信息认证和身份认证，保证信息的完整性、合法性，并能鉴别用户的身份。
(3) 提供访问控制，不同的用户有不同的访问权限。

VPN 可以帮助远程用户、公司分支机构、商业伙伴及供应商同公司的内部网络建立可信的安全连接，并保证数据的安全传输。通过将数据流转移到低成本的 IP 网络上，一个企业的 VPN 解决方案将大幅度地减少用户花费在远程网络连接上的费用。同时，这将简化网络的设计和管理，快速连接新的用户和网站。另外，VPN 还可以保护现有的网络投资。

对于用户来说，VPN 技术具有以下优点：
(1) 实现安全通信。VPN 技术以多种方式保障通信安全，它在隧道的起点提供对分布的用户的认证，支持安全和加密协议，如 IPSec 和 MPPE（Microsoft Point-to-Point Encryption，微软点到点加密）。
(2) 简化网络设计，降低管理成本。网络管理者可以通过 VPN 实现多个分支机构的连接，而有效降低远程链路的安装、配置和管理任务，简化企业的网络设计。此外，借助 Internet 业务提供商（Internet Service Provider，ISP）建立 VPN，不仅可以节省大批的通信费用，而且企业不需要投入大量的人力和物力建设和维护远程设备，有效降低管理成本。
(3) 容易扩展。如果企业需要扩大 VPN 的容量和范围，只需要与新的 ISP 签约，建立账户；或者与原来的 ISP 重新签约，扩大服务范围。在远程终端增加 VPN 功能也比较容易实现，通过控制命令就可以使外联网（extranet）路由器拥有 Internet 和 VPN 功能，路由器还可以对工作站进行自动配置。
(4) 支持新兴业务的开展。VPN 可以支持多种新兴业务的应用（如 IP 语音、IP 传真）和多种协议（如 IPv6、MPLS、RSIP 等）。

7.3.2 VPN 工作原理

VPN 是一种连接，从表面上看它类似一种专用连接，但实际上是在共享网络上实现的。它常使用一种被称作隧道的技术，数据包在公共网络上的专用隧道内传输，专用隧道用于建立点对点的连接。简言之，VPN 是采用隧道技术以及加密、身份认证等方法，在公共网络上构建企业网络的技术。

隧道技术是 VPN 的核心。隧道是基于网络协议在两点或两端之间建立的通信，隧道由隧道开通器和隧道终端器建立。隧道开通器的任务是在公用网络中开出一条隧道，隧道终端器的任务是使隧道到此终止。在传输过程中，数据包可能通过一系列隧道才能到达目的地。隧道的设置是很灵活的。以一个远程用户通过 ISP 访问企业网为例。隧道开通器可以是用户的 PC 或者是被用户拨的 ISP 路由器，隧道终端器一般是企业网络防火墙。因此，隧道是由 PC 到企业防火墙，或者是由 ISP 路由器到企业防火墙。如果通过 VPN 实现互相访问的两个企业网分别使用不同的 ISP 服务，那么两个 ISP 公用网络之间也要建立相应的隧道。

VPN 中通常还有一个或多个安全服务器。其中最重要的是远程用户拨号认证服务(Remote Authentication Dial-In User Service，RADIUS)。VPN 根据 RADIUS 服务器上的用户中心数据库对访问用户进行权限控制。RADIUS 服务器确认用户是否有访问权限，如果该用户没有访问权限,隧道就此终止。同时,RADIUS 服务器向被访问的设备发送用户的 IP 地址分配、用户最长接入时间及该用户被允许使用的拨入号码等。VPN 和访问服务器参照这些内容对用户进行验证,如果情况完全相符,就允许建立隧道通信。

VPN 使用标准 Internet 安全技术进行数据加密、用户身份认证等工作。

7.3.3 VPN 功能

VPN 技术实现了企业信息在公用网络中的传输,就如同在广域网中为企业拉出一条专线,对于企业而言,公共网络起到了"虚拟专用"的效果。

VPN 还有更深层的含义。通过 VPN,网络对每个用户也是"专用"的。也就是说,VPN 根据用户的身份和权限,直接将用户接入他应该接触的信息中。如果没有 VPN 技术的支持,用户访问企业信息时需要层层登录,逐级筛选与自己相关的内容。如果在操作过程中,超过了自己的权限,系统会弹出类似"你无权访问此内容"的提示。这种操作过程既烦琐又不友好。在 VPN 技术支持下,用户输入口令和身份后,将可以直接进入与自己工作相关的内容。例如,当访问用户是经销商时,那么他所访问的信息将是产品介绍、订货信息等,而不会出现工作安排、人事等信息和相关的提示。因此对于每个用户,VPN 也是"专用"的,这一点应该是 VPN 给用户带来的最明显的变化。

另外,VPN 根据员工的工作需要实现工作组级的信息共享,只要身份相同,无论身处何地都可以是一个工作组。员工工作调动后,身份的变化就可以实现工作组的改变,而不用改变网络设备的配置,这一点适应了企业兼并改组的需要。虚拟局域网(Virtual LAN,VLAN)也是一种实现类似功能的技术,它可以方便地修改网络配置,实现工作组级的信息共享。但是由于不同厂商的网络设备之间不兼容,来自不同厂商的网络设备不能构建虚拟局域网,而多数企业的网络设备来自不同的厂商。而 VPN 技术由于在协议级解决了虚拟工作组的问题,因此只要使用 VPN 标准协议,不同厂商的网络设备之间的兼容性就可以得到解决,并且是在广域网的层级解决这个问题。

7.3.4 VPN 分类

选择一个合适的 VPN 解决方案或产品并不是一件容易的事情。每一种解决方案都可提供不同程度的安全性、可用性,并且都各有优缺点。为了选择一个合适的安全产品,决策者应该首先明确公司的商业需求,例如,公司是需要将少数几个可信的异地员工连到公司总部,还是希望为每个分支机构、合作伙伴、供应商、顾客和异地员工都建立一个安全连接通道等。

根据不同的需要,可以构造不同类型的 VPN,不同商业环境对 VPN 的要求和 VPN 所起的作用是不一样的。以用途为标准,VPN 可以分为 3 类。

(1) 在公司总部和它的分支机构之间建立 VPN,称为内联网 VPN(Intranet VPN)。

(2) 在公司总部和异地员工或出差员工之间建立 VPN,称为远程访问 VPN(VPDN)。

(3) 在公司与商业伙伴、顾客、供应商、投资者之间建立 VPN,称为外联网 VPN(Extranet VPN)。

1. 内联网 VPN

内联网 VPN 是指在公司远程分支机构的 LAN 和公司总部 LAN 之间的 VPN,如图 7-5

所示。当一个数据传输通道的两个端点被认为是可信的时候，公司可以选择内联网 VPN 解决方案，安全性主要在于加强两个 VPN 服务器之间的加密和认证手段上。只有分公司中有一定访问权限的用户才能通过内联网 VPN 访问公司总部资源，所有端点之间的数据传输都要经过加密和身份认证。如果一个公司对分公司或个人有不同的信任程度，那么公司可以考虑利用认证的 VPN 方案保证信息的安全传输，而不是靠可信的通信子网。

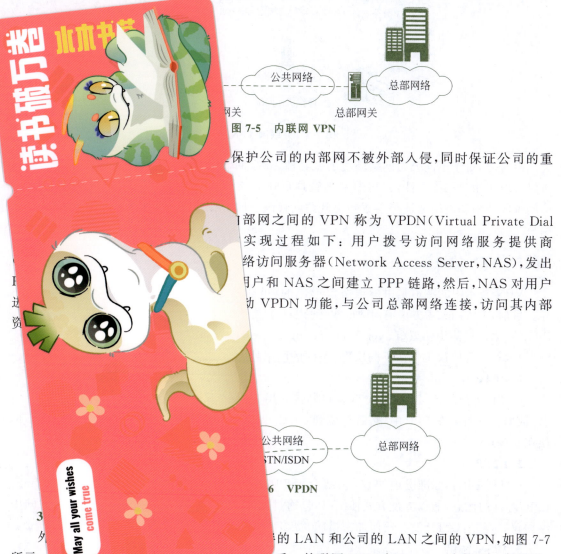

图 7-5　内联网 VPN

保护公司的内部网不被外部入侵，同时保证公司的重

部网之间的 VPN 称为 VPDN（Virtual Private Dial
实现过程如下：用户拨号访问网络服务提供商
络访问服务器（Network Access Server，NAS），发出
用户和 NAS 之间建立 PPP 链路，然后，NAS 对用户
动 VPDN 功能，与公司总部网络连接，访问其内部

图 7-6　VPDN

的 LAN 和公司的 LAN 之间的 VPN，如图 7-7
所示。信任关系。外联网 VPN 在 Internet 内打开一条隧道，并保证经过滤后信息传输的安全。当公司将很多商业活动都通过公共网络进行交易时，外联网 VPN 应该采用高强度的加密算法，密钥应选择 128 位以上。此外，外联网 VPN 应支持多种认证方案和加密算法，因为合作伙伴可能有不同的网络结构和操作平台。

外联网 VPN 应能根据尽可能多的参数控制网络资源的访问，参数包括源地址、目的地址、应用程序的用途、所用的加密和认证类型、个人身份、工作组、子网等。管理员应能对个人用户进行身份认证，而不仅仅根据 IP 地址。

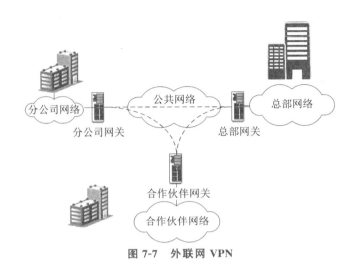

图 7-7 外联网 VPN

简言之,由于不同公司网络环境的差异性,外联网 VPN 必须能兼容不同的操作平台和协议。由于用户的多样性,公司的网络管理员还应该设置特定的访问控制表(ACL),根据访问者的身份和网络地址等参数确定其访问权限,开放部分资源而非全部资源给外联网的用户。

7.3.5 VPN 的协议

VPN 技术中的隧道是由隧道协议形成的,正如网络是依靠相应的网络协议完成的一样。目前,VPN 隧道协议有 4 种:点到点隧道协议(Point-to-Point Tunneling Protocol,PPTP)、第二层隧道协议(Layer 2 Tunneling Protocol,L2TP)、网络层隧道协议 IPSec 以及 SOCKS v5,各协议工作在不同层次,不同的网络环境适合不同的协议。

1. PPTP

PPTP 将控制包与数据包分开。控制包采用 TCP 控制,用于严格的状态查询及信令信息;数据包先封装在 PPP 中,然后封装到 GRE v2 协议中。目前,PPTP 基本已被淘汰,不再使用在 VPN 产品中。

2. L2TP

L2TP 是国际标准隧道协议,它结合了 PPTP 以及第二层转发(Layer 2 Forwarding,L2F)协议的优点,能以隧道方式使 PPP 包通过各种网络协议,包括 ATM、SONET 和帧中继协议。但是,L2TP 没有任何加密措施,更多的是和 IPSec 协议结合使用,提供隧道验证。

3. IPSec 协议

IPSec 协议是一个范围广泛、开放的 VPN 安全协议,工作在 OSI 参考模型中的第 3 层,即网络层。它提供所有在网络层上的数据保护和透明的安全通信。IPSec 协议可以设置成在两种模式下运行,分别是隧道模式和传输模式。在隧道模式下,IPSec 协议把 IPv4 数据包封装在安全的 IP 帧中。传输模式是为了保护端到端的安全性,不会隐藏路由信息。1999年年底,IETF 安全工作组完成了 IPSec 协议的扩展,在 IPSec 协议中加上了 ISAKMP 协议,其中还包括密钥分配协议 IKE 和 Oakley。

有一种趋势是将 L2TP 和 IPSec 协议结合起来,用 L2TP 作为隧道协议,用 IPSec 协议保护数据。目前,市场上大部分 VPN 采用了这类技术。

IPSec 协议的优点是:它定义了一套用于保护私有性和完整性的标准协议,可确保运行在 TCP/IP 上的 VPN 之间的互操作性。其缺点是:除了包过滤外,它没有指定其他访问控制方法,对于采用 NAT 方式访问公共网络的情况难以处理。其适用场合是可信 LAN 之间的 VPN。

4. SOCKS v5 协议

SOCKS v5 协议工作在 OSI 参考模型中的第 5 层,即会话层,可作为建立高度安全的 VPN 的基础。

SOCKS v5 协议的优势在访问控制,因此适用于安全性较高的 VPN。SOCKS v5 协议现在被 IETF 建议作为建立 VPN 的标准。

SOCKS v5 协议的优点是可以实现非常详细的访问控制。在网络层只能根据源和目的 IP 地址允许或拒绝被通过,在会话层控制手段更多一些。由于 SOCKS v5 协议工作在会话层,能同低层协议(如 IPv4、IPSec、PPTP、L2TP)一起使用。用 SOCKS v5 协议的代理服务器可隐藏网络地址结构。SOCKS v5 协议能为认证、加密和密钥管理提供"插件"模块,让用户自由地采用所需要的技术。SOCKS v5 协议可根据规则过滤数据流,包括 Java Applet 和 ActiveX 控件。

SOCKS v5 协议的缺点是性能比低层次协议差,必须制定更复杂的安全管理策略。

SOCKS v5 协议的适用于客户/服务器模式,适用于外联网 VPN 和 VPDN。

◆ 7.4 入侵检测技术

入侵检测是指通过对行为、安全日志、审计数据或其他在网络上可以获得的信息进行操作,检测到对系统的闯入或闯入的企图。入侵检测技术是一种主动对入侵行为进行检测,以保护系统免受攻击的安全技术。

7.4.1 基本概念

1. 入侵行为

入侵行为主要指对系统资源的非授权使用,它可以造成系统数据的丢失和破坏,甚至会造成系统拒绝对合法用户提供服务等后果。入侵者可以分为两大类:外部入侵者(一般指系统中的非法用户,如黑客)和内部入侵者(有越权使用系统资源行为的合法用户)。

2. 入侵检测

入侵检测的目标就是通过检查操作系统的审计数据或网络数据包信息发现系统中违背安全策略或危及系统安全的行为或活动,从而保护信息系统的资源不受拒绝服务攻击,防止系统数据被泄露、篡改和破坏。

国际计算机安全协会(ICSA)对入侵检测技术的定义是:通过从计算机网络或计算机系统中的若干关键点收集信息并对其进行分析,从中发现网络或系统中是否有违反安全策略的行为和遭到袭击迹象的一种安全技术。入侵检测技术是一种网络信息安全新技术,它可以弥补防火墙的不足,对网络进行检测,从而提供对内部攻击、外部攻击和误操作的实时检测并采取相应的防护手段,如记录证据用于跟踪和恢复、断开网络连接等。因此,入侵检测系统被认为是防火墙之后的第二道安全闸门。

3. 入侵检测系统

入侵检测系统(Intrusion Detection System,IDS)能够通过分析系统安全相关数据检测入侵活动。一般来说,入侵检测系统在功能结构上基本一致,均由数据采集、数据分析以及用户界面等几个功能模块组成,只是具体的入侵检测系统在采集数据的类型、采集数据的方法以及分析数据的方法等方面有所不同。面对入侵攻击的技术、手段持续变化的状况,入侵检测系统必须能够维护一些与分析技术相关的信息,以确保检测出对系统具有威胁的恶意行为。这类信息一般包括以下3类:

(1) 系统、用户以及进程行为的正常或异常的特征轮廓。
(2) 标识可疑事件的字符串,包括关于已知攻击和入侵的特征签名。
(3) 激活针对各种系统异常情况以及攻击行为采取响应所需的信息。

这些信息以安全的方式提供给用户的入侵检测系统,有些信息还要定期升级。

与其他网络信息安全系统不同的是,入侵检测系统需要更多的智能,它必须对得到的数据进行分析,并得出有用的结果。一个合格的入侵检测系统能大大简化管理员的工作,保证网络安全地运行,具体来说,入侵检测系统的主要功能有以下几点:

(1) 检测并分析用户和系统的活动。
(2) 核查系统配置和漏洞。
(3) 评估系统关键资源和数据文件的完整性。
(4) 识别已知的攻击行为。
(5) 统计分析异常行为。
(6) 对操作系统进行日志管理,并识别违反安全策略的用户活动。

7.4.2 入侵检测系统的分类

根据入侵检测的信息来源不同,可以将入侵检测系统分为以下两类:基于主机的入侵检测系统(host-based IDS)和基于网络的入侵检测系统(network-based IDS)。

基于主机的入侵检测系统主要用于保护运行关键应用的服务器。它通过监视与分析主机的审计记录和日志文件检测入侵。日志中包含发生在系统上的不寻常和不期望活动的证据,这些证据可以指出有人正在入侵或已成功入侵了本系统。一旦发现这些文件发生任何变化,入侵检测系统将比较新的日志记录与攻击签名以发现它们是否匹配。如果匹配,入侵检测系统就向管理员发出入侵报警并采取相应的行动。通过查看日志文件,能够发现成功的入侵或入侵企图,并很快地启动相应的应急响应程序。

基于网络的入侵检测系统主要用于实时监控网络关键路径的信息,侦听网络上的所有分组以采集数据,使用原有的网络分组数据包作为进行攻击分析的数据源,一般利用一个网络适配器实时监视和分析所有通过网络进行传输的通信。一旦检测到攻击,应答模块通过通知、报警以及中断连接等方式对攻击作出反应。

一般来说,基于网络的入侵检测系统处于网络边缘的关键点处,负责拦截在内部网络和外部网络之间流通的数据包,使用的主机是为其专门配置的;而基于主机的入侵检测系统则只对系统所在的主机负责,而且主机并非为其专门配置的。

上述两种入侵检测系统各有优缺点。

基于主机的入侵检测系统使用系统日志作为检测依据,因此,它们在确定攻击是否已经取得成功时与基于网络的入侵检测系统相比具有更大的精确性,可以精确地判断入侵事件,并可对入侵时间立即作出反应。它还能够针对不同操作系统的特点判断应用层的入侵事件,并且不需要额外的硬件。其缺点是会占用主机资源,在服务器上产生额外的负载,而且缺乏跨平台支持,可移植性差,因而应用范围受到限制。

基于网络的入侵检测系统的主要优点有:可移植性强,不依赖主机的操作系统作为检测资源;实时检测和应答,一旦发生恶意访问或攻击,可以随时发现它们,因此能够更快地作出反应,监视粒度更细致;攻击者转移证据很困难;能够检测未成功的攻击企图;成本低。但是,与基于主机的入侵检测系统相比,它只能监视经过本网段的活动,精确度不高,在应用层信息的获取上更为困难,在实现技术上更为复杂。

综上所述,基于主机的入侵检测系统和基于网络的入侵检测系统具有互补性。基于主机的入侵检测系统能够更加精确地审查系统中的各种活动;而基于网络的入侵检测系统能够客观地反映网络活动,特别是能够监视系统审计的盲区。成功的入侵检测系统应该将这两种方式无缝地集成起来,可以使用基于网络的入侵检测系统提供早期报警,而使用基于主机的入侵检测系统验证攻击是否取得成功。

对各种事件进行分析,从中发现违反安全策略的行为,是入侵检测系统的核心。根据入侵检测实现的方式,可以将其分为3类:异常入侵检测、误用入侵检测和完整性分析。

(1) 异常入侵检测。也称为基于统计行为的入侵检测。这种方法首先给系统对象创建一个统计描述,统计正常使用时的一些测量属性(如访问次数、操作失败次数和延时等)。测量属性的平均值将被用来与网络、系统的行为进行比较,如果有任何观察值在正常值范围之外,就认为有入侵发生。例如,统计分析可能标识一个不正常行为,因为它发现一个通常在晚8:00至早6:00不登录的账号却在凌晨2:00试图登录。

(2) 误用入侵检测。也称为基于规则/知识的入侵检测。这种方法将收集到的信息与已知的网络入侵和系统误用模式数据库进行比较,从而发现违背安全策略的行为。该过程可以很简单(如通过字符串匹配以寻找一个简单的条目或指令),也可以很复杂(如利用正规的数学表达式表示安全状态的变化)。通过分析入侵过程的特征、条件、排列以及事件间的关系,具体描述入侵行为的迹象,不但对分析已经发生的入侵行为有帮助,而且对即将发生的入侵也有警戒作用。

(3) 完整性入侵检测。主要关注某个文件或对象是否被更改,包括文件和目录的内容及属性。这种分析方法在发现被更改的、被置入特洛伊木马的应用程序方面特别有效。完整性入侵检测利用强有力的加密机制(称为消息摘要函数,如MD5),能识别微小的变化。

异常入侵检测方式可以检测到未知的和更为复杂的入侵。其缺点是漏报、误报率高,一般具有自适应功能,入侵者可以逐渐改变自己的行为模式以逃避检测,因此这种方式不适应用户正常行为的突然改变。而且在实际系统中,统计算法的计算量庞大,效率很低,统计点的选取和参考库的建立也比较困难。

误用入侵检测方式的准确率和效率都非常高,只需收集相关的数据集合,显著减小了系统负担,且技术已相当成熟。但它只能检测出模式库中已有类型的攻击,不能检测到从未出现过的攻击手段。随着新攻击类型的出现,模式库需要不断更新,而在将新攻击类型添加到模式库以前,新类型的攻击就可能会对系统造成很大的危害。

完整性入侵检测的优点是不管前两种方式能否发现入侵，只要是成功的攻击导致了文件或其他关注对象发生任何改变，它都能够发现。其缺点是一般以批处理方式实现，不能用于实时响应。尽管如此，完整性入侵检测仍然是网络安全产品的必要手段之一。

综上所述，入侵检测系统只有同时使用这 3 种方式才能避免各自的不足。而且，这 3 种方式通常与人工智能相结合，以使入侵检测系统具有自学习的能力。其中，前两种方式用于实时入侵检测，第三种方式则用于事后分析。目前，入侵检测系统主要以模式发现技术为主，并结合异常发现技术，同时也加入了完整性分析技术。

7.4.3 入侵检测系统模型

入侵检测系统至少应该包括 3 个功能模块：提供事件记录流的信息源、发现入侵迹象的分析引擎和基于分析引擎的响应部件。本节参照美国国防部高级研究计划署（ARPA）提出的公共入侵检测框架（Common Intrusion Detection Framework，CIDF），给出入侵检测系统的通用模型，如图 7-8 所示。CIDF 将入侵检测系统需要分析的数据统称为事件，事件可以是网络中的数据包，也可以是从系统日志等其他途径得到的信息。在这个模型中，上述 3 个功能模块以程序的形式出现，而事件则往往是文件或数据流的形式。入侵检测系统模型分为 4 个组件：事件产生器、事件分析器、响应单元和事件数据库。

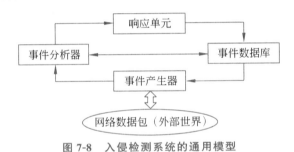

图 7-8 入侵检测系统的通用模型

入侵检测系统的 4 个组件的作用分别如下：

（1）事件产生器的目的是从整个计算环境中获得事件，并向系统的其他部分提供此事件。

（2）事件分析器分析得到的数据，并产生分析结果。

（3）响应单元则是对分析结果作出反应的功能单元，它可以切断连接、改变文件属性等，也可以只是报警。

（4）事件数据库存放各种中间数据和最终数据，它可以是复杂的数据库，也可以是简单的文本文件。

以上通用模型是为了解决不同入侵检测系统的互操作性和共存问题而提出的，主要有 3 个目的。

（1）入侵检测系统构件共享，即一个入侵检测系统的构件可以被另一个入侵检测系统的构件使用。

（2）数据共享，通过提供标准的数据格式，使得入侵检测系统中的各类数据库也能在不同的系统之间传递并共享。

（3）完善互用性标准并建立一套开发接口和支持工具，以提供独立开发部分构件的能力。

下面对这 4 个组件进行简要介绍。

1. 事件产生器

入侵检测的第一步就是信息收集,收集的内容包括整个计算机网络中系统、网络、数据及用户活动的状态和行为,这是由事件产生器完成的。入侵检测在很大程度上依赖于信息收集的可靠性、正确性和完备性。因此,要确保采集、报告这些信息的软件工具的可靠性,即这些软件工具本身应具有相当强的坚固性,能够防止由于被篡改而收集到错误的信息。否则,黑客对系统的修改可能使系统功能失常,但看起来却跟正常的系统一样,也就丧失了入侵检测的作用。

2. 事件分析器

事件分析器是入侵检测系统的核心,它的效率直接决定了整个入侵检测系统的性能。事件分析器又可称为检测引擎,它负责从一个或多个探测器处接收信息,并通过分析来确定是否发生了非法入侵活动。事件分析器组件的输出为标识入侵行为是否发生的指示信号,例如一个警告信号,该指示信号中还可能包括相关的证据信息。另外,事件分析器还能够提供关于可能的反应措施的相关信息。

3. 响应单元

当事件分析器发现入侵迹象后,入侵检测系统的下一步工作就是响应。而响应的对象并不局限于可疑的攻击者。目前较完善的入侵检测系统具有以下的响应功能:

(1) 根据攻击类型自动终止攻击。

(2) 终止可疑用户的连接甚至所有用户的连接,切断攻击者的网络连接,减少损失。

(3) 如果可疑用户获得账号,则将其禁止。

(4) 重新配置防火墙,更改其过滤规则,以防止此类攻击的重现。

(5) 向管理控制台发出警告,指出事件的发生。

(6) 将事件的原始数据和分析结果记录到日志文件中,并产生相应的报告,包括时间、源地址、目的地址和类型描述等重要信息。

(7) 必要的时候实时跟踪事件的进行。

(8) 向安全管理人员发出提示性警报,可以鸣铃或发 E-mail。

(9) 可以执行一个用户自定义程序或脚本,这不仅方便了用户操作,同时也提供了系统扩展的手段。

4. 事件数据库

考虑到数据的庞大性和复杂性,一般都采用成熟的数据库产品支持事件数据库。事件数据库的作用是充分发挥数据库的长处,方便其他系统模块对数据的添加、删除、访问、排序和分类等操作。

通过以上的介绍可以看到,在一般的入侵检测系统中,事件产生器和事件分析器是比较重要的两个组件,在设计时采用的策略不同,其功能和效率也有很大的区别。而响应单元和事件数据库则相对固定。

7.4.4 入侵检测技术的发展趋势

在入侵检测技术发展的同时,入侵技术也在更新,黑客组织已经将如何绕过入侵检测系统或攻击入侵检测系统作为研究重点。因此,除了完善常规的、传统的技术外,入侵检测技术应重点加强与统计分析相关技术的研究。许多学者正在研究新的检测方法,如采用自动代理的主动防御方法、将免疫学原理应用于入侵检测的方法等,其主要发展方向可以概括为以下几方面:

(1) 分布式入侵检测。这个概念有两层含义:第一层,即针对分布式网络攻击的检测方法;第二层,即使用分布式的方法检测分布式的攻击,其中的关键技术为检测信息的协同处理与入侵攻击的全局信息提取。分布式系统是现代入侵检测系统主要发展方向之一,它能够在数据收集、入侵分析和自动响应方面最大限度地发挥系统资源的优势,其设计模型具有很大的灵活性。

(2) 智能化入侵检测。即使用智能化的方法与手段进行入侵检测。现阶段常用的智能化方法有神经网络、遗传算法、模糊技术和免疫原理等方法,这些方法常用于入侵特征的辨识与泛化。利用专家系统的思想构建入侵检测系统也是常用方法之一,特别是具有学习能力的专家系统能够实现知识库的不断更新与扩展,使设计的入侵检测系统的防范能力不断增强,具有更广泛的应用前景。

(3) 与网络安全技术相结合。结合防火墙、PKI、安全电子交易等网络安全与电子商务技术,提供完整的网络安全保障。

(4) 建立入侵检测系统的评价体系。设计通用的入侵检测测试、评估方法和平台,实现多种入侵检测系统的检测,已成为当前入侵检测系统的另一重要研究与发展领域。评价入侵检测系统可从检测范围、系统资源占用情况、自身的可靠性方面进行,评价指标有能否保证自身的安全、运行与维护系统的开销、报警准确率、负载能力、可支持的网络类型、支持的入侵特征数、是否支持 IP 碎片重组、是否支持 TCP 流重组等。

◆ 7.5 网络隔离技术

网络隔离(network isolation)是指两个或者两个以上的计算机不相连或者网络不连通。不需要信息交换的网络隔离很容易实现,只需要完全断开设备,保证既不通信也不联网就行了,但需要交换信息的网络隔离技术实现起来却很复杂。现有网络隔离技术的目标就是确保把有害的攻击隔离在可信网络之外,在保证可信网络内部信息不外泄的前提下,完成网络之间数据的安全交换。网络隔离技术是在原有网络安全技术的基础上发展起来的,它弥补了原有网络安全技术的不足,突出了自己的优势。

7.5.1 隔离技术的发展

隔离的概念是在为了实现高安全度网络环境而产生的。隔离产品的大批出现,也是经历了五代隔离技术不断完善,实践和理论相结合才得来的。

第一代隔离技术——完全的隔离。此方法使得网络处于信息孤岛状态,做到了完全的物理隔离,需要至少两套网络和系统,导致信息交流的不便和成本的提高,这样给维护和使用带来了极大的不便。

第二代隔离技术——硬件卡隔离。在客户端增加一块硬件卡,客户端硬盘或其他存储设备首先连接到该卡,然后再转接到主板上,通过该卡能控制客户端硬盘或其他存储设备。

而在选择不同的硬盘时,同时也选择了该卡上不同的网络接口,可以连接到不同的网络。这种隔离产品仍然需要网络布线为双网线结构,产品存在着较大的安全隐患。

第三代隔离技术——数据转播隔离。利用转播系统分时复制文件的途径实现隔离,切换时间较长,甚至需要手工完成,不仅明显地减缓了访问速度,而且不支持常见的网络应用,应用此类技术就失去了网络存在的意义。

第四代隔离技术——空气开关隔离。它是通过使用单刀双掷开关使得内外部网络分时访问缓存器以完成数据交换,在安全和性能上存在着许多问题。

第五代隔离技术——安全通道隔离。此技术通过专用通信硬件和专有安全协议等安全机制实现内外部网络的隔离和数据交换,不但解决了以前的隔离技术存在的问题,有效地把内外部网络隔离开来,而且高效地实现了内外网数据的安全交换。它透明地支持多种网络应用,成为当前隔离技术的发展方向。

7.5.2 隔离技术的安全要点

网络隔离技术就是要解决目前网络安全中存在的以下几个最根本的安全问题:

(1) 对操作系统的依赖,因为操作系统存在漏洞。操作系统是一个平台,要支持多种不同的应用。一般来说,操作系统功能越多,漏洞就越多,使用的范围越大,漏洞被发现和曝光的可能性就大。

(2) 对 TCP/IP 的依赖,因为 TCP/IP 存在漏洞。TCP/IP 的目标是保证信息的准确传达,保证传输的开放性。TCP/IP 通过来回确认保证数据的完整性,如果没有收到确认则需要重新传输。因此,TCP/IP 没有内在的控制机制支持源地址的鉴别,从而无法证明 IP 数据包从哪里来,这就是 TCP/IP 存在漏洞的根本原因。黑客可以利用 TCP/IP 的这个漏洞通过侦听等方式截获数据,对数据进行检查过滤,推测 TCP 的序列号并修改传输路由,修改数据的鉴别过程,插入修改的数据流,从而破坏数据的完整性。

(3) 通信连接问题。当内网和外网直接连接时,存在基于通信的攻击。通信过程中有链路连接,就会存在基于通信链路的攻击,包括基于通信协议的攻击、基于物理层表示方法的攻击、基于数据链路会话的攻击等。

(4) 应用协议的漏洞,因为命令和指令可能是非法的。互联网应用具有多样性,TCP/IP准许的应用端口几乎都是动态的,如此多的动态应用对应多种不同的应用协议,这些应用协议存在的大量漏洞为网络安全带来了很大的隐患。

网络隔离技术要有效解决以上的安全问题,必须具备以下的基本安全要点:

(1) 要具有高度的自身安全性。隔离产品要保证自身至少在理论和实践上要比防火墙高一个安全级别。从技术实现上,除了和防火墙一样对操作系统进行加固优化或采用安全操作系统外,关键在于要把外网接口和内网接口从一套操作系统中分离出来。也就是说,至少要由两套主机系统组成,一套控制外网接口,另一套控制内网接口,然后在两套主机系统之间通过不可路由的协议进行数据交换。如此,即便黑客攻破了外网系统,仍然无法控制内网系统,就达到了更高的安全级别。

(2) 要确保网络之间是隔离的。保证网间隔离的关键是数据包不可路由到对方网络,无论中间采用了什么转换方法,只要最终使得一方的数据包能够进入对方的网络中,都无法称之为隔离,即达不到隔离的效果。显然,只对网间的数据包进行转发并且允许建立端到端连接的防火墙是没有任何隔离效果的。此外,那些只把数据包转换为文本,交换到对方网络后,再把文本转换为数据包的产品也是没有做到隔离的。

(3) 要保证网间交换的只是应用数据。既然要达到网络隔离,就必须做到彻底防范基于网络协议的攻击,即不能够让网络层的攻击包到达要保护的网络中,所以就必须进行协议分析,完成应用层数据的提取,然后进行数据交换。这样就把诸如 TearDrop、Land、Smurf 和 SYN Flood 等网络攻击包彻底地阻挡在可信网络之外,从而明显地增强了可信网络的安全性。

(4) 要对网间的访问进行严格的控制和检查。作为一套适用于高安全度网络的安全设备,要确保每次数据交换都是可信的和可控制的,严格防止非法通道的出现,以确保信息数据的安全和访问的可审计性。因此,必须施加一定的技术,保证每一次数据交换过程都是可信的,并且内容是可控制的,可采用基于会话的认证技术和内容分析与控制引擎等技术实现。

(5) 要在保持隔离的前提下保证网络畅通和应用透明。隔离产品会部署在多种多样的复杂网络环境中,并且往往是数据交换的关键点,因此,隔离产品要具有很高的处理性能,不能成为网络交换的瓶颈;要有很好的稳定性,不能出现时断时续的情况;要有很强的适应性,能够透明接入网络,并且透明支持多种应用。

网络隔离的指导思想与防火墙有很大的不同,防火墙的思路是在保障互联互通的前提下尽可能安全,防火墙本身是一种被动防卫机制,它不能干涉不经过防火墙的数据进行交互,对于攻击防火墙的数据包,只有当该数据包发起了网络攻击时,防火墙才会采取相应的防护措施,因此,防火墙不能从根本上防止网络安全事件的发生。与防火墙相比,网络隔离的思路则是在必须保障安全的前提下尽可能互联互通,如果不安全,则采取措施断开连接。图 7-9 给出了网闸的典型部署。

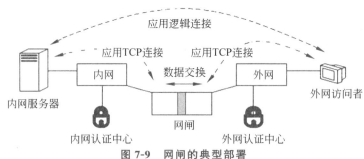

图 7-9 网闸的典型部署

现在主流的网络隔离技术主要指把两个或两个以上可路由的网络(如采用 TCP/IP 的网络)通过不可路由的协议(如 IPX/SPX、NetBEUI 等)进行数据交换而达到隔离目的。由于其原理是采用了不同的协议,所以通常也叫协议隔离(protocol isolation)。

网络隔离的关键在于系统对通信数据的控制,即通过不可路由的协议完成网间的数据交换。由于通信硬件设备工作在网络的最下层,并不能感知到交换数据的机密性、完整性、可用性、可控性、抗抵赖等安全要素,因此,这些要通过访问控制、身份认证、加密签名等安全机制实现,而这些机制的实现都是通过软件完成的。

因此,隔离的关键就成了尽可能提高网间数据交换的速度,并且对应用能够透明支持,以适应复杂和高带宽需求的网间数据交换。设计原理问题使得第三代和第四代隔离产品在这方面很难突破,即便有所改进也必须付出巨大的代价,这与适度安全理念相悖。

7.5.3 隔离技术的发展趋势

第五代隔离技术的实现原理是通过专用通信设备、专有安全协议、加密验证机制及应用层数据提取和鉴别认证技术进行不同安全级别网络之间的数据交换,彻底阻断网络间的直接 TCP/IP 连接,同时对网间通信的双方、内容、过程实施严格的身份认证、内容过滤、安全审计等多种安全防护机制,从而保证网间数据交换的安全、可控,杜绝由于操作系统和网络协议自身漏洞带来的安全风险。

第五代隔离技术是在对市场上网络隔离产品和高安全度网络需求的详细分析基础上产生的,它不但很好地解决了第三代和第四代隔离技术很难解决的速度瓶颈问题,并且采用了先进的安全理念和设计思路,明显地提升了产品的安全功能,是一种创新的隔离防护手段。

7.6 反病毒技术

在计算机病毒的发展进程中,一般情况下,一种新的病毒技术出现后,在开始阶段,病毒会迅速传播和发展,造成一定的破坏性。而随着反病毒技术的发展,病毒的传播和破坏力会受到抑制。在用户升级了操作系统后,相应的计算机病毒往往会调整其传播和破坏方式,产生新的病毒技术,反病毒技术也将伴随着病毒技术的发展而发展。纵观计算机病毒的发展历程,可以将其分为以下几个阶段。

1. DOS 引导阶段

1987 年,计算机病毒出现。这时的计算机病毒主要是引导型病毒,这一类病毒的代表包括"小球"病毒和"石头"病毒。当时的计算机硬件较少,功能简单,一般需要通过软盘启动后使用。引导型病毒利用软盘的启动原理工作,它们修改系统启动扇区,在计算机启动时首先取得控制权,减少系统内存,修改磁盘读写中断,影响系统工作效率,在系统存取磁盘时进行传播。

2. DOS 可执行阶段

1989 年,可执行文件型病毒出现,它们利用 DOS 系统加载执文件的机制工作,这一类病毒的代表包括"耶路撒冷"病毒和"星期天"病毒,病毒代码在系统执行文件时取得控制权,修改 DOS 中断,在系统调用时进行传染,并将自己附加在可执行文件中,使文件的大小增加。

3. 伴随型阶段

1992 年,伴随型病毒出现,它们利用 DOS 加载文件的优先顺序进行工作。具有代表性的伴随型病毒是"金蝉"病毒,它感染 EXE 文件,生成一个和 EXE 同名但扩展名为 COM 的伴随体。这样,在 DOS 加载文件时,病毒就会取得控制权。这类病毒的特点是:不改变原来的文件内容、日期及属性,解除病毒时只要将其伴随体删除即可。在非 DOS 操作系统中,一些伴随型病毒利用操作系统的描述语言进行工作,其代表是"海盗旗"病毒,它在感染执行时询问用户名和口令,然后返回一个出错信息,将自身删除。

4. 幽灵阶段

1994 年，随着汇编语言的发展，实现同一功能可以用不同的方式完成，这些方式的组合使一段看似随机的代码产生相同的运算结果。幽灵病毒就是利用这个特点，每感染一次就产生不同的代码。例如，"一半"病毒就是产生一段有上亿种可能的代码的解码运算程序，病毒体被隐藏在解码前的数据中，查杀这类病毒时必须对这段数据进行解码，加大了查毒的难度。

5. 生成器阶段

1995 年，在汇编语言中，一些数据的运算放在不同的通用寄存器中，可以得出同样的结果，随机地插入一些空操作和无关指令也不影响运算的结果，这样，一段解码算法就可以由生成器生成，当生成器的生成结果为病毒时，就产生了这种复杂的病毒生成器，而变体机就是增加解码复杂程度的指令生成机制。这一阶段的典型代表是"病毒制造机"VCL，它可以在瞬间制造出成千上万种不同的病毒，查杀时就不能使用传统的特征识别法，需要在宏观上分析指令，解码后查杀病毒。

6. 网络蠕虫阶段

随着网络的普及，病毒开始利用网络进行传播，它们只是以上几代病毒的改进。在非DOS 操作系统中，蠕虫是典型的代表，它不占用除内存以外的任何资源，不修改磁盘文件，利用网络功能搜索网络地址，将自身向下一地址进行传播，有时也存在于网络服务器和启动文件中。

7. Windows 阶段

1996 年，随着 Windows 和 Windows 95 的日益普及，利用 Windows 进行工作的病毒开始发展，它们修改文件，典型的代表是 DS.3873，这类病毒的机制更为复杂，它们利用保护模式和 API 调用接口工作，查杀方法也比较复杂。

8. 宏病毒阶段

1996 年，随着 Word 功能的增强，使用 Word 宏语言也可以编制病毒，这种病毒使用类BASIC 语言，编写容易，能够感染 Word 文档等文件，在 Excel 出现的相同工作机制的病毒也归为此类。由于当时 Word 文档格式没有公开，这类病毒查杀比较困难。

9. 互联网阶段

随着 Internet 的发展，各种病毒也开始利用 Internet 进行传播。一些携带病毒的数据包和邮件越来越多，如果不小心打开了这些邮件，计算机就有可能中毒。1982 年，Elk Cloner 病毒出现，该病毒被看作攻击个人计算机的第一款全球病毒，它通过苹果 Apple Ⅱ软盘进行传播，该病毒被放在一个游戏磁盘上，可以被使用 49 次，在第 50 次使用的时候，它并不运行游戏，取而代之的是打开一个空白屏幕，并显示一首短诗。1988 年，Morris 病毒出现，该病毒程序利用了系统存在的弱点进行入侵。Morris 病毒的最初目的并不是搞破坏，而是用来测量网络的规模。但是，由于程序的循环没有处理好，计算机会不停地执行、复制Morris 病毒，最终导致死机。1998 年，CIH 病毒出现，它是迄今为止破坏性最严重的病毒，也是世界上首例破坏硬件的病毒，它发作时不但破坏硬盘的引导区和分区表，而且破坏计算机系统的 BIOS，导致主板损坏。2003 年，"冲击波"病毒出现，这款病毒的英文名称是Blaster，还被叫作 Lovsan 或 Lovesan，它利用了微软公司软件中的一个缺陷，对系统端口进行疯狂攻击，可以导致系统崩溃。2004 年，"震荡波"病毒出现，它是又一个利用 Windows

缺陷的蠕虫病毒,可以导致计算机崩溃并不断重启。2007年,"熊猫烧香"病毒出现,它是拥有自动传播、自动感染硬盘能力和强大的破坏能力的病毒,感染计算机会显示一个正在烧香的熊猫。2008年,Conficker病毒利用微软系统中的RPC功能,导致缓冲区溢出和代码植入,禁用系统的自动更新,杀死反恶意软件。2011年,ZeroAccess rootkit病毒出现,它在僵尸网络中诱捕系统,指挥和控制网络,利用不知情的主机进行欺诈。2013年,CryptoLocker病毒出现,它使用RSA公钥密码方法对系统上的重要文件加密,并且显示一条信息,要求在一定期限内发送比特币或支付现金才能解密。2014年,Moon Worm病毒出现,它利用家庭网络管理协议感染网络设备。2015年,Moose蠕虫出现,它感染基于Linux的路由器,进行社交媒体诈骗。2017年,不法分子通过改造"永恒之蓝"工具制作了WannaCry勒索病毒,通过攻击Windows系统445端口漏洞(MS17-010)传播,受到病毒攻击的计算机会弹出一个勒索金额的对话框,必须支付高额赎金才能恢复数据。

病毒技术的不断发展和演进为反病毒技术提出了更高的要求,病毒技术和反病毒技术就是在"魔高一尺,道高一丈"这样相互较量的过程中演进和发展的。

7.6.1　病毒的定义及特征

所谓计算机病毒是指一种能够通过自身复制的途径进行传染,起破坏作用的计算机程序。它可以隐藏在看起来无害的程序中,也可以生成自身的副本并插入其他程序中。计算机病毒是一种特殊的程序,这类程序的主要特征如下:

(1) 非授权可执行性。用户通常在调用执行一个程序时把系统控制权交给这个程序,并分配给它相应的系统资源,如内存,从而使之能够运行以满足用户的需求,因此程序执行的过程对用户是透明的。由于计算机病毒具有正常程序的一切特性,如可存储性、可执行性等。它隐藏在合法的程序或数据中,当用户运行正常程序时,病毒伺机窃取系统的控制权,得以抢先运行,然而,此时用户还认为在执行正常程序。

(2) 隐蔽性。计算机病毒是一种具有很高编程技巧、短小精悍的可执行程序。它通常附于正常程序中或磁盘引导扇区、标为坏簇的扇区、空闲概率较大的扇区中。病毒想方设法隐藏自身,就是为了防止用户察觉。

(3) 传染性。这是计算机病毒最重要的特征,是判断一段程序代码是否为计算机病毒的依据。病毒一旦侵入计算机系统,就开始搜索可以传染的程序或者存储介质,然后通过自我复制迅速传播。由于目前计算机网络日益发达,计算机病毒可以在极短的时间内通过Internet这样的网络传遍世界。

(4) 潜伏性。计算机病毒具有依附于其他媒体而寄生的能力,这种媒体称为计算机病毒的宿主。依靠病毒的寄生能力,病毒传染合法的程序和系统后,不立即发作,而是悄悄隐藏起来,然后在用户不察觉的情况下进行传染。这样,病毒的潜伏性越好,它在系统中存在的时间也越长,病毒传染的范围也越广,其危害性也越大。

(5) 表现性或破坏性。无论何种病毒程序,一旦侵入系统都会对操作系统的运行造成不同程度的影响。即使不直接产生破坏作用的病毒程序也要占用系统资源(如占用内存空间、磁盘存储空间以及系统运行时间等),而绝大多数病毒程序要显示一些文字或图像,影响系统的正常运行,还有一些病毒程序删除文件,加密磁盘中的数据,甚至摧毁整个系统和数据,使之无法恢复,造成无可挽回的损失。因此,病毒程序轻则降低系统工作效率,重则导致系统崩溃、数据丢失。病毒程序的表现性或破坏性体现了病毒设计者的真正意图。

(6) 可触发性。计算机病毒一般都有一个或者几个触发条件。满足其触发条件或者激活病毒的传染机制，使之进行传染，或者激活病毒的表现部分或破坏部分。触发的实质是一种有条件的控制，病毒程序可以依据设计者的要求在一定条件下实施攻击。这个条件可以是输入特定字符，使用特定文件，到达某个特定日期或特定时刻，病毒内置的计数器达到一定次数，等等。

7.6.2 反病毒概述

反病毒是指通过建立合理的计算机病毒防范体系和制度，及时发现计算机病毒侵入，并采取有效的手段阻止计算机病毒的传播和破坏，恢复受影响的计算机系统和数据。简单地说，查毒、防毒、解毒、恢复是计算机病毒防范的四大法宝。查毒是指对于确定的环境，包括内存、文件、引导区、网络等能够准确地报出病毒名称。防毒是指根据系统特性，采取相应的系统安全措施预防病毒侵入计算机。解毒是指根据不同类型的病毒对感染对象的修改，并按照病毒的感染特性进行的恢复。该恢复过程不能破坏未被病毒修改的内容。感染对象包括内存、引导区、可执行文件、文档文件、网络等。恢复是指将被病毒破坏的文件以及系统复原。

7.6.3 反病毒技术的分类

现在世界上成熟的反病毒技术已经完全可以做到对所有的已知病毒彻底预防、彻底清除。目前主要有以下三大类反病毒技术。

1. 实时监视技术

实时监视技术为计算机构筑起一道动态、实时的反病毒防线，通过修改操作系统，使操作系统本身具备反病毒功能，拒病毒于计算机系统之门外。这种技术时刻监视系统中的病毒活动和系统状况，时刻监视存储介质、Internet、电子邮件中的病毒传染，将病毒阻止在操作系统外部。反病毒软件由于采用了与操作系统底层无缝连接的技术，实时监视软件占用的系统资源极小，用户一方面完全感觉不到对计算机性能的影响，另一方面根本不用考虑病毒的问题。

只要实时反病毒软件在系统中工作，病毒就无法侵入用户的计算机系统。反病毒软件只需一次安装，此后计算机运行的每一时刻都会执行严格的反病毒检查，使得通过各种途径进入计算机的每一个文件都安全无毒，如有毒则进行自动杀除。

2. 自动解压缩技术

目前，在网络、光盘以及 Windows 中接触到的大多数文件都是以压缩状态存放的，以便节省传输时间或存储空间，这就使得各类压缩文件已成为计算机病毒传播的温床。

如果用户从网上下载了一个带病毒的压缩文件包，或从光盘运行一个压缩过的带毒文件，用户的系统就会不知不觉地被压缩文件包中的病毒感染。而且现在流行的压缩标准有很多种，有些相互并不兼容，自动解压缩技术要全面覆盖各种各样的压缩格式，就要求了解各种压缩格式的算法和数据模型，这就必须和压缩软件的厂商有很密切的技术合作关系，否则解压缩就会出问题。

3. 全平台反病毒技术

目前病毒活跃的平台有 DOS、Windows、安卓等。为了让反病毒软件做到与系统的底层无缝连接，可靠地实时查杀病毒，必须在不同的平台上使用相应的反病毒软件，例如，在 Windows 平台上，则必须用 Windows 版本的反病毒软件。如果是企业网络，各种的平台都有，那么就要在网络的每一个服务器和客户端上安装相应平台的反病毒软件，每一个点上都安装相应的反病毒模块，使每一个点都能实时地抵御病毒攻击。只有这样，才能有效实现系统的安全和可靠。

病毒技术日新月异，各种新的病毒以及新的病毒技术不断产生，反病毒技术也随之日益精进，它们的发展是一个相互作用的过程，但反病毒技术相对于病毒的传播有一定的滞后性，因此，反病毒技术仍然任重道远。

本章总结

网络是信息技术领域中安全问题最突出的部分，网络安全事件时有发生，严重影响了网络资源的可用性和稳定性，这对网络安全技术提出了更迫切的要求。当前，实现网络安全的主要技术包括防火墙技术、VPN 技术、入侵检测技术、网络隔离技术和反病毒技术等。本章系统介绍了这些网络安全主流技术的相关概念、工作原理、基本模型和实现方式。

需要补充说明一点，本章介绍的网络安全技术是相互补充的，它们在实际应用中通过相互配合才能够实现较好的系统安全功能。但是，当前针对网络与系统的攻击事件时有发生，实现网络安全具有一定的复杂性和动态性，网络安全技术研究依然任重道远。最新推出的零信任框架也不是技术创新，而是一种理念，它认为不应该对任何外部或内部的人员、设备、应用等给予默认信任，而是基于认证、加密等安全技术本身进行信任授权。零信任理念采用了连续多重认证、微隔离、高级加密、端点安全、分析和稳健审计等能力，强化数据、应用程序、资产和服务，这涉及很多技术问题。

思考与练习

1. 网络安全服务与安全机制的关系如何？
2. 防火墙的主要类型有哪些？各有什么技术特点？
3. 入侵检测系统的各组成部分有哪些功能？
4. VPN 的工作原理是什么？
5. 病毒有哪些基本特征？

第8章 信息安全管理

本章介绍信息安全管理的以下几方面:信息系统生命期安全管理,信息安全分级保护技术,信息安全管理的指导原则,安全管理过程与 OSI 安全管理,信息安全组织基础架构,信息安全管理要素与管理模型,信息安全风险评估技术,身份管理技术,人员与物理环境安全。

本章的知识要点、重点和难点包括信息安全管理的基本概念、信息安全分级保护技术、安全管理过程与 OSI 安全管理、信息安全风险评估技术、身份管理技术、物理环境安全。

◆ 8.1 信息安全管理标准

信息安全管理是管理者为实现信息安全目标(如信息资产的 CIA 等特性、业务运行的持续性)而进行计划、组织、指挥、协调和控制的一系列活动。其管理对象是组织的信息及相关资产,包括信息人员、软件等,同时还包括信息安全目标、信息安全组织架构、信息安全策略规则等。

ISO/IEC 27001《信息安全管理体系要求》的前身为英国的 BS 7799 标准,该标准由英国标准协会(BSI)于 1995 年 2 月提出。BS 7799 标准旨在规范、引导信息安全管理体系的发展过程和实施情况,被外界认为是一个不偏向任何技术、任何企业和产品供应商的价值中立的管理体系。只要实施得当,BS 7799 标准将帮助企业检查并确认其信息安全管理手段和实施方案的有效性。BS 7799 分为两部分:BS 7799-1《信息安全管理实施细则》和 BS 7799-2《信息安全管理体系规范》。第一部分对信息安全管理给出建议,供在组织机构中负责启动、实施或维护信息安全的人员使用;第二部分给出建立、实施和文件化信息安全管理体系的要求,规定了根据组织的需要实施安全控制的要求。

ISO/IEC 27000-1 与 ISO/IEC 27000-2 经过修订于 1999 年发布,它考虑了信息处理技术,尤其是网络和通信领域应用技术的发展,同时还着重强调了商务涉及的信息安全及其责任。2000 年 12 月,ISO/IEC 27000-1:1999《信息安全管理实施细则》通过了国际标准化组织的认可,正式成为国际标准 ISO/IEC 17799-1:2000《信息技术 信息安全管理实施细则》。2002 年 9 月 5 日,ISO/IEC 27000-2:2002 草案经过广泛的讨论之后,终于成为正式标准,同时 ISO/IEC 27000-2:1999 被废止。现在,ISO/IEC 27000:2005 标准已得到了很多国家的认可,是国际上有代表性的信息安全管理体系标准。目前除英国外,还有荷兰、丹麦、澳大利亚、巴西等国已同意使用该标准,日本、瑞士、卢森堡等国也表示对 ISO/IEC 27000:2005 标准感兴趣。许多国家的政府机构、银行、证券公司、保险公司、电信运营商、网络公司及许多跨国公司已采用了此标准对自己的系统进行信息安全管理。国际标准化组织于 2022 年 10 月 25 日发布了 ISO/IEC 27001:2022《信息安全、网络安全和隐私保护 信息安全管理体系 要求》,该标准是目前信息安全管理体系认证机构的认证依据。该标准更新了信息安全控制集(包括指南),以反映企业和政府各个部门的发展需求和当前信息安全实践。

8.2 信息安全管理的基本问题

8.2.1 信息系统生命周期安全管理问题

安全管理贯穿于信息系统生命周期的以下 7 个阶段:

(1) 开发。包括需求分析、系统设计、组织设计和集成。

(2) 制造。包括试制和批量生产。

(3) 验证。包括对设计的论证、试验、审查和分析(包括仿真),非正式的演示,全面的开发测试和评估,以及产品的验收测试。

(4) 部署。包括对系统及其组件的配备、分布和放置。

(5) 运行。包括对系统及其组件的操作以及系统的运转。

(6) 支持和培训。包括对系统及其组件的维护,对操作、使用等的了解和指导。

(7) 处置。包括报废处理等。

安全管理在信息系统整个生命期的各个阶段中的实施内容包括以下几方面:

(1) 制定策略。利用安全服务为组织提供管理、保护和分配信息系统资源的准则和指令。

(2) 资产分类保护。帮助组织识别资产类别并采取措施进行适当的保护。

(3) 人事管理。减少人为错误、盗窃、欺诈或设施误用所产生的风险。

(4) 物理和环境安全。防止非授权的访问、损坏和干扰通信媒体和机房(及其附属建筑设施)以及信息泄露。

(5) 通信与运营管理。确保信息处理设施正确和安全地运营。

(6) 访问控制。按照策略控制对信息资源的访问。

(7) 系统开发和维护。确保将安全服务功能构建到信息系统中。

(8) 业务连续性管理。制止中断业务的活动,保护关键的业务过程不受大的故障或灾害影响,并具有灾难备份和快速恢复的能力。

(9) 遵从。保持与信息安全有关的法律、法规、政策或合同规定的一致性,承担相应的责任。

8.2.2 信息安全中的分级保护问题

1. 信息系统保护的目标

信息系统保护的目标与所属组织的安全利益是完全一致的,具体体现为对信息的保护和对系统的保护。信息保护是使所属组织有直接使用价值(用于交换服务或共享目的)的信息和系统运行中有关(用于系统管理和运行控制目的)的信息的机密性、完整性、可用性和可控性不会受到非授权的访问、修改和破坏。系统保护则是使所属组织用于维持运行和履行职能的信息技术系统的可靠性、完整性和可用性不受到非授权的修改和破坏。系统保护的功能有两个：一是为信息保护提供支持，二是对信息技术系统自身进行保护。

2. 信息系统分级保护

对信息和信息系统进行分级保护是体现统筹规划、积极防范、重点突出的信息安全保护原则的重大措施。最有效和科学的方法是在维护安全、健康、有序的网络运行环境的同时，以分级分类的方式确保信息和信息系统安全既符合政策规范又满足实际需求。

敏感信息系统保护等级的划分原则如下：

(1) 组织级别与等级保护的关系。组织的行政级别越高,相应的保护等级也越高。

(2) 程度与保护等级的关系。信息系统及其信息的敏感程度越高,相应的保护等级也越高。

(3) 敏感信息与保护等级的关系。相对集中的敏感信息量越大,相应的保护等级也越高。

(4) 履行职能与保护等级的关系。职能与国家安全、国计民生、社会稳定的关系越大,相应的保护等级也越高。

在遵循以上原则时,要对信息系统中个别信息和组件的保护等级与整个系统的保护等级适当加以区分,不能因为对个别信息和组件的高等级保护要求而提高整个系统其他信息和组件的保护等级。

非敏感信息系统保护等级的划分原则如下：

(1) 社会影响面与保护等级的关系。社会影响面越广,相应的保护等级也越高。

(2) 危害程度与保护等级的关系。造成的社会危害越大,相应的保护等级也越高。

(3) 资源价值与保护等级的关系。资源价值越大,相应的保护等级也越高。

(4) 资源利用率与保护等级的关系。资源利用率越高,相应的保护等级也越高。

(5) 资源密集度与保护等级的关系。资源密集度越高,相应的保护等级也越高。

3. 信息系统保护等级的技术标准

敏感信息系统和非敏感信息系统的保护等级及其评估的技术标准在 GB 17859—1999《计算机信息系统安全保护等级划分准则》和 GB/T 18336—2015《信息技术 安全技术 信息技术安全性评估准则》等基本技术框架内制定。对一个组织的信息系统,可以按照物理或逻辑方法划分为两个或两个以上保护等级的子系统。

4. 计算机信息系统的安全保护等级

GB 17859—1999《计算机信息系统安全保护等级划分准则》是我国计算机信息系统安全保护等级系列标准的基础,是进行计算机信息系统安全等级保护制度建设的基础性标准,也是信息安全评估和管理的重要基础。该标准虽然不具备技术上的可操作性,但其基本准则却是我国多类信息系统划分保护等级和确定等级保护措施的指导原则和策略依据。该标准将计算机信息系统安全保护从低到高划分为 5 个等级,即用户自主保护级、系统审计保护级、安全标记保护级、结构化保护级和访问验证保护级。高级别安全要求是低级别安全要求的超集。计算机信息系统安全保护能力随着安全保护等级的提高逐渐增强。

在该标准中,一个重要的概念是可信计算基(TCB)。可信计算基是一种实现安全策略的机制,包括硬件、固件和软件。它们根据安全策略处理主体(系统管理员、安全管理员、用户等)对客体(进程、文件、记录、设备等)的访问。可信计算基还具有抗篡改的能力和易于分析和测试的结构。可信计算基主要体现该标准中的隔离和访问控制两大基本特征,各安全等级之间的差异在于可信计算基的构造不同以及它所具有的安全保护能力不同。

1) 第1级:用户自主保护级

本级的计算机信息系统可信计算基通过隔离用户与数据,使用户具备自主安全保护的能力。它具有多种形式的控制能力,对用户实施访问控制,即为用户提供可行的手段,保护用户和用户组信息,避免其他用户对数据的非法读写和破坏。

本级实施的是自主访问控制,即通过可信计算基定义系统中的用户和命名用户对命名客体的访问,并允许用户以自己的身份或用户组的身份指定并控制对客体的访问。这意味着系统用户或用户组可以通过可信计算基自主定义主体对客体的访问权限。

从用户的角度看,用户自主保护级的责任只有一个,即为用户提供身份鉴别。在系统初始化时,可信计算基首先要求用户标识自己的身份(如口令等),然后使用身份鉴别数据鉴别用户的身份,并实施对客体的自主访问控制,避免非法用户对数据的读写或破坏。

在数据完整性方面,可信计算基通过自主完整性策略,阻止非授权用户修改或者破坏敏感信息。

2) 第2级:系统审计保护级

与用户自主保护级相比,本级的计算机信息系统可信计算基实施了粒度(粗细程度,如IP地址比IP段粒度细,IP地址加端口号比IP地址粒度细。粒度越细,控制越精确)更细的自主访问控制。它通过登录规程、审计安全性相关事件和隔离资源等措施,使用户对自己的行为负责。

本级实施的是自主访问控制和客体的安全重用。在自主访问控制方面,可信计算基实施的自主访问控制粒度是单个用户,并控制访问权限扩散,即没有访问权限的用户只允许由授权用户指定其对客体的访问权限。在客体的安全重用方面,在客体被初始指定或分配给一个主体之前,或在客体再分配之前,必须撤销该客体所含信息的授权;当一个主体获得一个客体的访问权限时,原主体的活动所产生的任何信息对当前主体而言是不可获得的。

从用户的角度看,系统审计保护级的功能包括身份鉴别和安全审计两方面。

在身份鉴别方面,本级比用户自主保护级增加了两点。一是为用户提供唯一标识,确保用户对自己的行为负责;二是为支持安全审计功能,具有将身份标识与用户所有可审计的行为相关联的能力。

在安全审计方面,可信计算基能够创建、维护对其所保护客体的访问审计记录,还授权主体提供审计记录接口,以便记录主体认为需要审计的事件,并且只有授权用户才能访问审计记录。另外,本级还支持系统安全管理员根据主体身份有选择地审计任何一个用户的行为。

在数据完整性方面,可信计算基应提供并发控制机制,以确保多个主体对同一个客体的正确访问。

3) 第3级:安全标记保护级

本级的计算机信息系统可信计算基具有系统审计保护级的所有功能。此外,还提供安全策略模型、数据标记以及主体对客体强制访问控制的非形式化描述,具有准确地标记输出信息的能力,消除通过测试发现的错误。

本级的主要特征是可信计算基实施强制访问控制。强制访问控制就是可信计算基以敏感标记为主体和客体指定其安全等级。安全等级是一个二维数据组,第一维是分类等级(如秘密、机密、绝密等),第二维是范畴(如适用范围等)。由可信计算基控制的主体和客体,只有当满足一定条件时,主体才能读写一个客体。即,只有当主体分类等级高于客体分类等级且主体范畴包含客体范畴时,主体才能读一个客体;只有当主体分类等级低于或等于客体分类等级且主体范畴包含于客体范畴时,主体才能写一个客体。

敏感标记是实施强制访问控制的基础,因此,系统应该明确规定需要标记的客体(如文件、记录、目录、日志等),应该明确定义标记的粒度(如文件级、字段级等),并必须使其主要数据结构具有敏感标记。另外,本级可信计算基应该维护与每个主体及其控制下的存储对象相关的敏感标记,敏感标记应该准确表达相关主体或客体的安全等级。

从用户的角度看,系统仍呈现身份鉴别和审计两大功能。本级可信计算基除了具有第2级的功能外,还有如下功能:

(1) 确定用户的访问权限和授权访问的数据。

(2) 接收数据的安全级别,维护与每个主体及其控制下的存储对象相关的敏感标记。

(3) 维护标记的完整性。

(4) 维护并审计标记信息的输出,并与相关联的信息进行匹配。

(5) 确保以该用户的名义创建的那些在可信计算基外部的主体和授权,受其访问权限和授权的控制。

在数据完整性方面,可信计算基还应该提供定义、验证完整性约束条件的功能,以维护客体和敏感标记的完整性。

4) 第4级:结构化保护级

本级的计算机信息系统可信计算基建立在一个明确定义的形式化安全策略模型之上,它要求将第3级中的自主访问控制和强制访问控制扩展到所有主体与客体。此外,还要考虑隐蔽信道。本级的计算机信息系统可信计算基必须结构化为关键保护元素和非关键保护元素。计算机信息系统可信计算基的接口也必须明确定义,使其设计与实现能够经受更充分的测试和更完整的复审。本级还增强了鉴别机制,支持系统管理员和操作员的可确认性。本级提供可信设施管理,增强了配置管理机制,确保系统具有相当强的抗渗透能力。

本级的主要特征如下:

(1) 可信计算基基于一个明确定义的形式化安全保护策略。

(2) 将第3级实施的自主访问控制和强制访问控制扩展到所有主体和客体。即在自主访问控制方面,可信计算基应该维护由可信计算基外部主体直接或间接访问的所有资源的敏感标记;在强制访问控制方面,可信计算基应该对所有可被其外部主体直接或间接访问的资源实施强制访问控制,应该为这些主体和客体指定敏感标记。

(3) 针对隐蔽信道,将可信计算基构造成为关键保护元素和非关键保护元素。

(4) 可信计算基具有合理定义的接口,使其能够经受严格测试和复查。

(5) 通过提供可信路径增强鉴别机制。

(6) 支持系统管理员和操作员的可确认性,提供可信实施管理,增强严格的配置管理控制。

在审计方面,当发生安全事件时,可信计算基还能够检测事件的发生,记录审计条目,通知系统管理员,标识并审计可能利用隐蔽信道的事件。

在隐蔽信道分析方面,系统开发者应该彻底搜索隐蔽信道,并确定信道的最大带宽,这样才能确定有关使用隐蔽信道的安全性。

5) 第 5 级:访问验证保护级

本级的计算机信息系统可信计算基满足参考监控器(reference monitor)需求。参考监控器仲裁主体对客体的全部访问。参考监控器本身具备抗篡改性,且必须足够小,能够分析和测试。为了满足参考监控器的需求,计算机信息系统可信计算基在其构造时,排除那些对实施安全策略来说并非必要的代码;在设计和实现时,从系统工作角度将其复杂性降低到最小程度。本级支持安全管理员可确认性。本级提供扩充审计机制,当发生与安全相关的事件时发出信号。本级还提供系统恢复机制。系统具有很高的抗渗透能力。

本级与第 4 级相比,主要区别在以下几方面:

(1) 在可信计算基的构造方面,具有参考监控器。所谓参考监控器,是监控主体和客体之间授权访问关系的部件,仲裁主体对客体的全部访问。参考监控器必须是抗篡改的,并且是可分析和测试的。

(2) 在自主访问控制方面,因为有参考监控器,所以访问控制能够为每个客体指定用户和用户组,并规定他们对客体的访问模式。

(3) 在审计方面,在参考监控器的支持下,可信计算基扩展了审计能力。本级的审计机制能够监控可审计安全事件的发生和累积,当累积超过规定的门限值时,能够立即向系统管理员发出警报;并且,如果这些与安全相关的事件继续发生,能以最小的代价终止它们。

(4) 在系统的可信恢复方面,可信计算基提供了一组过程和相应的机制,保证系统失效或中断后可以进行不损害任何安全保护性能的恢复。

5. 基于通用准则的安全等级

在《信息技术 安全技术 信息技术安全性评估准则》(GB/T 18336—2015,等同 ISO/IEC 15408:1999)中定义了 7 个递增的评估保证级(Evaluation Assurance Level,EAL),这种递增靠替换成同一保证子类中的一个更高级别的保证组件(即增加严格性、范围或深度)和添加另一个保证子类的保证组件(如添加新的要求)实现。

评估保证级是由 GB/T 18336—2015 第 3 部分中保证组件构成的包,该包代表了通用准则(Common Criteria,CC)预先定义的保证尺度上的某个位置。一个评估保证级是评估保证要求的一个基线集合。每一个评估保证级定义一套一致的保证要求,合起来,评估保证级构成一个预定义 CC 保证级尺度。

评估保证级并不用于直接对信息和系统的等级保护,而是用于对信息和系统的保护有效性进行评估验收,包括对保护措施(或保证组件)的功能和效能进行等级评估、测试和验证。

GB/T 18336—2001 中定义的 7 个评估保证级如下。

1) 评估保证级 1(EAL1):功能测试

EAL1 适用于对正确运行需要一定信任的场合,但该场合对安全的威胁并不严重。EAL1 通过独立的保证来说明,评估对象(Target Of Evaluation,TOE)对个人或类似信息的保护给予了应有的重视。实验室对客户提供的 TOE 进行 EAL1 评估,包括依据规范执行独立测试和检查客户提供的指南文档。在没有 TOE 开发者的帮助下,EAL1 评估也能成功进行。EAL1 评估所需费用最少。

EAL1 评估使用功能和接口规范以及指南文档对安全功能进行分析,了解安全行为,提供基本级别的保证。完成这种分析需求对 TOE 安全功能进行独立测试。EAL1 与未评估的 IT 产品或系统相比,在安全保证上取得了有意义的增长。

2)评估保证级 2(EAL2):结构测试

EAL2 适用于以下情况:开发者或使用者需要对安全性作出低中级的独立(第三方)保证,而又缺乏现成可用的完整开发记录。在对已有系统采取安全措施或与开发者的接触受到限制时,可能会出现这种情况。EAL2 评估在提供设计信息和测试结果时需要开发者的合作,除此之外不要求开发方付出更多的努力,因此与 EAL1 相比,不需要增加过多的费用和时间。

EAL2 评估使用功能和接口的规范、指南文档和 TOE 高层设计,对安全功能进行分析,了解安全行为,提供保证。完成 EAL2 功能分析需求进行的工作包括:TOE 安全功能的独立性测试,开发者基于功能规范进行测试得到的证据,对开发者测试结果进行的选择性独立确认,功能强度分析,开发者搜寻明显脆弱性的证据。EAL2 还将通过 TOE 的配置表以及安全交付程序方面的证据提供保证。通过要求开发者测试和脆弱性分析以及根据更详细的 TOE 规范完成的独立性测试,EAL2 的安全保证与 EAL1 相比有明显的增长。

3)评估保证级 3(EAL3):系统地测试和检查

EAL3 可使一个尽职尽责的开发者在设计阶段能从正确的安全工程中获得最大限度的保证,而不需要对现有的合理开发实践作大规模的改变。EAL3 适用的情况是:开发者或使用者需要对安全性作出中级的独立(第三方)保证。EAL3 评估要求对 TOE 及其开发过程进行彻底调查,但不需进行实质上的重设计。

EAL3 评估使用功能和接口规范、指导性文档和 TOE 高层设计,对安全功能进行分析,了解安全行为,提供保证。EAL3 也要完成与 EAL2 一样的功能分析需求工作。EAL3 还将通过开发环境控制措施的使用、TOE 的配置管理和安全交付程序方面的证据提供保证。EAL3 通过对安全功能和机制测试范围的更完整要求,以及要求相应的程序以说明 TOE 在开发过程中不会被篡改提供一定的信任。EAL3 的安全保证与 EAL2 相比,有明显的增长。

4)评估保证级 4(EAL4):系统地设计、测试和复查

EAL4 可使开发者从正确的安全工程中获得最大限度的保证。开发者需要良好的商业开发实践经验,虽然要求很严格,但并不需要大量专业知识、技巧和其他资源。在经济许可的条件下,对已存在的生产线进行翻新时,EAL4 是能够达到的最高级别。因此 EAL4 适用于以下情况:开发者或使用者需要对传统的商品化 TOE 的安全性作出中高级独立的(第三方)保证,并准备负担额外的安全工程费用。

EAL4 评估使用功能和接口完整的规范、指导性文档、TOE 高层设计和低层设计、实现子集,对安全功能进行分析,了解安全行为,提供保证,并且通过非形式化 TOE 安全策略模型获得额外保证。完成这些分析需求进行的工作还包括以下两个:一是 TOE 安全功能的独立测试,开发者根据功能规范和高层设计进行测试得到的证据,对开发者测试结果有选择地进行独立确认;二是功能强度分析,开发者搜寻脆弱性的证据,以及为证明可抵御具有低

等攻击潜力的穿透性攻击者的攻击而进行的独立的脆弱性分析。EAL4 还将通过使用开发环境控制措施以及 TOE 自动配置管理和安全交付程序证据提供保证。EAL4 通过进一步要求设计描述、实现子集以及增强机制和有关程序,为说明 TOE 在开发或交付过程中不被篡改提供了一定的可信度,使安全保证与 EAL3 相比有明显的增长。

5) 评估保证级 5（EAL5）：半形式化设计和测试

EAL5 允许开发者严格采用商业开发实践,并适度应用专门技术的安全工程中获得最大限度的保证。这种 TOE 是为达到 EAL5 保证的目的而设计和开发的。相对于严格开发而不应用专门技术而言,由 EAL5 要求引起的额外开销不会很大。EAL5 适用于以下情况：开发者和使用者在按计划进行的开发中需要对安全性作出高级别的独立(第三方)保证,并且需要严格的开发方法,避免由专业安全工程技术引起的不合理开销。

EAL5 评估使用功能和完整的接口规范、指导性文档、TOE 的高层和低层设计以及全部实现对安全功能进行分析,了解安全行为,提供保证,并且通过 TOE 安全政策的形式化模型、功能规范和高层设计的半形式化表示以及它们之间对应性的半形式化证明获得额外保证,此外还需要 TOE 的模块化设计。EAL5 也要完成与 EAL4 一样的功能分析需求工作。另外,EAL5 还需要对开发者的隐蔽信道分析进行确认。EAL5 还通过使用开发环境控制措施以及包括自动化在内的全面的 TOE 配置管理和安全交付程序证据提供保证。EAL5 通过要求半形式化的设计描述、整个实现、更结构化(因而更具有可分析性)的体系结构、隐蔽信道分析以及增强机制和有关程序为说明 TOE 在开发过程中不会被篡改提供一定的可信度,使安全保证与 EAL4 相比有明显的增长。

6) 评估保证级 6（EAL6）：半形式化验证的设计和测试

EAL6 使开发者把安全工程技术应用于严格的开发环境,以便开发出优质的 TOE,以保护高价值的资产,避免重大风险,从而获得高度的保证。因此 EAL6 适用于那些将应用于高风险环境下的安全 TOE 的开发,高风险环境中受保护的资产值得花费额外的开销。

EAL6 评估使用功能和完整的接口规范、指南文档、TOE 高层和低层设计以及实现的结构化表示对安全功能进行分析,了解安全行为,提供保证,并且通过 TOE 安全政策的形式化模型、功能规范、高层设计和低层设计的半形式化表示以及它们之间对应性的半形式化证明获得额外保证。此外,EAL6 还要求 TOE 设计的模块化与层次化。EAL6 也要完成与 EAL4 一样的功能分析需求工作。另外,EAL6 还需要对开发者对隐蔽信道的系统分析进行确认。EAL6 还使用结构化的开发过程、开发环境控制措施以及包括完全自动化在内的全面的 TOE 配置管理和安全交付程序证据提供保证。EAL6 通过要求更全面的分析、实现的结构化表示、更体系化的结构、更全面的独立脆弱性分析、系统化的隐蔽信道标识以及增进的配置管理和开发环境控制使安全保证与 EAL5 相比有明显的增长。

7) 评估保证级 7（EAL7）：形式化验证的设计和测试

EAL7 适用于用于极高风险环境或者资产价值值得花更高代价加以保护的环境中的安全 TOE 的开发。目前,EAL7 的实际应用局限于具有坚固集中的安全功能的 TOE,它们能经受得住广泛的形式化分析。

EAL7 评估使用功能和完整的接口规范、指南文档、TOE 高层和低层设计以及实现的结构化表示对安全功能进行分析,了解安全行为,提供保证,并且通过 TOE 安全政策的形式化模型、功能规范和高层设计的形式化表示、低层设计的半形式化表示以及它们之间对应性的形式化和半形式化证明获得额外保证。此外,EAL7 还需要 TOE 的模块化、层次化且简单的设计。EAL7 也要完成与 EAL4 一样的功能分析需求工作。另外,EAL7 还需要对开发者对隐蔽信道的系统分析进行确认。EAL7 还使用结构化的开发过程、开发环境控制措施以及包括完全自动化在内的全面的 TOE 配置管理和安全交付程序证据提供保证。EAL7 通过要求使用形式化表示和形式化对应性进行更全面的分析以及更全面的测试,使安全保证与 EAL6 相比有明显的增长。

8.2.3 信息安全管理的基本内容

信息系统的安全管理涉及与信息系统有关的安全管理以及信息系统管理的安全两方面。这两方面中的管理又分为技术性管理和法律性管理两类。其中,技术性管理以 OSI 安全机制和安全服务的管理以及物理环境的技术监控为主,法律性管理以法律法规遵从性管理为主。信息安全管理本身并不完成正常的业务应用通信,但它是支持与控制这些通信的安全所必需的手段。

由信息系统的行政管理部门依照法律并结合本单位安全实际需求而强加给信息系统的安全策略可以是各种各样的,信息安全管理活动必须支持这些策略。受同一个机构管理并执行同一个安全策略的多个实体构成的集合有时被称为安全域。安全域以及它们的相互作用是一个值得进一步研究的重要领域。

信息系统管理的安全包括信息系统所有管理服务协议的安全以及信息系统管理信息的通信安全,它们是信息系统安全的重要组成部分。这一类安全管理将借助于对信息系统安全服务与机制的适当选取,确保信息系统管理协议与信息获得足够的保护。

在信息安全管理的技术性管理中,为了强化安全策略的协调性和安全组件之间的互操作性,设计了一个极为重要的基本概念,即用于存储和交换开放系统所需的与安全有关的全部信息的安全管理信息库(Security Management Information Base,SMIB)。SMIB 是一个分布式信息库,在实际应用中,SMIB 的某些部分可以与管理信息库(MIB)结合成一体,也可以分开使用。SMIB 有多种实现办法,例如数据表、文件以及嵌入开放系统软件或硬件中的数据或规则。

安全管理协议以及传送这些管理信息的通信信道可能遭受攻击,因此应该特别对安全管理协议及其协议数据加以保护,其保护的强度通常不低于为业务应用通信提供的安全保护强度。

安全管理可以使用 SMIB 的信息在不同系统的行政管理机构之间交换与安全有关的信息。在某些情况下,与安全有关的信息可以经由非自动信息通信信道传递,局部系统的管理也可以采用非标准化方法修改 SMIB。在另外一些情况下,可以通过自动信息通信信道在两个安全机构之间传递信息。在获得安全管理者授权以后,该安全管理将使用这些通信信息修改 SMIB。当然,具体的修改过程必须得到安全管理员的授权。

8.2.4 信息安全管理的指导原则

1. 策略原则

信息安全管理的策略原则包括以下几点。

(1) 以安全保发展,在发展中求安全。信息安全的目的是通过保护信息系统内有价值的资产,如数据库、硬件、软件和环境等,实现信息系统的健康、有序和稳定运行,促进社会、经济、政治和文化的发展。没有安全保证的信息化,以及牺牲信息化发展换来的安全,都是需要摒弃的错误做法。科学的安全发展观是在安全意识上全面提高对信息安全保障认识的同时,采用渐进的适度安全策略保证和推进信息化的发展,并通过信息化的发展为信息安全保障体系的逐步完善提供充足的人力、财力、物力和技术支持。

(2) 受保护资源的价值与保护成本平衡。信息安全的成本效益比应该在货币和非货币两个层面上进行评估,以保证将成本控制在预期的范围之内。

(3) 明确国家、企业和个人对信息安全的职责和可确认性。应该明确表述与信息系统有关的所有者、管理者、经营者、供应商以及使用者应该承担的安全职责和可确认性。

(4) 信息安全需要积极防御和综合防范。信息安全需要综合治理的方法,坚持保护与监管结合、技术措施与管理并重的方针,综合治理方法将延伸到信息系统的整个生命周期。

(5) 定期评估信息系统的残留风险。信息系统及其运行环境是动态变化的,一劳永逸的信息系统安全解决方案是不存在的。因此,必须定期评估信息系统的残留风险,并根据评估结果调整安全策略。

(6) 综合考虑社会因素对信息安全的制约。

信息安全受到很多社会因素的制约,如国家法律、社会文化和社会影响等。安全措施的选择和实现还应该综合考虑法律框架下信息系统的所有者和使用者、所有者和社会各方面之间的利益平衡。

(7) 信息安全管理要体现以人为本。信息系统安全管理要体现人性化、社会公平和平等交换的价值观念。

2. 工程原则

为了指导信息安全工程的组织和实施,信息安全工程应该遵循6个基本原则,即基本保证、适度安全、实用和标准化、保护层次化和系统化、降低复杂度和安全设计结构化。这些原则简单明了,可以应用于信息系统的安全规划、设计、开发、运行、维护管理和报废处理等多个环节。

(1) 基本保证。在进行信息系统安全工程设计前,应该制订符合本系统实际的安全目标和策略,将安全作为整个系统设计中的一个重要组成部分,识别信息及信息系统资产并以此作为风险分析和安全需求分析的对象,划分安全域,确保软件开发者受过良好的软件安全开发培训,确保对信息系统用户的职业道德和安全意识进行持续培训。

(2) 适度安全。通过对抗、规避、降低和转移风险等方式将风险降低到可以接受的水平,不追求绝对或者过高的安全目标。安全的标志之一是系统可控。在减小风险、增加成本和降低某些操作有效性之间进行折中,避免盲目地追求绝对安全目标。采用裁剪方式选择系统安全措施,满足组织的安全目标。保证信源到信宿全程的机密性、完整性和可用性。在必要时自主开发以满足某些特殊的安全需求,将残留风险保持在可接受的水平。预测并对抗、规避、降低和转移各种可能的风险。

(3) 实用和标准化。尽可能采用开放的标准化技术或者协议,增强可移植性和互操作性。使用便于交流的公共语言进行安全需求的开发。设计的新技术安全机制或措施,要保证系统能够平稳过渡,并保证局部采用的新技术不会引起系统的全局性调整,或引发新的脆弱点。尽量简化操作,以减少误操作带来新的风险。

(4) 保护层次化和系统化。

识别并预测普遍性故障和脆弱性。实现分层的安全保护(确保没有遗留的脆弱点)。设计和运行的信息系统对入侵和攻击应该具有必要的检测、响应和恢复能力。提供对信息系统各个组成部分的体系性保障,使信息系统面对预期的威胁具有持续阻止、对抗和恢复能力。容忍可以接受的风险,拒绝绝对安全的策略。将公共可访问资源与关键业务资源进行物理或者逻辑隔离。采用物理或者逻辑方法将信息系统的局域网络与公共基础设施相分离。设计并实现审计机制,以检测非授权和越权使用系统资源,并支持事故调查和责任确认。开发意外事故处置和灾难恢复规程,并组织学习和演练。

(5) 降低复杂度。安全机制和措施力求简单实用。尽量减少可信系统的要素。实现访问的最小特权控制。消除不必要的安全机制或安全服务冗余。保证"开机-处理-关机"全程安全控制。

(6) 安全设计结构化。通过对物理的和逻辑的安全措施进行合理组合实现系统安全设计的优化。使配置的安全措施或安全服务可以作用于多个域。对用户和进程使用鉴别技术,以确保域内和域间的访问权限控制;对实体进行标识以确保责任的可追究性。

8.2.5 信息系统安全管理过程与 OSI 安全管理

1. 信息系统安全管理过程

政府部门、企事业单位和商业组织在开放互联的网络环境下,通过合理地使用信息指导和处理自己的各种事务和活动。信息系统资源的机密性、完整性、可用性、不可抵赖性、可确认性、真实性和可靠性等特性的缺失会对相应的组织造成有害影响。因此,需要保护信息系统资源和管理信息系统的安全。

信息系统安全管理是一个过程,用来实现和维持信息系统及其资源适当等级的机密性、完整性、可用性、不可抵赖性、可确认性、真实性和可靠性等。信息系统安全管理包括:分析系统资产、系统风险和安全需求,制定满足安全需求的计划,执行这些计划并维持和管理安全设备的安全。

信息系统安全管理行为包括:决定组织的信息系统安全目标、方针和策略,分析组织内部信息系统资产存在的安全脆弱性,分析组织内部信息系统资产面临的安全威胁,评估对组织不利的影响,分析信息系统的风险,通过对抗、降低、转移和规避等方法处理风险,确定组织的信息系统安全需求,通过选择适当的保护措施减少风险;识别存在的残留风险,为了使组织内的信息系统及其资源处于有效的保护之下监视安全措施的实现和运行情况,开发和实施可提高安全意识的计划,对安全事件进行检测和响应;制定并实施系统备份和灾难恢复计划。

2. OSI 管理

国际标准化组织在 ISO/IEC 7498-4 中定义并描述了开放系统互连(OSI)管理的术语和概念,提出了一个 OSI 管理的结构并描述了 OSI 管理应有的行为。OSI 管理包括故障管理、记账管理、配置管理、性能管理和安全管理等功能,这些管理功能对在 OSI 环境中进行通信的资源进行监视、控制和协调。

1) 故障管理

故障管理包括对 OSI 环境中的异常操作故障进行检测、隔离和纠正。故障导致开放系统不能实现运行目标,这些故障可能是持续性的,也可能是暂时的。故障在开放系统运行中作为特殊事件进行处理,故障检测提供识别故障的能力。

故障管理的功能包括:维护和检查故障日志,接收和处理故障检测报告,识别和跟踪故障,实施一系列诊断性测试,隔离故障点和故障区域,纠正故障行为。

2) 记账管理

记账管理是对 OSI 环境中的资源建立账目,识别这些资源的使用成本和使用情况。

记账管理的功能包括:通知用户所产生的成本和所耗费的资源;设置账单,使账目表和资源的使用情况相关联;使成本与被请求的多种资源相关联,进而获得给定的通信目标。

3) 配置管理

配置管理识别、操作和控制 OSI,从 OSI 中收集数据并向其提供数据。其目的是为初始化和系统启动提供持续性运行和终止连接服务。

配置管理的功能包括:对控制 OSI 的路由操作进行参数设置,将被管理目标和目标集与其名字相关联,对被管理目标进行初始化,按需收集 OSI 的当前状况信息,获得 OSI 条件发生重大变更的信息,变更 OSI 的配置情况。

4) 性能管理

性能管理激活 OSI 环境中资源的行为以及通信活动的效率。

性能管理的功能包括:收集统计信息,维护和检查关于系统状态的历史记录,在自动和人工条件下判断系统性能,为处理性能管理活动变更系统运行模式。

5) 安全管理

安全管理的目的是支持和维持使用安全策略。

安全管理的功能包括:创建、修改、删除以及控制安全服务和机制,发布安全相关信息,报告安全相关事故。

3. OSI 安全管理

OSI 安全管理包括与 OSI 有关的安全管理和 OSI 管理的安全。OSI 安全管理本身不是正常的业务应用通信,但它是支持与控制这些通信的安全所必需的活动。

OSI 安全管理涉及 OSI 安全服务的管理与安全机制的管理。这种管理要求给这些安全服务和机制分配管理信息,并收集与这些服务和机制运行有关的信息,例如密钥分配、设置行政管理强制要求的安全参数、报告正常与异常的安全事件以及安全服务的激活与停止等。OSI 安全管理并不保证在调用特定安全服务协议中传递与安全有关的信息,这些信息的安全由安全服务提供。

由分布式开放系统的行政管理强制要求的安全策略可以是各种各样的,OSI 安全管理应该支持这些策略。

OSI 安全管理活动可以分为 4 类:系统安全管理、安全服务管理、安全机制管理和 OSI 管理的安全。

1) 系统安全管理

系统安全管理的典型活动包括:总体安全策略的管理,OSI 安全环境之间的安全信息交换,安全服务管理和安全机制管理的交互作用,安全事件的管理,安全审计管理,安全恢复管理。

2) 安全服务管理

安全服务管理涉及对具体安全服务功能的管理。其典型活动包括:对某种安全服务定义其安全目标,指定安全服务可使用的安全机制,通过适当的安全机制管理及调动需要的安全机制,系统安全管理以及安全机制管理相互作用。

3) 安全机制管理

安全机制管理涉及对具体安全机制的管理。其典型活动包括密钥管理、加密管理、数字签名管理、访问控制管理、数据完整性管理、鉴别管理、业务流填充管理。

4) OSI 管理的安全

OSI 管理的安全包括所有 OSI 管理功能的安全以及 OSI 管理信息的通信安全,它们是 OSI 安全的重要组成部分。这一类安全管理将借助于对 OSI 安全服务和机制作适当的选取,确保 OSI 管理协议和信息获得足够的保护。

8.2.6 信息安全组织架构

信息安全组织架构中包括两类机构:一类是行政管理、协调类型的机构;另一类是技术服务、应急响应和技术支持类型的管理机构。

在组织内部,组织的管理者应当负责信息安全相关事务的决策。一个规范的信息安全管理体系必须明确指出组织管理层应当负责相关信息安全管理体系的决策,同时,这个体系也应当能够反映这种决策,并且在运行过程中能够提供证据证明其有效性。

因此,组织内部建立信息安全管理体系的项目应该由质量管理负责人或者其他负责机构内部重大职能的负责人主持。同时,应建立信息安全管理委员会对信息安全政策进行审批,对安全权责进行分配,并协调组织内部安全的实施。如有必要,在组织内部设立特别信息安全顾问并指定相应人选。同时,要设立外部安全顾问,以便跟踪行业走向,监视安全标准和评估手段,并在发生安全事故时建立恰当的联络渠道。在此方面,应鼓励跨学科的信息安全安排,例如,在管理负责人、用户、程序管理员、应用软件设计师、审计人员和保安人员间开展合作和协调,或在保险和风险管理两个学科领域间进行专业交流。

信息安全是管理团队各成员共同承担的责任。因此,有必要建立一个信息安全管理委员会以确保信息安全方面的工作指导得力、管理有方。该委员会旨在通过适当的承诺和合理的资源分配提高组织内部的安全。它可以是现有管理机构的一部分,主要行使的职能包括:审查并批准信息安全政策和总体权责,监督信息资产面临的威胁出现的重大变化,审查并监督安全事故处理,批准加强信息安全的重大举措。

在较大的组织内,有必要建立一个由各个部门管理代表组成的跨功能信息安全委员会以协调信息安全的实施。其功能包括:批准组织内信息安全方面的人事安排和权责分配;批准信息安全的具体方法和流程,如风险评估、安全分类体系等;批准并支持组织内部信息安全方面的提议,如安全意识课程等;确保安全成为信息计划程序的一部分;针对新系统或服务,评估其在信息安全方面的充足程度并协调其实施;评定信息安全事故;在组织范围内提供对信息安全的支持。

信息安全政策应当提供组织内安全人事和权责分配方面的具体指导原则,并针对具体的地点、系统或服务的不同予以补充说明。对各项有形资产、信息资产及安全程序所在方应当承担的责任,如持续运营计划,也要加以明确定义。

在某些组织内,需任命一名专职的信息安全负责人负责发展实施安全,支持制定管控手段方面的有关事宜。但是,涉及资源分派和实施管控的事务仍应交由部门管理者负责。通常的做法是为每项信息资产都指定一个负责人,由他时时负责资产的日常安全。信息资产的负责人可将其安全权责委托给各部负责人或服务提供方代理,但他对资产的安全仍负有最终的责任,并要求能确认代理权没有被滥用或误用。

许多组织可能需要专业信息安全顾问。此职位最好由组织内部资深信息安全顾问担当。但不是所有组织都会聘用专业信息安全顾问。组织可以指定具体的人负责协调单位内部信息安全知识与经验方面的统一,以及辅助该方面的决策。担此职务的人要和组织外部专家保持联系,能提出自己经验以外的建议。

信息安全顾问或相应的外部联络人员的任务是根据自己的或组织外部的经验,就信息安全的所有方面提出建议。他们对安全威胁的评估及提出的管控建议的质量决定了组织信息安全的有效性。为使其建议的有效性最大化,应允许他们接触组织管理的各个方面。如果怀疑组织内部出现安全事故或漏洞,应尽早向信息安全顾问咨询,以获得专家指导或调查资源。尽管多数组织内部安全调查通常是在管理控制下进行的,但仍可以委托信息安全顾问提出建议,由其领导或实施调查。

信息安全政策文件规定了信息安全的政策和权责。对其实施的审核应独立开展,确保组织的做法恰当地反映了政策的要求,并确保实施方面的可行性和有效性。此类审核可由组织内部审计部门开展,也可由独立经理人或专门从事审核的第三方组织开展,只要这些人员具有适当的技能和经验即可。

8.3 管理要素与管理模型

8.3.1 概述

1. 信息安全管理活动

信息安全管理活动的内容如下:

(1) 决定组织的信息系统安全目标、方针和策略。

(2) 识别和分配组织内的角色和任务。

(3) 风险管理,包括识别和评估被保护资源的分布及其价值、被保护资源的脆弱性、被保护资源的潜在威胁、对组织的不利影响、风险及其强度值、安全需求(即通过降低、转移和规避风险等方法对抗风险的需求)、残留风险以及可接受风险值以及适当的安全保护措施,约束条件包括法律法规、技术规范、社会和企业文化、外部物理和人文环境等。

(4) 监管,具体包括决定安全事件的检测和响应机制以及控制组织的信息系统安全态势。

(5) 配置管理,具体包括选取和配置组织的信息系统的安全措施以及配置安全设备和重要资源的默认系统参数。

(6) 变更管理。

(7) 制订安全事件处理计划和灾难恢复计划。

(8) 规划和开发高安全意识的计划并开展训练。

(9) 其他活动,如系统维护、安全审计、过程监理。

2. 安全目标、方针和策略

一个组织的安全目标、方针和策略是有效管理组织内信息安全的基础。它们支持组织的活动并保证安全措施间的一致性。安全目标表述的是信息系统安全要达到的目的,安全方针是达到这些安全目标的方法和途径,安全策略则是达到安全目标所采取的规则和措施。

安全目标、方针和策略的确定可以从组织的领导层到操作层分层次地进行。它们应该反映组织的行政管理对信息系统的强制性安全要求,并且考虑各种来自组织内外的约束,如国家法律法规、技术规范、社会文化及意识形态、组织的企业文化等,保证在各个层次上和各个层次之间的一致性。还应该根据定期的安全性评审(如风险评估、安全评估)结果以及业务目标的变化进行更新。

一个组织的安全策略由该组织的安全规划和指令组成。这些安全策略必须反映更广泛的组织策略,包括每个人的权利、合法的要求以及各种技术标准。

一个信息系统的安全策略必须使包含在组织的安全策略之中的安全规划和适用于该组织信息系统安全的指令相一致。

信息系统的安全目标、方针和策略用安全术语表达,也可能需要使用某些数学语言以更加形式化的方式表达。这些表达的内容涉及信息系统及其资源的属性,如机密性、完整性、可用性、抗抵赖性、可确认(审查)性、真实性和可靠性。

安全目标、方针和策略将为组织的信息系统建立安全的等级、可接受风险的阈值(等级水平)以及组织的安全需求。

8.3.2 与安全管理相关的要素

与安全管理相关的要素主要包括资产、脆弱性、威胁、影响、风险、残留风险、安全措施以及约束。

1. 资产

组织在保障信息安全的过程中,首先应清晰地识别其资产。资产是指任何对组织有价值的东西。在信息安全管理体系中,要保护、管理的是信息资产的安全,但信息资产要发挥效能,还要包括信息资产制造、存储、传输、处理、销毁等辅助资产。

与信息系统相关的主要资产类型如下:

(1) 信息资产,包括数据库和数据文件、合同和协议、系统文件、研究信息、用户手册、培训材料、操作或支持程序、业务连续性计划、后备运行安排、审计记录、归档的信息。

(2) 软件资产,包括应用软件、系统软件、开发工具和实用程序。

(3) 物理资产,包括计算机设备、通信设备、可移动媒体和其他设备。

(4) 服务,包括计算和通信服务以及通用公用事业(例如供暖、照明、能源、空调)。

(5) 人员及其资格、技能和经验。

(6) 无形资产,如组织的声誉和形象。

信息安全资产管理的基本流程如下:

(1) 明确什么是信息资产。

(2) 资产识别。

(3) 资产评价。

(4) 资产风险评估。

(5) 资产管理。

2. 脆弱性

脆弱性是指在信息系统的管理控制、物理设计、内部控制或实现中可能被攻击者利用以获得未授权的信息或破坏关键处理的弱点。

脆弱性是信息系统中的资产自身存在的,它可以被威胁利用,造成资产或商业目标的损害。脆弱性包括物理环境、机构、过程、人员、管理、配置、硬件、软件和信息等各种资产的脆弱性。

脆弱性识别可通过脆弱性评估完成,脆弱性识别将针对每一项需要保护的信息资产,找出每一种威胁所能利用的脆弱性,并对脆弱性的严重程度进行评估,为其赋予相对等级值。脆弱性识别所采用的主要方法包括问卷调查、人员问询、工具扫描、手动检查、文档审查、渗透测试等。

3. 威胁

威胁是指能够通过未授权访问、毁坏、揭露、数据修改和/或拒绝服务对信息系统造成潜在危害的任何环境或事件。无论多么安全的资产保护系统,威胁都是一个客观存在的事物,它是评估资产重要与否的重要因素之一。

威胁是由多个威胁要素组成的,因此从不同的视角看,威胁有不同的分类方式。

从威胁源主体角度可将威胁分为以下 3 类:

(1) 自然威胁,包括洪水、地震、龙卷风、山崩、雪崩、电力风暴以及其他此类事件。

(2) 人员威胁,是指由人产生或激活的威胁,例如无意行动(偶然的数据访问、误操作等)或有意的行动(基于网络的攻击、恶意软件上传和机密数据的非授权访问等)。

(3) 环境威胁,包括长期电力故障、污染、化学和液体泄漏。

从攻击方式角度可将威胁分为内部人员攻击、被动攻击、主动攻击、物理邻近攻击、分发攻击。

从威胁造成的影响结果角度可将威胁分为影响结果可忽略的威胁、造成一定影响的威胁、造成严重影响的威胁和造成异常严重影响的威胁。

4. 影响

影响是一个有害事件所造成的后果。事件由蓄意的或者偶然的原因引起,可以对资产造成损害。事件的直接结果可能是破坏某些资产,毁坏信息系统,以及丧失机密性、完整性、可用性、抗抵赖性、可确认性、真实性和可靠性等,可能的影响包括资产的流失、市场份额的丢失或公司形象损坏。对影响的评估需要在有害事件的后果与阻止这些有害事件所需的费用之间进行权衡。有害事件发生的频度也是评估影响的重要因素。特别是在单个事件引起的危害较低,但多个事件所积累的危害较大时,需要考虑事件的发生频度。对影响的评估是风险评估和安全措施选择的重要基础性工作。

有很多方法可以对影响进行定性和定量的度量。例如,可以进行财务成本核算;也可以对其严重程度设定一个经验标度,或者进行数值化表示;还可以使用预定义的形容词表示影响的程度,如低、中、高等。

5. 风险

风险主要通过分析和评估威胁利用资产的脆弱性对组织的信息系统造成危害的成功可能性以及危害的后果衡量。因此,风险由威胁发生的可能性、威胁导致的不利影响以及影响的严重程度共同决定。

风险评估就是对组织的信息系统的威胁、影响、脆弱性及三者发生的可能性的评估。它是确认安全风险及其大小的过程,即利用定性或定量的方法,借助于风险评估工具,确定信息资产的风险等级和优先风险控制。风险评估是风险管理最根本的依据,是对现有系统的安全性进行分析的第一手资料,也是信息安全领域内最重要的内容之一。

对信息系统进行风险评估时应考虑的因素包括信息系统的资产及其价值、对资产的威胁及其危害性、资产的脆弱性、已有的安全控制措施。

6. 残留风险

通常情况下,通过安全措施的配置,信息系统的风险可以被消除、降低或者转移。一般来说,要消除的风险越多,需要的开销也就越大。实际上,信息系统通常都会存在残留风险,但是要保证残留风险对信息系统业务的影响是可容忍的。因此,信息系统安全的方法不是追求零风险,而在于获得适度的安全等级,或者将风险降低到可以接受的程度。判断现有的安全措施是否充分的主要依据就是残留风险是否是可接受的。

管理者应该能够意识到残留风险可能带来的影响以及发生某些事件的可能性。是否接受残留风险是由具有一定经验和职位的管理者决定的,管理者将承担由于有害事件发生而造成危害的责任。而当该系统不能接受这种等级的残留风险时,管理者应该授权实施附加的安全措施或者调整安全策略。

7. 安全措施

安全措施是一系列技术和管理的实践、过程或者机制,用来减小信息系统的脆弱性,对抗威胁,限制有害事件的发生和影响,检测有害事件和促进恢复活动。有效的安全保护通常需要结合使用多种不同的安全措施,为资产提供充分的一层或者多层安全保护。

安全措施对于信息系统安全保障的作用和功能如下:

(1)防范不期望的事件或者行为发生。
(2)威慑蓄意或者有敌意的入侵、攻击和破坏企图。
(3)检测入侵和攻击行为、事件并发出告警和预警。
(4)限制不期望事件的影响。
(5)修正已有的安全措施,使之满足安全需求。
(6)恢复设备或者系统的正常运行能力。
(7)监视信息系统关键业务设施的安全运行态势。
(8)增强与信息系统有关的各层次人员的安全意识。

选择合适的安全措施对于正确实施安全解决方案是极其重要的。在安全措施的选择上,应当考虑资产所要求的保障程度、安全措施的实施成本、实施的难易程度、法律法规的要求、客户及合同要求。

8. 约束

约束通常由组织的管理者根据国家法律和系统的具体情况设定,并且受到组织的运行环境影响。常见的约束包括组织的结构和机构、业务运行流程、业务计划及其执行、环境、员工素质、时间段或者周期、法律规定及强制程度、技术先进性与成熟度、文化社会背景等。

当选择并实现安全措施的时候,应该定期复核现有的或者新的约束,并识别约束发生的变化。约束可能随着时间、位置、社会环境和组织文化的变化而变化。组织运行的环境和企业文化将对一些安全要素,特别是对资产的脆弱性以及威胁和安全措施产生影响。

8.3.3 管理模型

信息安全管理有多种模型，各种模型是从不同角度构建的，有各自的优缺点。这些模型所提出的概念都有利于人们理解信息安全管理的理论和实践。归纳起来，有4类信息安全管理模型，分别是安全要素关系模型、风险管理关系模型、基于过程的信息安全管理模型、规划-实施-检测-改进（Plan-Do-Check-Act，PDCA）模型。

这些模型和组织的业务目标一起可以形成组织的信息安全目标、方针和策略。信息安全目标就是保证组织能够安全地运行，并且将风险控制在可以接受的水平。任何安全措施都不是万能的，即它们不是对任何风险都完全有效，因此需要规划和实施在意外事件发生后的恢复计划，以及构建可将损坏程度限制在一定范围内的安全体系。

1. 安全要素关系模型

信息系统安全是一个能从不同角度观察和研究的多维问题。为了确定和实现一个全局的、一致的信息安全方针和策略，一个组织应该考虑与之相关的所有方面的问题。

安全要素关系模型如图8-1所示，资产可能受到大量的潜在威胁的影响，一般情况下，这些威胁的集合总是随着时间变化的，并且只有部分威胁是已知的。这一模型表示的含义如下：

（1）环境，包含约束和威胁，它们是不断变化的并且只有部分是已知的。
（2）应该给予保护的组织资产。
（3）这些需保护的资产存在的脆弱性。
（4）为保护资产和降低风险所选择的安全措施。
（5）缓解风险的安全措施。
（6）组织可接受的残留风险。

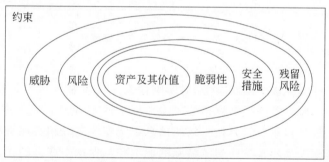

图8-1 安全要素关系模型

如图8-1所示，一些安全措施可以在减轻与多种威胁和脆弱性相关联的风险中起到作用。有时需要多种安全措施才能保证残留风险是可接受的。在残留风险可接受的情况下，即使出现预期的威胁，也没有必要采取进一步的安全措施。另外，在一些情况下可以存在某种脆弱性，但没有已知的威胁利用该脆弱性。信息系统可以实施一些安全措施监视威胁环境，以确保没有威胁能够利用该系统的脆弱性。而约束将影响安全措施的选择。

2. 风险管理关系模型

信息系统的资产，如硬件、软件、通信服务，尤其是信息体等对组织业务的正常运行非常重要。这些对组织有价值的资产均有可能存在风险，如信息的未授权泄露、修改、抵赖以及信息或服务的不可用或者丧失。对这些风险,首先要识别出资产的真实价值,然后要考虑哪些威胁可能造成影响以及造成的影响可能有多大,还要考虑有哪些脆弱性可能会被这些威胁利用以造成影响。根据资产的价值、脆弱性的严重程度以及威胁的等级确定出风险的大小。对风险的识别和度量能够导出整个系统的保护需求,保护需求通过安全措施的实施满足。多重实现的安全措施可以对抗威胁并减少风险。图 8-2 给出了风险管理关系模型。

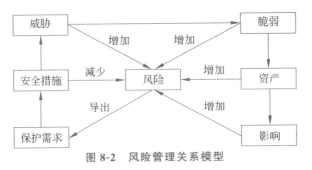

图 8-2　风险管理关系模型

3. 基于过程的信息安全管理模型

信息安全管理是一个由多个子过程组成的不间断过程。其中一些过程,如配置管理和变更管理,可以用来控制安全以外的其他过程。风险管理过程及其风险分析子过程在信息安全管理中有着极其重要的作用。图 8-3 给出了基于过程的信息安全管理模型。

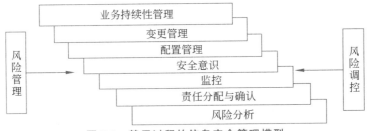

图 8-3　基于过程的信息安全管理模型

1) 风险管理

风险管理是在基本可接受的成本下,对影响信息系统安全的风险进行识别、监控、最小化或者消除的过程。风险管理根据评估的风险对保护收益和保护成本进行比较,从而导出与组织的信息安全策略和业务目标相一致的信息系统安全方针和实现机制。需要综合考虑不同类型的安全措施以及配置这些安全措施的成本和从保护中获得的收益之间的平衡。安全措施的选择与风险有关。可接受的残留风险的等级是风险评估的基准。重要的是,在识别和实施安全措施时所耗费的最小成本和组织所拥有的资产之间取得平衡是保证所有系统都得到适度保护的前提。

风险管理是一个渐进的过程。对于新系统或者计划阶段的系统来说,风险管理应该贯穿到系统的设计和开发过程中。对于已经存在的系统,应该适时引入风险管理。而当计划对系统进行重大变更时,风险管理应该成为变更计划的一个重要组成部分。风险管理应该考虑一个组织中的所有系统,而不应该孤立地应用到某一个系统,同时应该注意到安全措施本身也可能包含脆弱性,进而可能导致新的风险。因此,选择安全措施必须小心,在做到减少现存风险的同时尽量不引入新的风险。

2）风险分析

风险分析是对那些需要被控制或者被接受的风险进行识别。信息系统的风险分析涉及资产价值、脆弱性和威胁的分析。风险是通过资产的机密性、完整性、可用性、可靠性、真实性、抗抵赖性以及可确认性的可能损害进行识别和分析的。

3）责任分配与确认

责任分配与确认是风险管理中的一个有效措施，它可以明白无误地对责任进行分配并确定责任者。责任需要分配给信息系统的资产所有者、管理者、供应商和使用者，并能在需要时给予确认。因此，根据资产的所有者和相关安全责任，加上对安全行为的审计，可以落实并追究安全事件的责任，以此增强相关人员的安全意识，并对恶意行为人形成威慑，这对于信息系统的安全来说非常重要。

4）监控

监控是安全措施实施本身所需要的，它能确保安全功能正常发挥作用，并且在安全设备运行期间，当环境改变后，仍然能够维持设计的效能。系统日志的自动收集和分析是帮助系统性能达到预期效果的有效工具。这些工具也可以用来检测有害的事件，它们的使用可以对某些潜在的威胁起到威慑的作用。

需要定期验证安全措施是否有效。通过监控和安全效能符合性检测可以实现安全措施如期望的那样正常发挥效能。很多安全措施会产生输出，如日志、报警信息等。通过检验这些输出可以发现安全事件和分析潜在的安全事件。系统审计功能可以在安全方面提供有用信息，并能提供监控所需的输入信息。

5）安全意识

安全意识是确保信息系统安全所需的基本要素。组织中有关人员缺乏安全意识和存在陈规陋习都会在相当大的程度上降低安全措施的有效性或者引发风险。一个组织中的个体通常是安全链条中的薄弱环节之一。为了确保组织中每个人都有足够的安全意识，非常有必要建立和维持有效的安全意识规程和培训。这个规程的主要目的是向组织内部人员、合作伙伴和供应商阐明以下 3 方面：一是安全目标、安全方针和策略；二是与他们相关的角色和责任的安全需求；三是在职业道德和行政、技术规范上需要养成的良好习惯和必须遵从的行为规范。

此外，组织制定的规程还应该明确规范内部人员、合作伙伴和供应商在安全体系中承担的安全责任和义务。

应该使组织内从高层管理人员到负责日常活动的每个人知道并落实安全意识和规程。通常需要针对组织中不同部门的人、不同角色以及负有不同责任的人员，开发和提交不同的安全规程和培训资料。一个合理的综合安全意识规程是分阶段开发和提交的。每个阶段以前面的经验为基础，从安全的概念开始，最终明确如何解决执行与监控安全的责任问题。

组织内的安全意识规程可以包括各种各样的活动。其中，一个活动是安全意识规程和材料的开发和发布；另一个活动是举办相应的培训，对员工有针对性地进行安全意识培训。另外，培训课程还应该提供若干种特定安全专题方面的具有专业水平的教育。一般来说，在业务培训计划中加入安全意识培训的内容是行之有效的。

对于安全意识规程的开发，需要考虑到需求分析、安全意识规程的具体内容、规程的提交以及对安全意识规程执行情况的监控。

6）配置管理

配置管理或控制是启动并维持系统配置的过程,这一过程能够以正式或者非正式的方式完成。配置管理的基本安全目标是确保及时得到更新的系统配置文件,并以不降低安全措施效能和组织整体安全的方式对已经批准的系统变更进行管理。

7）变更管理

当一个信息系统发生变更时,变更管理用来帮助识别新的安全需求。信息系统及其运营环境经常发生变化,这些变化或者是由新的信息系统特性和服务带来的,或者是因为发现了新的脆弱性和威胁。

信息系统变更包括新的程序、新的特性、软件升级、硬件更换、新增用户(包括外部组和匿名组)、增加子网和外部网络连接等内容。

当信息系统发生变动或者计划变动信息系统时,重要的是要确定这些变动会对系统的安全带来什么影响。如果由配置控制中心或者其他组织机构管理系统的技术变动,那么应该指定信息系统安全管理者并赋予相应的职责,以便对这些变更是否会影响系统的安全以及会有什么影响作出判断。在某些情况下,需要对变动可能降低系统安全的理由进行分析。这时往往需要评估安全性降低的程度,并基于所有有关的事实作出管理决策。也就是说,改变一个系统需要适时地考虑对安全的影响。对于涉及购买的新硬件、软件或服务的重大改变,需要分析以确定新的安全需求。另一方面,许多变动只会造成小的系统性能变化,不需要像大变动一样进行深入分析。然而,不管系统变动大小,都需要对系统进行风险评估,确保保护的收益和保护的成本之间的平衡。

8）业务持续性管理

业务持续性管理是不断发展和维持业务的管理过程。业务持续性管理为确保业务的连续运营而提供进程和资源的持续可用性。业务持续性管理包括应急计划和灾难恢复。

应急计划是当信息系统运行和支持能力降低或者不可用时维持基本运营业务的保证。这些计划应该涉及各种可能的情况,包括:规定各种业务中断的时间长度,预估不同类型设备的损失,估计的房产以及其附属建筑物的总损失,恢复到损坏发生前的状态。

灾难恢复计划描述怎样恢复受有害事件影响的信息系统的运行。包括:指定灾难的识别准则,激活恢复计划的职责,各种恢复活动的职责,恢复活动的过程描述,测试恢复计划是否有效等。

9）风险调控

风险调控过程贯穿于安全工程的整个生命周期,图 8-4 给出了风险调控流程。

4. PDCA 模型

PDCA(规划-实施-检测-改进)模型如图 8-5 所示,其中 ISMS(Information Security Management System)表示信息安全管理体系。

PDCA 模型中的各个模块功能具体描述如下。

(1) 规划,即建立 ISMS 的结构关系。建立与信息安全相关的安全目标、安全方针、安全策略、安全过程和安全规程,提交与组织的整体目标和方针相一致的文档。

(2) 实施,即设计和实现。对过程管理程序进行设计和实现。

(3) 检测,即监控和审核。根据安全目标、方针、策略和运行实践度量和评估过程管理的性能,并把结果报告给决策者。

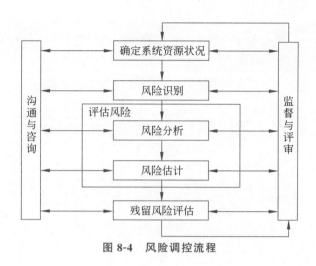

图 8-4　风险调控流程

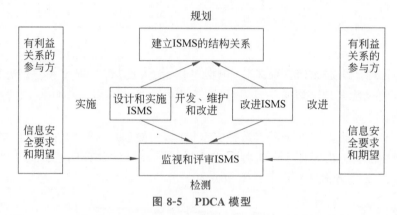

图 8-5　PDCA 模型

(4) 改进，即进一步改善过程管理的性能。

结合 PDCA 模型，可以将客户方的 ISO/IEC 27001 信息安全管理体系实施过程划分成准备（Preparation）、实现（Realization）、运行（Operation）、认证（Certification）4 个阶段，即 PROC 模型，如图 8-6 所示，能够更富有成效地帮助组织顺利完成信息安全管理体系建设和认证工作。

建立一个信息安全管理体系需要 6 个步骤。

(1) 制定信息安全管理策略。考虑所有的信息资产以及它们对组织的价值，然后设置一个可以用来识别信息重要程度以及理由的策略。从实践的观点看，只有那些具有重要价值的信息才需要得到关注。

(2) 确定管理的范围。排除低价值的信息，确定整个组织所关心的信息种类或者信息体。在这种情况下，需要考虑所有的信息系统资源和它的外部接口资源以及通信电子表格、文件柜、电话交流、公共关系等范围之内的信息，或者将注意力集中在特定的面向用户的系统资源上。

(3) 风险评估。判断资产损失的风险。要考虑影响风险的各个方面，极端情况还要考虑技术的复杂性、开发新技术及其业务压力、工业间谍活动和信息战等方面对风险评估的影响。

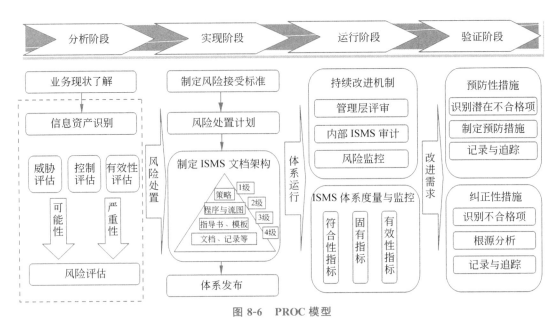

图 8-6　PROC 模型

（4）风险管理。决定如何管理风险，包括对技术、人员、管理程序和物理方面的因素以及保险合同等的风险管理。风险一旦发生，需要想办法抑制或者减小危害，更需要一个有效的可持续计划。

（5）选择安全措施。按安全需求选择安全措施，例如选择合适的管理风险的方法。

（6）可用性说明。需要证实所选择的安全措施的充分性并证明它们的正当性，还要说明没有被选中的安全措施是与本项目不相关的。

8.3.4　风险评估

信息安全风险评估工作是信息安全建设的起点和基础，为建立系统安全体系、评价系统安全等级、确定安全风险决策和组织平衡安全投入提供了重要依据，成为目前急需解决的首要任务。但是，风险是客观存在的，由于信息系统的复杂性、安全事件发生的不确定性以及信息技术发展的局限性，使得试图通过消除风险的方式实现对信息系统的安全保护并完全避免风险是不可能的。信息系统不存在绝对的安全，风险无处不在。因此，在风险管理过程中，在安全事件的发生和影响可控的前提下，接受风险事件的存在，最终达到通过建立相应的安全策略将风险降低到可接受的范围。

信息安全风险评估是依照科学的风险管理程序和方法，充分地对组成系统的各部分所面临的危险因素进行分析评价，针对系统存在的安全问题，根据系统对其自身的安全需求，提出有效的安全措施，达到最大限度减少风险、降低危害和确保系统安全运行的目的。

美国是最早开展信息安全风险评估研究的国家，在风险评估研究方面具有丰富的工作经验，长期引领着国际信息安全技术的发展，其风险评估标准化研究大体经历了分别以计算机、网络、信息基础设施为基础的 3 个阶段。

1985 年发布的《可信计算机系统评估准则》（TCSEC）是历史上的第一个安全评估标准，随着信息技术和安全技术的发展，信息安全评测标准也在逐年扩充。近年来，美国国家标准与技术研究院（NIST）在信息安全方面为政府及商业机构提供了诸多信息安全管理的标准规范,目前,美国信息安全遵循的主要标准基本上以 NIST SP 800 系列等为核心。

欧洲各国在信息安全风险评估管理方面更注重加强信息系统的防御能力。由英国标准化协会(BSI)颁布的《信息安全管理指南》(即 BS 7799 标准)是国际上有代表性的信息安全管理体系标准。欧洲四国(英、法、德、荷)连同美国以及国际标准化组织联合发布了《信息技术安全性评估通用准则》,即 ISO/IEC 15408。

我国对信息系统风险评估的研究起步比较晚。随着对信息安全问题认识的逐步深化,我国信息安全建设已从最初的以信息保密为主要目的发展为对信息系统安全测评指南、信息安全产品认证标准等相关管理规范和技术标准的研究,先后出台了《信息安全评估指南》《信息安全风险管理指南》等一系列标准规范。GB/T 20948—2007《信息安全技术 信息安全风险评估规范》于 2007 年 11 月正式实施,标志着我国信息安全风险评估进入了规范化阶段。

下面简要介绍几种国内外具有代表性的信息安全风险评估标准。

1. TCSEC

可信计算机系统评估准则(TCSEC)于 1970 年由美国国防科学委员会提出,最初仅应用于军事领域。1985 年,美国国防部公布了《可信计算机系统评估准则》,并开始应用于民用领域。它是信息安全评估发展史上的首个安全评估标准,具有划时代的意义。TCSEC 中的安全评估准则主要是对计算机操作系统的评估,把保密作为其安全重点,这也与当时美国政府对军事计算机的安全需求有关。该标准将计算机系统安全划分为 7 个级别,分别对应于 4 个等级,是针对建立无漏洞和非入侵系统的需求而提出的分级标准,安全模式基于功能、角色、规则等空间概念,并不与时间相联系,仅以防护为目的。

2. NIST SP 800 系列

由负责为美国政治和商业机构提供信息安全管理相关规范的美国国家标准与技术研究院出版的 NIST SP 800 系列已形成了从计划、风险管理到安全意识培训、安全措施控制的一整套信息安全管理体系,相关标准有 SP 800-26《信息技术系统安全自评估指南》、SP 800-30《信息技术系统风险管理指南》、SP 800-34《信息技术系统应急计划指南》、SP 800-53《联邦信息系统推荐安全控制》、SP 800-60《信息系统与安全目标及风险级别对应指南》等。

3. BS 7799 信息安全管理标准

BS 7799 标准的前身是英国标准协会于 1993 年颁布的《信息安全管理实施细则》。1995 年首次出版了《信息安全管理实施细则》,提供了确定工商业信息系统安全所需控制范围的参考基准,是一套通用的安全控制措施。该标准于 2000 年通过国际标准化组织认证,2005 年改版并更名为 ISO/IEC 27002《信息技术 安全技术 信息安全管理实用规则》。1998 年公布了 BS 7799 标准的另一部分《信息安全管理体系规范》,提出了建立、实施和维护信息安全管理体系的控制要求,规定了信息安全管理体系要求与信息安全控制要求,可以作为一个正式认证方案的根据。BS 7799 标准已在国际上得到广泛的认可,是具有代表性的信息安全管理体系标准。

4. CC

《信息技术安全性评估通用准则》简称 CC。它是由美国、加拿大及欧洲四国的 7 个组织于 1993 年共同起草的国际互认的安全准则,是目前最全面的评估准则,已成为国际安全评估准则,1999 年被国际标准化组织批准为国际标准 ISO/IEC 15408—1999。我国将其等同采用之后颁为国家标准 GB/T 18336《信息技术 安全技术 信息技术安全性评估准则》。

CC 面向整个信息产品的生命周期,定义了评估信息技术产品与系统安全性所需要的基础准则,不仅考虑到保密性,还涉及可用性、完整性等多个方面,是度量信息技术安全性的基准,具有与之配套的评估方法。针对安全评估过程中评估对象的安全功能及与安全目标相应的安全保障措施,CC 提出了一组通用要求,将测评对象的安全保护分为 7 个等级,将安全保障要求分为 10 个大类。对于安全功能要求,定义了 7 个针对信息系统和 4 个确保自身安全的 11 个大类。

5.《信息安全技术 信息安全风险评估规范》

《信息安全技术 信息安全风险评估规范》GB/T 20984—2007 于 2007 年正式开始实施。该标准给出了风险要素的基本概念和各个要素之间的关系,详细规范了风险评估流程中风险识别、风险分析、风险计算等各个环节,以及在不同的信息系统生命周期风险评估实施的要点。

风险评估的过程包括风险评估准备、风险因素识别、风险程度分析和风险等级评价 4 个阶段。风险因素的识别方式包括文档审查、人员访谈、现场考察、辅助工具等。在风险因素识别的基础上,如何对风险进行度量一直是一个难点。图 8-7 给出了信息系统风险评估的基本流程。风险评估通过资产的识别与赋值、威胁评估、弱点评估、现有安全措施评估以及综合风险分析等环节,对系统当前的安全现状进行评价,为制定改善措施提供依据。

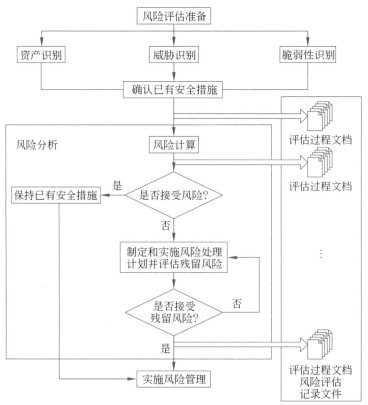

图 8-7 信息系统风险评估的基本流程

评估过程中涉及的主要文档包括设计的安全评估方案、评估调查表、信息系统风险分析报告等。风险评估时应考虑信息系统的资产及其价值、资产的脆弱性、对资产的威胁及其危害性、已采取的安全控制措施等主要因素。

风险评估的出发点就是对与风险有关的各因素的确认和分析。

评估风险有两个关键因素：一个是威胁对资产造成的影响，另一个是威胁发生的可能性。前者可以通过资产识别与评价进行确认，而后者还需要根据威胁评估、脆弱点评估、现有控制的评估进行认定。

威胁事件发生的可能性需要结合威胁源的内因、脆弱点和控制等外因综合评价。可以通过经验分析或者定性分析的方法确定每种威胁事件发生的可能性，例如以动机-能力矩阵评估威胁等级，以严重程度-暴露程度矩阵评估脆弱点等级。最终对威胁等级、弱点等级、控制等级进行三元分析，得到威胁事件真实发生的可能性。并且要结合组织的安全需求及对事件的控制能力分析威胁事件对信息系统可能造成的影响。然后，综合信息系统的关键资产、威胁因素、脆弱点、信息系统所采取的安全措施，结合事件影响评估信息系统面临的风险。

风险分析方法有许多种，有定性的、定量的以及定性与定量相结合的方法。

定性分析方法是一种典型的模糊分析方法，它可以快捷地对资源、威胁和脆弱性进行系统评估，并对现有的防范措施进行评价，从主观的角度对风险成分进行排序。在实际中常作为首选。这是因为定性分析方法比较简单，有利于理解和执行，免去了很多没有必要定量的威胁概率、影响以及成本的计算过程，而且这类方法能够提供对应该标明的关键风险区域的一般性识别。但是，利用定性分析法进行风险评估的过程和结果过于主观，没有为目标信息资产的价值创造一个客观的货币化基础，因而对价值的理解不能真实反映其风险价值。它没有提供安全措施的成本-效益分析，只能主观地识别问题。当所有的度量都是主观的时候，进行客观的风险管理是不可能的。此时，定量分析是很有必要的。

定量分析是按照设备的更新费用、每个资源的费用和每次威胁攻击的定量频次为资源、威胁和脆弱性提供的一套系统分析手段。定量分析所形成的量化值用来计算年度损失概率。定量分析法对风险的量化大大增加了与运营机制和各项规范、制度等紧密结合的可操作性。定量分析的目标能够更加具体、准确，其可信度显然会大大增加，这必将为应急计划的制订提供更可信赖的依据。然而，定量分析法同样也存在缺点：计算很复杂，如果它们不能被理解或不能很好地被理解，管理层将不会信任这一"黑箱"计算的结果；没有公认的自动工具和相关的知识支持，手工进行安全风险分析是不现实的，这将花费大量的时间；关于目标资产和信息系统网络环境的大量信息必须被收集。目前，定量分析并没有标准的、独立的相关知识作为基础，单独使用定量分析法也变得不现实。

通过上面的分析可以看到，定量分析是定性分析的基础和前提，定性分析只有建立在定量分析的基础上才能揭示客观事物的内在规律。定性分析则是形成概念和观点、作出判断、得出结论所必需的。

对信息系统进行风险评估是一项复杂的工作，涉及信息系统安全管理、技术、运行以及评估标准、评估实施等诸多方面，存在着管理者、供应商和用户等多角度的不同需求。信息系统风险评估还要随着网络的变化而不断地发展和完善。因此，信息系统的风险评估是一个循序渐进的过程。通过风险评估可以及时发现信息系统中存在的安全隐患，从而采取相应的安全措施，将风险控制在可接受的范围内，以减少各种风险对信息系统造成的损失。

8.4 身份管理

8.4.1 概述

随着互联网等现代通信技术的飞速发展和日益普及,我国的信息化建设越来越完善,电子政务、电子商务得到了迅猛的发展。各个现代企业也越来越重视网络信息系统的建设,各种电子邮件系统、网络办公、电子财务、人事管理等针对特定行业的业务系统的信息网络化发展速度飞快。经常进行的网络活动,例如发送电子邮件、进行个人或单位的报税、网上银行账户管理和交易、网上购物、在线电子游戏、网上办公系统的使用等,都需要通信双方之间或者通信一方向另一方发送相应的用户名、口令等身份信息,进行身份确认。由于互联网上针对同一个用户或者应用系统存在着大量不同类型的身份信息,同时,同一用户也会面对各种不同的应用场景。也就是说,当应用系统正常运营时,用户可能需要同时访问多个应用系统,并且有可能要经常访问应用系统中部分受保护的信息资源。为了简化用户身份信息的认证和管理,保证用户身份信息的保密性和应用系统的安全性,需要创建一个灵活的授权管理基础设施(Privilege Management Infrastructure, PMI)。

身份管理(Identity Management, IdM)从广义上讲应当包括用户的认证、授权,以及认证和授权之后相关信息的保存和管理。它必须灵活地支持已有的和被广泛使用的多种身份认证机制和协议,还要支持各种不同的应用和服务平台。身份管理的框架必须在用户、应用平台和网络需求中寻求某种平衡。这些网络需求对身份管理的设计有着深远的影响。此外,这还为各种身份管理系统的互联性提供了新的商机。

对企业用户来说,身份是访问组织内部不同服务的钥匙,保证了他们的效率。从信息安全的角度来看,身份则被视作需要保护的资产,同时也用于保护其他信息资源。身份管理的最佳定义是"用于保证身份完整性和隐私性,并确定如何将指令译为准入口令的商业流程、组织和技术"。这个定义强调身份管理在安全基础设施构建中所起的重要作用,身份是企业安全基础设施构建的重要元素,不论是在操作系统、网络、数据库还是在应用软件环境下,每个系统都需要一个特有的身份验证系统。在分立的环境中,这一身份创建过程可能需要跨多个系统,而每一个系统都有自己的身份验证方式,因此导致多用户身份混乱的情况。所以,身份管理不是一个单独的解决方法,而是一个商业流程和技术框架。

身份管理所涉及的用户身份生命周期主要包括账户建立、维护和撤销3部分。账户建立包括给用户建立账户并为其分配适当的级别以使其可以访问完成工作所需的资源;账户维护包括保持用户身份的更新、依据工作完成的需要适当调整用户可访问资源的级别,以及用户更改自身身份信息时不同系统之间进行同步修改;账户撤销是指在用户离开组织之后使用户账户及时失效,以实现对用户既有资源访问权限的回收。

目前实现的所有身份管理系统都包括请求(声明)流程和实体发出的一份声明,该实体可能是真正的人、法人或一个对象,这个对象是某种形式的身份信任方连同一个网络或信息和通信技服务,包括身份服务本身。信任方根据预期的安全等级做出与身份提供方(可能是信任方自己或是任何其他信任方)进行通信的决定,然后通过证书确认声明、标识符、特征和身份服务的其他模式。声明可能包含首选的确认或授权的表示,也可能是匿名的或者采用假名。因此,所有的要求似乎都涉及和支持一种公共的身份模式,对这个模式的具体描述将在后续章节中介绍。如果需要,这个模式会考虑身份服务的开放式供应,这个模式也通过受保护的、可信的能力包含在可信的身份管理平台中,这种保护和可信能力用于网络传输,就像现在的信令基础设施一样。

身份管理平台必须允许用户快速评估哪些信息将透露给哪一方做什么用途,如何才能信任这些缔约方,它们如何处理信息,发布的处理结果是什么。也就是说,这些工具应该包含用户提交一个同意通知。

目前的身份管理平台可以划分为存储信息、认证和授权、用户注册和登录、口令管理、审计、用户自助服务、集中管理和分级管理等功能模块。下面具体说明各个模块的作用。

(1) 存储信息。身份管理系统存储着资源所需的身份信息,包括应用(如商业应用、Web 应用、桌面应用)、数据库、设备、资源、群组、人员、策略(如安全策略、访问控制策略)、角色(如职位、职责、工作职能)。

(2) 认证和授权。身份管理系统同时对内部和外部用户进行认证和授权。当一个用户请求访问某个资源时,身份管理系统首先要对其进行认证,要求其提供证书,可能是以用户名和口令的形式,也可能是数字签名、智能卡或生物数据。当用户认证成功之后,身份管理系统根据用户身份和属性信息授予其适当的数据资源访问权限。访问控制组件将管理这个用户后续的认证和授权请求,这样大大减少了用户需要记忆的口令数量,也大大减少了用户登录操作的次数。这就是通常所说的单点登录或简单登录。身份管理系统的一个很现实和很容易为公众所接受和理解的好处就是对所有 Web 应用实现单点登录。

(3) 外部用户注册和登录。身份管理系统允许外部用户注册账户并登录以获得某种资源的访问权限。如果用户不能通过身份管理系统的认证,系统将允许其注册账户。一旦账户建立且认证成功,用户就必须通过登录获得请求资源的访问权限。登录进程可以是基于已有设置策略自动完成的,也可以由资源拥有者批准。只有在用户成功注册到身份管理系统并通过登录获得某种资源的访问权限之后,对请求资源的访问才被许可。

(4) 内部用户登录。身份管理系统允许内部用户登录以获得访问权限。与外部用户不同,内部用户没有注册的选项,因为内部用户的身份信息已经存在于身份管理系统中,而且其与系统内部信息交互的范围更大、频率更高。内部用户的具体登录进程与外部用户相同。

(5) 口令管理。身份管理系统具有口令管理功能,用户可以重置口令和在不同系统间同步口令,信息部门管理人员也可以在用户授权下重置其口令。

(6) 审计。身份管理系统可以使用户审计和权限审计更加容易和更加有效。一方面,可以通过查询身份管理系统对用户权限级别进行验证;另一方面,身份管理系统也给审计者提供授权资源的数据和用户及其权限精确的信息。

(7) 用户自助服务。身份管理系统允许用户维护自己的身份信息和执行一些常规的账户操作。例如,用户可以更新自己的通信信息,更改口令,或者在所有的系统中同步口令等。如果有必要,这些修改要经过确认之后才可以生效。生效之后,适当的授权资源才会得到更新。

(8) 集中管理。身份管理系统允许管理员集中管理多种身份。管理员既可以集中管理身份管理系统中的内容,也可以集中管理身份管理系统中的组织架构。

(9) 分级管理。身份管理系统允许分级管理,也就是说,管理员可以建立一些二级管理员账号,分别负责辖域内的身份管理任务。二级管理员不能修改组织架构,只能维护其辖域内的身份信息。

当前身份管理的重要性正逐渐受到重视,国内外对身份管理的研究总的来说正处于起步阶段。由于目前的工具、框架和标准还不成熟,部署全面的身份管理系统几乎是不可能的。但是仍然可以通过单点登录、双因素认证、自动配置和基于角色的访问控制等技术实现身份管理的某些功能。

8.4.2 身份和身份管理

在特定的背景中,一个请求/声明方实体的身份是被唯一确认的,即身份表示唯一的一个实体。广义的请求/声明方实体可以指自然人、法人(组织、公司)、物体(信息、系统、设备、智能卡、无线射频识别技术等)或它们的组合。身份管理是实体身份信息的安全管理。身份管理生命周期是身份管理的一部分,在该环节中请求/声明方实体可能被鉴别、传输,并在某些背景下与实体相关联,如图 8-8 所示。不同的实体特征形成不同背景下的身份,因此在不同的背景下,同一实体可能有不同的身份。例如,一个人可能有以下不同背景中的独立身份:与其生理特征相关的生物身份(如 DNA、指纹等);与一种或多种网络行为相关的一个或多个虚拟身份;与社会团体相关的社会身份;与特定情况下的法律权限和政府代理相关的法律身份。

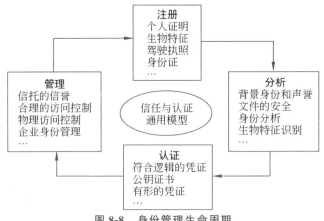

图 8-8 身份管理生命周期

1. 身份管理生命周期

身份(如实体)是一个临时性的概念,因此身份有一个可被管理的生命周期,包括建立、更改、延缓、废除、存档或重分配等环节。实体与身份是关联的,但这种关联可能随时改变。有些关联可能是正式的、特定的关系,如人、财产和财务账户能在一段时间内保持不变;有些关联则可能是非正式的、弱关联的、一对多或多对多的关系,而且是经常改变的。

2. 身份选择、提供及登记

根据不同的背景,身份可能被实体选择或由身份管理系统提供。例如,人们可能选择一个新的名称作为他们的账户名。一个企业内员工的电子邮件地址通常由身份管理系统(如员工的受雇企业或其邮件管理系统)选择。身份通常和其某些特征(如口令或认证的共享信息)一同被登记到身份管理系统中。实体身份标识的选择是由相关规定控制的。这些规定的作用是在其管理域内使用唯一的标识符与实体相关联。

1) 服务和资源的发现

信任方能在相关政策下发现其他被认证并能够提供身份信息的身份提供方的能力对于身份的登记和注册是至关重要的,这些信息包括接口特性、关联关系的动态注册和注销、认证、许可及特征。发现功能还包括通过 DNS 和其他机制发现身份资源,例如身份信息、关系和设备等。

2) 身份认证

身份认证是查证用户声明的身份并建立有效身份的过程。这一过程通常发生在为创建初始 IT 账户、发布初始证书、在生命周期中更新账户或证书时进行的登记之前。

(1) 登记和校验。初始身份登记和校验发生在为实体提供特权,连续创建 IT 账户、子账户或发布信任凭证之前。这一过程的复杂性变化很大,可能像允许实体选择一个未被使用的标识那样简单,也可能像要求用户提供外貌特征和他所拥有的官方凭证那样严格。其复杂性一般取决于为实体提供的特权的敏感程度。

(2) 正在进行的认证。对一个声明实体的确认是基于对被要求的安全等级的认证过程实现的。一旦基于声明身份的信任凭证被发布,无论它们何时被使用,都可能要求确认被实体使用的身份是不是分配给相应实体的。这种正在进行的认证过程使一个实体伪装成另一个实体进行欺骗的可能性很小。

(3) 相互认证。也称双向认证,是指通信双方彼此间的认证。在技术层面上,它是指请求/声明实体向信任方/服务方提供自己的认证信息,而信任方/服务方向实体提供自己的认证信息,这样双方都能够确认对方的身份。当然,还有一种信任关系较弱的单向认证,即实体向信任方/服务方提供自己的认证信息,而并不检验信任方/服务方是否可靠。网络应用正在不断增加,为了保护财产、个人信息及保障用户安全,网络自动地对那些需要接入网络的实体进行鉴别和证实。这些自动的认证方法面临前所未有的恶意攻击,目标指向个人和财务信息。同时,远程接入式的安全电子商务(包括银行、投资和其他财务活动)也面临恶意攻击的威胁。

业界最初研究操作策略、技术、标准、方针和工具是为了提高效率。这种效率表现在用户和服务方可以利用它们完成一系列需要验证的商业运作。出于这个初衷,一些技术被用于用户应用端的测试,但是更广泛的测试缺乏国际标准。业界更依赖先进的验证方法,广泛地部署那些非常复杂、没有任何标准、不成熟而且价格昂贵的设备。个人身份识别码、请求/声明实体名称和口令仍然是网络服务和个人财务服务中的主流认证技术。目前对业界来说,一个最主要的挑战是无法在一个可接受的级别上提供有效的双向认证技术。

为电子商务提供身份信息和鉴别系统的组织正在研究它们在身份管理和客户验证中应扮演的角色。可以提供安全可靠的双向认证的身份管理系统也正在开发,它必须标准化,以改进现在的基础设施以适应新的商机。

3. 身份绑定

身份和特征的绑定用于建立和保存实体标识符和实体其他信息(例如实体特性、身份地位或证书)间的关系。这种绑定可以方便处理对实体的一些特定操作,例如排队等待时的优先级。

4. 身份证明

实体的特征能被第三方所证实。这种通过身份和特征的组合（例如身份证）的证明可以被用于不知道对方实体但是却相信各自信任方的认证。

5. 身份变更

可能由于种种原因，身份需要变更，因此需要一个新的标识（如特征）。还有一种情况，身份变更是由于实体发现原来的身份标识已经被破坏，例如被泄露。

6. 解除绑定

解除绑定是指解除实体标识和身份信息（如实体特性、身份地位或证书）的关系。这种情况一般发生在实体丢失了某些特定的特性、身份地位或证书之后。

7. 身份注销

身份注销是指消除已提供或已选择的身份。注销通常是信任方对不安全的、被滥用的无效身份进行的。注销过程必须完全记录，以便审核和复查。所有与已建立的身份相关的系统和进程都必须被告知该身份已经被注销。注销及注销通知必须在实体得到授权后方可进行。注销请求是为了防止有潜在错误和不安全环境的身份继续被使用。如果注销处理不当，身份认证授权可能遭受潜在的重大威胁。

8. 身份数据模型

为了应对身份管理系统所面临的复杂挑战，首要任务是理解数字身份的概念以及它与身份信息间的关系。对用于传输的身份平台及其必须实现的各种安全等级而言，平台的每一部分都必须能够识别实体和实体信息，这一点至关重要。

一个实体，如一个人或组织，在给定情况下会有一个或多个身份。因此，对于一个给定的实体，数字身份定义了一系列特征（由特征和相关信息定义）以标明实体的不同方面。例如，作为一个人，Bob Smith 在公司有雇员的身份；作为一个实体，Bob Smith 有一个身份（身份标识符是他的 Email 地址和其他特征，比如职位、等级），这个身份有一个特定的背景（如 ACME 雇员系统）；类似地，对于政府来说，Bob Smith 有一个公民的身份等。对于给定实体，人、组织、物品是拥有数字身份的不同类型实体。例如，Bob Smith 是个人身份，ACME 航运公司是组织身份），手机设备以其 SIM 卡 ID 作为身份标识。

1) 数字身份

数字身份是特定个体、群体或组织身份信息的数字表示，也是一个实体有关其自己数字声明的集合或能被其他实体识别的数字身份。注意，这仅仅是一个实体声明的一个可能集合。它是现代社会用于完成基于身份交易行为的身份子集的特定表示。通常情况下，对于给定的任意数字实体，存在很多数字身份对其进行声明。

2) 属性

实体可以拥有不同的属性集合以区别不同的数字身份。这些属性可能是静态的（如眼睛的颜色、性别等），也可能是动态的（如地理位置、工作单位等）。其中的一些属性是同特定的环境相联系的（如名字、账户号码等），还有一些属性只能用于特定场景下的特定角色；当然，有些属性可以在不同的场景下共享。例如，Bob Smith 拥有 Email 地址、电话号码、护照、指纹数据等信息，这些信息可被他的公司、出入境管理局等不同机构所共享。

3) 数字声明

一份数字声明是由申请人的一个或一组特征值构成的，通常一份数字声明是需要确认的。此处的数字声明是指数字身份的一些属性。例如：
- 一份数字声明可能只表示一个标识符，例如一个学生的学生证号是490525。这是现在使用的身份系统的工作方式。
- 一份数字声明也可能是指主体有一个可以代表他的密钥，可以在数学上证明。
- 数字声明集可能表示个人标识信息，如名字、地址、籍贯、国籍等。
- 一份数字声明可能仅仅说明主体是一个确定的组群的一员，例如一个女孩未满16周岁。
- 一份数字声明可能说明主体有某种能力，例如按规则排序或更改一份文件。

4) 标识符

数字身份可以被一个或几个标识符标识，这些标识符仅仅是数字身份的其他一些特征，例如Email地址、名字的缩写等。一个身份可能含有多重证书。一个给定的证书可能只能确认一部分特征而不是全部特征(如口令只能说明有人以某个账号身份登录，而不能确认该人在现实中的身份)。这用于处理强认证情况。一些标识符是自我管理标识(用户通过实体正确操作)，一些标识符被分配给命名标识(如序列号)、系统标识(系统使用)。这些标识符必须能够唯一地识别一个给定的数字身份(如X.500这个名称)，这个标识符也可能是多重标识符，因此一个给定的数字身份至少有一个特征用于标识符。例如，对于Bob Smith，bobs这个标识符用于其公司的系统，bsmith@acme.com用于邮件系统，SSN用于社会管理系统，等等。

5) 账户

账户是另一种特别的数字身份特征。它的一个典型的请求/声明实体是一个公开的系统。例如，Bob Smith可能在多个系统里拥有账户，bobs用于AIX系统，bsmith用于消息库系统，等等。在这个例子中，Bob Smith、bobs、bsmith都是Bob的数字身份。身份提供了一个给定实体在一个时期内的描述。因此，身份在一个特定的环境中也被叫作账户，在本书中它们是同义词。

6) 证书

证书是另一种特别的数字身份特征，一个数字身份可能有多重证书。一个给定的证书只能确认一些特征而不是全部的特征。认证数据能帮助确认身份的正确性。认证数据种类有很多，例如口令、生物特征等，是一个实体所知道的(如口令、母亲姓氏等)、拥有的(智能卡、徽章等)和特有的(指纹、面部特征等)。基于身份信息的敏感性，一次处理必须附加安全需求。认证数据用于辨别身份和表征身份的特征。这些使得认证数据能帮助确认特征并作为一种强认证方法。

9. 身份关系

身份之间可能有很多种不同的关系，例如：
- 实体Bob Smith在ACME中可能拥有作为标识符的身份bob和身份bsmith，而且这两者可建立联系。
- 一个组织身份拥有员工的个人身份。
- 一个群组身份(如美国网球队)是与群组成员相关联的。
- 个人身份bsmith是与手机SIM卡号1234这一设备身份相关联的。

当然，在以上讨论中，实体的身份也是与给定场景相关联的。场景可能是一个企业、一个组织等。在这些例子中,场景可以被嵌套(一个企业有好多组织,并且企业或组织内部又有不同的系统),也可以通过其他方式相联系(例如,同一个人在员工系统和顾客系统中将分别作为员工和顾客),因此就要在身份和与它相关的场景之间建立某种关系,从而为该身份提供一个全面的信息。一个给定的物理实体可能拥有许多不同的身份,那么这些身份间的关系该如何进行管理呢?对一些环境,可以为其开辟单独空间进行管理;而对其余的情况,仍视其为身份,并考虑身份联合(不论在同一环境、企业或组织内部还是在它们之间)。

这种方法表明,一个实体不论在组织内部还是组织外部都拥有多重身份。这就意味着要对身份进行联合,从而得到给定实体的全面信息。这种方法便于把不同系统、不同平台的身份用同一技术途径进行管理。信任模式和存储将成为区分这两种情况的主要因素。

10. 群组和角色

对群组这一概念的理解可谓"仁者见仁,智者见智"。用户组是众所周知的一个概念,它提供了一种表示用户集合的方法(当然这是定义在特定环境下的)。在这种情况下,还有可能出现嵌套群组,即一个群组中包含其他的群组。给定的群组也有特征和标识符,因此也可以被看作一种身份。它可能在获取身份关系时涉及其他的身份。

在本章中,角色是指一个人在给定组织或给定环境中的责任。它可能分别为用户提供其享有的权利。因此,一个实体可能没有角色,也可能有多个角色。而这将取决于实体在生命周期中所处的位置。一个给定角色的范围是与适当的环境相联系的。一旦作为某个角色,一个身份就可能包含一些附加特征。因此,当一个角色被分配给某个身份时,这一角色的特征赋值也被赋予该身份;当该身份不再拥有这一角色时,角色的特征赋值也不再与该身份相关联。

8.4.3 ITU-T 身份管理模型

1. ITU-T 身份管理生态系统

身份管理(IdM)是实现大规模异构网络用户管理的一种网络安全新技术,它通过标识一个系统中的实体并将用户权限和相关约束条件与身份标识相关联,进而控制用户对于系统资源的访问。身份管理的目标是在提高效率和安全性的同时降低原有的管理用户及用户的身份、属性和信任证书的成本,保护用户的隐私,方便信息共享,提高组织运营的灵活性(例如企业兼并带来的系统整合问题可以因此大大简化)。

图 8-9 是目前被广泛使用的身份管理生态系统的基本模型,该模型给出了身份信息的交互传递过程。

通过对该系统进行分析可以发现,它存在以下缺陷:

(1) 各个服务提供方(Services Provider,SP)的身份管理服务器相互独立工作,用户无论向哪个 SP 请求服务,都要独立地提供数字身份,由 SP 进行验证和管理。随着 SP 的增多,用户需要记忆的口令也随之增多,并且需要安全地保存大量的 SP 提供的证书、智能卡等信任凭证,为身份信息的安全管理带来了不便。

(2) 当用户需要新的服务时,不得不重新填写大量重复的身份信息,同时,新的 SP 需要建设其专有的身份管理服务器,整体效率非常低且成本很高。

(3) 当多个用户或组织需要进行跨域访问时(当前商业和技术发展对此需求越来越迫切),现有的身份管理方法无法解决跨域身份的识别和授权问题。

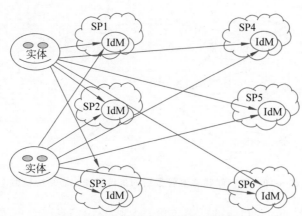

图 8-9　身份管理生态系统的基本模型

为了有效解决这些问题，国际电信联盟电信标准分局（ITU-T）于 2006 年 12 月组建身份管理焦点小组（Focus Group on Identity Management，FG IdM），并提出了全球兼容的联邦身份管理模型。所谓联邦，是指在 SP 间建立信任协议，基于密码学的信任关系，使用标识符或属性的统一与跨安全和策略域的无缝接合的互操作能力。联邦身份管理系统除了其他身份管理系统的目标之外，还要能够使认证和授权数据跨越 SP 的边界，使得在同一信任域内的 SP 间的身份信息可以自由互通，而不同信任域的身份信息也能相互传输。同时联邦身份管理不应该破坏现存的身份数据格式，而仅仅是将各种身份数据格式整合后进行统一管理。

ITU-T 提出的联邦身份管理应实现以下基本功能：

(1) 身份信息的管理，包括身份信息的登记、创建、保存和注销。

(2) 身份信息的关联，将实体的标识信息与身份相关联。

(3) 身份信息的认证，能够准确确认实体的身份。

(4) 身份信息的发现与桥接，能够发现新的身份信息，并与其他信任域相互通信。

(5) 身份信息的传输，保证身份信息传输的安全。

(6) 身份信息的审计与追踪，保存和追踪身份信息的使用记录，便于核查。

图 8-10 是实行联邦身份管理后的身份管理生态系统模型，从图 8-10 中可以看出，身份提供方（Identity Provider，IdP）从 SP 中独立出来，并与各个 SP 的身份服务器（ID Server）建立了一对多的关系。用户的身份信息是由 IdP 统一管理和认证的，各个 SP 的身份服务器负责转发实体的身份标识信息并从 IdP 接收确认信息和临时管理用户相关的身份信息。IdP 与各个 SP 的身份服务器共同组成了一个信任域（Circle of Trust，COT），身份信息在该信任域内能自由互通。一个信任域内必须包含一个或多个 IdP。而实体可以是用户、设备或组织，并不局限于人。

对比图 8-8 中的身份管理生态系统模型，可以看出 ITU-T 提出的全球兼容的联邦身份管理模型具有以下优点：

(1) 用户要访问不同的 SP 只需登录一次，并且只需与 IdP 进行一次认证，节省了时间，提高了效率。

(2) 增强了模型的整体安全性。由于一个用户只需记住一个口令，因此口令设计可以

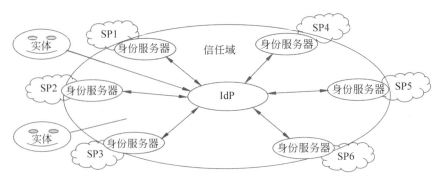

图 8-10 实行联邦身份管理后的身份管理生态系统模型

更复杂,以增加攻击者对用户口令的猜解难度,同时,身份信息的统一管理也方便管理员集中实施各种安全策略。

(3) 解决了身份信息的跨域传输问题,使得不同信任域间的身份信息可以相互传输。

2. 身份管理的流程

身份管理模型是由实体、服务提供方、身份提供方 3 个基本要素组成的。ITU-T 提出的身份管理模型分为信任域内的通信、信任域内的身份认证管理和跨信任域身份认证管理 3 部分。

信任域内身份认证管理的通信过程如图 8-11 所示。图 8-11 中的通信实体 SP 和 IdP 均处于同一个信任域内,它们之间的身份认证管理的通信过程如下:

(1) 实体向 SP 请求服务。

(2) SP 要求实体提供身份标识(如证书、生物特征、口令等)。

(3) 实体向 SP 提供身份标识。

(4) SP 根据实体提供的标识信息向相关 IdP 发出确认实体身份请求。

(5) IdP 确认实体身份后向 SP 返回响应。

(6) SP 根据响应决定是否向实体提供相应的服务。

在实体未请求服务时,实体身份应该处于未激活状态。当实体第一次完成确认之后,它的身份将保持激活状态,直到实体关闭所有的通信才转为未激活状态。当实体身份处于激活状态时,它向其他 SP 请求服务时就不需要再次提供身份标识,而是由 IdP 直接向 SP 确认用户身份。

图 8-12 表示跨信任域的身份认证管理的通信过程。当实体向处于另一个信任域的 SP 发送服务请求时,无法直接与保存实体身份信息的 IdP 通信。这就需要使用身份管理的发现与桥接功能,使得同信任域的 IdP 可以相互传输身份信息。

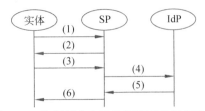

图 8-11 信任域内身份认证管理的通信过程

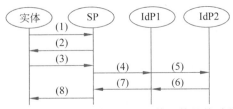

图 8-12 跨信任域的身份认证管理的通信过程

图 8-12 中的通信实体 SP 和 IdP1 处于同一个信任域内,而 IdP2 处于另一信任域内,它保存着实体的全部或部分身份信息。一次跨信任域的身份认证管理的通信过程如下:

(1) 实体向 SP 请求服务。
(2) SP 要求实体提供身份标识。
(3) 实体向 SP 提供身份标识。
(4) SP 根据实体提供的身价标识向 IdP1 发出确认用户身份请求。
(5) IdP1 无实体身份信息或实体身份信息不完整,则根据实体的标识信息发现并桥接另一信任域内的 IdP2,并发出通信请求。
(6) IdP2 响应 IdP1 的通信请求。
(7) IdP1 确认实体身份后向 SP 返回响应。
(8) SP 根据响应决定是否向实体提供相应的服务。

虽然同目前的身份管理通信模型相比,该通信模型增加了向 IdP 传输身份信息的过程,但是当服务增多的时候,实体不需要再次执行完整的通信过程,只需要以下两个步骤就可以完成通信。

(1) 通告 SP 身份已经验证成功,并提供相应的信息。
(2) SP 检验信息,根据结果决定是否提供服务。不需要实体再次输入其身份信息,大大简化了通信过程和用户管理身份信息的难度。

该模型是在各个网络通用的,在某些特定网络(如互联网)中用户可以直接与 IdP 通信。则以上两个通信过程中的步骤(3)和步骤(4)都可以合并为一步,即用户直接向 IdP 提供身份信息,达到简化通信过程的目的。

此外,该模型没有涉及安全结构,仅仅是使用 IdP 认证了用户身份,没有对 SP 进行认证,存在身份泄露的问题。同时,该模型也没有定义安全需求等级,当两个 SP 的安全需求等级不同时,通信问题仍然没有解决。

8.5 身份管理技术应用

目前较成熟的身份管理技术主要有微软公司的.NET Passport 单点登录系统(Single Sign On,SSO)和自由联盟工程(Liberty Alliance Project,LAP)。

8.5.1 .NET Passport

.NET Passport 是微软公司的单点登录系统,它提供了一种跨域在线验证用户身份的服务。目前它只提供了实现用户跨多个 Web 站点之间的单点登录功能,还不能直接用于 Web 服务。用户在开发基于.NET Passport 的 Web 服务应用程序时还需要添加处理 SOAP 消息的接口。

1. .NET Passport 的 SSO 过程

.NET Passport 为实现用户跨域身份验证提供了一种技术手段,其基本过程即用户的身份验证过程。在这个过程中,参与方包括用户、用户访问的 Web 站点和.NET Passport 服务器,处理流程如图 8-13 所示。

第 1 步:用户向 Web 站点发送 Web 页面请求。

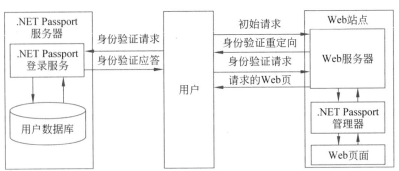

图 8-13 .NET Passport 身份验证的处理流程

第 2 步：如果 Web 站点需要验证用户身份，则使用重定向（redirect）技术把用户定向到 .NET Passport 登录服务器。在重定向中包括两个重要的参数，一是用户初始请求站点的唯一站点 ID；二是用户身份验证完毕后返回的 URL（即用户初始请求的 URL）。

第 3 步：.NET Passport 登录服务器首先查询站点的唯一站点 ID。如果站点不是 .NET Passport 参与的站点，则返回错误；否则出现一个登录界面，用户需要输入用户名和口令（这部分信息使用 SSL 传输）。

第 4 步：.NET Passport 登录服务器查询用户数据库。如果用户存在，则为用户生成 Cookie，即用户的身份验证标识，它用 .NET Passport 和站点间的共享密钥加密（各个站点不同）。

第 5 步：Web 站点提取 Cookie 并交给 .NET Passport 管理器处理。如果能够解密 Cookie，提取出 Cookie 中的用户信息，则用户身份通过验证。

第 6 步：Web 站点返回用户请求的 Web 页面。

2. 使用的前提条件

为了保证 .NET Passport 身份验证过程的顺利实现，有两个基本前提条件：一是 .NET Passport 服务器和参与的 Web 站点之间需要一个共享密钥加密 Cookie；二是为了保护用户输入的用户名和口令免受网络监听攻击，需要使用 SSL 保护好用户名和口令。

（1）共享密钥。Web 站点（或者 Web 应用程序）和 .NET Passport 需要建立一个共享密钥，用来加密两个服务器直接通信的敏感信息，如 Cookie。共享密钥可以通过安全邮件或者秘密信道交换信息的方式传递。

（2）SSL（Secure Socket Layer）意为安全套接字层，是 TCP 层上的一种安全协议，它提供了数据加密、身份验证和数据完整性保护功能。在 .NET Passport 中，需要使用 SSL 保护传输中的敏感信息，如用户输入的用户名和口令等。在后续内容中，将介绍在安全级别比较高的情况下使用 SSL 的要求。但是，无论在什么情况下，用户输入的用户名和口令始终都使用 SSL 加以保护。

3. 用户账号信息

一个 .NET Passport 用户账号信息主要包括以下 3 部分：

（1）.NET Passport 唯一标识符。当用户注册时，.NET Passport 服务器为用户生成一个唯一的标识符，这是一个 64 位的数字。

（2）用户轮廓。用户轮廓包含一个用户邮箱或者电话号码，这是用户注册时唯一要求的信息。用户轮廓中还可能包括用户的姓名和用户的通信地址。

(3) .NET Passport 信任凭证。标准的.NET Passport 信任凭证(credential)包含一个用户邮箱或者电话号码,加上用户的口令,还可能包含一个用户秘密问题用来重置(reset)口令。在强认证登录的时候,还有一个4位的安全密钥。

4. 登录后的跨域验证

当用户登录.NET Passport 服务器后,.NET Passport 服务器将产生如下3个Cookie:

(1) Ticket Cookie。这是产生的第1个Cookie,其中包括 PUID (Passport Unique ID)和一个时间戳。

(2) Profile Cookie。这是第2个Cookie,其中包括用户轮廓信息。

(3) Visitied Sites Cookie。这是第3个Cookie,其中包括用户已经登录过的站点信息。所有这些Cookie信息都使用了Web站点和.NET Passport 服务器之间的共享密钥加密。当用户需要访问同一个站点时,只需要递交站点对应的Cookie即可实现身份验证。

当用户访问不同的站点时,由于没有相应站点的Cookie,因此还要有相应的身份验证过程。不过,由于用户已经在.NET Passport 服务器验证过身份,所以其身份验证过程和基本身份验证过程的不同是第(3)步和第(4)步。

5. 安全登录措施

.NET Passport 还提供了安全强度更高的安全登录措施,主要包括强制登录和安全级别设置。

1) 强制登录

强制登录是指在一些情况下为了保证安全而要求用户重新输入用户名和口令的措施。例如,一个在线银行账号为了防止用户登录后的在线信息被其他人员使用,银行要求用户每30min 登录一次。在.NET Passport 中,Web 站点(或 Web 应用程序)的.NET Passport 管理器可以通过两个参数设置强制登录机制,即 TimeWindow 和 ForceLogin。

(1) TimeWindow。TimeWindow 是一个时间窗口,它表示用户 Cookie 有效时间的范围。单位是秒,取值范围为 100~1 000 000。如果用户 Cookie 的存在时间超过时间窗口,则用户需要重新登录。如果使用了 ForceLogin,用户 Cookie 的存在时间在时间窗口范围内也需要重新登录。

(2) ForceLogin。这是一个布尔值。如果为 True,则表示用户需要立即重新登录;如果为 False,则用户 Cookie 的存在时间超过时间窗口后需要重新登录。

2) 安全级别设置

安全级别设置是指对用户身份验证过程的安全强度要求进行设置,通过参数 SecureLevel 实现,该参数有以下3个值:

(1) 参数值为0,表示为一般正常的用户登录过程。在该过程中,除了用户名和用户口令使用 SSL 加密外,所有的通信信息均没有采用其他安全措施,也被称为标准登录方式。

(2) 参数值为10,表示用户的登录过程需要安全通道。在标准登录方式中,由于没有其他安全措施,因而黑客可以通过网络监听获得用户 Cookie,即可进行重放攻击,从而冒充用户。在该安全级别下,安全通道目前主要通过 SSL 实现,即用户在访问 Web 站点级重定向过程中使用 HTTPS 代替 HTTP。

(3) 参数值为100,表示用户的登录过程除了安全通道外,还需要4位安全密码验证,这一过程称为强信任凭证登录(strong credential sign in)。为了防止用户口令被破解,强信任凭证登录采用两阶段登录(two stage sign in)过程。在第一阶段,用户登录过程和安全通道登录过程一样;在第二阶段,要求用户输入 4 位安全口令。如果输入出现 5 次错误,用户的安全口令将失效,这时用户还可以使用正常的登录过程,但是如果用户需要强信任凭证登录,则需要通过另一个安全过程重置安全口令。

8.5.2 自由联盟工程

自由联盟工程的目标是建立一套标准,以方便开发基于身份的基础设施、软件和 Web 服务,它定义了确保异构系统间交互的框架。

和.NET Passport 不同,自由联盟工程不使用中心身份服务器,而使用分布式方式,不同的服务提供者和身份提供者之间通过联盟的方式建立信任。自由联盟工程由 3 个基本部分组成,即建立信任圈、建立身份联合及实现 SSO。

1. 自由联盟工程的目标

自由联盟工程的目标是:为了个人或组织很好地利用网络进行事务处理,达到适用于联合身份管理和 Web 服务,支持和推荐基于个人身份的许可(permission)共享,在分布式验证和授权的多个提供者之间提供一种单点登录的标准,创立一个开放的网络身份基础设施,支持所有当前和未来可能出现的用户代理形式(如用户浏览器等网络访问设备),支持用户保护自己的网络身份信息。

2. 基本概念

在自由联盟工程中,重要的基本概念如下:

(1) 服务提供者(Service Provider)。提供服务的实体,使用服务的参与者可以通过特定的各种方式访问服务,但是服务提供者并不对其他提供者保证使用服务的参与者身份的可靠性。

(2) 身份提供者(identity provider)。为其他提供者提供保证,保证使用服务的参与者身份的可靠性。

(3) 信任圈(circle of trust)。多个有业务关系的服务提供者和身份提供者之间建立的一种信任关系。

(4) 本地身份(local identity)。一个使用服务的参与者相对于某特定服务提供者或身份提供者的一个身份。

(5) 联合网络身份(federated network identity)。由一组本地身份组成,可以相互认可并通过一定的协议协调工作。

3. 建立信任圈

为了保护用户的隐私和组织的声誉,只有在建立信任关系的组织之间才能够交换身份信息,这种信任的建立需要组织之间签订合同。

从实现的技术上讲,如果身份提供者和服务提供者之间要建立信任圈,则它们要交换元数据(metadata)。假设一个身份提供者 IdP1 和一个 Web 站点 BigWebRetailer 之间要建立一个信任圈,那么它们要交换自己的元数据。

4. 建立联合身份

一个人在一天中可能需要多次在线工作,如发送及接收邮件、查看银行账单、规划自己的旅行等。这时,可能需要多个账号对应不同服务的本地身份,每一个账号有自己的身份标识和验证方式。为了简化登录过程,或许需要一个联合身份连接用户所有的本地身份。这样,在访问所有服务器的过程中,用户只需要登录一个本地身份即可完成所有服务的访问,实现联合身份的协议即身份联合。

下面通过一个例子介绍身份联合的基本过程。

例如,IdP1 是一台身份服务器,BigWebRetailer 是一个大零售商的 Web 站点,Joe 在这两台服务器中各有一个本地身份。现在 Joe 通过身份联合将自己在这两个服务器上的本地身份联合起来,基本过程如下:

(1) IdP1 和 BigWebRetailer 建立信任圈,只有在同一信任圈中的服务器的本地身份才能实现联合。

(2) Joe 登录 IdP1,如果成功,IdP1 将通知 Joe 可以联合自己的本地身份,在通知中包括信任圈的所有成员(当然包括 BigWebRetailer),询问 Joe 是否同意联合。Joe 为了实现联合,选择同意。

(3) 在此之后,假设 Joe 访问了信任圈的一个成员,如 BigWebRetailer,而 BigWebRetailer 已经知道 Joe 同意了身份联合。Joe 使用 BigWebRetailer 的本地身份成功登录后,BigWebRetailer 会询问 Joe 是否实现和 IdP1 的身份联合。这时,Joe 选择同意,即可实现自己在 IdP1 和 BigWebRetailer 上的两个本地身份的联合。

通过与上面相同的方式可以实现多个本地身份的联合,随后即可利用联合身份实现单点登录。

5. 单点登录

以身份联合为基础,单点登录的实现方式就变得非常简单。继续上例,Joe 完成 IdP1 和 BigWebRetailer 两个本地身份联合后,单点登录的基本过程如下。

(1) Joe 登录 IdP1,使用 IdP1 的本地身份成功登录。

(2) Joe 访问 BigWebRetailer 站点进行商务活动。

(3) 由于已建立了身份联合,BigWebRetailer 站点接收到的 Joe 的状态是身份已验证。此时不需要再对 Joe 进行身份验证,即实现了单点登录。

从以上两种技术可以发现,单点登录是为解决用户要记忆多个用户名和口令的问题而提出的,它为用户提供认证信息的集中管理及灵活、强健的身份统一认证。然而,该系统只是帮助用户完成了身份认证,而资源的访问控制则完全由各应用系统自己管理,有的甚至没有访问控制。因此,目前的单点登录系统只解决了用户在访问各应用系统时要输入多个用户名和口令的麻烦,但并没有给安全域中的用户提供统一的身份管理安全平台,这就需要用到单点访问系统(Single Access System,SAS),该系统主要包括授权管理基础设施(PMI)和公钥基础设施(PKI)两部分,这两种技术在单点访问系统中分别用来实现身份认证和访问授权控制功能。

考虑到网络环境中的实际应用,单点访问系统不应该仅仅帮助用户避免记忆多个用户名和口令,它应该为安全域中的用户提供完整的安全服务,包括身份认证和资源的授权管理。在身份认证和资源管理方面,X.509 v3 使用访问控制(access control)技术实现对用户身份信息的认证管理,该版本提出了 PKI 模型,提供了信任服务框架。PKI 和 PMI 结合起来,可以实现对系统资源的安全访问控制。

8.6 人员与物理环境安全

8.6.1 人员安全

1. 岗位定义与资源分配安全

组织应该在新员工聘用阶段就提出安全责任问题并将其包括在聘用合同条款中,在员工聘用期间对其进行培训和监管,从而降低人为错误的风险,如盗窃、诈骗或者滥用设备和信息等。在条件允许的情况下,组织可以对员工进行充分选拔,尤其是对于从事敏感工作的员工。所有员工以及信息处理设施的第三方用户(如产品供应商、信息安全咨询服务商和工程队伍等)都应该签署并落实保密协议。

1) 岗位责任中的安全

对安全角色和责任要形成文件。这些角色和责任应该既包括实现或者保持安全策略的一般责任,又包括保护特定资产或者执行特定安全过程或者活动的具体责任。

2) 员工选拔及方针

对长期聘用员工的考核检查应该在招聘过程进行,应该采取的措施包括:审查推荐材料,检查应聘者的简历,对应聘者的学术或者专业资格进行确认,对应聘者的个人身份进行检查,等等。

无论是员工的初次任命还是升职,当该员工有访问信息处理设备的机会,特别是一些敏感信息处理设备(如涉及财务信息或者高度机密的信息的设备时,组织应该附加信用度审查。对于处在有相关权力位置的人员,这种审查应该定期重复进行。

对于承包方和临时员工应该执行类似的审查筛选程序。如果这些人是由代理机构推荐的,则在与代理机构签订的合同中应该明确规定该代理机构的推荐责任。如果该代理机构没有完成筛选工作或者组织对筛选结果不满意,必须补充筛选或者终止推荐程序。

管理层应该对有权访问敏感系统的新员工和缺乏经验的员工的监管工作进行评价,每一个员工的工作都应该定期接受一个更高层员工的监督和指导。

管理层应该意识到员工的个人环境可以影响他们的工作。个人或者收入问题、行为或者生活方式的改变,重复的缺勤,以及压力或者抑郁等等,都可能导致员工欺诈、偷窃、出现错误或者带来其他安全隐患,应该据此充分考虑这类员工接触的信息的保护问题。

3) 保密协议

保密协议用于向协议双方告知信息是机密信息以及为保守秘密必须遵守的行为规范和应该承担的义务。员工通常应该签署此类协议作为他们受聘的先决条件。应该要求临时员工和第三方用户在被授予信息处理设备访问权之前签署保密协议。

在聘用条款或合同条款发生变化时,特别是员工要离开组织或合同到期时,应该对保密协议的执行情况进行审查。

4) 聘用期限和聘用条件

在聘用期限和聘用条件中,应该阐明雇员对信息安全的责任和义务。必要时,在聘用关系结束后,这些责任应该延续一段时间,包括当员工无视安全要求时必须承担的责任。

员工的法律责任和权利如果涉及版权法或数据保护法,应该阐明并将其包括在聘用条款中,还应该包括对雇主数据分类和管理的责任。在合同需要的地方,聘用期限和聘用条件应该说明这些责任应该延伸到组织范围以外和正常工作时间以外。

2. 用户培训

组织应该对用户开展安全管理规程和信息处理设备正确使用方法的培训,以尽量降低安全风险,确保用户意识到不正确的行为对信息安全的威胁和危害,并且具有在日常工作中支持安全策略的能力。

组织中所有员工以及相关的第三方用户都应该接受适当的信息安全教育和培训,以适应组织的安全策略和管理规程。这包括安全要求、法律责任和业务控制措施,还包括在被授权访问信息或者服务之前正确使用信息处理设备的方法,如信息系统登录程序、软硬件的使用等。

1) 安全意识教育和培训

安全意识教育和培训是员工培训教育中的重要组成部分,这种教育与培训将改变个人和组织对信息安全的认识和态度,使他们意识到安全的重要性和安全失败导致的不良后果。安全意识教育与培训过程对所有员工都是必需的。

安全意识教育和培训必须考虑到人员的接受能力,循序渐进,逐步强化。如果只采用刺激方式进行教育,刚开始可能能够引起学习者的注意;而如果重复使用,学习者就会有选择地忽略某些刺激。因此,安全意识培养必须是不断发展的、具有创造性的和有新意的,以吸引学习者的注意,将规范和操作规程变成潜意识或者习惯行为,这一过程称为同化。通过同化过程,可以把经验融合到个人的习惯模式中。

总之,安全意识是要雇员建立对信息系统脆弱性和威胁的敏感性的认识,懂得需要保护数据、信息,并掌握对它们进行处理的方法。信息安全意识计划的基本价值是使人们通过改变组织文化的态度为培训准备条件。因为安全事故对每个人都会造成潜在的不利后果,所以信息安全是每个人的必要工作。

培训的目的是使受培训的人员获得相关的和必要的安全技能,这也是信息安全专业之外的各专业(如管理、系统设计与开发、部署、审计等)从业者必须具备的能力。

教育则将所有的安全技能和各具体专业的能力整合成一个公共的知识体系,通过多学科的概念、问题和原则等的互相渗透、融合,努力培养出具有远见的信息安全技术专家和专业人才。

2) 在职安全教育

组织中所有在岗的员工应该针对实际工作需要不断接受管理、技术和安全意识方面的教育和培训。

3. 对安全事件的响应

影响安全的事件应该尽快通过适当的管理渠道报告给相关人员和机构,尽量减小安全事件造成的损失,监视此类事件并吸取教训。

应该使所有员工和签约方知道可能影响组织资产安全的不同种类事件的报告程序。应该要求他们以最快的速度把安全事件报告给指定的联络人。组织应该建立正式的惩罚条款以处理破坏安全的员工。为了妥当地处理安全事件,应该在安全事件发生后尽快搜集证据。

1) 报告安全事件

安全事件应该尽快通过适当的管理渠道报告给相关人员和机构。为此,应该建立正式的报告程序,同时建立事件响应程序,阐明接到事件报告后应该采取的措施和行动。应该使所有员工和签约方知道报告安全事件的程序,并且要求他们严格按照要求报告此类事件。应该在安全事件被处理后执行适当的反馈程序,以确保对事件报告的响应。

2) 报告安全脆弱点

应该要求提供信息服务的用户记录并报告任何察觉的或者怀疑的系统或服务的安全脆弱点或对它们的威胁预测,用户应该尽快把这些问题向管理者或直接向服务提供商反映。应该告知用户,在任何情况下,他们都不应该擅自对一个被察觉和怀疑的脆弱点进行验证,这是为了保护用户,因为测试脆弱点可能被认为是滥用系统或者可能对系统造成致命的损害。

3) 报告软件故障

建立报告软件故障的规程,应该考虑以下步骤:

(1) 记录故障问题的征兆和显示在屏幕上的信息。

(2) 如果可能,故障设备应该被隔离并停止使用,应该立即对与使用软件有关的行为产生警觉。如果需要检测设备,应在重启前将其与组织的所有网络断开,存储在硬盘或者移动硬盘上的信息不应该再传送给其他设备。

(3) 该类安全事件应该立即报告给信息安全管理者。

除非有授权,用户不应该试图删除可疑的软件,应该由经过适当培训并有经验的员工在授权状态下执行修复和恢复工作。

4) 从事件中学习

应该有适当的机制对事件和故障的种类、数量和损失进行量化和监控。这类信息可用于识别事件是初次发生还是再次发生,是偶然事件还是条件性事件,是重大影响事件还是故障。

5) 惩罚程序

对违反组织安全策略和规程的雇员应该有正式的惩罚程序。这样的程序对可能无视安全策略的员工能够起到警示作用。另外,应该保证正确、公正地处理被怀疑严重或者连续破坏安全的员工。

8.6.2 物理环境安全

组织内的关键或者敏感的业务信息处理设备应该放置在安全区域,有规定的安全防护带、适当的安全屏蔽和人员控制保护,这些设备应该受到物理保护,防止未授权的访问、破坏和干扰。

提供的保护应该与识别出的风险相当。建议采用清空桌面和清除屏幕显示的策略降低对文件、介质和信息处理设备未授权的访问或破坏的风险。

1. 物理安全防护带

可以通过在业务场所和信息处理设备周围设置若干屏障和使用安全防护带保护放置信息处理设备的区域。每个屏障形成一个安全防护带,每个安全防护带都能增强整体防护能力。安全防护带是构成屏障的某些东西,如墙体、卡控门禁或有人值守的接待室等。每个屏障的位置和强度依据评估的风险而定。

应该考虑下述原则和控制措施:

(1) 应该明确规定安全防护带的边界和构成形式。

(2) 放置信息处理设备的建筑物或场所的防护带在物理上应该是固定的(例如,在防护带或安全区域不应该有能够轻易闯入的缺口),场所的外墙应该是坚固的建筑物墙体,所有的外门应该受到适当的保护,防止未经授权的访问。这些防护设施应该设置控制机制、栅栏、警铃、安全锁等。

(3) 应该设置有人值守的接待区或者采用其他隔离控制方法对场所或者建筑物实施访问的物理控制。对场所和建筑物的访问应该仅限于被授权的人员。

(4) 如果有必要,物理屏蔽应该从地板延伸到天花板,以防止未经授权的访问和应对火灾、水灾等引起的环境污染。

(5) 安全防护带的所有防火门都应该具备报警功能。

2. 物理进入控制措施

安全区应该通过适当的进入控制措施实施保护,以确保只有经过授权的人员才能够进入。应该考虑以下的控制措施:

(1) 安全区的访问者应该被监控或者得到批准,同时记录他们进入和离开的日期和时间。他们应该仅被允许访问指定的、经过授权的场所和目标,并发给他们关于安全区域要求和应急程序的说明。

(2) 对敏感信息和信息处理设备的访问应该受到控制并仅限于获得授权的人员。鉴别控制措施,如带个人身份标识的扫描卡,对所有访问进行身份鉴别和授权。应该对所有访问的审计日志进行安全保护。

(3) 应该要求所有员工佩戴某种明显的身份标识,并鼓励员工对没有陪伴的陌生人和没有佩戴明显身份标识的人进行盘问。

(4) 对安全区的访问权应该进行定期评审和更新。

3. 保护办公室、机房和设备的安全

安全区可能是上锁的办公室或者物理安全防护带中的若干房间,这些房间可能存放了上锁的柜子和保险箱。安全区的选择和设计应该考虑在火灾、水灾、爆炸、暴乱和其他形式的自然和人为灾害发生时的应对措施和疏散通道,遵从相关的卫生、安全法规和标准,以及应对来自相邻场所的安全威胁,如来自其他区域的水泄漏或火蔓延。

应该考虑以下控制措施:

(1) 关键设备的放置场所应该避免被公众访问。

(2) 建筑物不要过分显眼,并尽可能少地对外公布其用途,建筑物内外不放置可表明存在信息处理活动的明显标志。

(3) 辅助功能和设备,如影印机、传真机应该妥善放置在安全区,以避免可能危害信息安全的访问。

(4) 房间在无人看管时门窗应该关闭上锁,必要的地方应该考虑对窗户,特别是地面层窗户的外部实施保护和掩护措施。

(5) 应该为所有的外门和可以进出的窗户按照专业标准安装防盗系统并定期进行测试。对无人区应该时刻保持警戒状态。

(6) 由组织管理的信息处理设备应该和第三方管理的信息处理设备加以物理隔离。

(7) 显示敏感信息处理设备位置的目录和内部电话簿不应该被公众获取。

(8) 危险或者易燃物品应该放置在与安全区有安全距离的地方。大宗消耗品(如文具等)一般不存放在安全区内。

(9) 备用设备和备份介质的放置应该与原设备和介质保持安全距离,以避免因为灾害蔓延造成的毁坏。

4. 在安全区内工作

对在安全区内工作的员工和第三方人员以及发生在安全区的第三方活动,需要额外的控制措施和指导原则,以增强安全区域的安全性。

应该考虑以下控制措施:

(1) 员工只有在有必要的时候才应该知道安全区的存在或其内部的活动。

(2) 在安全区内应该避免无人值守的活动。

(3) 空闲的安全区应该关门上锁并定期检查。

(4) 第三方服务人员只有在必要时才应该被允许有限制地访问安全区或者敏感信息处理设备,这种访问应该经过授权并接受监督。在安全防护带内,具有不同安全要求的区域之间需要设置控制访问的额外屏障和防护带。

(5) 只有经授权,才允许使用照相、录像、录音或者其他记录设备。

5. 隔离安全区

隔离安全区是货物交接区,应该予以控制,必要时与信息处理设备隔离,以避免未经授权的访问。此类区域的安全要求应该由评估出来的风险决定。

可以考虑以下控制措施:

(1) 从建筑物外对接货区的访问应限于经过确认和授权的人。

(2) 应该将接货区设计成送货员能够卸货但无法访问建筑物安全防护区。

(3) 当接货区的内门打开时,外门应该是安全的。

(4) 进入的物品在从接货区转移到使用地点之前应该接受检查,以防止潜在的危险。

(5) 如有必要,进入的物品应该在入口处登记备案。

8.6.3 设备安全

应该在物理上保护设备免受安全威胁和环境危害,并考虑设备的放置和布局,以降低对数据未经授权的访问风险以及防止丢失或损坏。

1. 设备放置和保护

合理放置和保护设备应该考虑以下控制措施:

(1) 放置设备的工作区应该避免不必要的参观访问。

(2) 敏感数据的信息处理和存储设备应该妥善放置。

(3) 需要特殊保护的设备或物品应该隔离放置,以降低总体保护等级。

(4) 尽量避免潜在威胁的风险,包括偷窃、火灾、爆炸、烟雾、供水故障、灰尘、震动、化学反应、电源干扰、电磁辐射等。

(5) 禁止在信息处理设备附近饮食或吸烟等。

(6) 对于可能对信息管理设备的运行有负面影响的环境条件应该进行监控。

(7) 考虑在工业环境下设备的特殊保护方法。

(8) 考虑发生在邻近区域的灾害的影响,如邻近建筑物着火、天花板漏水、低于地平面的地面渗水或临街爆炸等。

2. 供电设施安全

应该保护供电设施以防止电源中断和其他与供电有关的异常情况,根据设备制造商的说明保证合适的电力供应。

实现不间断供电的可选措施包括多条线路供电、配备不间断电源、配备备用发电装置、配备电源净化装置等。

在支持关键业务运行的设备上,推荐使用不间断电源,以保证设备的正常关机或持续运转。不间断电源应该定期检查,以确保其有足够的电量,并按照制造商的建议进行测试。还应该规定在不间断电源失效时所采取的应急行动。

在长时间停电的环境中,应该考虑备用发电装置。发电机应该按照制造商的说明定期检测,并保证有足够的燃料供应,以确保发电机能够长时间工作。

另外,紧急电源开关应该位于设备室紧急出口附近,以便在危急情况下迅速切断电源。在电源发生故障时,应该提供应急照明设备。应该对所有建筑物采用雷电防护装置,并在所有外部通信线路上安装雷电防护过滤器。

3. 电缆安全

应该保护传送数据或支持信息服务的电源和通信电缆,防止窃听或损坏。应该考虑以下控制措施:

(1) 如有可能,接入信息处理设备的电源和通信线路应该铺设在地下管网内,或者采取其他安全保护措施避免暴露。

(2) 应该保护通信电缆以防止搭线窃听或破坏,例如,通过使用电缆屏蔽管道和避免电缆通过公共区域。

(3) 电力电缆应该与通信电缆隔离,并保证安全距离,以防干扰。

(4) 对于敏感或者关键系统,需要考虑附加的控制措施,包括在监控点和端点处安装坚固的管道以及给房间或柜子上锁、使用可替换的路由选择或传输介质、使用光纤电缆、扫描监视未经授权而连接在电缆上的设备。

4. 设备维护

正确地维护设备以确保其具备持续的可用性和完整性,应该考虑以下控制措施:

(1) 设备应该按照供应商推荐的服务周期和规定进行维护。

(2) 只有经过授权的维护人员才能够修理和保养设备。

(3) 应该对所有可疑的和确认的故障以及所有预防和纠正措施进行完整记录。

(4) 在将设备送到组织外维护时,应该选择定点授权单位,并采取适当的控制措施。

5. 组织场所外设备的安全

信息处理的设备运行在组织场所外必须经管理者授权批准。考虑到设备在组织场所外运行的风险,为其提供的保护应该等同于组织场所内相同用途的设备。应该考虑以下指导原则:

(1) 从组织带出的设备和介质不应留在无可靠人员看管的公共场所,旅行途中移动设备应该随身携带并加以适当掩饰。

(2) 应该始终遵从生产商对设备保护的规定,例如设备不暴露于强电磁场中等。

(3) 对用于家庭工作设备的控制应该通过风险评估,并采取合适的措施,如文件柜上锁、清空桌面以及控制对计算机的访问等。

（4）损坏、被盗和窃听的安全风险在不同地点差别很大，应该考虑适合不同环境的恰当的控制措施。

6. 设备的安全处置或再启用

草率地处置或再启用设备可能泄露信息。存储敏感信息的存储设备应该从物理上销毁或安全地重写，而不是使用一般的删除功能。

带存储介质的所有信息处理设备处置前都应该仔细检查，以确保任何敏感数据和授权软件在处置前已经被清除或重写。被损坏的存有敏感信息的存储设备需要经过风险评估后决定其应该销毁、修理还是丢弃。

8.6.4 日常性控制措施

日常性控制措施应该到位，以尽量减少受保护的信息和信息处理设备的损失或损坏。

1. 清空桌面和清屏

组织应考虑对文件以及便携式的存储介质采取桌面清空策略，以防止其遗留在桌面；对信息处理设备采取清屏策略，以降低在正常工作时间以外信息未经授权的访问、丢失和损坏风险。此策略应该考虑信息安全等级、相应的风险和组织文化等方面的因素。

留在桌面上的信息存储介质也有可能被诸如火灾、水灾或者爆炸等灾害损坏或销毁。日常性控制措施有以下几方面：

（1）适当情况下，文件和计算机介质处在不同状态时，特别是在工作时间以外，应存放在适当的上锁柜子或者其他的安全设备中。

（2）敏感或者关键业务信息在不使用时，尤其是办公室无人看管时，应该妥善存放。

（3）个人计算机、计算机终端和打印机，在无人看管时不应处于登录状态，不用时应采用键盘锁或其他的控制措施加以保护。

（4）收发信件的场所、无人看管的传真机和电传机应该加以保护和监视。

（5）下班后应将复印机上锁，防止未经授权的使用。

（6）敏感或机密信息打印完后，应该立即从打印机存储区中将其清除。

2. 资产的转移

设备、信息或者软件未经授权不应该带离原场所；有必要带离时，设备应该先行注销并在带回时再注销。应该建立抽查制度，以检查财产的非授权移动。

◆ 本章总结

人们常说，信息安全"三分靠技术，七分靠管理"。信息安全管理是把分散的技术和人为因素通过规则和制度的形式统一协调整合为一体，是获得信息安全保障能力的重要手段，也是构建信息安全体系非常重要的一个环节。

信息安全管理涉及的内容非常庞杂，本章重点介绍了信息安全管理的以下几方面：信息安全分级保护技术，信息安全管理的指导原则，安全过程管理与 OSI 安全管理，信息安全管理要素和管理模型，信息安全风险评估技术，身份管理技术，人员管理和物理环境安全。当然，信息安全管理涉及管理方法、实现技术、规章制度等多方面因素，需要高度重视信息安全管理在实现信息系统安全中的作用。

思考与练习

1. 风险评估的基本过程是什么？
2. 信息安全管理的指导原则有哪些？
3. 在身份管理模型中，IdP 的作用是什么？
4. 简要说明等级保护的重要性。

第 9 章 信息安全标准与法律法规

本章概要介绍信息安全领域国内外相关标准和立法情况。重点介绍 BS 7799 的发展、主要内容及其适用范围，CC 的发展历程及其主要内容，SSE-CMM 的发展、用途和主要内容、模型架构和应用前景，我国的信息安全相关标准，重要的国内外标准化组织的概况，同时介绍我国在信息安全领域的法制化建设情况以及其他主要国家和组织的信息安全立法情况。

本章的知识要点、重点和难点包括信息安全标准的主要内容、我国主要的信息安全标准、国内外主要的标准化组织以及国内外在信息安全领域的立法情况。

◆ 9.1 概　　述

为在一定范围内获得最佳秩序，对活动或其结果规定共同的和重复使用的规则、导则或特性的文件就是标准。标准应以科学技术和经验的综合成果为基础，以促进最佳社会效益为目的。标准文件必须经协商一致并由一个公认的机构批准。

信息技术安全方面的标准化兴起于 20 世纪 70 年代中期，在 20 世纪 80 年代有了较快的发展，在 20 世纪 90 年代引起了世界各国的普遍关注。特别是随着信息数字化和网络化的发展和应用，信息技术的安全技术标准化变得更为重要，因此，标准化的范围在拓展，标准化的进程在加快，标准化的成果也在不断涌现。

图 9-1 给出了目前信息安全标准体系框架，提供了对信息安全标准整体组成的直观表示。

基础标准是整个信息安全标准体系的基础部分，并向其他的技术标准提供所需的服务支持。基础标准包括信息安全术语、信息安全体系结构、信息安全框架、信息安全模型、信息安全技术等。

图 9-1　信息安全标准体系框架

物理安全标准针对物理环境和保障、安全产品、介质安全等进行规范。系统与网络标准针对软硬件应用平台、网络、安全协议、安全信息交换语法规则、人机接口以及业务应用平台提出安全要求。应用与工程标准则针对安全工程和服务、人员资质、行业应用进行详细规定。管理类标准分为 3 大块：管理基础、系统管理和测评认证。

建立科学的信息安全标准体系,使众多的信息安全标准在此体系下协调一致,才能充分发挥信息安全标准的功能,获得良好的系统效应,取得预期的社会效益和经济效益。信息安全标准体系框架描述了信息安全标准整体组成,是整个信息安全标准化工作的指南。在这个标准框架中,基础标准和管理标准是支持该框架的支柱,物理安全标准、系统与网络标准和应用与工程标准是建设信息安全系统的重要依据。

信息和网络技术的普及产生了一个虚拟的网络社会。为了保障这个虚拟社会的有序运行并实现对它的有效管理,许多国家很早就开始了有关信息安全的法律法规制定工作。近年来,我国面临日益严峻的信息安全问题,社会各界强烈呼吁国家出台相关的信息安全法律法规,保护公民的合法信息权益,保障网络这个虚拟社会的健康发展。30余年来,我国在信息安全法律法规的制定方面取得了很大的进展和阶段性成果,各项法律法规也逐渐完善。我国自20世纪90年代初开始立法实践,到2021年年底,我国已颁布实施现行的国家层面法律4部、全国性行政法规两部、部门规章及规范性文件5部,此外还有一部全国性的协会自律公约。我国信息安全法律法规建设进程如图9-2所示。

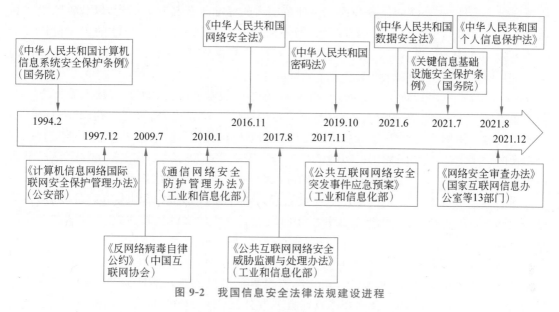

图9-2 我国信息安全法律法规建设进程

9.2 重要的标准化组织

为适应信息技术的迅猛发展,国内外成立了很多标准化组织,目前国际上有两个重要的标准化组织,即国际标准化组织(ISO)和国际电工委员会(IEC)。ISO/IEC JTC1(第一联合技术委员会)是制定信息技术领域国际标准的机构,下辖19个分技术委员会(SC)和功能标准化专门组(SGFS)等特别工作小组,还有4个管理机构(一致性评定特别工作组、信息技术任务组、注册机构特别工作组和业务分析与计划特别小组)。SC27负责信息技术和安全技术,有P成员(积极成员)48个、O成员(观察成员)32个、内部联络员14个、外部A类联络员3个、外部B类联络员18个。P成员有表决权并承担指定任务;O成员没有表决权,但有发表意见及参加会议和获得某些文件的权利。中国是P成员之一。

美国的信息技术标准主要由美国国家标准学会(ANSI)和美国国家标准与技术研究院(NIST)制定,其电子工业协会(EIA)和通信工业协会(TIA)也制定了部分信息技术标准。欧洲计算机制造商协会(ECMA)主要在世界范围内制定与计算机及计算机应用有关的标准。互联网工程任务组(IETF)主要制定与互联网相关的标准。另外还有 ITU、IEEE、EDTI 和 OMG 等组织制定有关的信息技术标准。我国主要由中国通信标准化协会负责相关的标准制定工作。下面详细介绍这些组织。

9.2.1 国际组织

1. 国际标准化组织

国际标准化组织(ISO)是一个全球性的非政府组织,是国际标准化领域中一个十分重要的组织。1946 年,来自 25 个国家的代表在伦敦召开会议,决定成立一个新的国际组织,以促进国际的合作和工业标准的统一。于是,ISO 这一新的国际组织于 1947 年 2 月 23 日正式成立,总部设在瑞士的日内瓦。ISO 于 1951 年发布了第一个标准——《工业长度测量用标准参考温度》。ISO 的任务是促进全球范围内的标准化及其有关活动,以利于国际产品与服务的交流,以及在知识、科学、技术和经济活动中发展国际合作。ISO 的组织机构包括全体大会、成员团体、通信成员、捐助成员、政策发展委员会、理事会、中央秘书处、特别咨询组、技术管理局、技术咨询组和技术委员会等。

ISO 的技术工作是高度分散的,分别由 2700 多个技术委员会(TC)、分技术委员会(SC)和工作组(WG)承担。在这些委员会中,世界范围内的工业界代表、研究机构、政府权威、消费团体和国际组织作为对等合作者共同讨论全球的标准化问题。管理一个技术委员会的主要责任由一个 ISO 成员团体(如 AFNOR、ANSI、BSI、CSBTS、DIN、SIS 等)担任,该成员团体负责日常秘书工作。与 ISO 有联系的国际组织、政府或非政府组织都可参与工作。

国际标准由技术委员会和分技术委员会经过 6 个阶段形成,分别为申请阶段、预备阶段、委员会阶段、审查阶段、批准阶段和发布阶段。若提交的文件比较成熟,则可省略其中的一些阶段。

2. 国际电工委员会

国际电工委员会(IEC)成立于 1906 年,是世界上最早的非政府性质的国际电工标准化机构,总部设在日内瓦,是联合国经济及社会理事会(ECOSOC)的甲级咨询组织。IEC 负责有关电工、电子领域的国际标准化工作,其他领域则由 ISO 负责。IEC 的宗旨是促进电工、电子领域中标准化及有关方面问题的国际合作,增进成员的相互了解。IEC 的工作领域包括电力、电子、电信和原子能方面的电工技术。目前,IEC 成员包括了大多数发达国家及一部分发展中国家。这些国家拥有世界人口的 80%,其生产和消耗的电能占全世界的 95%,制造和使用电气、电子产品占全世界产量的 90%。

IEC 下设 80 多个标准化技术委员会,已制定标准 4000 余项。在信息安全技术标准化方面,除了同 ISO 联合建立的 JTC1 下属几个分委员会外,还在电磁兼容等方面成立了技术委员会,并制定了相关的国际标准。ISO/IEC JTC1/SC27(信息安全、网络安全和隐私保护分技术委员会,以下简称 SC27)是 ISO/IEC JTC1 下属专门负责网络安全领域标准化研究与制定工作的分技术委员会。SC27 秘书处设在德国标准化协会(DIN)。目前,SC27 下设 5 个工作组(WG)和 8 个咨询组(AG),分别是 WG1(信息安全管理体系工作组)、WG2(密码与安全机制工作组)、WG3(信息安全评估工作组)、WG4(信息安全服务与控制工作组)、WG5(身份管理和隐私保护工作组)、AG1(管理咨询组)、AG2(可信赖咨询组)、AG3(概念与术语咨询组)、AG4(数据安全咨询组)、AG5(战略咨询组,AG-S)、AG6(运营咨询组,AG-O)、CAG(主席咨询组)以及 AG-CO(沟通与联络咨询组)。

3. 国际电信联盟

国际电信联盟(ITU)是世界各国政府的电信主管部门之间协调电信事务的国际组织,于 1865 年 5 月 17 日成立于巴黎。ITU 现有成员 193 个,总部设在日内瓦。ITU 是联合国负责电信事务的专门机构,但在法律上不是联合国附属机构。ITU 的宗旨是:维持和扩大国际合作,以改进和合理地使用电信资源;促进技术设施的发展及其有效运用,以提高电信业务的效率,扩大技术设施的用途,并尽量使公众普遍利用;协调各国行动,以达到上述目的。

ITU 的组织原有全权代表会、行政大会、行政理事会和 4 个常设机构,即总秘书处、国际电报电话咨询委员会(CCITT)、国际无线电咨询委员会(CCIR)和国际频率登记委员会(IFRB)。1993 年 3 月 1 日,ITU 第一次世界电信标准大会(WTSC-93)确定 ITU 的改革首先从机构上进行,对原有的 3 个机构 CCITT、CCIR 和 IFRB 进行了改组,取而代之的是电信标准化部门(TSS,即 ITU-T)、无线电通信部门(RS,即 ITU-R)和电信发展部门(TDS,即 ITU-D)。电信标准化部门 ITU-T 由原来的 CCITT 和 CCIR 从事标准化工作的部门合并而成。其主要职责是完成 ITU 有关电信标准方面的目标,即研究电信技术、操作和资费等问题,出版建议书,在世界范围内实现电信标准化,包括在公共电信网上无线电系统互联和为实现互联所应具备的性能。

ITU 单独或与 ISO 合作开发诸如消息处理系统、目录系统(X.400 系列、X.500 系列)、安全框架和安全模型等标准。

4. 互联网工程任务组

互联网工程任务组(IETF)主要提出互联网标准草案和成为征求意见稿(Request For Comments,RFC)的协议文稿,也包括安全方面的建议稿,内容比较广泛,经过网上讨论修改,被大家接受的就成了事实上的标准。目前有关安全方面的 RFC 有 170 多个,例如 RFC 1352《SNMP 安全协议》、RFC 1421~1424《互联网电子邮件保密增强协议》和 RFC 1825《互联网协议安全体系结构》等。有关信息安全的工作组有 PGP 开发规范(OpenPGP)、鉴别防火墙遍历(AFT)、通过鉴别技术(CAT)、域名服务系统安全(Dnssec)、IP 安全协议(IPSec)、一次性口令鉴别(Otp)、X.509 公钥基础设施(PKI)、S/MIME 邮件安全、安全 Shell(Secsh)、简单公钥基础设施(SPKI)、传输层安全(TLS)和 Web 处理安全(WTS)12 个。

9.2.2 区域组织

1. 美国国家标准学会

美国国家标准学会(ANSI)是非营利性质的民间标准化组织,是由公司、政府和其他成员组成的自愿组织。它们协商与标准有关的活动,审议美国国家标准,并努力提高美国在国际标准化组织中的地位。它实际上已成为美国国家标准化中心,美国各界标准化活动都围绕着它进行。通过它使政府有关系统和民间系统相互配合,起到了政府和民间标准化系统之间的桥梁作用。此外,ANSI 使有关通信和网络方面的国际标准和美国标准得到发展。

ANSI 是 IEC 和 ISO 的成员之一。

ANSI 协调并指导美国全国的标准化活动,给标准制定、研究和使用单位以帮助,提供国内外标准化情报,同时又起着行政管理机关的作用。

2. 美国电气和电子工程师协会

美国电气和电子工程师协会(IEEE)是一个国际性的电子技术与信息科学工程师的协会,是世界上成员人数最多的专业技术组织,拥有来自 175 个国家和地区的 36 万会员。IEEE 是在 1963 年 1 月 1 日由美国无线电工程师协会(IRE,创立于 1912 年)和美国电气工程师协会(AIEE,创建于 1884 年)合并而成的,它有一个区域和技术互为补充的组织结构,以地理位置或者技术中心作为组织单位(例如 IEEE 费城分会和 IEEE 计算机协会)。它管理着推荐规则和执行计划的分散组织(例如 IEEE-USA 明确服务于美国的成员、专业人士和公众)。总部在美国纽约市。IEEE 在 150 多个国家和地区中有 300 多个地方分会。IEEE 在太空、计算机、电信、生物医学、电力及消费性电子产品等领域中都是主要的权威机构。它有 35 个专业学会和两个联合会。IEEE 发表多种杂志、学报和图书,每年组织 300 多次专业会议。

IEEE 被国际标准化组织授权为可以制定标准的组织,设有专门的标准工作委员会,有 3 万余名义务工作者参与标准的研究和制定工作,每年制定和修订 800 多个技术标准。IEEE 的标准制定内容包括电气与电子设备、试验方法、元器件、符号、定义以及测试方法等。

3. 欧洲计算机厂商协会

欧洲计算机厂商协会(ECMA)成立于 1961 年,除欧洲计算机厂商外,还吸收了其他洲的各大计算机公司和厂商成为其会员,主要制定计算机及其相关应用的标准和技术报告,目标是评估、开发和认可电信和计算机标准,经常向 ISO 提交标准提案,JTC1 的欧洲秘书处就设在 ECMA。它由 11 个技术委员会,其中 TC32(通信、网络和系统互联技术委员会)曾定义了开放系统应用层安全结构。TC36(IT 安全技术委员会)负责信息技术设备的安全标准,目前制定了商用和政府用信息技术产品和系统安全性评估标准化框架,还制定了开放系统环境下逻辑安全设备的框架。

4. 欧洲电信标准委员会

欧洲电信标准委员会(Europe Telecommunication Standard Institute,ETSI)是非营利性的欧洲电信标准化组织,创建于 1988 年,总部设在法国南部的尼斯。ETSI 的标准化领域主要是电信业,并涉及与其他组织合作的信息及广播技术领域。ETSI 作为一个被欧洲标准化协会(CEN)和欧洲邮电主管部门会议(CEPT)认可的电信标准协会,其制定的推荐性标准常被欧盟作为欧洲法规的技术基础并要求各国执行。ETSI 成功地运作了第三代移动通信合作项目(3GPP)逐步实施的全球化标准战略,已有 13 000 多项标准或技术报告发布。

9.2.3 国内组织

我国的标准组织和管理机构主要有中国通信标准化协会和中国国家标准化管理委员会。

1. 中国通信标准化协会

中国通信标准化协会(CCSA)是国内企业、事业单位自愿联合、经业务主管部门批准,国家社团登记管理机关登记,开展通信技术标准化活动的非营利性法人社会团体。

2. 中国国家标准化管理委员会

中国国家标准化管理委员会(SAC)是国务院授权履行行政管理职能,统一管理全国标准化工作的机构。

信息安全标准化是一项涉及面广、组织协调任务重的工作。为了加强信息安全标准化工作的组织协调力度,中国国家标准化管理委员会批准成立了全国信息安全标准化技术委员会(简称信息安全标委会,委员会编号为TC260)。2002年4月15日,全国信息安全标准化技术委员会在北京正式成立,秘书处设在中国电子技术标准化研究所。该委员会的成立标志着我国信息安全标准化工作步入了统一领导协调发展的新时期。该组织是我国在信息安全的专业领域内从事信息安全标准化工作的技术工作组织,工作任务是向中国国家标准化管理委员会提出本专业标准化工作的方针、政策和技术措施的建议。

全国信息安全标准化技术委员会下设8个工作组,分别是信息安全标准体系与协调工作组(WG1)、涉密信息系统安全保密标准工作组(WG2)、密码技术工作组(WG3,负责密码算法、密码模块、密钥管理标准的研究与制定)、鉴别与授权工作组(WG4,负责国内外 PKI/PMI 标准的分析、研究和制定)、信息安全评估工作组(WG5,负责调研国内外测评标准现状与发展趋势,研究提出测评标准项目和制定计划)、通信安全标准工作组(WG6,负责调研通信安全标准需求,制修订通信安全相关标准,开展通信安全标准实施应用评价工作)、信息安全管理工作组(WG7,负责信息安全管理标准体系的研究、信息安全管理标准的制定工作)、大数据安全标准特别工作组(SWG-BDS,负责大数据和云计算相关安全标准的制定工作)。

9.3 国际信息安全标准

信息安全标准是信息安全产业的重要领域,一直受到国内外的普遍关注。早在1977年,美国国家标准局就正式发布了世界第一个数据加密标准(DES),随着通信和计算机网络的发展,信息安全的标准化工作也取得了很大的进展。

本节主要介绍国际上信息安全管理与评估的几个标准:BS 7799、CC 和 SSE-CMM。

9.3.1 BS 7799

1. BS 7799 的发展

英国标准 BS 7799 是目前世界上应用最广泛的典型的信息安全管理标准,它是在 BSI/DISC 的 BDD/2 信息安全管理委员会指导下制定的。1993年,BS 7799 标准由英国贸易工业部立项,1995年发布 BS 7799-1:1995《信息安全管理实施细则》,它提供了一套综合的、由信息安全最佳惯例组成的实施规则,作为确定工商业信息系统在大多数情况下控制范围的参考基准,并且适用于大、中、小组织。1998年,BS 7799-2:1998《信息安全管理体系规范》发布,它规定信息安全管理体系要求与信息安全控制要求,是信息安全管理体系评估的基础,可以作为一个正式认证方案的根据。1999年 BS 7799-1 与 BS 7799-2 经过修订后重新发布。1999版 BS 7799-2 考虑了信息处理技术,尤其是在网络和通信领域应用的最新发展,同时还非常强调商务涉及的信息安全及信息安全的责任。2000年12月,BS 7799-1:1999《信息安全管理实施细则》通过了国际标准化组织的认可,正式成为国际标准——ISO/

IEC 17799-1：2000《信息技术 信息安全管理实施细则》。2002 年 9 月，BS 7799-2：2002 草案经过广泛的讨论之后成为正式标准，同时 BS 7799-2：1999 被废止。现在，BS 7799 标准已得到了很多国家的认可，是国际上具有代表性的信息安全管理体系标准。目前除英国之外，还有一些国家同意使用该标准。许多国家的政府机构、银行、证券、保险公司、电信运营商、网络公司及许多跨国公司已采用此标准对自己的信息安全进行系统的管理，依据 BS 7799-2：2002 建立信息安全管理体系并获得认证正成为世界潮流。在某些行业（如 IC 和软件外包），信息安全管理体系认证已成为一些客户的要求条件之一。例如，著名跨国公司 IBM、Nokia 对其合作方就提出了信息安全认证的要求。

BS 7799 标准提供了一个开发组织安全标准、有效实施安全管理的公共基础，还提供了组织间交易的可信度。该标准第一部分为组织管理者提供了信息安全管理的实施惯例，如信息与软件交换和处理的安全规定、设备的安全配置管理、安全区域进出的控制等一些很容易理解的问题。这也符合信息安全的"七分管理，三分技术"的原则。这些管理规定一般的单位都可以制定，但要想达到 BS 7799 的全面性则需要经过一番努力。在信息安全管理方面，BS 7799 的地位是其他标准无法取代的。总的来说，BS 7799 涵盖了安全管理所应涉及的方方面面，全面而不失可操作性，提供了一个可持续提高的信息安全管理环境。推广信息安全管理标准的关键在于重视程度和制度落实方面，但是 BS 7799 标准里描述的所有控制方式并非都适用于每种情况，它不可能将当地系统、环境和技术限制考虑在内，也不可能适合一个组织中的每个潜在的用户，因此，这个标准还需在进一步的指导下加以补充。世界广泛采用的关于信息安全管理体系的英国标准——BS 7799-2：2002，经修订后于 2005 年 10 月 15 日作为国际标准 ISO/IEC 27001：2005 发布。

2. 使用 BS 7799 标准建立信息安全管理体系

组织可以参照信息安全管理模型，按照先进的信息安全管理标准 BS 7799 建立组织完整的信息安全管理体系并实施与保持，达到动态的、系统的、全员参与的、制度化的、以预防为主的信息安全管理方式，用最低的成本达到可接受的信息安全水平，从根本上保持业务的连续性。

组织建立、实施与保持信息安全管理体系将会产生如下作用：强化员工的信息安全意识，规范组织信息安全行为；对组织的关键信息资产进行全面、系统的保护，维持竞争优势；在信息系统受到侵袭时，确保业务持续开展并将损失降到最低程度；使组织的生意伙伴和客户对组织充满信心；如果通过体系认证，就表明体系符合标准，证明组织有能力保障重要信息，提高组织的知名度与信任度；促使管理层坚持贯彻信息安全保障体系。

3. BS 7799 的应用范围

BS 7799 分两部分，第一部分是 BS 7799-1：1999《信息安全管理实施细则》，已纳入 ISO/IEC 17799：2000 标准，是组织建立并实施信息安全管理体系的一个指导性准则，主要为组织制定其信息安全标准和进行有效的信息安全控制提供一个大众化的最佳惯例，推进企业间的贸易往来，尤其是为使用电子商务的企业共享信息的安全问题提供信任支持，供负责信息安全系统开发的人员作为参考。第一部分 10 个标题，分别是信息安全方针、安全组织、资产分类与控制、人员安全、物理与环境安全、通信与运营安全、访问控制、系统开发与维护、业务持续性管理和符合性。10 个标题下共定义了 127 个安全控制。

第二部分 BS 7799-2：1999《信息安全管理体系规范》是建立信息安全管理系统的一套

规范,其中详细说明了建立、实施和维护信息安全管理系统的要求,指出实施机构应该遵循的风险评估标准。组织可以按照该标准要求建立并实施信息安全管理系统,进行有效的信息安全风险管理,确保电子商务可持续发展;该标准还可以作为寻求信息安全管理体系第三方认证的标准。

BS 7799 标准第二部分明确提出了安全控制要求,标准第一部分对应给出了通用的控制方法(措施)。因此可以说,第二部分为第一部分的具体实施提供了指南。两个标准中控制方式章节号的对照如表 9-1 所示。

表 9-1 两个标准中控制方式章节号的对照

控制方式内容	BS 7799-1：1999 章节号	BS 7799-2：1999 章节号
信息安全方针	3	4.1
安全组织	4	4.2
资产分类与控制	5	4.3
人员安全	6	4.4
物理与环境安全	7	4.5
通信与运营安全	8	4.6
访问控制	9	4.7
系统开发与维护	10	4.8
业务持续性管理	11	4.9
符合性	12	4.10

9.3.2 信息技术安全性评估通用准则

信息技术安全性评估通用准则(CC)简称通用准则,即国际标准 ISO/IEC 15408-99,该标准是评估信息技术产品和系统安全特性的基础准则。它是在 TESEC、ITSEC、CTCPEC、FC 等信息安全标准的基础上综合形成的,通过建立信息技术安全性评估的通用准则库,使得其评估结果能被更多的人理解、信任,并且让各种独立的安全评估结果具有可比性,从而达到互相认可的目的。与 BS 7799 标准相比,CC 的侧重点放在系统和产品的技术指标评价上,BS 7799 在阐述信息安全管理要求时并没有强调技术细节。因此,组织在依照 BS 7799 标准来实施信息安全管理时,一些牵涉系统和产品安全的技术要求,可以借鉴 CC 标准。

CC 标准是现阶段最完善的信息技术安全性评估标准,我国也采用这一标准(GB/T 18336)对产品、系统和系统方案进行测试、评估和认证。

1. CC 的主要用户

CC 的主要用户是消费者、开发者和评估者。

1) 消费者

当消费者选择 IT 安全要求表达他们的组织需求时,CC 起到重要的技术支持作用。当作为信息技术安全性需求的基础和制作依据时,CC 能确保评估满足消费者的需求。

消费者可以用评估结果决定一个已评估的产品和系统是否满足他们的安全需求。这些需求就是风险分析和政策导向的结果。消费者也可以用评估结果比较不同的产品和系统。

CC 为消费者(尤其是消费者群和利益共同体)提供了一个独立于实现的框架,命名为保护轮廓(Protect Profile,PP),用户在 PP 里表明他们对评估对象中 IT 安全措施的特殊需求。

2) 开发者

CC 为开发者在准备和参与评估产品或系统以及确定每种产品和系统要满足安全需求方面提供支持。只要有一个互相认可的评价方法和双方对评价结果的认可协定,CC 还可以在准备和参与对开发者的评估对象(TOE)评价方面支持除 TOE 开发者之外的其他人。

CC 还可以通过评价特殊的安全功能和保证证明 TOE 确实实现了特定的安全需求。每一个 TOE 的安全需求都包含在一个名为安全目标(Security Target,ST)的概念中,广泛的消费者基础需求由一个或多个 PP 提供。

3) 评估者

当要做出 TOE 及其安全需求一致性判断时,CC 为评估者提供了评估准则。CC 描述了评估者执行的系列通用功能和完成这些功能所需的安全功能。

2. CC 的组成

CC 由一系列截然不同但又相互关联的部分组成,定义了一套能满足各种需求的 IT 安全准则,整个标准分为 3 部分,如图 9-3 所示。

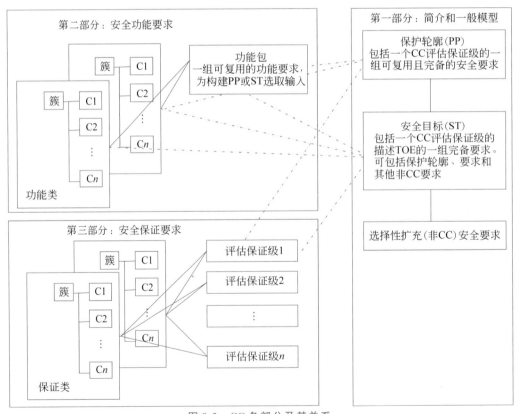

图 9-3 CC 各部分及其关系

第一部分是简介和一般模型,正文介绍了 CC 中的有关术语、基本概念、一般模型以及与评估有关的一些框架,附录部分主要介绍了 PP 和 ST 的基本内容。

第二部分是安全功能要求,按"类-子类-组件"的方式提出安全功能要求,每一类除正文外,还有对应的提示性附录作进一步解释。

第三部分是安全保证要求,定义了评估保证等级,建立了一系列安全保证组件作为表示 TOE 保证要求的准则方法。第三部分列出了一系列保证组件、族和类,也定义了 PP 和 ST 的评估准则并提出了评估保证等级。

CC 的 3 部分相互依存,缺一不可。其中,第一部分介绍了 CC 的基本概念和基本原理,第二部分提出了技术要求,第三部分提出了非技术要求和对开发过程、工程过程的要求。这 3 部分的有机结合具体体现在 PP 和 ST 中,第二部分和第三部分分别详细介绍了为实现 PP 和 ST 所需要的安全功能要求和安全保证要求,并对安全保证要求进行了等级划分(共分为 7 个等级)。与传统的软件系统设计相比,PP 实际上就是安全需求的完整表示,ST 则是通常所说的安全方案,PP 和 ST 的安全功能要求和安全保证要求在第二、三部分选取,这些安全要求的完备性和一致性由第二、三部分保证。CC 的中心内容是:当在 PP 和 ST 中描述 TOE 的安全要求时,应尽可能使其与第二部分描述的安全功能组件和第三部分描述的安全保证组件相一致。对于安全功能要求,CC 虽然没有进行明确的等级划分,但是在对每一类功能进行具体描述时要求上还是有差别的。

9.3.3 SSE-CMM

SSE-CMM 即系统安全工程能力成熟度模型,它是原英文 Systems Security Engineering Capability Maturity Model 的缩写。它是一个模型,正如开放系统互连参考模型(OSI/RM)一样,SSE-CMM 指导着系统安全工程的完善和改进,使系统安全工程成为一个清晰定义的、成熟的、可管理的、可控制的、有效的和可度量的科学。

SSE-CMM 描述了一个组织的安全工程过程务必包含的本质特征,这些特征是完善安全工程的保证,也是安全工程实施的度量标准,还是一个易于理解的评估安全工程实施的框架。

1. SSE-CMM 发展史

能力成熟度模型(CMM)首先应用于软件工程,称为 SW-CMM。经过长时间的广泛的应用证明,把统计过程控制的概念应用于软件工程,一个统计过程控制下的软件工程过程将在预期成本、进度和质量范围内产生预期的效果。美国把 CMM 广泛应用于汽车、照相机、手表及钢铁业,形成系统工程能力成熟度模型(SE-CMM)。

SSE-CMM 模型的开发源于 1993 年 5 月美国国家安全局发起的研究工作。这项工作用 CMM 研究现有的各种工作,并发现安全工程需要一个特殊的 CMM 与之配套。1995 年 1 月,在第一次公共安全工程 CMM 研讨会中,信息安全协会被邀请加入,超过 60 个组织的代表再次确认需要这样一种模型。因此,研讨会期间成立了项目工作组,由此进入了模型开发阶段。通过项目领导和应用工作组全体的通力合作,于 1996 年 10 月完成了 SSE-CMM 的第一版,1997 年 5 月完成了评价方法第一版。为检验模型及评价方法的有效性,1996 年 6 月到 1997 年 6 月进行了试验工作。一些试验组织向 SSE-CMM 及其评价模型提供了有价值的信息。1997 年 8 月,第二次公共安全工程 CMM 研讨会举行,以明确一些与模型应用相关的问题,特别是关于获取领域、过程改善、产品及系统的安全保证等问题。由于研讨会中明确了上述问题,便成立了一个新的工作组直接落实这些问题,于 1999 年 4 月完成了 SSE-CMM 的第二版。2002 年被国际标准化组织采纳为国际标准 ISO/IEC 21827:2002《信息技术 系统安全工程 成熟度模型》。我国也参考这一标准制定了 GB/T 20261—2020《信息安全技术 系统安全工程 能力成熟度模型》。

2. SSE-CMM 的用途和内容

SSE-CMM 确定了一个评价安全工程实施的综合框架,提供了度量与改善安全工程学科应用情况的方法。SSE-CMM 项目的目标是将安全工程发展为一整套有定义的、成熟的以及可度量的学科。SSE-CMM 及其评价方法可达到以下几个目的:

(1) 将投资主要集中于安全工程工具开发、人员培训、过程定义、管理活动及改善等方面。

(2) 基于能力的保证,也就是说这种可信性建立在对一个工程组的安全实施与过程的成熟性的信任之上。

(3) 通过比较竞标者的能力水平及相关风险,可有效地选择合格的安全工程实施者。

SSE-CMM 描述的是为确保安全工程实施得较好,一个组织的安全工程过程必须具备的特征。SSE-CMM 描述的对象不是具体的过程或结果,而是工业中的一般实施。这个模型是安全工程实施的标准,它主要涵盖以下内容:

(1) 强调分布于整个安全工程生命周期中各个环节的安全工程活动,包括概念定义、需求分析、设计、开发、集成、安装、运行、维护及更新。

(2) 应用于安全产品开发者、安全系统开发者及集成者,还包括提供安全服务与安全工程的组织。

(3) 适用于各种类型、规模的安全工程组织,如商业、政府及学术界。

尽管 SSE-CMM 是一个用于改善和评估安全工程能力的独特模型,但这并不意味着安全工程将游离于其他工程领域之外进行实施。SSE-CMM 强调的是一种集成,它认为安全性问题存在于各种工程领域之中,同时也包含在模型的各个组件之中。

3. SSE-CMM 的结构

SSE-CMM 的结构被设计成用于确认一个安全工程组织中某安全工程各领域过程的成熟度。其项目组织架构如图 9-4 所示。这种架构的目标就是将安全工程的基础特性与管理制度特性区分清楚。为确保这种区分,模型中建立了两个维度——域维和能力维,如图 9-5 所示。域维包含所有集中定义安全过程的实施,这些实施被称作基础实施;能力维代表反映过程管理与制度能力的实施,这些实施被称作一般实施,这是由于它们被应用于广泛的领域。一般实施应该作为基础实施的一种补充。SSE-CMM 中大约包含 60 个基础实施,被分为 11 个系统安全工程过程域(Process Area,PA)PA01~PA11 和 11 个与项目和组织相关的过程域 PA12~PA22,这些过程域覆盖了安全工程的所有主要领域。基础实施是从现存的很大范围内的材料、实施活动、专家见解中采集而来的,是强制性项目,即当且仅当一个过程域的所有基本实践都被成功地实现才算达到了它们所隶属的过程域的目标,否则认为该过程没有被完全执行。另外,虽然每个过程域都有一个顺序编号,但并不意味着这些过程域在实施时要按照这个顺序执行。事实上,工程组织不但不需要按这些顺序执行和评估过程域,而且甚至可以对这些过程域进行筛选和剪裁,只要满足自身的安全需求即可。

一般实施是一些应用于所有过程的活动。它们强调一个过程的管理、度量与制度方面。

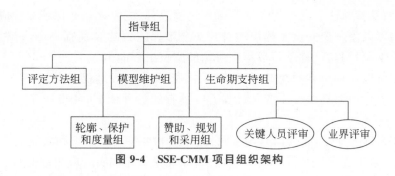

图 9-4 SSE-CMM 项目组织架构

图 9-5 SSE-CMM 的结构

一般而言，在评估一个组织执行某过程的能力时要用到这些实施。一般实施被划分成若干被称作共同特征（Common Feature，CF）的逻辑区域，这些共同特征又被分为 5 个能力水平，分别代表组织能力的不同层次，每一个级别都包含一个或几个反映此能力级别特性的公共特征。能力维的作用就是评价过程域的执行情况，只有某一能力水平的所有公共特征都得以实现时，才说明该过程域达到了相应的能力水平。与域维中的基础实施不同的是，能力维中的一般实施是根据成熟度进行排序的，因此代表较高过程能力的一般实施位于能力维的顶层。

SSE-CMM 的 5 个能力水平如下：

级别 1：非正式执行级（Performed Informally）。集中于一个组织是否将一个过程所含的所有基础实施都执行了。

级别 2：计划跟踪级（Planned and Tracked）。主要集中于项目级别的定义、计划与实施问题。

级别 3：良好定义级（Well Defined）。集中于在组织的层次上有原则地对已定义过程进行筛选。

级别 4：定量控制级（Quantitatively Controlled）。焦点在于与组织的商业目标相结合的度量方法。尽管在起始阶段就对项目进行度量十分必要，但这并不是在整个组织范围内进行的度量。直到组织已达到一个较高的能力水平时，才可以进行整个组织范围内的度量。

级别 5：持续改进级（Continuously Improving）。在前几个级别进行之后，从所有的管理实施的改进中已经收到成效。这时必须对组织文化进行适当调整，以支撑所获得的成果。

4. SSE-CMM 的应用及其前景

SSE-CMM 适用于所有从事某种形式安全工程的组织，而不必考虑产品的生命周期、组织的规模、领域及特殊性。这一模型通常采用过程改善、能力评估和保证 3 种应用方式。

过程改善可以使一个安全工程组织对其安全工程能力的级别有一个认识,于是可设计出改善的安全工程过程,这样就可以提高组织的安全工程能力。

能力评估可以使一个客户组织了解其提供商的安全工程过程能力。

保证是指通过声明提供一个成熟过程所应具有的各种依据,使得产品、系统、服务更具有可信性。

目前,SSE-CMM 已经成为西方国家政府、军队和要害部门组织和实施安全工程的通用方法,是系统安全工程领域里成熟的方法体系,在理论研究和实际应用方面具有举足轻重的作用。在模型的应用方面,美国德州仪器公司和参与模型建立的一些公司采用该模型指导安全工程活动,可以在提供过程能力的同时有效地降低成本。我国国家及军队的信息安全测评认证中心均已将 SSE-CMM 作为安全产品和信息系统安全性检测和认证的标准之一,SSE-CMM 在我国已得到广泛应用。

9.4 国内信息安全标准

《中华人民共和国标准化法》将我国的标准分为国家标准、行业标准、地方标准、企业标准 4 级。我国的国家标准由国务院标准化行政主管部门制定,行业标准由国务院有关行政主管部制定,地方标准由省、自治区和直辖市标准化行政主管部门制定,企业标准由企业自己制定。

我国从保密技术、难度、标准的特点出发,将信息安全保密标准分为 3 级:第一级为国家标准,第二级为国家军队标准,第三级为国家保密标准。在这 3 级标准中,国家保密标准最高。其他标准还包括公共安全行业标准。

我国信息安全标准在相关标准化组织的有效领导下取得了长足的发展,颁布了多项标准,国家标准、军队标准、行业标准对信息安全领域均有涉及,大致从物理安全、密码及安全算法、安全技术及安全机制、开放系统互连、边界保护、信息安全评估等方面规定了信息安全的不同技术要求。本节介绍我国常用的计算机信息系统安全标准,在本节最后列出主要标准供读者参考。

9.4.1 计算机信息系统安全保护等级划分简介

1. GB 17859—1999

为了提高我国计算机系统安全保护水平,以确保社会政治稳定和经济建设的顺利进行,公安部提出并组织制定了强制性国家标准《计算机信息系统安全保护等级划分准则》(GB 17859—1999),该标准于 1999 年 9 月 13 日经国家质量技术监督局发布,并于 2001 年 1 月 1 日起实施。

《计算机信息系统安全保护等级划分准则》是建立安全等级保护制度、实施安全等级管理的重要基础性标准。它将计算机信息系统安全保护划分为 5 个级别,通过规范、科学和公正的评定和监督管理,为计算机信息系统安全等级保护管理法规的制定和执法部门的监督检查提供依据,为计算机信息系统安全产品的研制提供技术支持,为安全系统的建设和管理提供技术指导。

《计算机信息系统安全保护等级划分准则》中明确规定了计算机系统安全保护能力的5个等级,从第一级到第五级依次为用户自主保护级、系统审计保护级、安全标记保护级、结构化保护级和访问验证保护级。

《计算机信息系统安全保护等级划分准则》定义了计算机信息系统、计算机信息系统可信计算基、客体、主体、敏感标记、安全策略、信道、隐蔽信道和访问监控器等概念,对5个等级的细则进行了详细描述。该标准适用于计算机信息系统安全保护能力等级的划分,计算机信息系统安全保护能力随着安全保护等级的提高逐渐增强。

2. GA/T 390—2002

公安部于2002年7月18日公布并实施了GA/T 390—2002《计算机信息系统安全等级保护通用技术要求》,将其作为计算机信息系统安全等级保护要求系列标准的基础标准,详细说明了计算机信息系统为实现GB 17859—1999所提出的安全等级要求应采取的通用安全技术,以及为确保这些安全技术所实现的安全功能达到其应具有的安全性而采取的保证措施,并对计算机信息系统5个安全保护等级中每一级技术方面的要求进行了详细描述。

《计算机信息系统安全等级保护通用技术要求》主要内容如下:

(1) 安全功能技术要求,包括物理安全、运行安全和信息安全。

(2) 安全保证技术,包括可信计算基(TCB)自身安全保护、TCB设计和实现、TCB安全管理。

(3) 5个安全等级划分要求在技术方面的细则。

3. GA/T 388—2002

公安部于2002年7月18日公布并实施了GA/T 388—2002《计算机信息系统安全等级保护操作系统技术要求》,将其作为计算机信息系统安全等级保护要求系列标准的重要组成部分之一,用于指导设计者设计和实现具有所需要的安全等级的操作系统,主要从对操作系统的安全等级进行划分来说明其技术要求,即主要说明为实现GB 17859—1999所提出的安全等级要求,对操作系统应采取的安全技术措施,以及各安全技术要求在不同安全等级中具体实现的差异。

《计算机信息系统安全等级保护操作系统技术要求》主要内容包括操作系统安全技术要求和5个安全等级划分要求技术方面的细则两方面内容。其中,操作系统安全技术要求包括标记和访问控制、身份鉴别、客体重用、审计、数据完整性、隐蔽信道分析、可信恢复、可信路径。

4. GA/T 389—2002

公安部于2002年7月18日公布并实施了GA/T 389—2002《计算机信息系统安全等级保护数据库管理系统技术要求》,将其作为计算机信息系统安全等级保护要求系列标准的重要组成部分之一,用于指导设计者如何设计和实现具有所需要的安全等级的数据库管理系统,主要从对数据库管理系统的安全等级进行划分来说明其技术要求,即主要说明为实现GB 17859—1999所提出的安全等级要求,对数据库管理系统应采取的安全技术措施,以及各安全技术要求在不同安全等级中具体实现的差异。

《计算机信息系统安全等级保护数据库管理系统技术要求》的主要内容包括数据库管理系统安全技术要求和5个安全等级划分要求在技术方面的细则两方面内容。其中,数据库管理系统安全技术要求包括身份鉴别、标记和访问控制、数据完整性、数据库安全审计、客体重用、数据库可信恢复、隐蔽信道分析、可信路径、推理控制。

5. GA/T 387—2002

公安部于 2002 年 7 月 18 日公布并实施了 GA/T 387—2002《计算机信息系统安全等级保护网络技术要求》,将其作为计算机信息系统安全等级保护要求系列标准的重要组成部分之一,用于指导设计者如何设计和实现具有所需要的安全等级的网络系统,主要从对网络安全等级的划分来说明其技术要求,即主要说明为实现 GB 17859—1999 所提出的安全等级要求、对网络系统应采取的安全技术措施以及各安全技术要求在不同安全等级中具体实现的差异。

《计算机信息系统安全等级保护网络技术要求》的主要内容如下:

(1) 简要描述了关于安全等级划分、主体、客体、TCB、密码技术、建立网络安全的一般要求以及网络安全组成与相互关系。

(2) 详细描述了网络基本安全技术,包括自主访问控制、强制访问控制、标记、用户身份鉴别、剩余信息保护、安全审计、数据完整性、隐蔽信道分析、可信路径、可信恢复、抗抵赖、密码支持等。

(3) 详细描述了网络安全技术要求。

(4) 5 个安全等级划分要求在技术方面的细则。

6. GA/T 391—2002

公安部于 2002 年 7 月 18 日公布并实施了 GA/T 391—2002《计算机信息系统安全等级保护管理要求》,将其作为 GB 17859—1999 的管理要求,是根据《中华人民共和国计算机信息系统安全保护条例》的规定编写的。GA/T 391—2002 是 GB 17859—1999 的配套标准中重要的标准之一,与上述技术要求、工程要求和评估要求共同组成计算机信息系统的安全等级保护体系。计算机信息系统的安全等级保护体系从计算机信息系统的管理层面、物理层面、系统层面、网络层面、应用层面和运行层面对计算机信息系统资源实施保护,作为计算机信息系统安全保护的支撑服务。其中,管理层面贯穿其他 5 个层面,是其他 5 个层面实施安全等级保护的保证。

《计算机信息系统安全等级保护管理要求》主要描述了信息系统安全管理的内涵、主要安全要素、安全管理的基本原则、安全管理的过程、安全管理组织、人员安全、安全管理制度等以及 5 个安全等级划分要求在管理方面的细则等内容。

9.4.2 其他计算机信息安全标准

1. GA 163—1997

为配合《计算机信息系统安全专用产品检测和销售许可证管理办法》的实施,1997 年 4 月 21 日,公安部发布了 GA 163—1997《计算机信息系统安全专用产品分类原则》,于 1997 年 7 月 1 日起实施。

《计算机信息系统安全专用产品分类原则》标准共包括 4 个方面的内容:标准适用的范围、标准采用的分类原则、相关概念的定义以及标准所确立的类别体系。

《计算机信息系统安全专用产品分类原则》适用于保护计算机信息系统安全的专用产品,涉及实体安全、运行安全和信息安全 3 方面。实体安全包括环境安全、设备安全和媒体安全 3 方面,运行安全包括风险分析、审计跟踪、备份与恢复和应急 4 方面,信息安全包括操作系统安全、数据库安全、网络安全、病毒防护、访问控制、加密和鉴别7方面。

为了保证分类体系的科学性,应遵循的原则包括适度的前瞻性、标准的可操作性、分类体系的完整性、与传统的兼容性和按产品功能分类。

2. GB 9361—2011

中华人民共和国国家标准 GB 9361—2011《计算机场地安全要求》由中国科学院计算机技术研究所起草,电子工业部于2011年12月30日批准,2012年5月1日实施。

《计算机场地安全要求》定义了与计算机场地相关的概念,规范了计算机场地的安全等级,确定了对计算机场地的建设、安装、装修等各个方面的要求。

计算机场地包括计算机系统的安置地点、计算机供电、空调以及系统维修和工作人员的工作场所。该标准适用于各类地面计算站、不建站的地面计算机机房、改建的计算机机房和非地面计算机机房等。计算机机房是计算站场地最主要的房间,是放置计算机系统主要设备的地点。计算机机房的安全要求如表9-2所示。

表9-2 计算机机房的安全要求

安 全 项 目	C类机房	B类机房	A类机房
场地选择	−	+	+
防火	+	+	+
内部装修	−	−	+
供配电系统	−	+	+
空调系统	−	+	+
火灾报警及消防设施	−	+	+
防水	−	−	+
防静电	−	−	+
防雷击	−	−	+
防鼠害	−	−	+
电磁波的防护	−	−	+

注:−表示无需要求,+表示有要求或增加要求。

计算机机房的安全分为A类、B类和C类3个基本类别。

(1) A类:对计算机机房的安全有严格的要求,有完善的计算机机房安全措施。

(2) B类:对计算机机房的安全有较严格的要求,有较完善的计算机机房安全措施。

(3) C类:对计算机机房的安全有基本的要求,有基本的计算机机房安全措施。

根据计算机机房安全的要求,机房安全可按某一类执行,也可按某些类综合执行(综合执行是指一个机房可按多个类执行,例如某机房按照安全要求可选电磁波防护A类、火灾报警及消防设施C类)。

3. GJB 2646—1996

中华人民共和国国家军用标准 GJB 2646—1996《军用计算机安全评估准则》由国防科学技术工业委员会于1996年6月4日发布,于1996年12月1日实施。《军用计算机安全评估准则》共分 5 部分：

(1) 范围,即确定主题内容和适用范围。

(2) 引用文件,引用 GJB 2255—1995《军用计算机安全术语》。

(3) 定义相关的概念。

(4) 一般要求,计算机系统安全将通过使用特定的安全特性控制对信息的访问,只有被授权的人或为人服务的操作过程可以对信息进行访问。

(5) 详细要求,即等级划分和每个等级的安全要求。它划分为 A、B、C、D 4 个等级,其中：

- D 等：最小保护。
- C 等：自主保护,分为 C1(自主安全保护)和 C2(可控制访问保护)两个级别。
- B 等：强制保护,分为 B1(有标号的安全保护)、B2(结构化保护)和 B3(安全域)3 个级别。
- A 等：验证保护,分为 A1(验证设计)和超 A1 两个级别。

9.5 信息安全国家标准目录

信息安全国家标准目录包括基础标准和框架模型两部分。基础标准给出了与信息安全技术领域相关的术语和定义,适用于信息安全技术概要。框架模型则以能够递增地获得交付件安全功能确信的安全技术为基础,介绍交付件的安全保障方和保障方法。在每一个安全方向上都有相关的国家标准。信息安全国家标准主要包括术语/导则、关键信息基础设施、等级保护、风险评估、应急响应、业务连续性灾难恢复、系统安全工程、电子政务、风险管理、信息安全管理体系、安全保障评估、应用系统安全、数据中心、可信计算、IT 服务、安全服务运维、信息技术安全性评估、漏洞管理、渗透测试、云计算安全、数据安全、工业控制安全、物联网安全、车联网安全、智慧城市安全、移动安全、个人信息安全、商用密码等方向。

这里只列出术语/导则、等级保护、信息安全管理体系、数据中心、可信计算、信息技术安全性评估、物联网安全、个人信息安全 8 个代表性的方向的信息安全国家标准。

1. 术语/导则

(1) GB/T 25069—2022《信息安全技术术语》。

(2) GB/T 5271.1—2000《信息技术词汇 第 1 部分：基本术语》。

(3) GB/T 5271.8—2001《信息技术词汇 第 8 部分：安全》。

(4) GB/T 1.1—2020《标准化工作导则 第 1 部分：标准化文件的结构和起草规则》。

(5) GB/T 1.2—2020《标准化工作导则 第 2 部分：以 ISO/IEC 标准化文件为基础的标准化文件起草规则》。

2. 等级保护

(1) GB/T 22240—2020《网络安全等级保护定级指南》。

(2) GB/T 28448—2019《信息安全技术 网络安全等级保护 测评要求》。

(3) GB/T 28449—2018《信息安全技术 网络安全等级保护 测评过程指南》。

(4) GB/T 25058—2019《信息安全技术 网络安全等级保护 实施指南》。

(5) GB/T 25070—2019《信息安全技术 网络安全等级保护 安全设计技术要求》。

(6) GB/T 22239—2019《信息安全技术 网络安全等级保护 基本要求》。

(7) GB/T 36627—2018《信息安全技术 网络安全等级保护 测试评估技术指南》。

(8) GB/T 36958—2018《信息安全技术 网络安全等级保护 安全管理中心技术要求》。

(9) GB/T 36959—2018《信息安全技术 网络安全等级保护 测评机构能力要求和评估规范》。

(10) GB/T 21053—2007《信息安全技术 公钥基础设施 PKI 系统安全等级保护技术要求》。

(11) GB/T 21054—2007《信息安全技术 公钥基础设施 PKI 系统安全等级保护评估准则》。

(12) GB 17859—1999《计算机信息系统安全保护等级划分准则》。

3. 信息安全管理体系

(1) GB/T 38631—2020《信息技术 安全技术 GB/T 22080 具体行业应用要求》。

(2) GB/T 25067—2020《信息技术 安全技术 信息安全管理体系审核和认证机构要求》。

(3) GB/T 28450—2020《信息技术 安全技术 信息安全管理体系审核指南》。

(4) GB/T 38561—2020《信息安全技术 网络安全管理支撑系统技术要求》。

(5) GB/T 29246—2017《信息安全管理体系概述与词汇》。

(6) GB/T 22080—2016《信息安全技术 信息安全管理体系要求》。

(7) GB/T 22081—2016《信息技术 安全技术 信息安全控制实践指南》。

(8) GB-Z 32916—2016《信息安全技术 信息安全控制措施审核员指南》。

(9) GB/T 31496—2015《信息安全技术 信息安全管理体系实施指南》。

(10) GB/T 31497—2015《信息技术 安全技术 信息安全管理测量》。

(11) GB/T 28453—2012《信息安全技术 信息系统安全管理评估要求》。

4. 数据中心

(1) GB/T 37779—2019《数据中心能源管理体系实施指南》。

(2) GB/T 36448—2018《集装箱式数据中心机房通用规范》。

(3) GB/T 51314—2018《数据中心基础设施运行维护标准》。

(4) GB 50174—2017《数据中心设计规范》。

(5) GB/T 33136—2016《信息技术 服务数据中心服务能力成熟度模型》。

(6) GB 50462—2015《数据中心基础设施施工及验收规范》。

5. 可信计算

(1) GB/T 29829—2022《信息安全技术 可信计算密码支撑平台功能与接口规范》。

(2) GB/T 41388—2022《信息安全技术 可信执行环境基本安全规范》。

(3) GB/T 41389—2022《信息安全技术 SM9 密码算法使用规范》。

(4) GB/T 30272—2021《信息安全技术 公钥基础设施标准符合性测评》。

(5) GB/T 40653—2021《信息安全技术 安全处理器技术要求》。

(6) GB/T 40650—2021《信息安全技术 可信计算规范 可信平台控制模块》。

(7) GB/T 40018—2021《信息安全技术 基于多信道的证书申请和应用协议》。

(8) GB/T 38638—2020《信息安全技术 可信计算 可信计算体系结构》。

（9）GB/T 38644—2020《信息安全技术 可信计算 可信连接测试方法》。

（10）GB/T 37935—2019《信息安全技术 可信计算规范 可信软件基》。

（11）GB/T 36639—2018《信息安全技术 可信计算规范 服务器可信支撑平台》。

（12）GB/T 20518—2018《信息安全技术 公钥基础设施 数字证书格式》。

（13）GB/T 35285—2017《信息安全技术 公钥基础设施 基于数字证书的可靠电子签名生成及验证技术要求》。

（14）GB/T 35287—2017《信息安全技术 网站可信标识技术指南》。

（15）GB/T 29827—2013《信息安全技术 可信计算规范 可信平台主板功能接口》。

（16）GB/T 29828—2013《信息安全技术 可信计算规范 可信连接架构》。

（17）GB/T 19714—2005《信息技术 安全技术 公钥基础设施证书管理协议》。

（18）GB/T 19771—2005《信息技术 安全技术 公钥基础设施 PKI组件最小互操作规范》。

6. 信息技术安全性评估

（1）GB/T 20283—2020《信息安全技术 保护轮廓和安全目标的产生指南》。

（2）GB/T 31495.1—2015《信息安全技术 信息安全保障指标体系及评价方法 第1部分：概念和模型》。

（3）GB/T 31495.2—2015《信息安全技术 信息安全保障指标体系及评价方法 第2部分：指标体系》。

（4）GB/T 31495.3—2015《信息安全技术 信息安全保障指标体系及评价方法 第3部分：实施指南》。

（5）GB/T 18336.1—2015《信息技术 安全技术 信息技术安全评估准则 第1部分：简介和一般模型》。

（6）GB/T 18336.2—2015《信息技术 安全技术 信息技术安全评估准则 第2部分：安全功能组件》。

（7）GB/T 30270—2013《信息技术 安全技术 信息技术安全性评估方法》。

（8）GB/T 20275—2021《信息安全技术 网络入侵检测系统技术要求和测试评价方法》。

（9）GB/T 29766—2021《信息安全技术 网站数据恢复产品技术要求与测试评价方法》。

（10）GB/T 29765—2021《信息安全技术 数据备份与恢复产品技术要求与测试评价方法》。

7. 物联网安全

（1）GB/T 38671—2020《信息安全技术 远程人脸识别系统技术要求》。

（2）GB/T 36951—2018《信息安全技术 物联网感知终端应用安全技术要求》。

（3）GB/T 37024—2018《信息安全技术 物联网感知层网关安全技术要求》。

（4）GB/T 37025—2018《信息安全技术 物联网数据传输安全技术要求》。

（5）GB/T 37093—2018《信息安全技术 物联网感知层接入通信网的安全要求》。

（6）GB/T 37044—2018《信息安全技术 物联网安全参考模型及通用要求》。

（7）GB/T 33745—2017《物联网术语》。

（8）GB/T 35317—2017《公安物联网系统信息安全等级保护要求》。

（9）GB/T 33474—2016《物联网参考体系结构》。

8. 个人信息安全

（1）GB/T 41391—2022《信息安全技术 移动互联网应用程序（App）收集个人信息基本要求》。

（2）GB/T 41574—2022《信息技术 安全技术 公有云中个人信息保护实践指南 ISO/IEC 27018—2019》。

（3）GB/T 41817—2022《信息安全技术 个人信息安全工程指南》。

（4）GB/T 35273—2020《信息安全技术 个人信息安全规范》。

（5）GB/T 39335—2020《信息安全技术 个人信息安全影响评估指南》。

（6）GB/T 37964—2019《信息安全技术 个人信息去标识化指南》。

（7）GB/T 23001—2017《信息化和工业化融合管理体系要求》。

（8）YD-T 2692—2014《电信和互联网用户个人电子信息保护通用技术要求和管理要求》。

（9）GB-Z 28828—2012《信息安全技术 公共及商用服务信息系统个人信息保护指南》。

9.6 信息安全法律法规

9.6.1 我国信息安全立法工作的现状

我国历来重视信息安全法律法规的建设。经过多年的探索和实践，我国已经制定和颁布了涉及信息系统安全、信息内容安全、信息产品安全、网络犯罪、密码管理等方面的多项法律法规，构建了较为完善的信息安全法律框架。

从发展过程来看，我国的信息安全法律法规建设是一个与关键信息安全技术和事件密切相关的动态发展过程。

1994年，国务院颁布了《计算机信息系统安全保护条例》，在该条例中首次使用了"信息系统安全"的表述。以该条例为起点，中国开始了信息安全领域的立法进程。

2002年12月28日，第九届全国人民代表大会常务委员会第十九次会议通过了《全国人民代表大会常务委员会关于维护互联网安全的决定》。该决定规定，禁止利用互联网危害互联网安全运行，危害国家安全和社会稳定，危害社会主义市场经济秩序和社会管理秩序，危害个人、法人和其他组织的人身、财产等合法权益。它开启了我国在信息安全领域实施法治化的新纪元。

2003年7月22日，国家信息化领导小组第三次会议通过了《国家信息化领导小组关于加强信息安全保障工作的意见（中办发〔2003〕27号）》，简称"27号文"。该意见明确要求加强信息安全法制建设和标准化建设，抓紧研究起草《信息安全法》，建立和完善信息安全法律法规和制度，明确社会各方面保障信息安全的责任和义务。以此为标志，我国的信息安全立法工作进入了全面发展的阶段。

2012年12月28日，第十一届全国人民代表大会常务委员会第三十次会议通过了《全国人民代表大会常务委员会关于加强网络信息保护的决定》。该决定的内容全面涵盖了个人网络电子信息保护、垃圾电子信息治理、网络和手机用户身份管理、网络服务提供商对国家有关主管部门的协助执法等重要制度。其核心内容和立法宗旨是建立公民个人电子信息保护制度，将公民信息权利保护，特别是信息安全的保护，提升到十分显著的位置。这是我国信息安全立法的重大突破,填补了长久以来我国在个人信息保护方面的立法缺位,反映了我国信息安全立法开始加强对个人信息安全的关注。

2016年11月7日,第十二届全国人民代表大会常务委员会第二十四次会议通过了《中华人民共和国网络安全法》。该法共包括7章79条,分别对网络安全支持与促进、网络运行安全、一般规定、关键信息基础设施的运行安全、网络信息安全、检测预警与应急处置、法律责任进行了规定。

2019年10月26日,第十三届全国人民代表大会常务委员会第十四次会议通过了《中华人民共和国密码法》。该法共包括5章44条,分别对核心密码、普通密码、商用密码及法律责任进行了规定,形成了新的加密技术规制框架,促进了密码在日常网络行为中的使用。

2021年6月10日,第十三届全国人民代表大会常务委员会第二十九次会议通过了《中华人民共和国数据安全法》。该法共包括7章55条,分别对数据安全与发展、数据安全制度、数据安全保护义务、政府数据安全与开放以及法律责任进行了规定,整合了已有的数据安全政策,体现了总体国家安全观。

2021年8月20日,第十三届全国人民代表大会常务委员会第三十次会议通过了《中华人民共和国个人信息保护法》。该法共包括8章74条,分别对个人信息处理规则、个人信息跨境提供的规则、个人在个人信息处理活动中的权利、个人信息处理者的义务、履行个人信息保护职责的部门及法律责任进行了规定,保护人格与人身财产安全等多项权益,提出了个人信息保护的中国方案。

我国的信息安全立法建设是一项复杂的系统工程。近年来,我国对信息安全的立法工作高度重视,陆续出台了一些信息安全的法律法规,在一定程度上呈现出我国信息安全立法的繁荣态势。但是从总体来看,我国目前信息安全立法的整体水平相对滞后,立法成果还不能满足保护信息安全的需要,同中国面临的日益严峻的国际化信息安全风险形成较大反差,这对在人工智能和大数据时代维护我国的国家安全、社会稳定和个人权益较为不利。因此,需要各方面加强工作,尽快制定我国的信息安全基本法,逐步构建完善的信息安全法律体系。

9.6.2 我国信息安全法制建设的基本原则

要实现我国信息安全立法工作的有序进行,必须首先明确信息安全法制建设的基本原则。法制建设的基本原则是法律的基础性原理,是立法主体进行立法活动的重要依据,体现着立法的内在精神。信息安全法制建设必须在基本原则的指导下进行,这样才能准确把握信息安全的客观规律,更好地发挥信息安全法律的保障作用。

结合信息安全的客观规律和现状,信息安全法制建设应当遵循以下原则:

(1) 通过保障安全促进发展的原则。随着信息技术的发展和普及,互联网及其应用技术已经渗透到人们日常工作、学习和生活的各个领域。鉴于互联网具有的开放性、自由性和脆弱性,使得国家安全、社会稳定和个人权益安全面临多种威胁。考虑到信息技术面临的安全现状和信息安全技术的发展现状,国家应该在技术允许的范围内确立符合实际的安全要求,即满足适度安全的需求。在此基础上,信息安全法制建设的立法范围要与应用的重要性相一致,不能不计成本地限制信息系统的可用性。同时,应该确保通过信息安全法制建设积极促进科技创新、市场繁荣和社会进步。

(2) 积极预防原则。该原则是指国家在实现信息和网络安全保护过程中应该采取多种技术防范措施,完善各项管理制度,规范信息安全教育,依托信息安全法律法规防范国家在信息化建设过程中出现的各种安全风险。考虑到信息安全风险具有不可逆的特点,信息安全法制建设应该遵循积极预防原则,使得采取积极主动的预防原则成为解决信息安全威胁的首选,通过落实发现威胁、降低风险、控制风险的措施构建信息安全法律法规体系。

(3) 重点保护原则。信息安全涉及的范围广泛,在实际应用中,明确信息安全的关键环节,强化对关键环节的保护,是信息安全法制建设的基本出发点。针对关键环节的保护,很多国家都制定了相应的信息基础设施和关键环节保护法规,我国的信息安全法制建设也应该重点关注国家重要的信息基础设施安全,在立法过程中通过法律法规的形式体现重点保护关键环节的基本原则。

(4) 谁主管、谁负责和协同原则。谁主管、谁负责体现了信息和网络空间需要合理分配信息安全风险的技术特点,这就要求互联网的建设者、使用者和管理者对其系统造成的信息网络基础设施灾难或者严重影响公共安全、社会秩序的事件承担相应的责任。协同原则是为了应对信息安全的复杂性和艰巨性的必然选择。因为随着信息技术的发展和互联网的日益庞大,信息安全问题涉及的深度和广度不断加强,依靠单一职能部门已经不能有效防范和应对信息安全风险,传统的明确分工和职责的社会管理经验已经不能应对信息安全面临的复杂环境。必须坚持既有分工又有协作、共同防范和应对信息安全的基本原则。因此,信息安全法制建设必须将谁主管、谁负责和协同原则有机结合起来,通过法律条文明确相关部门的职责及部门之间协同治理网络空间的法律机制,以保证国家应对信息安全问题时的有效性和及时性。

我国目前已确立了总体国家安全观的立法原则,即以人民安全为宗旨,以政治安全和经济安全为根本,以经济安全为基础,以军事、文化、社会安全为保障,以促进国际安全为依托。我国国家信息安全保障体系整体框架如图 9-6 所示。该框架兼顾外部安全与内部安全、国土安全与国民安全,兼顾传统安全与非传统安全、发展问题与安全问题以及自身安全与共同安全,体现了中国特色国家安全保障体系全新的指导思想,加快了信息安全立法进程,为实现国家治理体系现代化提供了法律保障。

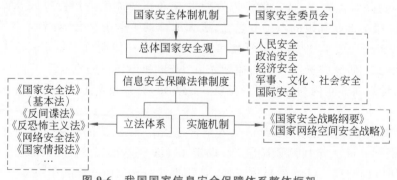

图 9-6 我国国家信息安全保障体系整体框架

9.6.3 其他国家的信息安全立法情况

1. 美国的信息安全立法

作为信息技术起步较早、发展水平最高的国家,美国通过不断完善其政策和法律体系应对日益复杂的信息安全风险。其始终将维护政府信息安全、保障关键基础设施正常运行和保护个人隐私作为信息安全保护的主要内容,目标是通过法律保护提供一个可信、可靠、有序的互联网环境。

1946 年通过的《原子能法》和 1947 年通过的《国家安全法》可以看作美国信息安全法律保护开始的标志。随着计算机和互联网技术的快速发展,美国根据需要不断修正已经实施的法律,并通过制定新的法律加强信息安全保护的力度。

1966 年,美国通过了《信息自由法》,并且分别于 1974 年、1986 年和 1996 年进行了修订。这部法律的主要内容涉及对政府信息的获取、公开方式、可分割性以及相关的诉讼事宜等。该法律规定,除了属于本法律规定的不可披露的 9 类文件外,无须任何解释或理由,任何公民可以查看现有的、可识别的、未经公开的执行委员会机构记录。

1987 年,美国通过了《计算机安全法》。该法律规定美国国家标准与技术研究院(NIST)负责开发联邦计算机系统的安全标准。除了国家安全系统被用于国防和情报任务以外,商务部承担公布标准、加强联邦计算机系统安全保护的培训任务,以提高联邦计算机系统的安全性和保密性。

1996 年,美国通过了《克林格-科恩法》。该法律又名《信息技术管理改革法》,规定设立首席信息官(CIO)职位,CIO 在 IT 收购和管理方面帮助机构负责人。该法律还授予商务部部长发布安全标准的权力,要求各个机构开发和维护信息技术架构。该法律同时要求美国管理与预算办公室(OMB)监督主要信息技术的收购,并且与国土安全部长协商,公布 NIST 制定的强制性联邦计算机安全标准。

2000 年,美国通过了《政府信息安全改革法》。该法律规定了联邦政府部门在保护信息安全方面的责任,明确了商务部、国防部、司法部、总务管理局、人事管理局等部门维护信息安全的职责,建立了联邦政府部门信息安全监督机制。

2000 年,美国通过了《全球及全国商务电子签名法》。该法律赋予电子签名和一般书写签名同等的法律效力,其内容涉及商务电子记录与电子签名的保存、准确性、公证与确认、电子代理等问题,并对优先权、特定例外以及对联邦和州政府的适用性等问题作了相应的规定。它是美国第一部联邦级的电子签名法,极大地推动了电子签名、数字证书的应用。

2002 年,美国通过了《网络安全研究和发展法》。该法律明确了国家科学基金会(NSF)和 NIST 网络安全研究的责任。该法律要求在 NSF 和 NIST 的领导下开展网络安全研究相关的项目,计划在 5 年内为这些项目投资 9 亿美元,另外投资 1 亿美元用于成立信息安全项目办公室。

2003 年 3 月,美国通过了《联邦信息安全管理法》。该法律的实施为联邦信息系统创建了一个安全框架。该法律强调风险管理,规定了 OMB、NIST 以及 CIO、首席信息安全官(CISO)、联邦机构监察长(IG)的具体责任,倡导建立由 OMB 监督的中央联邦事件中心,负责分析安全事件并提供技术帮助,通知机构运营商当前和潜在的安全威胁。

此外,美国颁布的信息安全相关法律还有 1984 年的《伪造连接装置及计算机欺诈与滥用法》、1986年的《计算机欺诈与滥用法》、1986年的《电子通信隐私法》、1996年的《国家信息基础设施保护法》和1998年的《儿童网上隐私保护法》。2001年,美国颁布了《关键基础设施保护法》,该法律突出了关键基础设施对于国家安全的重要性。2002年,美国颁布了《网络安全研究与发展法》,该法律规定政府有义务资助计算机和网络安全的研发。2002年,美国颁布了《联邦信息安全管理法》《电子政务法》《国土安全法》和《网络安全增强法》。《网络安全增强法》旨在进一步加强网络安全,根据计算机和互联网行业的最新发展,加强对计算机犯罪的打击,并规定政府为了保护网络安全可以获得公民网络通信的内容。2005年,美国颁布了《信息自由法》和《网络安全教育促进法》。

随着互联网的全面普及,保护信息安全的任务变得更加紧迫,美国在这一时期开始全面推进信息安全的立法工作。这一阶段的立法是全方位的,立法进度更快,所立法律涉及的内容也更加广泛,趋于完备。2009年,美国颁布了《网络安全法》,该法律赋权联邦政府设立专门的网络安全咨询办公室,该办公室可以断开重要设施的网络连接,管理一切网络相关事务。2010年,美国在修订《国土安全法》和其他相关法律的基础上制定了《作为国家资产的网络空间保护法》,该法律的主旨是保护美国网络空间和通信基础设施的安全性。2011年,美国颁布了作为《网络安全法》扩展的《网络安全增强法》,该法案要求总审计长定期向国会报告现有网络安全基础设施的缺陷,并针对这些缺陷和不足提出相应的解决方案和建议。2011年,美国颁布了《国土安全及基础设施保护法》,该法律要求美国建立网络安全合规部门,加强在网络反恐和保护网络基础设施方面的工作。2013年,美国颁布了《网络安全及美国网络竞争法》和《网络信息共享和保护法》。2014年,美国颁布了《联邦信息安全管理法》《国家网络安全保护法》和《网络安全人员评估法》。2015年,美国颁布了《网络安全信息共享法案》。

通过对美国信息安全立法过程的梳理可以看出,美国规范信息安全的法律经历了一个从预防为主到先发制人、从控制硬件设备到控制网络信息内容的演化过程。总体而言,美国当前有关信息安全立法的发展趋势是扩大政府部门在网络监管中的权限,明确其职责和任务,以满足应对与日俱增的信息安全风险的需求。

2. 俄罗斯的信息安全立法

俄罗斯有关信息安全领域的法律法规建设起步较早,现在已经形成了比较完备的信息安全法律体系。俄罗斯政府始终十分重视信息安全立法工作,在《俄罗斯联邦宪法》《国家安全法》《国家保密法》《电信法》等中都对国家的信息安全做出了相应的规定,并陆续制定和公布了《俄罗斯网络立法构想》《俄罗斯联邦信息和信息化领域立法发展构想》《信息安全学说》《2000—2004年大众传媒立法发展构想》等纲领性文件,起草和修订了《电子文件法》《俄罗斯联邦因特网发展和利用国家政策法》《信息权法》《个人信息法》《国际信息交易法》《〈国际信息交易法〉联邦法的补充和修改法》《信息、信息化和信息保护法》《电子合同法》《电子商务法》《电子数字签名法》等法律。为保障国家行政与军事等重要机关与部门在网络活动方面的安全防护,俄罗斯政府尝试通过多种方法和手段陆续打造出一套切实有效的网络安防制度,体现在法律规范上就是其在信息、通信、互联网活动及网络安全等领域内相继颁布出台的40多项联邦层级的法律,还有80多项总统法案以及200多项联邦政府法案。诸多信息安全方面的法律法规和政策表明了俄罗斯在信息安全领域的重大战略布局和方向。

1999年,俄罗斯通过了《俄罗斯网络立法构想》(草案)。该构想明确了俄罗斯网络立法建设的主要目标、原则及10项主要工作。该构想认为,在信息安全方面,俄罗斯应加强个人数据的保护,特别是要加强网上数据保护的立法工作,应加强因特网服务商和用户间数据传输过程中的信息保护的立法工作,其关键是对现行法律适用于因特网环境下的相关准则加以明确,并作出具体化和更为详细的补充规定。

2000年9月,俄罗斯正式批准生效了《俄罗斯联邦信息安全学说》。该学说是有关俄罗斯联邦信息安全保障的目标、任务、原则及基本方针等官方观点的总和,是制定俄罗斯联邦信息安全保障方面的国家政策和进行信息安全活动的基础。该学说全面阐述了俄罗斯联邦在信息领域的国家利益及其保障、面临的信息安全威胁种类和来源,以及俄罗斯联邦信息安全的现状与保障信息安全的主要任务,在此基础上提出了保障国家信息安全的基本方法,并认为利用法律保证俄罗斯联邦信息安全是最为有效的方法。

2000年,俄罗斯公布了《俄罗斯联邦信息和信息化领域立法发展构想》。该构想对俄罗斯信息和信息化领域内现行的法律条文和法制建设的发展方向进行了简要分析,认为随着俄罗斯进入信息社会脚步的加快,计算机犯罪呈现出上升趋势,对个人、社会和国家造成的危害也越来越严重。但目前俄罗斯对这一危害尚缺乏必要的法律界定,对计算机犯罪没有统一的鉴定,为此,要尽快研究、制定和通过有关计算机犯罪的法规。该构想还对俄罗斯信息和信息化领域法制建设的条件和优先等级进行了剖析,指出俄罗斯信息和信息化领域的立法工作的优先级应分为4级:第一级是制定各类跨部门信息协作的协议和约定,这是当前最为迫切的任务;第二级是加紧对现有的法律条文进行修订,以便使俄罗斯的信息立法与国际上通用的公约、指令及标准接轨;第三级是根据国家最高立法机构的建议,有计划地对那些有利于解决信息化建设中出现的新问题的立法建议进行审议;第四级是制定一些基础性的联邦法律。

2001年,俄罗斯修订了1995年2月通过的《信息、信息化和信息保护法》,并通过了《〈信息、信息化和信息保护法〉联邦法的补充和修改法》。该法律对信息资源、信息资源的利用、信息化、信息系统、技术及其保障手段,以及信息和信息化领域中的信息保护和主体权益保护等内容作出了规定。该法律规定,国家应根据俄联邦《国家机密法》等相关的法律规定制定信息保护制度,信息资源的所有者或其授权者有权监督信息保护要求的实施情况。

2000年7月,俄罗斯修订了1996年7月通过的《国际信息交易法》,并通过了《〈国际信息交易法〉联邦法的补充和修改法》。该法律主要对参与国际信息交易的法律制度、对国际信息交易的监督及国际信息交易过程中的责任进行了规定。

1997年,俄罗斯通过《信息权法》。该法律认为,信息权是公民的基本权利之一,每个公民都享有搜集、获取和传递信息的权利,信息权是公民不可剥夺的权利。该法对信息权的实现原则、信息访问的保障、信息查询的要求和方法、拒绝信息访问的原则和方法、信息使用费补偿办法、信息存储的保障、信息权的司法保护和侵犯信息权应承担的责任都作出了相应的规定。

2000年8月,俄罗斯通过《俄罗斯联邦因特网发展和利用之国家政策法》。该法律的主要内容涉及因特网领域国家政策的基本原理、调整各种关系的原则和网上信息交换等。该法律规定,公民在接入因特网时,国家权力机构要对宪法赋予公民的权利和义务予以保障;利用因特网进行信息交换,必须符合联邦现行法律之要求;在进行信息交换时,禁止因特网供应商向网络用户传播联邦法律所禁止或受到法律传播限制的信息,未经用户允许禁止向其传播商业、广告、宣传或类似性质的信息;在接入国家权力机关信息系统网络或访问受到限制的涉及国家信息资源的信息系统时,应遵照俄罗斯联邦政府相关规定执行。

2000年10月,俄罗斯通过《个人信息法》。该法律的主要内容包括合法使用个人数据的条件、个人数据主体的权利、个人数据持有者的权利和责任及国家对个人数据的管理等。该法律对于个人数据主体对个人数据的访问、冻结、解冻和删除都作出了明确的规定。

2001年4月,俄罗斯通过《电子文件法》。该法律明确了对电子公文流转中对电子文件提出的各项要求及电子文件的法律意义。该法律规定,在电子文件交换时,应对个人数据、资料、商业和金融秘密以及公文中包含的受到访问限制的其他信息加以保护;向第三方提供包含访问受限制内容的电子文件或其纸介质复印件时不得违反俄罗斯联邦相关法律的规定。

2001年,俄罗斯通过了《电子数字签名法》。该法律对电子数字签名的使用条件、密钥的管理、认证中心及其工作、密钥持有者的义务、电子数字签名的应用及企业电子数字签名的使用作了明确的规定。

2016年,俄罗斯总统普京再次签署了《有关俄罗斯联邦信息安全学说法案》等。2019年11月1日,俄罗斯通过了《俄罗斯联邦网络主权法》,逐步构建起网络安全防护法律体系。

从整体上看,俄罗斯的信息安全立法将保护范围从只侧重国家机关的信息安全保护逐步了扩大到对公民、组织和社会的信息安全保护,在不断发展中寻求着各方利益的平衡。

3. 欧盟的信息安全立法

为了加强对欧盟成员国信息安全立法的指导,欧盟通过发展战略规划其阶段性的发展重点和发展路径。先后制定了《欧盟电子签名指令》《欧盟电子商务指令》《欧盟数据保护指令》《欧盟网络刑事公约》等法律性文件。

1999年12月,欧盟颁布了《欧盟电子签名指令》,其目的是方便电子签名的使用并使其具备相应的法律效力。该指令的主要内容包括:确定电子签名效力的原则;电子签名及相关概念的定义;确定成员国国内及国际电子签名认证服务的市场准入规则;电子签名数据的保护;电子签名的生效与修改等。不仅如此,在该指令的附件中,还对电子签名认证的提供者、电子签名的安全核对等问题提出了技术上和法律上的要求。

2000年5月,欧盟通过了《欧盟电子商务指令》。该指令的主要内容包括:成员国开放信息服务的市场;成员国对电子合同的使用不应予以限制;对电子形式的广告信息予以标明;允许律师、会计师在线提供服务;要求将国际法和来源国法作为适用于信息服务的法律;允许成员国为了保护未成年人,防止煽动种族仇恨,保卫国民的健康和安全,对来自他国的信息服务加以识别;确定提供信息服务的公司所在地为其实际开展营业的固定场所。

2000年12月,欧盟通过《欧盟数据保护指令》。该指令明确了个人数据保护的目的,并对数据拥有者的义务和数据主体的基本权利进行了界定。

2001年11月,欧盟通过《欧盟网络刑事公约》。该公约是国际上第一个针对计算机系统、网络或数据犯罪的多边协定。该公约涉及以下内容:明确了网络犯罪的种类和内容,要求其成员国采取立法和其他必要措施对这些行为在国内法予以确认;要求各成员国建立相应的执法机关和程序,并对具体的侦查措施和管辖权作出了规定;加强成员国间的国际合作,对计算机和数据犯罪展开调查(包括搜集电子证据)或采取联合行动,对犯罪分子进行引渡;对个人数据和隐私进行保护。

欧盟的数据安全立法无论是在立法时间上还是在立法系统性上都处于全球领先位置,其代表性的立法包括《个人数据处理及自由流通个人保护指令》《通用数据保护条例》等,同时《2019 网络安全法案》《非个人数据自由流动条例》《欧洲数据战略》"打造欧盟数字经济"计划以及有关数据治理法案提案等法律条款和战略规划也颇具影响力。《通用数据保护条例》(GDPR)是欧盟"史上最严格"的数据保护条例。GDPR 于 2018 年正式实施,是欧盟最具代表性的数据安全立法,强化了数据主体权力并完善了相关机制。一是对非欧洲科技巨头形成制约和监管,这极大地扩大了 GDPR 的影响范围;二是强化了数据主体的被遗忘权、数据可携权、限制特定处理权、撤销同意处理权等;三是不做烦琐的规则指南,只提需要达到的效果,为企业实施数据保护留出了行动空间;四是成立了欧盟数据保护委员会并要求成员国设立独立的监管机构,要求企业审查并及时修改其数据处理方法和数据管理规定,同时设置了高额罚款;五是欧洲数据保护委员会(EDPB)每年会举行全体会议,审议通过新指南和新准则,并向公众征求意见。

欧盟的信息安全法律框架经历了一个逐步完善的过程。欧盟通过一系列战略突出了数字时代信息安全的重要性。在这一战略布局下,欧盟信息安全法律体系通过统一立法、各成员国独立立法、专项立法等多个层次逐步形成,既强调了欧盟整体利益,又照顾到了各个成员国的具体情况。

◆ 本 章 总 结

信息安全标准化不仅关系到信息安全产品和技术的发展方向,而且关系到每个国家根本的安全利益,是信息安全重要的研究领域之一,日益引起人们的高度关注。作为信息安全技术的延伸和支撑,本章概要介绍了国内外信息安全领域相关标准,介绍了重要的国内外标准化组织的概况。信息安全法制建设是保障国家信息安全的基础,不仅对信息安全技术和管理具有促进和指导作用,而且信息安全法制化建设本身就是信息安全管理的重要组成部分。本章还介绍了我国在信息安全领域的法制化建设情况以及其他主要国家和组织的信息安全立法情况,对从事信息安全工作的人员具有一定的参考和指导作用。

◆ 思考与练习

1. CC 由哪几部分构成?
2. SSE-CMM 的结构是怎样的?
3. 我国计算机信息系统安全保护等级划分的基本原则是什么?

第10章 无线网络应用安全

无线网络使用无线电波作为信息传输的介质,产生了新的安全问题。本章首先介绍无线网络基础知识、发展历程和存在的安全隐患,着重介绍 WEP、WPA 和 WPA2 的加密原理以及解密方式,Android 和 iOS 操作系统的特点,移动终端和可穿戴设备安全认证与隐私数据保护问题,最后介绍无人机、无人驾驶汽车的信息安全问题。

本章的知识要点、重点和难点包括:无线网络的基础知识,常用的无线网络技术和移动操作系统特点,WEP、WPA 和 WPA2 的加密原理以及解密方式,无人机、无人驾驶汽车的信息安全问题。

◇ 10.1 无线网络安全概述

无线网络是利用无线电波作为信息传输介质的网络,因而摆脱了网线的束缚。从应用层面来讲,无线网络与有线网络的用途完全相似,但由于其采用无线电波传输媒介而带来了新的安全问题。

10.1.1 无线网络概念及其发展历程

有线网络是采用人眼看得见的同轴电缆、双绞线和光纤等传输介质连接的计算机网络。而**无线网络**是指无须布线就能实现各种通信设备互联的网络。无线网络一般主要采用空气作为传输介质,依靠电磁波和红外线等作为载体和物理层传输数据构建的网络,如 LTE、WiFi、CDMA2000、ZigBee 等,目前主要分为 GSM/GPRS/CDMA/3G/4G/5G 无线上网、蓝牙和无线局域网几种类型。其中 WiFi (Wireless-Fidelity)便是一种无线局域网技术。

根据网络覆盖范围的不同,可以将无线网络划分为无线广域网(Wireless Wide Area Network,WWAN)、无线局域网(Wireless Local Area Network,WLAN)、无线城域网(Wireless Metropolitan Area Network,WMAN)和无线个人局域网(Wireless Personal Area Network,WPAN)。

无线网络的初步应用可追溯到第二次世界大战期间,当时美国陆军采用无线电信号进行资料的传输。他们研发了一套无线电传输系统,并且采用高强度的加密算法,得到美军和盟军的广泛使用。他们也许没有想到,这项技术会在数十年后的今天改变人类的生活。

1971年，美国夏威夷大学的研究人员创造了第一个基于数据包传输的无线电通信网络。这个被称作 ALOHAnet 的网络是世界上最早的无线局域网。它包括 7 台计算机，采用双向星状拓扑横跨四座夏威夷的岛屿，中心计算机放置在瓦胡岛上。

1990 年，IEEE 正式启动 IEEE 802.11 项目，无线网络技术逐渐走向成熟。自 IEEE 802.11(WiFi)标准诞生以来，先后有 IEEE 802.11a、IEEE 802.11b 和 IEEE 802.11g 等标准被制定并应用。目前，为实现高带宽、高质量的无线网络服务，IEEE 802.11n 也在推广使用。

2003 年以来，无线网络市场热度迅速上升，成为 IT 市场中新的亮点。由于人们对网络速度及方便使用性的期望越来越大，与计算机以及移动设备结合紧密的 WiFi、CDMA/GPRS、蓝牙等技术越来越受到追捧。与此同时，在配套产品大量面世之后，构建无线网络所需要的成本迅速下降，一时间，无线网络成为人们网络生活的主流。

4G 国际标准化工作历时 3 年。从 2009 年年初开始，ITU 在全世界范围内征集 IMT-Advanced 候选技术。ITU 在 2012 年无线电通信全会全体会议上审议通过将 LTE-Advanced 和 Wireless MAN-Advanced(IEEE 802.16m)技术规范确立为 IMT-Advanced(俗称 4G)国际标准，中国主导制定的 TD-LTE-Advanced 和 FDD-LTE-Advance 同时成为 4G 国际标准。

2013 年 12 月，我国工业和信息化部向中国移动、中国电信、中国联通正式发放了第四代(4G)移动通信业务牌照，标志着中国电信产业正式进入了 4G 时代。中国移动获得 130MHz 频谱资源，分别为 1880～1900MHz、2320～2370MHz、2575～2635MHz；中国联通获得 40MHz 频谱资源，分别为 2300～2320MHz、2555～2575MHz；中国电信获得 40MHz 频谱资源，分别为 2370～2390MHz、2635～2655MHz。

第五代(5G)移动通信是 2020 年移动通信发展的新一代移动通信系统，具有超高的频谱利用率和超低的功耗，在传输速率、资源利用、无线覆盖性能和用户体验等方面比 4G 有显著提升。欧洲 METIS 研究 5G 的技术目标是使移动数据流量增加到 1000 倍，典型用户数据速率提升到 100 倍(高于 10Gb/s)，联网设备数量增加到 100 倍，低功率 MMC(机器型设备)的电池续航时间增加到 10 倍，端到端时延缩短为 1/5。5G 具有更高的可靠性、更低的时延，能够满足智能制造、自动驾驶等千兆移动网络和人工智能行业应用的特定需求，拓宽融合产业的发展空间，支撑经济社会创新发展。

WiFi 又称作移动热点，是 1999 年基于 IEEE 802.11 标准提出的无线局域网技术。它成为 WiFi 联盟制造商的商标，作为产品的品牌认证。无线网络的基本配备就是无线网卡及一个无线访问接入点(Access Point,AP)，如此便能以无线的模式，配合既有的有线架构分享网络资源，其架设费用和复杂程度远远低于传统的有线网络。IEEE 802.11ax 标准将其定义为 WiFi 6，即第六代 WiFi 标准，也将之前的 IEEE 802.11a/b/g/n/ac 依次追加定义为 WiFi 1/2/3/4/5。而 WPA/WPA2 是基于 IEEE 802.11a、IEEE 802.11b、IEEE 802.11g 的单模、双模或双频的产品所建立的测试程序。

本章主要讨论狭义的无线 WiFi 信息安全。在 WPA/WPA2 普及率达到 99.9% 的今天，WiFi 最主要的安全威胁就是未授权访问，攻击者通过破解密码等各种手段连接到无线网络，占用网络资源。另外，其安全威胁还包括信息窃取、拒绝服务、社会工程学钓鱼攻击等。

10.1.2　无线网络的特点

在发展有线网络的同时,无线网络也在不断发展,两者各有优势和特点。无线网络具有以下特点:

(1) 网络连接的开放性。有线网络的网络连接是相对固定的,具有确定的边界,便于设置防火墙和网关等。攻击者必须物理接入网络或经过物理边界才能进入有线网络。有线网络通过对接入端口的管理可以有效地控制非法用户的接入。无线网络则没有明确的防御边界。无线网络的开放性带来了信息截取、未授权使用服务、恶意注入信息等一系列信息安全问题。

(2) 网络终端的移动性。有线网络的用户终端与接入设备间通过线缆连接,终端不能大范围移动,对用户的管理比较容易。无线网络终端不仅可以在较大范围内移动,而且可以跨区域漫游。这增大了对接入节点的认证难度,如移动通信网络中的接入认证问题。

(3) 网络拓扑结构的动态性。有线网络具有固定的拓扑结构,安全技术和方案容易部署。在无线网络环境中,动态的、变化的拓扑结构缺乏集中管理机制,使得安全技术(如密钥管理、信任管理等)更加复杂,可能是无中心控制节点、自治的网络。另外,无线网络环境中做出的许多决策是分散的,许多网络算法,如路由算法、定位算法等,必须依赖大量节点的共同参与协作才能完成。

(4) 网络传输信号的稳定性。有线网络的传输环境是确定的,信号质量稳定。无线网络随着用户的数量变化、位置变化而变化,同时易于受到干扰。受移动终端远近、信号多普勒频移等多方面的影响,无线网络信号质量波动较大,甚至无法进行通信。无线信道竞争共享访问机制也可能导致数据丢失。因此,这对无线网络安全机制的鲁棒性(健壮性、高可靠性、高可用性)提出了更高的要求。

(5) 网络终端设备的特点。有线网络的网络实体设备,如路由器、防火墙等,一般都不能被攻击者物理地接触到。无线网络的网络实体设备,如 AP、基站等,可能被攻击者物理地接触到。因而可能存在假的 AP。无线网络终端设备与有线网络的终端(如 PC)相比具有计算、通信、存储等资源受限的特点,以及对耗电量、价格、体积等的要求。

10.2　无线网络存在的安全威胁

无线网络的技术特点决定了它具有独特的信息安全问题。从信息安全的基本目标来看,可将安全威胁分为 4 类,包括信息泄露、完整性破坏、非授权使用资源和拒绝服务攻击。围绕这 4 类主要威胁,无线环境下的安全威胁可概括为以下几方面:信息的窃听和接收,数据的修改和替换、伪装、干扰和抑制,无线 AP 欺诈、冒充和抵赖,病毒,等等。

10.2.1　无线网络存在的安全隐患

无线网络存在的安全隐患如下:

(1) 存在假冒攻击的隐患。假冒攻击指的是某个实体假装成无线网络供另一个实体访问,这会导致在无线线道中进行传输的身份信息随时有遭遇攻击的危险。

(2) 存在无线窃听的隐患。由于无线网络中所有的通信内容都是由无线信道传送出去的,所有具备相应设备的人都能从无线网络的无线信道传送的信息中获取自己所需的信息,因此导致无线网络存在无线窃听的隐患。

(3) 存在信息篡改的隐患。所谓信息篡改指的是攻击者对自己窃听到的全部信息或部分信息进行修改或删除等行为。另外,信息篡改者还会把篡改过的信息发送给原本该接收此信息的一端。

(4) 存在非法用户接入的隐患。所有的 Windows 操作系统都具备自动查找无线网络的功能,因此,对于那些安全级别低或者不设防的无线网络,只要黑客或未授权用户对无线网络有基本认识,就能利用最普通的攻击或借助一些攻击工具轻松地发现和接入无线网络。

(5) 存在非法 AP 的隐患。由于无线局域网具有配置简单和访问简便的特点,因此导致任何用户的计算机都能利用自己的 AP 不经授权接入网络,从而给企业带来巨大的安全风险隐患。

10.2.2 WEP 的安全隐患分析

在 1999 年版的 IEEE 802.11 协议中,规定的加密算法 WEP(Wired Equivalent Privacy,有线等效保密)是整个协议中唯一的密码协议。WEP 可在数据机密性、访问控制和数据完整性 3 方面提供网络安全保护。其核心是 RC4 序列密码算法。其原理是:用密钥作为种子,通过伪随机数成生器(Pseudo Random Number Generator,PRNG)产生伪随机密钥序列(Pseudo Random Key Sequence,PRKS),和明文相异或后得到密文序列。其加解密原理如图 10-1 所示。

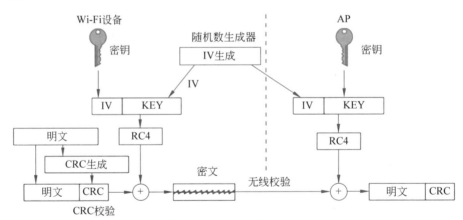

图 10-1 WEP 加解密原理

图 10-1 左半部分为 WEP 加密过程。密钥 KEY 和初始向量(Initialization Vector,IV)相连接,合成为种子并作为一个 RC4 PRNG 算法的输入值。算法输出一个密钥序列,该序列是一个以字节为单位的伪随机数,而且长度和扩展的明文 MPDU 帧的长度相同。为了防止攻击者恶意篡改密文数据,WEP 中采用了 CRC-32 校验作为消息认证算法。该算法对明文进行操作,产生一个消息认证码(Integrity Check Value,ICV),并将其与明文相结合,形成扩展的明文 MPDU,再一同加密,形成密文。

加密后的 MPDU 格式如图 10-2 所示。在受 WEP 保护的帧中,开头的 4 字节对应用于加密明文 MPDU 的 IV,最后的 4 字节则对应 ICV。RC4 PRNG 的种子长为 64 位。其中的

0～23 位对应 IV 中的 0～23 位,而种子的 24～63 位则对应密钥中的 0～39 位。IV 中剩下的位分别为一个 2 位的密钥 ID 和一个 6 位的密钥序列。

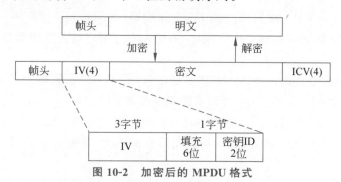

图 10-2　加密后的 MPDU 格式

当加密的数据帧到达接收端时,接收端就开始解密工作。WEP 的解密过程与加密过程完全相反,如图 10-1 右半部分所示。WEP 解密的具体过程为:将密文帧的密文和初始向量分离,由初始向量和密钥组成种子,将种子通过 PRNG,产生密钥流,将密钥流和密文相异或,生成明文帧和 ICV 值。分离解密后的明文和 ICV 值,利用明文重新生成 ICV 检测值 ICV',将 ICV' 和 ICV 作比较,如果 $ICV'=ICV$,则检测通过,明文即为原始传送信息。

假设 IV 是 PRNG 产生的 24 位字段的初始向量,在 IEEE 802.11b 技术环境下进行 11Mb/s 传输,如下式所示,可以在 5h 内几乎用尽所有的 IV 组合。

$$1500\times8\times1h/(11\times10^6)\times2^{24}\approx5h$$

这就意味着在 IEEE 802.11b 的某个接入点若产生了传输速率最大值为 11Mb/s 的数据包,即使考虑开销和数据包冲突,增加几倍某个 IV 被重用之前的时间量,在任何情况下,在 24 位字段 IV 空间内,不到一天的时间内就存在一个关键的密钥流被重用的可能性。而在真实情况中,许多数据包远小于 1500B,因此系统可能在很短的时间内就会出现密钥复用。所以在较短的时间内,攻击者收集到两个加密后的密文数据包和密钥流,就可以实现统计攻击恢复明文。一旦攻击者结合其恢复的明文,通过异或操作的手段揭示关键的数据,就能够理解所有其他的密文消息。这极大地增加了其被窃听者攻击的可能性,易遭到非法拦截和破解。

在密钥复用的情况下,以 IV 表示初始向量,以 Key 表示当前使用的密钥,密钥序列表示为 RC4(IV,Key),而加密前的明文用 P 表示,则加密后的密文 C 可表示为 $C=P\oplus RC4(IV,Key)$。

若每次使用相同的 RC4(IV,Key),设有加密后的数据流 C_1、C_2,有

$$C_1=P_1\oplus RC4(IV,Key),C_2=P_2\oplus RC4(IV,Key)$$

$$C_1\oplus C_2=[P_1\oplus RC4(IV,Key)]\oplus[P_2\oplus RC4(IV,Key)]$$

若 P_1 已知,则相应的 P_2 可完全获得。一个有助于攻击者的地方是,IEEE 802.11 传递的数据包头通常具有极大的相关性。例如 IP 和 ARP 的包头通常含有字符串 0xAA,IPX 包头通常含有字符串 0xFF 或 0xE0。利用这些数据,可以很容易地猜测数据包的前几字节的数据。由此可见,密钥复用所带来的后果是灾难性的。

10.2.3　WPA/WPA2 协议的安全性分析

WPA/WPA2 协议是 WEP 协议的继承者,该协议弥补了 WEP 协议中的若干严重漏

洞,相对于 WEP 协议,WPA/WPA2 协议的安全性能大大提高。其安全性的提高主要表现在以下几方面:

(1) 扩展了 IV。WPA 加密机制的 IV 空间增至 128 位,而 WEP 协议的 IV 空间仅为 24 位,增加后的 IV 被重用的概率大大减小,有效降低了由于 IV 重用而导致的信息安全隐患问题。

(2) 可以避免重放攻击。WPA 加密机制在每个 MPDU 数据帧中都加入一个 TSC 序列号,用以区分数据帧的先后顺序,可以有效避免重放攻击。

(3) 消息完整性检测机制的改进。WPA 加密机制采用 Michael 函数作为消息完整性检测函数。该函数为非线性函数,能有效避免信息被篡改,避免由于采用 CRC-32 线性函数带来的安全问题。

(4) 增加了密钥混合函数。该函数增加了密钥哈希的复杂性,避免了弱密钥的出现。

(5) 增加了密钥动态更新机制。WEP 协议采用静态共享密钥;WPA 协议采用动态密钥更新机制,提升了密钥安全管理能力。

WPA2 协议继承了 WPA 协议的优点,在加密算法上采用安全性更高的 AES 算法,其安全性相对于 WPA 协议更高。

WPA/WPA2 加密过程如图 10-3 所示。

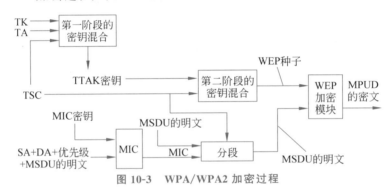

图 10-3 WPA/WPA2 加密过程

WPA/WPA2 加密过程的步骤如下:

(1) MSDU 的生成。由 MSDU 明文数据包、目标地址、源地址和临时密钥计算该明文数据的 MIC(Messages Integrity Check,消息完整性检查)值,并由此取代 WEP 加密机制中的 ICV 值,并将计算出的 MIC 值附加到明文 MSDU 上生成传输载荷。

(2) MPDU 的生成。如果 MSDU 数据包过大,可以分成若干 MPDU,同时考虑到同一个 MSDU 有相同的 MIC 值,为防止重放攻击,对每个 MPDU 分配一个临时密钥序列号 TSC。

(3) RC4 算法种子生成。第一阶段由 TSC、SA(sender address,发送方地址)和 TK(Temporal Key,临时密钥)杂凑成 TTAK。混合密钥第二阶段由 TK、TSC 和 TTAK 杂凑为 RC4 种子密钥。

(4) WEP 封装阶段。将 WEP 协议的种子作为 IV 和 RC4 加密算法的共享密钥,并将该种子密钥和 MPDU 数据包一起输入 RC4 加密机制进行加密,生成密文的 MPDU,进行数据包的传输。WEP 封装把 WEP 种子作为默认值,通过与 TK 相关的 ID 进行区分。

WPA/WPA2 解密过程如图 10-4 所示。

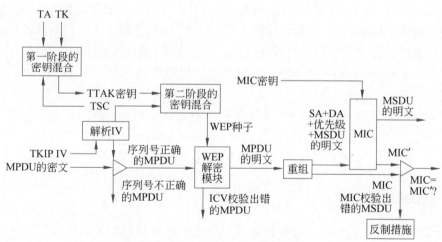

图 10-4 WPA/WPA2 解密过程

解密是加密的逆过程。WPA/WPA2 解密过程的步骤如下：

(1) 解密 MPDU 数据帧之前，首先从 WEP 协议的 IV 中提取出序列号 TSC 和密钥 ID。当 TSC 非单调递增时丢弃该帧，否则根据混合函数构造 WEP 种子。

(2) 再将 WEP 种子密钥和 MPDU 数据单元输入 WEP 协议的 RC4 加密算法中进行解密，得到 MPDU 明文单元。

(3) 对于解密后的 MPDU，如果 ICV 值检测通过，则重新将 MPDU 组成为 MSDU。当 MSDU 重组成功后检测 MIC 值，MIC 值检测不成功则丢弃该帧。

(4) 根据解密后收到的 MSDU、DA、SA 和优先级计算 MIC′ 值，并同收到的 MIC 值比较。当 MIC′＝MIC 时检测通过，将 MSDU 传输至上层；否则丢弃该帧，发送错误报告。至此完成加密数据包解密过程。

为了消除 WEP 存在的安全隐患，建议使用 WPA/WPA2 加密模式，它提供了比 WEP 更强的加密安全保证和标准。另外，还要防止非法入侵者暴力破解 WPA/WPA2 的密钥，并要定期修改 WPA/WPA2 的密钥。

10.2.4 无线网络安全的防范管理

在无线网络安全措施的选择中，应用的方便性与安全性永远是矛盾的。安全性高，则一定是以丧失方便性为代价的。为尽量减轻无线网络受破坏的程度，必须采取恰当的方法对安全隐患进行防范，均衡考虑方便性和安全性。本节提出以下几种针对无线网络安全隐患的防范措施。

(1) 隐藏 SSID 和禁用 SSID。广播 SSID 是无线接入点的标识符，默认情况下启用 SSID 广播，无线网络客户端能够搜索到相应的标识符，建立连接后即可访问网络。为了安全起见，必须更改 SSID 名称，同时禁用 SSID 广播。这样，用户只有掌握 SSID 标识符并通过手动创建对应的 SSID 标识才可以进入网络。

(2) MAC 地址过滤。事先在无线节点设备中正确导入合法的 MAC 地址列表。只有客户端的用户 MAC 地址与该地址列表中的内容完全匹配时，AP 才允许普通工作站与无线网络进行通信，从而从根本上杜绝非法攻击者使用无线网络偷窃隐私信息。

(3) AP 隔离。为了保护用户信息的私密性,对数据报文传送地址进行分析,对无线网络用户进行隔离,被隔离用户不能通过网上邻居相互访问,类似于有线网络的 VLAN 技术,在一定程度上可以防止无线网络局域网内部的随意访问,提供安全的互联网接入。

(4) 在接入无线 AP 时采用 WAP 加密模式。使用强制 Portal 和 IEEE 802.1x 这两种认证方式相结合的方法能有效地解决无线网络的安全问题。强制 Portal 认证方式不需要安装额外的客户端软件,用户直接使用 Web 浏览器认证后即可上网。

10.3 Android 与 iOS 安全

10.3.1 Android 系统安全

Android(安卓)一词的本义指机器人,是 Google 公司和开放手机联盟领导及开发的基于 Linux 平台的开源手机操作系统的名称。该平台由操作系统、中间件、用户界面和应用软件组成,主要用于移动设备,如智能手机和平板计算机。Android 操作系统最初由安迪·鲁宾开发,主要支持手机。2005 年 8 月,Google 公司收购 Android 并向其注资。2007 年 11 月,Google 公司与 84 家硬件制造商、软件开发商及电信营运商组建开放手机联盟,共同研发、改良 Android 系统。随后 Google 公司以 Apache 开源许可证的授权方式发布了 Android 的源代码。第一部 Android 智能手机发布于 2008 年 10 月。Android 逐渐扩展到平板计算机及其他领域上,如电视、数码相机、游戏机、智能手表等。2011 年,Android 的市场份额跃居全球第一。2013 年,其全球市场份额已经达到 78.1%。目前全世界采用这款系统的设备数量已经达到 10 亿台。2022 年正式发布 Android 13。

1. 系统架构

Android 系统架构如图 10-5 所示,从上到下分为 4 层:应用程序层、应用程序框架层、系统库/Android 运行时层和 Linux 内核层。

1) 应用程序层

应用程序层直接和用户进行交互,为用户提供服务,主要包含由 Java 语言编写的供用户使用的应用程序和系统后台运行的服务程序,如电话、短信息和邮件等。通常 Android 开发者使用 Android Studio 等开发工具自行开发的具有一定功能的应用安装到手机后也运行在该层。

2) 应用程序框架层

应用程序框架层为应用程序的开发提供丰富的 API,方便开发者快速开发满足某种需求的应用程序,是进行 Android 应用开发的基础。开发者可以使用继承等复用方式使用该层提供的框架,从而开发私有的功能模块。

3) 系统库/Android 运行时层

系统库多数是使用 C/C++ 语言实现的,开发者不能直接调用它们,而是通过应用程序框架或 JNI 调用它们。JNI 是 Android 系统提供的连接 Java 和 C/C++ 的桥梁。Android 运行时环境的 Dalvik 虚拟机不同于 Java 运行环境的 Java 虚拟机。Java 虚拟机是基于栈的虚拟机而 Dalvik 虚拟机是基于寄存器的虚拟机,可以结合硬件实现更大的优化,更适合移动设备。

图 10-5　Android 系统架构

4）Linux 内核层

Android 系统是基于 Linux 内核开发的，提供了电源管理、进程管理、内存管理和驱动模型等核心功能，为软硬件之间的连接提供了桥梁。另外，Android 系统对 Linux 内核进行了扩展，使得其在移动设备上性能更佳。

Android 运行于 Linux 内核之上，但并不是 GNU/Linux，因为 Android 没有 GNU/Linux 中的许多功能，Cairo、X11、Alsa、FFmpeg、GTK、Pango 及 Glibc 等都被移除了。Android 的 Linux 内核控制包括 Security（安全）、Memory Management（存储器管理）、Process Management（程序管理）、Network Stack（网络堆栈）、Driver Model（驱动程序模型）等。

2. Android 组件

Android 组件是进行 Android 应用程序开发必不可少的组成部分，Android 系统提供了 4 种基本组件：Activity（活动）组件、Service（服务）组件、Broadcast Receiver（广播接收者）组件和 Content Provider（内容提供者）组件。

1）Activity 组件

Activity 组件提供给用户一个可视化的窗口，一个 Activity 代表一个 UI 显示界面，在该组件内可以放置各种控件与用户进行交互,如按钮、文本框等。Activity 有两种状态:活动状态和非活动状态。当前正在使用的 Activity,即呈现在用户眼前的界面,是活动 Activity。若一个程序包含多个 Activity,则在程序运行过程中,Activity 会在上述两个状态之间切换,同时可以通过 Intent 传递数据,实现不同 Activity 之间的跳转和通信。

2) Service 组件

Service 组件不提供可视化接口,即不能和用户进行交互,但通过该组件可以使程序运行在后台,完成不需要用户干预的功能或为其他应用提供服务,如音乐的后台播放等。Service 既可以单独运行,也可以依附在其他进程中运行,若 Service 需要和其他应用进行数据交互,则必须通过 Binder 实现 Android 系统的进程间通信。

3) Broadcast Receiver 组件

Broadcast Receiver 组件用来接收广播,可以是 Android 系统的广播,如电量过低、短信提醒等,也可以是其他应用程序自定义的广播,用来实现跨应用的消息传递。该组件和 Service 一样,没有用户接口,但可以在广播接收者中启动一个 Activity 响应广播消息。

4) Content Provider 组件

Content Provider 组件可以为其他应用程序提供数据,实现不同应用间的数据共享和交换。由于 Android 系统应用之间无法直接交换数据,因此应用可以封装对外分享的数据并使用 Content Provider 组件表示其位置,其他应用不需要关心内部数据存储结构,只需要通过 Content Provider 组件的 URI 和相关数据访问方法获取数据,统一了数据的访问方式。

3. 安全权限机制

Android 本身是一个权限分立的操作系统。在这类操作系统中,每个应用都以一个系统识别身份运行(Linux 用户 ID 与群组 ID)。系统的各部分也分别使用各自独立的识别方式。Linux 就是这样将应用与应用、应用与系统隔离开。

系统更多的安全功能通过权限机制提供。权限可以限制某个特定进程的特定操作,也可以限制每个 URI 权限对特定数据段的访问。

Android 安全架构的核心设计思想是:在默认设置下,所有应用都没有权限对其他应用、系统或用户进行有较大影响的操作,其中包括读写用户隐私数据(联系人或电子邮件)、读写其他应用文件、访问网络或阻止设备待机等。

安装应用时,在检查程序签名提及的权限且经过用户确认后,软件包安装器会向应用授予权限。从用户角度看,一款 Android 应用通常会要求如下的权限:拨打电话,发送短信或彩信,修改/删除 SD 卡上的内容,读取联系人的信息,读取日程信息,写入日程数据,读取电话状态或识别码,获精确的(基于 GPS)地理位置、模糊的(基于网络获取)地理位置,创建蓝牙连接,对互联网的完全访问,查看网络状态,查看 WiFi 状态,避免手机待机,修改系统全局设置,读取同步设定,开机自启动,重启其他应用,终止运行中的应用,设定偏好应用,振动控制,拍摄图片,等等。

一款应用应该根据自身提供的功能,要求合理的权限。用户也可以分析一款应用所需权限,从而简单判定这款应用是否安全。例如,一款应用是不带广告的单机版,也没有任何附加的内容需要下载,那么它要求访问网络的权限就比较可疑。

4. Android 平台的安全问题

Android 平台由于其开放的特性，相对其他移动终端平台存在更大的安全风险。虽然 Android 系统自身拥有很多安全性检查和防御机制，为系统本身和其上各种应用的安全性保驾护航。但是在大多数情况下，重要数据依然暴露在风险之中，主要的安全风险威胁来源于 ROOT 和恶意软件。

（1）ROOT 的危害。在 Linux 系统中，ROOT 是拥有最高权限的用户。在 Android 系统中，大多数厂商出于安全性考虑，会将系统开放给使用者的权限降低，某些功能和操作就会受到限制，而 ROOT 就是通过特殊的方式去除这种限制，让用户在使用手机时能够获得 ROOT 权限。Android 手机 ROOT 之后，就不能通过官方登记的系统升级了，但可以下载大量的第三方系统固件，让手机具有更好的扩展性，造成设备上的病毒、木马会有更多机会破坏设备或利用系统达到其非法目的。

（2）恶意软件的威胁。由于 Android 系统的开放性，用户可以随意从网络上获取应用程序并安装，这为恶意软件的传播带来了便利的渠道。如果用户未对下载的应用进行检验，就有可能不慎安装恶意软件给系统安全带来极大隐患。恶意软件可能在用户不知情的情况下窃取信息、偷跑流量、后台安装其他应用的操作，对用户的隐私安全和财产安全造成威胁。

10.3.2 iOS 系统安全

iOS 是由苹果公司开发的移动操作系统，属于类 UNIX 的商业操作系统。苹果公司 2007 年公布 iPhone OS，最初是给 iPhone 设计使用的，后来陆续套用到 iPod Touch、iPad 上。2010 年，iPhone OS 改名为 iOS(iOS 原为美国思科公司网络设备操作系统注册商标)。2018 年，iOS 加入了基于 iPhone 用户和该公司其他设备使用者的信任评级功能。2022 年，苹果公司发布了 iOS 15.4，拥有全局控制、表情、苹果钱包等新功能。

1. iOS 系统架构层次

在 iOS 中，框架是一个目录，包含了共享资源库，用于访问该资源库中存储的代码的头文件，以及图像、声音文件等其他资源。共享资源库定义应用程序可以调用的函数和方法。

iOS 为应用程序开发提供了许多可使用的框架，并构成 iOS 操作系统的层次架构，分为 4 层，如图 10-6 所示。

（1）Cocoa Touch：可触摸层，为应用程序开发提供了各种有用的框架，并且大部分与用户界面有关，它负责用户在 iOS 设备上的触摸交互操作。

（2）Media：媒体层，通过它可以在应用程序中使用各种媒体文件，进行音频与视频的录制、图形的绘制以及制作基础的动画效果。

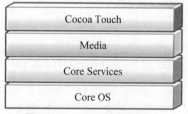

图 10-6 iOS 系统框架层次

（3）Core Services：核心服务层，可以通过它访问 iOS 的一些服务。

（4）Core OS：核心操作系统层，包括内存管理、文件系统、电源管理以及一些其他的操作系统任务。它可以直接和硬件设备进行交互，作为应用程序开发者不需要与这一层打交道。

低层次框架提供 iOS 的基本服务和技术。高层次框架建立在低层次框架之上，用来提供更加复杂的服务和技术。较高层的框架向较低层的框架提供面向对象的抽象。

在开发应用时应尽可能使用较高层的框架,如果要开发的功能在较高层的框架中没有提供,也可以使用较低层的框架和技术。Foundation 和 UIKit 框架是应用程序开发用到的两个主要的框架,能够满足大多数应用程序的开发需求。

UIKit 框架提供的类用于创建基于触摸的用户界面。所有 iOS 应用程序都是基于 UIKit,没有这个框架,就无法交付应用程序。UIKit 提供应用程序的基础架构,用于在屏幕上绘图、处理事件,以及创建通用用户界面及其中的元素。UIKit 还通过管理屏幕上显示的内容组织应用程序。

Foundation 框架为所有应用程序提供基本的系统服务。应用程序以及 UIKit 和其他框架都是建立在 Foundation 框架的基础结构之上。Foundation 框架提供了许多基本的对象类和数据类型,使其成为应用程序开发的基础。它还制定了一些约定(如用于取消分配等任务),使代码更加一致,可复用性更好。

iPhone 的 iOS 系统的开发需要用到控件。开发者在 iOS 平台会遇到界面和交互如何展现的问题,控件解决了这个问题。使得 iPhone 的用户界面相对于老式手机更加友好灵活,便于用户使用。

2. iOS 系统安全机制

iOS 提供了内置的安全性。iOS 专门设计了低层级的硬件和固件功能,用以防止恶意软件和病毒;同时还设计了高层级的操作系统功能,有助于在访问个人信息和企业数据时确保安全性。为了保护用户的隐私,从日历、通讯录、提醒事项和照片获取位置信息的 App 必须先获得用户的许可。用户可以设置密码锁,以防止有人未经授权访问设备,并进行相关配置,允许设备在多次尝试输入密码失败后删除所有数据。该密码还会为用户存储的邮件自动加密和提供保护,并能允许第三方 App 为其存储的数据加密。iOS 支持加密网络通信,可供 App 用于保护传输过程中的敏感信息。如果用户的设备丢失或失窃,可以利用查找功能在地图上定位设备,并远程擦除所有数据。一旦用户的 iPhone 失而复得,还能恢复上一次备份过的全部数据。

全球不少企业开始选用 iOS 设备,因为它具有企业专属功能和高度的安全性。iOS 兼容 Microsoft Exchange 和标准服务器,可发送无线推送的电子邮件、日历和通讯录。iOS 在传输、设备内等待和 iTunes 备份 3 个不同阶段为信息分别加密,确保用户的数据安全。可以安全地通过业界标准 VPN 协议接入私人企业网络,公司也可以使用配置文件轻松地在企业内部署 iPhone。

苹果公司设计的 iOS 平台一直以安全性为核心,在深入思考桌面环境中的诸多安全隐患后,开发并整合了一系列有助于增强移动环境安全性的创新功能,它们会在默认情况下为整个系统提供保护。软件、硬件和服务在每台 iOS 设备上紧密联系、协同工作,为用户提供最高的安全性和透明的体验。iOS 不仅保护设备和其中的静态数据,还保护整个生态系统,包括用户在本地、网络上以及使用互联网核心服务执行的所有操作。iOS 在默认状态下启用了很多安全功能,没有必要再使用工具进行配置,不仅方便管理,也增强了用户体验。

为了实现其安全的目的,苹果公司 iOS 系统提供了一套安全机制:

(1) 可信引导。iOS 设备以可信引导的方式开机进入系统以保护整个启动过程。系统启动开始先执行一段引导程序,载入固件(需要通过 RSA 签名),然后由固件启动系统。固件的 RSA 签名只有通过验证才能继续进行后续工作,系统再通过固件验证。通过这种方式，系统建立起了一条信任链：安全只读内存→一级启动引导→二级启动引导→内核。

（2）代码签名。代码签名机制是在iOS系统运行过程中保证程序的完整性，不允许用户安装来自第三方未被审核的应用程序。开发者开发的程序要想提交到电子市场，就需要使用苹果公司颁发的证书签名并接受审核，通过后，苹果公司使用它的私钥对程序签名。用户从电子市场下载和安装程序时，iOS会对应用程序进行证书的校验。通过代码签名机制，保证了在iOS设备上运行的代码都是通过验证的不含恶意性的安全代码，这使得iOS系统上的恶意软件远远少于其他开放的系统。

（3）沙盒和权限管理。沙盒技术能隔离应用程序，让用户程序只能执行在普通的用户权限下，并限制用户对文件系统的访问。沙盒针对每个进程都可以使用正则表达式制定特殊的配置文件，目的是对进程的行为进行访问控制。沙盒机制控制了程序的行为，使应用程序隔离，保护了底层和应用程序数据都不被攻击者恶意篡改。

（4）密钥链和数据保护。用户的各种数据通过密钥加密存储，密钥和证书又通过SQLite存储。从iOS 4开始，系统引入数据加密技术保护文件系统中的数据分区，它们的加密过程基于存储在一个AES加密加速硬件的密钥进行。由于基于硬件，除非在加解密时由该加速器获取，否则该密钥不能被CPU直接访问。通过该机制，从硬盘上复制的原始数据就会解密成乱码，从而保护用户的隐私。

（5）地址空间布局随机化保护。iOS针对缓冲区溢出攻击，通过对堆、栈等线性区随机化布局来增加攻击者预测目的地址的难度，防止攻击者定位攻击代码的地址，阻止攻击者实施缓冲区溢出攻击。

尽管有以上的安全体系，还是存在一些问题，例如，利用系统引导过程的漏洞对iOS设备进行越狱的问题，手机隐私数据泄露问题，以及安全漏洞和恶意程序等问题。

3. iOS安全问题

1）封闭系统未被发现的漏洞

iOS之所以安全，是因为它是一套绝对封闭的系统，从系统底层代码逻辑到应用层完全都在苹果公司的控制之中，iOS源码不对外公布，并且，苹果公司还会使用多种加密模式对自己的源码进行加密，想要破解iOS的难度非常高。而所有顶层应用的开发者只能使用苹果公司公布的API进行应用开发，并且还要受到苹果公司官方的审核，审核通过后才能在应用市场上架。而消费者也只能在官方的应用市场下载应用程序，不支持其他途径的应用程序安装，这也就完全规避了恶意应用的攻击。

这样一套完全闭环的执行逻辑让iOS系统变得非常安全，至少表面上看是这样的。但若存在某个未被苹果公司发现的漏洞，黑客就可以利用漏洞进行攻击。

2）"越狱"

iOS的应用软件都需要经过苹果公司官方的审核，这是iOS安全保障的一环。但毕竟审核软件的还是人，存在一定主观性。苹果公司曾经错误地下架了一款应用，因为它"包含破坏公共形象的内容"。为了能够安装所需的没有经苹果公司官方验证的第三方应用，就要想办法获取系统的最高权限，从而"折腾"各种插件和软件。在安卓系统上，获取最高权限称为ROOT；而在iOS系统上，类似的行为被称为"越狱"。

苹果设备"越狱"实际上是绕过信任链的签名检查，使修改后的内核代码可以顺利通过开机检验过程。它修改了/private/etc/fstab，将系统分区挂载为可读写属性，并且修改了其

AFC 服务，使其可以允许访问整个文件系统。这些技术和方法同样为 iOS 带来了被入侵的风险。

10.4 移动终端安全

10.4.1 移动终端概念

移动终端(或叫移动通信终端)是指可以在移动中使用的计算机设备，如手机、智能手表、笔记本计算机、POS 机等。应用程序和存在的安全漏洞是移动终端主要的安全威胁。

10.4.2 移动终端面临的安全问题

移动终端能更直接地接触到用户的敏感数据，例如个人信息、短信、运动信息、地理位置等，其安全风险很高。虽然 iOS 与安卓系统在安全机制上存在一些差异，但在大多数情况下会面临相同的安全问题。一方面，任何一种系统或平台都有其自身的脆弱性；另一方面，移动终端上有大量的应用，其中不少应用在上线之前由于各种原因并没有经过严格的安全性测试，导致存在严重的安全隐患。

目前移动终端存在的问题可以归纳为敏感信息本地存储、网络数据传输、恶意软件、应用安全问题、系统安全问题。

1. 敏感信息本地存储

很多应用为了相应的功能需求，会将用户的敏感信息存储在移动终端的本地文件系统中，这些信息包括账号、密码、Cookie，甚至用于支付的银行卡信息等重要数据。假设这样的信息并没有在本地得到妥善、安全的保管，例如存储在未经加密的数据库中，就很容易发生敏感信息的泄露。

2. 网络数据传输

相对于敏感数据在本地的静态存储，网络数据在网络中传输将面对更加复杂的网络环境，由移动终端发送的数据如果没有经过严谨的加密过程封装，就会面临严重的信息泄露风险。

对于移动通信终端，用户数据/信令均通过无线信号在空间进行传播并利用基站进行通信，而且目前国内公众通信网络空中接口不进行加密，因此用户数据存在在空中被截获的风险。用户的通话、短消息等个人私密内容均有被攻击者在空中进行窃听的威胁。

3. 恶意软件

恶意软件是指在软件安装运行之后会对用户造成危害的软件。恶意软件可能伪装成用户熟知的应用，或者与其他应用捆绑在一起诱导用户安装。在用户运行恶意软件之后，会有未经允许执行、获取用户的数据、偷跑流量等恶意行为。由于系统的开放特性，恶意软件在安卓平台上的危害尤为严重，可能会侵占终端内存导致移动智能终端死机关机、修改手机系统设置或者删除用户资料，盗取手机上保存的个人通讯录、日程安排、个人身份信息甚至个人机密信息，窃听机主的通话，截获机主的短信，对机主的信息安全构成重大威胁。恶意软件还可能会自动外发大量短信、彩信，拨打声讯台，订购 SP 增值业务，导致机主通信费用及信息费用剧增。

4. 应用安全问题

由于移动应用的发展时间还不算很长,因此其在防护方面的手段还稍显薄弱。在 Android 和 iOS 两个用户量大的系统平台环境中,应用的保护方法并不完善,通过恰当的攻击方式和工具,可以对移动终端应用进行逆向工程分析,从而暴露应用内在的敏感业务逻辑和重要信息。Android 应用组件 Activity、Service、Broadcast Receiver、Content Provider 等都可以隐式打开,只要不是对外公开的,必须在 AndroidManifest 里面注明 exported 为 false,禁止其他程序访问这些组件,同时应当添加访问权限,还需要对传递的数据进行安全检验。

5. 系统安全问题

系统安全是整个移动终端安全的基石。如果由于移动终端系统本身的安全机制不完善而造成严重漏洞,不法分子就可以在用户不知情的情况下利用特殊的攻击代码对移动终端进行攻击。

10.4.3 移动终端安全威胁的应对措施

移动终端安全威胁的应对措施主要有以下 4 条:

(1) 总是使用可信的数据网络。对于移动终端来说,可信的网络包括无线服务提供商的数据网络以及公司、居家和可信地点提供的 WiFi 连接。使用可信的数据网络就可以确保用于进行数据传输的网络没有安全威胁,也无法被攻击者用来获取用户传输的敏感数据。实现假冒的 WiFi 连接点比实现假冒的蜂窝数据连接容易很多。因此,使用由无线服务提供商提供的蜂窝数据连接能够有效降低遭受攻击的风险。

(2) 使用可靠方式获取应用程序。移动终端的操作系统都会带有应用商店,例如,苹果公司的 iOS 操作系统平台会带有 App Store,Android 操作系统平台一般会配有 GooglePlay 或一些设备提供厂商自己开发的应用商店,华为公司的鸿蒙操作系统会带有华为应用市场。使用设备厂商自带的应用商店下载应用程序,会大大增强应用程序的源安全性。

(3) 赋予应用程序最少的访问权限。当从应用市场下载和安装应用时,确保只给予应用运行所需的最少权限。如果一个应用的权限要求过度,用户可以选择不安装该应用或者将该应用标记为可疑,不要轻易同意应用要求的访问权限。

(4) 加强终端安全防护措施。移动智能终端需要加强自身安全防护,使用安全机制和绿色软件加强终端的安全能力,消除操作系统、外围接口以及应用软件等的安全隐患。在日常使用移动终端的过程中,用户要保持良好的使用习惯。在官方修补漏洞之后,应当及时更新系统,安装补丁。

◆ 10.5 可穿戴设备安全

10.5.1 可穿戴设备概述

随着信息通信技术日新月异的发展,信息通信产品的设备形态和功能应用不断演化,可穿戴设备成为信息通信技术的新热点,在产业界掀起巨大研究开发和生产浪潮。但任何事物都有两面性,越是强大、灵活的事物,面临的安全风险也越大。

可穿戴设备是指直接穿戴在使用者身上或者整合到使用者的衣服和配件上的设备，如各种各样的智能手表、手环、眼镜、腰带、运动鞋等。与传统电子设备相比，可穿戴设备具有方便携带、交互性好、不分散使用者生活和工作的注意力、随时随地感知环境和控制设备等优点。

可穿戴设备成为工作和生活中与人联系更为密切的设备，掌握了更多使用者的信息，隐私问题和数据安全成为可穿戴设备安全的重中之重。另外，可穿戴设备可以无缝地存在于生活和工作环境中，可让使用者从事诸如商业间谍等非法活动，成为新的社会安全问题。由于可穿戴设备的隐蔽性，它们很容易附着或隐藏于人体的某个部位，不像笔记本计算机那样容易识别，更不像智能手机那样容易发现。对于涉密单位、特殊行业以及企业的核心部门等来说，可穿戴设备是信息安全的大敌。

10.5.2 可穿戴设备的主要特点

可穿戴设备是随着电子器件超微型化以及多种前沿计算模式、微电子技术和通信技术的不断涌现应运而生的，是基于信息通信技术、电子芯片技术、软件技术和以人为本的设计理念的可穿戴、个性化、新形态的个人移动计算系统，实现了对个人能力自然、持续的辅助与增强。作为正在发展的新型设备，可穿戴设备的内涵、架构、形态和功能均在不断演化。依据其主体设计思想的不同，可穿戴设备分为以下两大类：

（1）可穿戴终端。它是独立的计算系统，可以独立处理数据和信息，完成指定任务。

（2）可穿戴外设。是指连在计算机主机以外的硬件设备，对数据和信息起着传输、转送和存储的作用，往往不具备处理能力。

它们的共同特点是直接穿戴在使用者身上或整合在使用者的衣服、配饰里。

以下是典型的可穿戴设备：

（1）智能眼镜。拥有独立的操作系统，通过语音或动作操控完成添加日程、地图导航、与好友互动、拍摄照片和视频、与好友视频通话等功能，通过移动通信网络实现无线网络接入。

（2）智能手表。内置智能化系统，搭载智能手机系统而且连接网络，已实现多种功能。能同步手机中的电话短信邮件、照片、音乐等，如图10-7所示。内置传感器节点能够对人体的一些重要的生理参数（如体温、血压、心率、血氧浓度等）或者人体周围的一些环境参数（如温度、湿度等）进行感知和采集，并通过无线传输的方式发送给中心节点。

（3）智能鞋。以普通鞋为基底装上微控制器、加速度器、陀螺仪、压力感应器、喇叭和蓝牙芯片等硬件，连接智能终端，能让鞋子随时更新穿着者的活动状态，如图10-8所示。

图 10-7　智能手表

图 10-8　智能鞋

10.5.3 可穿戴设备的安全问题

可穿戴设备出现安全隐患的根本原因是系统开放,面临的安全风险主要是内部漏洞和外部攻击。

内部漏洞需要在可穿戴设备设计时加以考虑,应满足数据机密性、完整性和可用性目标,不能利用可穿戴设备无限制地获取用户数据。

可穿戴设备需要系统地实施信息安全保护,通过提高自身安全和外部安全防护提高其安全性。除此以外,由于可穿戴设备存在产品种类繁多、应用模式多样等特点,在一定程度上会导致安全隐患,因此有必要规范可穿戴设备产品和应用,制定可穿戴设备安全标准。

以人为本和人机合一的通信理念日益成为主流,可穿戴设备作为移动互联网和物联网融合的焦点有着异常广阔的发展空间。安全问题是可穿戴设备发展中不可回避的问题。我国现在处于可穿戴设备发展初期,对可穿戴设备安全的研究相对薄弱,因而制约了可穿戴设备的发展。随着相关研究的不断深入,可穿戴设备必将具有美好的发展前景。

10.6 无人驾驶运输器安全

近年来,无人机和无人驾驶汽车等运输器的使用日渐增多,尤其是无人机呈现井喷式发展态势,为交通基础设施勘察设计、运输服务、抢险救灾和应急管理等工作提供了诸多便利。但是,无人机和无人驾驶汽车也带来了一系列安全问题。多地发生无人机在机场附近违法违规飞行,干扰民航航班正常飞行的事件,个别地区还发生了无人机坠落伤人事件。无人驾驶汽车也出现了一些交通安全事故。本节主要介绍无人机、无人驾驶汽车的安全问题。

10.6.1 无人机安全

1. 无人机概述

无人机是无人驾驶航空器(Unmanned Aerial Vehicle)的简称,英文缩写为 UAV。无人机利用无线遥控和程序控制操纵,利用空气动力起飞,可以一次使用也可以回收使用。无人机的价值在于形成空中平台,替代人类完成空中作业,可以形象地把无人机看作一个空中机器人。

无人机可以按照机身结构、机身重量、活动范围、任务高度及用途等分类。

1) 按照用途分类

按照无人机所能担负的任务或功用分类,是一种最容易理解的分类。根据无人机所能承担的任务,可将无人机分为靶机、无人侦察机、通信中继无人机、诱饵(假目标)无人机、火炮校射无人机、反辐射无人机、电子干扰无人机、特种无人机、对地攻击无人机、无人作战飞机等。这种分类方法突出的是无人机的任务特性。对于很多实际的无人机装备来说,往往利用相同的无人机平台搭载不同的任务载荷就会成为另一种类无人机。

2) 按照起飞重量分类

按照起飞重量可以将无人机分为大型、中型、小型和微型无人机。其中,起飞重量 500kg 以上的称为大型无人机,200~500kg 的称为中型无人机,小于 200kg 的称为小型无人机。这种分类的最大局限在于难以适应无人机装备的最新发展。随着现代无人机技术的快速发展,一些大型无人机的起飞重量已达数吨以上,而一些仍被视作中小型战术无人机的起飞重量也突破了 500kg 的限制。另外,对于微型无人机,美国国防高级研究计划署(DARPA)的定义是翼展在 15cm 以下的无人机。微型无人机的诞生引发了一系列关于微型无人机飞行机理、自主控制、制导导航、任务载荷、作战使用等方面的新问题。

3) 按飞行方式分类

按照飞行方式或飞行原理可将无人机分为固定翼无人机、旋翼无人机、扑翼无人机、动力飞艇、临近空间无人机、空天无人机等。其中的新概念是"扑翼无人机",它是像昆虫和鸟一样通过拍打、扑动机翼产生升力以进行飞行的一种飞行器,更适合微小型飞行器。这种分类的局限主要在于仅突出了平台的飞行原理,而不能反映使用方面的特性要求。另外,微型的固定翼无人机与稍大一些的无人机的飞行原理也有较大差别。临近空间无人机是指在临近空间飞行和完成任务的无人机,由于临近空间空气稀薄,无人机在其中巡航飞行必须采用新的飞行机理。空天无人机则是可在航空空间与航天空间跨越飞行的无人机,其飞行原理体现了航空航天技术的融合创新。

2. 无人机系统

无人机系统主要包括飞机机体、飞控系统、数据链系统、发射回收系统、电源系统、任务载荷等。飞控系统又称为飞行管理与控制系统,相当于无人机系统的"心脏",对无人机的稳定性和数据传输的可靠性、精确度、实时性等都有重要影响,对其飞行性能起决定性的作用。数据链系统可以保证对遥控指令的准确传输,以及无人机接收、发送信息的实时性和可靠性,以保证信息反馈的及时、有效性和顺利、准确地完成任务。发射回收系统保证无人机顺利升空,以安全的高度和速度飞行,并在执行完任务后从天空安全地回落到地面。任务载荷主要完成要求的侦察、校射、电子对抗、通信中继、对目标的攻击和靶机等任务。

3. 无人机的安全问题

无人机作为飞行平台,按照用途可分为军用、民用等。执行难度大是无人机的操作特征,其危险性也较高。在进行航拍时无人机可以进行新闻拍摄,电影拍摄,在安防领域可以进行调度、指挥、协助巡逻,在电力方面还可以进行线路规划等。另外,无人机还广泛应用在资源勘探、城市规划等方面。当前无人机安全威胁主要来自空中飞行数据的截获或伪造、地面站的键盘记录和病毒感染带来的破坏。

(1) 无人机与地面站通信面临的攻击。民用无人机受研究和使用成本限制,设计和实现并没有充分考虑通信安全,无人机的信息容易被窃取,通信链路、地面站容易遭受到保密性攻击。

(2) 对无人机可用性进行攻击,如无线电干扰、GPS 欺骗。尤其 GPS 欺骗,攻击者通过伪造 GPS 信号,使得无人机的导航系统得出错误的位置、高度、速度等信息,飞往错误的目标地点,无法正常完成任务。

(3) 地面站遭受键盘木马病毒威胁。键盘木马病毒记录无人机与地面站进行交互的指令,使无人机面临劫持的风险。

(4) 针对无人机传感器网络的攻击。无人机通常作为一个节点和其他无人机或传感器一起构成无线传感器网络。无人机灵活的机动性使其可以轻易侵入私人的领空,飞到家中庭院上方或窗户附近,利用其配备的高清摄像头窥探到别人的隐私。无人机用于定位和跟踪的技术也日益成熟,已成为新一代的跟踪利器。

(5) 法律法规监管存在盲区。例如,对非法无人机的探测、攻击、捕获,无人机事故追责,泄露隐私数据,获取电子证据进行鉴定,对于这些问题,都需要相应的法律法规,才能有法可依。

10.6.2 无人驾驶汽车安全

无人驾驶汽车(autonomous vehicles,Self-driving automobile)又称自动驾驶汽车或轮式移动机器人,是一种通过计算机系统实现无人驾驶的智能汽车。无人驾驶汽车在20世纪末已出现,在21世纪初呈现出接近实用化的趋势。

汽车自动驾驶技术主要利用视频摄像头、雷达传感器以及激光测距器了解周围的交通状况,并通过一个详尽的地图(通过有人驾驶汽车采集的地图)对前方的道路进行导航。

对于无人驾驶汽车来说,安全问题至关重要。无人驾驶汽车如果达不到安全要求就上路是极其危险的。目前,针对无人驾驶汽车攻击的方法五花八门,渗透到无人驾驶系统的每个层次,包括传感器、操作系统、控制系统、车联网通信系统等。第一,针对传感器的攻击不需要进入无人驾驶系统内部,这种外部攻击法技术门槛相当低,既简单又直接。第二,如果进入了无人驾驶操作系统,黑客可以造成系统崩溃导致停车,也可以窃取车辆敏感信息。第三,如果进入了无人驾驶控制系统,黑客可以直接操控机械部件,劫持无人驾驶汽车去伤人。第四,车联网连接不同的无人驾驶汽车以及中央云平台系统,劫持车联网通信系统也可以造成无人驾驶汽车间的沟通混乱。

1. 无人驾驶传感器的安全

由于传感器处于整个无人驾驶计算的最前端,攻击无人驾驶汽车最直接的方法就是攻击传感器。这种外部攻击法并不需要入侵到无人驾驶系统内部,使得入侵的技术门槛相当低。

无人驾驶汽车使用惯性传感器辅助无人驾驶定位,但是惯性传感器对磁场很敏感,如果使用强磁场干扰惯性传感器,就有可能影响惯性传感器的测量精度。对于GPS,如果在无人驾驶汽车附近设置大功率假GPS信号,就可以覆盖原来的真GPS信号,从而误导无人驾驶汽车的定位。通过两种简单攻击方法的结合,惯性传感器与GPS的定位系统会被轻易攻破。

激光雷达是目前无人驾驶最主要的传感器,而无人驾驶汽车也依赖于激光雷达数据与高精地图的匹配进行定位。但是激光雷达也可以被轻易干扰。首先,激光雷达是通过测量激光反射时间测量深度的。如果在无人驾驶汽车周围放置强反光物,比如镜子,那么激光雷达的测量就会被干扰,返回错误信息。除此之外,如果黑客使用激光照射激光雷达,激光雷达的测量也会受到干扰,会分不清哪些是自身发出的信号,哪些是外部的激光信号。

计算机视觉可以辅助无人驾驶汽车完成许多感知任务,例如交通灯识别、行人识别、车辆行驶轨迹跟踪等。在交通灯识别的场景中,无人驾驶汽车上的摄像机如果检测到红灯,那么它就会停下来;如果检测到行人,它也会停下来以免发生意外。黑客可以轻易地在路上放置假的红绿灯及假的行人,迫使无人驾驶汽车停车并对其进行攻击。

要攻击单个传感器很容易,但是要同时攻击所有的传感器难度相当大,所以要采用传感器信息融合和容错技术,当无人驾驶汽车发现不同传感器的数据相互间不一致时,就能意识可能正在受到攻击。

2. 无人驾驶控制系统的安全

车辆的 CAN(Controller Area Network,控制器局域网络)总线连接着车内的所有机械及电子控制部件,是车辆的中枢神经。CAN 总线采用典型的总线型结构,可最大限度地节约布线与维护成本,具有布线简单、稳定可靠、实时、抗干扰能力强、传输距离远等特点。由于 CAN 总线本身只定义 OSI/RM 中的物理层和数据链路层,通常情况下 CAN 总线网络都是独立的网络,所以没有网络层。CAN 总线上的任意节点均可在任意时刻主动向其他节点发起通信,节点没有主从之分,但在同一时刻优先级高的节点能获得 CAN 总线的使用权。

如果 CAN 被劫持,那么黑客将可以为所欲为,造成极其严重的后果。一般来说,要进入 CAN 系统是极其困难的,但是一般车辆的娱乐系统及检修系统的 OBD-I 端口都连接到 CAN 总线,这就给了黑客进入 CAN 的机会。黑客利用车企开发的检测软件接入 OBD-I 端口,利用电动车充电器入侵 CAN 总线。由于蓝牙技术的有效范围是 10m,也可以使用蓝牙技术进行入侵。

本 章 总 结

无线网络日益得到广泛使用,但它存在很大的安全隐患。本章首先介绍了无线网络基础知识、发展历程和重要特点,重点介绍了 WEP、WPA/WPA2 的加密原理以及解密方式、Android 和 iOS 操作系统安全机制、移动终端和可穿戴设备安全认证与隐私数据保护问题,最后介绍了无人机与地面站通信面临的攻击,无人驾驶汽车面临的传感器攻击,通过 CAN 总线渗透无人驾驶控制系统的安全问题。随着无人驾驶运输器的推广和普及,其安全问题将越来越不容忽视。

思考与练习

1. 无线网络有哪些特点?
2. Android 和 iOS 安全机制有哪些特点?
3. 移动终端存在哪些安全问题?
4. 可穿戴设备存在哪些安全风险?
5. 无人机和无人驾驶汽车存在哪些安全问题?

第11章 大数据安全

传统的数据安全机制不能满足大数据的安全需求,大数据安全和隐私保护在安全架构、数据隐私、数据管理和完整性、利用大数据进行主动性信息安全防护等方面面临着诸多的技术挑战。本章主要介绍大数据概念、大数据安全和隐私保护需求、大数据技术架构模型,分析大数据生命周期安全风险,重点介绍大数据安全的数据处理、存储、大数据与云计算安全服务等信息安全关键技术内容。

本章的知识要点、重点和难点包括大数据概念和技术特点、大数据安全与隐私保护需求、大数据生命周期安全风险分析、大数据安全技术和隐私保护技术、大数据服务于信息安全的方法和途径。

◇ 11.1 大数据概述

传统的数据安全机制不能满足大数据的安全需求,在安全架构、数据隐私、数据管理和完整性、主动性的安全防护等方面面临着诸多的技术挑战。

11.1.1 大数据概念

大数据并不仅仅是大量的数据。在学术界,图灵奖获得者Jim Gray提出了以大数据为基础的数据密集型科学研究方向,也就是科学研究的第四范式——数据探索(data exploration);在工业界,大数据技术成为涵盖分布式存储与管理、并行计算、机器学习与人工智能等一系列技术的庞大技术体系。目前,大数据技术与云计算、人工智能一起被公认为IT(信息技术)时代向DT(数据技术)时代跃迁的三大产业支柱。

大数据时代来临,各行业数据规模呈爆炸式增长,拥有高价值数据源的企业在大数据产业链中占有至关重要的核心地位。根据来源对象的不同,可以将大数据分为源自人、机、物等的数据。若根据应用领域划分,则典型的大数据包括互联网大数据、物联网大数据、生物医疗大数据、电信大数据、金融大数据、智慧城市大数据、交通大数据、科学研究大数据等。

在实现大数据集中后,如何确保网络数据的完整性、可用性和保密性,消除信息泄露和非法篡改的安全威胁,已成为政府机构、事业单位信息化健康发展所要考虑的核心问题。

大数据安全的防护技术有数据资产梳理(对敏感数据、数据库等进行梳理)、数据库加密（核心数据存储加密）、数据库安全运维（防运维人员恶意和高危操作）、数据脱敏（敏感数据匿名化）、数据库漏扫（数据安全脆弱性检测）等。

《中华人民共和国数据安全法》第十四条明确指出，国家实施大数据战略，推进数据基础设施建设，鼓励和支持数据在各行业、各领域的创新应用。

大数据时代的信息安全成为数字经济健康发展需要关注的重要问题。

11.1.2 大数据技术架构

大数据技术是一系列技术的总称，集合了数据采集与传输、数据存储、数据处理与分析、数据挖掘、数据可视化等技术，是一个庞大而复杂的技术体系。根据大数据从来源到应用的传输流程，可以将大数据技术架构分为数据收集层、数据存储层、数据处理层、数据治理与建模层、数据应用层。大数据技术如图 11-1 所示。

图 11-1 大数据技术

（1）数据采集与预处理。数据源种类繁多，数据类型多样，包含各类结构化、非结构化和半结构化数据，因此数据采集与预处理为后继流程提供高质量数据集。为提高数据吞吐量，降低存储成本，通常采用分布式架构存储大数据。

（2）数据分析。是大数据应用的核心流程，分析层次大致分为计算架构、查询与检索以及数据分析与处理 3 类。在计算架构方面，MapReduce 是广泛采用的计算架构和框架；在查询与检索方面，NoSQL 类数据库技术得到更多关注；在数据分析与处理方面，主要技术包括语义分析与数据挖掘。

（3）数据解释。其目标是更好地支持用户对数据分析结果的使用，涉及的主要技术有可视化技术和人机交互技术。

数据传输、虚拟集群等其他支撑技术为大数据处理提供技术支撑。

11.2 大数据安全与隐私保护需求

11.2.1 大数据安全

由于数据价值密度高，大数据往往吸引大量攻击者铤而走险。在大数据场景下存在如下几项新技术挑战：

(1) 在满足可用性的前提下实现大数据机密性。以数据加密为例，大数据应用不仅对加密算法性能提出了更高的要求，而且要求密文具备适应大数据处理的能力，例如数据检索与并发计算。

(2) 实现大数据的安全共享。在大数据访问控制中，用户难以信赖服务商能够正确实施访问控制策略，且在大数据应用中实现用户角色与权限划分更为困难。

(3) 实现大数据真实性验证与可信溯源。一定数量的虚假信息混杂在真实信息之中，往往影响数据分析结果的准确性。需要基于数据的来源真实性、传播途径、加工处理过程等，了解各项数据可信度，防止得出无意义或者错误的分析结果。

11.2.2　大数据隐私保护

隐私数据包括个人身份信息、数据资料、财产状况、通信内容、社交信息、位置信息等，隐私保护的研究主要集中在如何设计隐私保护原则和算法，既保证数据应用过程中不泄露隐私，同时又能更好地利用数据。数据匿名化技术是隐私保护技术中的关键技术。

大数据时代用户的隐私保护面临以下困难：

(1) 去匿名化技术的发展使得实现身份匿名越来越困难。仅数据发布时做简单的去标识处理已经无法保证用户隐私安全，通过链接不同数据源的信息，攻击者可能发起身份重识别攻击(re-identification attack)，逆向分析出匿名用户的真实身份，导致用户的身份隐私泄露。

(2) 基于大数据对人们状态和行为的预测带来隐私泄露威胁。随着深度学习等人工智能技术的快速发展，通过对用户行为建模与分析，个人行为规律可以被更为准确地预测与识别，刻意隐藏的敏感属性可以被推测出来。

目前用户数据的收集、存储、管理与使用等均缺乏规范，更缺乏监管，主要依靠企业的自律。用户无法确定自己的隐私信息的用途。而在商业化场景中，用户应有权决定自己的信息如何被利用，实现用户可控的隐私保护。

11.2.3　两者的区别和联系

大数据安全与隐私保护需求的区别和联系如下：

(1) 大数据安全需求更为广泛，关注的目标不仅包括数据机密性，还包括数据完整性、真实性、不可否认性，以及平台安全、数据权属判定等；而隐私保护需求一般仅聚焦于匿名性。

(2) 虽然隐私保护中的数据匿名需求与大数据安全中的机密性需求看上去比较类似，但后者显然严格得多。

(3) 在大数据安全问题中，一般来说数据对象是有明确定义的；而在隐私保护问题中所指的用户隐私则较为笼统，可能存在多种数据形态。

◆ 11.3　大数据生命周期安全风险分析

大数据已经上升为国家战略，数据被视为国家基础性战略资源，各行各业的大数据应用风起云涌，大数据在国家经济发展中发挥的作用越来越大。伴随着大数据的广泛应用、数据的进一步集中和数据量的增大,现有的信息安全手段已经不能满足大数据时代的信息安全要求,对海量数据进行安全防护变得更加困难,数据的分布式处理也加大了数据泄露的风险。数据造假、数据泄露、数据买卖、数据诈骗等事件时有发生,大数据面临的威胁和攻击种类繁多,有的地方甚至已经形成完整的灰色产业链。

需要从大数据全生命周期的完整性、数据挖掘中的访问控制、大数据的滥用、隐私的泄露、国家及企业敏感信息的泄露等方面进行风险分析,并提出保障策略。同时,还需要从法律、标准等方面建立社会监管体系,为大数据安全保障体系建设提供有力支持,进一步助推大数据产业的健康发展。

11.3.1 风险分析

大数据的生命周期包括数据产生、采集、传输、存储、共享与交换、挖掘、应用、销毁等诸多环节,每个环节都面临不同的安全威胁。

1. 数据产生与采集环节的风险

数据采集是指采集方对用户终端、智能设备、传感器等产生的数据进行记录与预处理的过程。数据产生、采集存在的风险首先是大数据权属的问题,目前已经发生了数据资源被复制的情形。任何数据在产生过程中都面临着被泄露和被未授权改变的风险,还存在数据与元数据的错位、国家秘密与个人隐私泄露、源数据包含恶意代码等问题。可根据场景需求选择安全多方计算等密码学方法,或选择本地差分隐私(Local Differential Privacy,LDP)等隐私保护技术避免真实数据被采集。

2. 数据传输环节的风险

数据传输是指将采集到的大数据由用户端、智能设备、传感器等终端传送到大型集中式数据中心的过程。大数据的传输存在于生命周期的多个环节,如出现在采集到存储之间以及分类分级、分析挖掘、应用、交换过程中。随着大数据应用中网络节点数增加,网络安全面临更大的风险,网络防御形势更加严峻,网络传输过程中的安全性很难得到保证,攻击者常利用传输协议的漏洞进行数据窃取、数据拦截。当前,大数据技术甚至被应用到攻击手段中,攻击者利用大数据技术收集、分析和挖掘情报,使得各种 APT(Advanced Persistent Threat,高级持续威胁)攻击更容易成功。

在数据传输阶段,为了保证数据在传输过程中内容不被恶意收集或破坏,有必要采取安全措施保证数据的机密性和完整性,如 SSL 通信加密协议、专用加密机、VPN 技术等。

3. 数据存储环节的风险

大数据被采集后常汇集存储于大型数据中心,这必然成为攻击目标。海量和多源异构数据的汇聚对大数据分析平台提出了更高的要求,主要体现在对结构化和非结构化数据的存储、海量数据的处理以及大规模分布式数据存储和集群管理等。大数据复杂多样,数据存储管理安全防护措施难免存在漏洞,造成数据失窃和篡改。同时,各种类型的数据集中存储,也使得大数据应用系统更容易成为入侵者攻击的目标。

大数据存储面临的安全风险包括来自外部的攻击、内部窃取和不同利益方对数据的超权限使用等。

4. 共享与交换环节的风险

大数据系统根据职责不同,存在相应的六大角色即大数据的使用者、大数据的提供者、大数据框架提供者、大数据应用提供者、系统协调者、大数据资源的觊觎者。在数据的共享与交换中缺乏数据副本的使用管控和终端审计,存在数据泄露、行为抵赖、数据发送错误等问题。

5. 数据挖掘环节的风险

在大数据挖掘过程中,主体访问的不是一个客体的全部,而仅仅是某些客体的某些特征量,这一点与信息系统中的访问是有区别的。因此主体对客体的访问也不应该是客体的全部,而只是这些与特征量相关的信息。对特征信息之外的信息内容不应该授权进行访问,否则就可能出现大数据的滥用问题。

当前可扩展和可组合隐私保护数据的挖掘及其分析、知识控制、机器学习、人工智能技术的研究和应用,使得大数据分析的力量越来越强大,同时也给个人隐私保护带来更加严峻的挑战。

6. 数据应用环节的风险

大数据经过分析挖掘后,其应用价值得到极大提高,也会产生一系列应用。在应用环节存在数据泄露、数据完整性被破坏、未授权访问、恶意代码、元数据完整性被破坏等风险。本环节的焦点在于:实现数据挖掘中的隐私保护,降低多源异构数据集成中的隐私泄露,防止数据使用者通过数据挖掘得出用户刻意隐藏的知识,防止分析者在进行统计分析时得到具体用户的隐私信息。

7. 数据销毁环节的风险

与其他的数据一样,大数据也需要定期废弃和销毁,这样会腾出相应的存储空间和计算资源。在销毁数据的过程中,会存在错误销毁、数据残留导致的数据泄露等风险。

11.3.2 大数据安全的保障策略

1. 数据产生与采集环节的保障策略

在数据产生与采集环节,要对数据的真实性、原始性进行确认,并保证数据的完整性。同时,还要对可能涉及的国家秘密信息进行预警和报警,并能将国家秘密信息分离,不使其混入其他的数据集合,对国家秘密信息进行恰当的保护。

本环节主要使用区块链技术对源数据进行源认证和完整性保护,使用涉及国家秘密信息的检测预警工具对采集的数据进行检测。对于数据的真实性,可利用大数据本身进行真实性检测,也可以从立法的角度对伪造数据者根据情节做出必要的处罚,以保证采集数据的真实性。

2. 传输环节的保障策略

传输环节的安全目标是保证信道中所传输的数据不泄露、不被未授权改变,保证通信信道畅通,同时防范可能的重放攻击等。

保障策略主要是使用加密技术对数据进行加密传输,也可使用区块链技术对传输的数据进行完整性保护。

3. 核心基础设施的保障策略

存储、挖掘、交换、应用往往需要有共同的平台来支撑,大数据保护的核心就在于此。这些环节的保护目标是确保授权访问,未获得授权的人不能越权访问目标数据,确保数据的机密性、完整性和可用性。

核心基础设施的保障策略要求所有的操作必须是经过授权的,包括读写、复制、传输、授权等各类操作。角色的权限应该遵循最小授权原则,进行细粒度的划分并且要有制衡措施。所有角色的操作必须有相应的审计机制。

4. 大数据安全的法律法规体系

大数据是最近几年才兴起的新领域,还没有相应的法律法规体系对其进行保护。而法律法规体系的建立是大数据领域健康发展的必要条件。大数据领域需要调整各类社会关系,即数据共享与个人隐私的关系、数据共享与企业商业信息保护的关系、数据共享与政府信息保护的关系、数据共享受益方与供应方的关系,还需要明确数据的主权归属。

5. 大数据安全的标准体系

大数据安全标准体系的建立是保证大数据系统安全的必要条件,应根据大数据的特点、大数据的保护目标要求、已有的国际和国内标准制定大数据系统的安全标准。目前,各国都在加紧研究和制定这些相应的标准。

11.4 大数据安全与隐私保护技术框架

大数据生命周期各个阶段的安全和隐私保护目标各有侧重,需要根据响应的需求选择响应的技术手段支撑。很多技术也主要针对安全问题较为突出的数据采集、数据传输、数据存储、数据分析与使用4个阶段。大数据安全与隐私保护技术框架如图11-2所示。

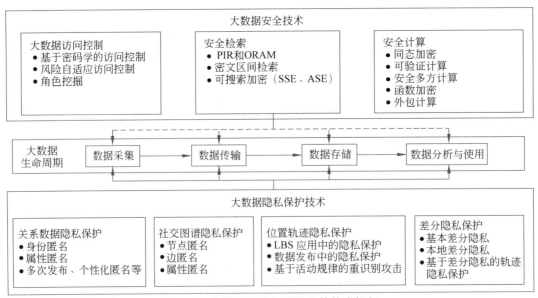

图 11-2 大数据安全与隐私保护技术框架

11.4.1 大数据安全技术

1. 大数据访问控制

大数据及大数据应用的新特点决定了其访问控制需要解决授权管理问题、细粒度访问控制问题、访问控制策略描述问题、个人隐私保护问题以及访问控制在分布式架构中的实施问题。

(1) 基于密码学的访问控制。保障云环境中数据的安全共享,需要确保解密密钥只授权给合法用户。加密算法大致分为两类:传统公钥密码学(PKI 等)保护方法,以及支持细粒度访问控制和策略的属性加密(一种典型的函数加密)等新的公钥加密技术。

(2) 角色挖掘。起源于基于角色的访问控制,自动地(基于机器学习)对角色进行挖掘并完成授权,成为 RBAC(Role-Based Access Control,基于角色的访问控制)类系统开发的必然趋势。

(3) 风险自适应访问控制。将风险量化并为用户分配风险额度。当用户访问的资源风险值高于某个阈值时,限制用户访问。

2. 安全检索

大数据最简单的应用场景是查找是否存在类似的数据记录,但不恰当的数据检索方法将造成数据信息泄露。需要针对大数据问题研究安全的检索方法。

(1) 隐私信息检索(Private Information Retrieval,PIR)和茫然随机访问机(Oblivious Random Access Machine,ORAM)。PIR 指用户在不向远端服务器暴露查询意图的前提下对服务器的数据进行查询并获得指定数据的方法。ORAM 指在读写过程中向服务器隐藏访问模式等。前者关注用户访问模式,后者关注数据机密性。

(2) 对称可搜索加密和非对称可搜索加密。可搜索加密研究快速检索出包含特定关键词或满足关键词布尔表达式的密文文档的方法。对称可搜索加密(Symmetric Searchable Encryption,SSE)适用于数据提交者与查询者相同的使用场景,相关研究包括多关键词查询、模糊查询、Top-k 和多用户 SSE 等。非对称可搜索加密(Asymmetric Searchable Encryption,ASE)主要用于第三方检索,一般使用公钥技术实现关键词门限生成与检索。

(3) 密文区间检索。利用数据之间存在的顺序关系,不必按顺序扫描,而以更快速的方法查找指定区间的数据。典型方案包括近邻数据分桶、保续加密、密文索引树等。

3. 安全计算

数据只有经过计算才能挖掘出其价值,但不恰当的数据计算方法将造成数据信息泄露,需要针对大数据研究安全的计算方法。

(1) 同态加密。既可处理加密数据又可维持数据的机密性。2009 年,Gentry 基于理想格构造了全同态加密方案。

(2) 可验证计算。实现外包计算完整性最可靠的技术,使用密码技术确保外包计算的完整性而无须对服务器失败率或失败相关性做任何假设。基于承诺、基于同态加密和交互构造是三类最具代表性的方法。

(3) 安全多方计算。使多个参与方安全地执行分布式计算任务,除自己的输入和输出以外,无法获得其他额外信息。相关工作包括计算布尔电路的安全多方协议和安全计算算术电路的安全多方计算两大类。大多数安全计算布尔电路使用姚期智提出的混淆电路和不经意传输(Oblivious Transfer,OT)协议,在安全模型、密文尺寸以及计算代价上不断改进。许多安全计算算术电路采用秘密共享技术。

(4) 函数加密。属性加密的一般化。除了使用正规的秘密密钥解密数据以外,还可以使用函数秘密密钥访问对应的函数在数据上计算的结果。

(5) 外包计算。计算资源受限的用户将计算复杂度较高的计算外包给远端的半可信或恶意服务器完成的计算过程。外包计算研究主要集中在用户数据的安全性和隐私性、验证服务器返回结果的正确性(完整性)以及实现高效性方面。外包计算的类型主要包括基于同态加密、基于安全多方计算、基于属性加密、基于伪装技术4类。

11.4.2 大数据隐私保护技术

大数据隐私保护技术为大数据提供离线与在线等应用场景下的隐私保护,防止攻击者将属性、记录和特定的用户个体联系起来,包括用户身份、属性、社交关系与轨迹等几类隐私保护。

1. 关系型数据隐私保护

在结构化数据表中,常使用数据扰动、泛化、分割发布等模糊用户的其他特征,使得具有相同的敏感属性、记录和位置的相似用户至少有 k 个,以此确定个体用户的真实属性和位置。

(1) 身份匿名。标记符号的匿名化除去了身份等标志信息,但是仍可通过其他知识迅速确定攻击目标对应的记录。k-匿名模型可防止攻击者唯一地识别出数据集中的某个特定用户,使其无法进一步获得该用户的准确性信息。

(2) 属性匿名。k-匿名处理后,攻击目标至少对应 k 个可能的记录,攻击者仍有极大概率确定数据持有者的属性。使用 l-多样化、t-贴近模型等进行有针对性的扰动与泛化处理。

(3) 多次发布模型与个性化匿名。在数据连续、多次发布的场景中,需要考虑到多次发布的统一性问题。虽然数据满足 k-匿名、l-多样化、t-贴近模型的要求,但是多次联合分析会暴露数据匿名的漏洞。

2. 社交图谱数据隐私保护

在社交网络场景中,不仅包含属性数据,还包含社交关系,攻击者可以通过社交关系重识别用户。

(1) 节点匿名。添加一定程度的抑制、置换或扰动,降低精确匹配的成功率。

(2) 边匿名。对图中其他边数据加以扰动,降低该边被推测出来的可能性。

(3) 属性匿名。具有相同属性的用户可以结成关系。为实现属性匿名,需要节点、边、属性联合匿名。

3. 位置与轨迹数据隐私保护

用户的地理位置空间属性在抽象后也可以成为用户的准标识符信息。

(1) 面向 LBS 应用的隐私保护。基于位置的服务(Location-Based Service,LBS)对用户提交的实时位置信息进行匿名化处理,方案包括混合区(mix zone)在路网中的应用和 PIR 在近邻查询中的应用。

(2) 面向数据发布的隐私保护。包括敏感位置、用户轨迹、轨迹属性等几类数据的隐私保护。

(3) 基于用户活动规律的攻击分析。攻击者可以将用户活动规律以具体模型量化描述,进而重新识别出匿名用户,推测敏感位置,预测用户轨迹。典型方法有基于马尔可夫模型、隐马尔可夫模型、混合高斯模型等攻击方法。

4. 差分隐私

差分隐私(differential privacy)是密码学中的一种手段,当从统计数据库查询时,最大化数据查询的准确性,同时最大限度减少识别其记录的机会。差分隐私具有普适性和严格证明的隐私保护框架。

(1) 基本差分隐私。应用于数据发布、数据挖掘与学习、查询处理等方面。

(2) 本地差分隐私。指用户在本地将要上传的数据提前进行随机化处理,使其满足本地差分隐私条件后再上传给数据采集者。典型代表是 Rappor 协议、SH 协议等。

(3) 基于差分隐私的轨迹隐私保护。在保持轨迹数据集总体统计特征稳定的基础上,产生新的轨迹代替原始轨迹,且新数据集满足差分隐私安全要求。

11.5 大数据服务于信息安全

大数据在带来了新型安全威胁的同时,也为信息安全提供了新的支撑和新的发展契机。大数据为安全分析提供了新的可能性,对于海量数据的分析有助于信息安全服务提供商更好地刻画网络异常行为,从而找出数据中的风险点。对实时安全和商务数据结合在一起的数据进行预防性分析,可识别钓鱼攻击,防止诈骗和阻止黑客入侵。网络攻击行为总会留下蛛丝马迹,这些痕迹都以数据的形式隐藏在大数据中,利用大数据技术整合计算和处理资源有助于更有针对性地应对信息安全威胁,有助于找到攻击的源头。

目前,大数据技术已经广泛应用到网络空间安全中的网络安全态势感知、高级持续威胁(APT)检测、伪基站发现与追踪、反钓鱼攻击、金融反欺诈等领域,并不断有新的应用场景出现。大数据是实现网络空间安全保障的重要技术。如图 11-3 所示,综合考虑当前大数据应用的特点,利用大数据技术构建网络空间安全防护体系,建设以数据为核心的安全防护系统,集成态势感知、人工智能综合分析等功能,利用大数据技术工具,将传统的事中检测和事后响应防御体系转变为包括事前评估预防、事中检测和事后响应恢复的全面安全防护体系,为网络空间安全带来新的管理理念和技术创新,从而大幅提升网络空间安全治理能力。

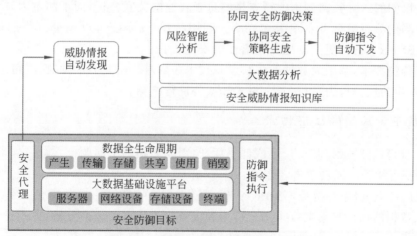

图 11-3 利用大数据保障网络空间安全

11.5.1 基于大数据的威胁发现技术

基于大数据的威胁发现技术具有以下优点:

(1) 分析内容的范围更大。传统的威胁分析主要针对的内容为各类安全事件。一个企业的信息资产则包括数据资产、软件资产、实物资产、人员资产、服务资产和其他为业务提供支持的无形资产。由于传统威胁检测技术的局限性,并不能覆盖这6类信息资产,因此能发现的威胁也是有限的。通过在威胁检测方面引入大数据分析技术,可以更全面地发现针对这些信息资产的攻击。例如,通过分析企业员工的即时通信数据、Email数据等可以及时发现人员资产是否面临其他企业"挖墙脚"的威胁。再如,通过对企业订单数据的分析,也能够发现一些异常的操作行为,进而判断是否危害公司利益。可以看出,分析内容范围的扩大使得基于大数据的威胁检测更加全面。

(2) 分析内容的时间跨度更长。现有的许多威胁分析技术都是内存关联性的,也就是说实时收集数据,采用分析技术发现攻击。分析窗口通常受限于内存大小,无法应对持续性和潜伏性攻击。引入大数据分析技术后,威胁分析窗口可以横跨若干年的数据,因此威胁发现能力更强,可以有效应对高级持续威胁类攻击。利用大数据技术防护网站攻击,定位攻击来源。一方面,开发并优化网站卫士服务。我国安全公司已针对网站漏洞、后门等威胁推出了相应的网站安全卫士服务,能够利用大数据平台资源,帮助网站实现针对各类应用层入侵、DDoS流量型攻击、DNS攻击的安全防护,同时向网站提供加速、缓存、数据分析等功能。同时通过对海量日志大数据的分析,可以发现大量新的网站攻击特征、网站漏洞等。另一方面,通过对日志大数据进行分析,还能进一步帮助网络管理人员溯源定位网站攻击的来源,获取黑客信息,为公安部门提供有价值的线索。

(3) 攻击威胁的预测性。传统的安全防护技术或工具大多是在攻击发生后对攻击行为进行分析和归类,并做出响应。基于大数据的威胁分析,可进行预判,它能够寻找潜在的安全威胁,对未发生的攻击行为进行预防。

(4) 对未知威胁的检测。传统的威胁分析通常是由经验丰富的专业人员根据企业需求和实际情况展开,然而这种威胁分析的结果很大程度上依赖于个人经验。同时,分析所发现的威胁也是已知的。大数据分析的特点是侧重于普通的关联分析,而不侧重因果分析,因此通过采用恰当的分析模型可发现未知威胁。利用该技术,企业可以超越以往的保护-检测-响应-恢复(PDRR)模式,更主动地发现潜在的安全威胁。

相比于传统技术,基于大数据的威胁发现技术还具有攻击威胁的预测性,可进行超前的预判,对未发生的攻击行为进行预防,对未知威胁进行检测。

11.5.2 基于大数据的认证技术

传统的身份认证技术(基于口令或证书凭证)需要面临两个问题:
(1) 秘密可能丢失或被攻击者盗取。
(2) 用户负担重,需要携带USB Key,需要输入生物特征等。
基于大数据的认证技术在收集用户行为和设备行为数据后进行分析,鉴别操作者身份,具有以下特点:
(1) 攻击者难以模拟用户行为特征。
(2) 减轻用户负担。
(3) 可更好地支持各系统认证机制的统一。
然而,基于大数据的认证技术也存在着初始阶段认证问题,以及用户隐私问题等缺点。

基于大数据的认证技术指的是收集用户行为和设备行为数据,并对这些数据进行分析,获得用户行为和设备行为的特征,进而通过鉴别操作者行为及其设备行为确定其身份。这与传统认证技术利用用户所知的秘密、持有的凭证或具有的生物特征确认其身份有很大不同。该技术具有如下优点:

(1) 攻击者很难通过模拟用户行为特征通过认证,因此更加安全。利用大数据技术能收集的用户行为和设备行为数据是多样的,可以包括用户使用系统的时间、经常采用的设备、设备所处的物理位置,甚至是用户的操作习惯数据。通过这些数据的分析能够为用户勾画一个行为特征的轮廓。而攻击者很难在方方面面都模仿用户行为,因此其与真正用户的行为特征轮廓必然存在较大偏差,无法通过认证。

(2) 减轻了用户负担。用户行为和设备行为特征数据的采集、存储和分析都由认证系统完成。相比于传统认证技术,基于大数据的认证技术极大地减轻了用户负担。如用户无须记忆复杂的口令,或随身携带硬件 USB Key。可以更好地支持各系统认证机制的统一。基于大数据的认证技术可以让用户在整个网络空间采用相同的行为特征进行身份认证,而避免传统的不同系统采用不同认证方式且用户所知秘密或所持凭证各不相同而带来的种种不便。

11.5.3 基于大数据的数据真实性分析

基于大数据的数据真实性分析技术能够提高垃圾信息的鉴别能力。一方面,引入大数据分析可以获得更高的识别准确率。例如,对于点评网站的虚假评论,可以通过收集评论者的大量位置信息、评论内容、评论时间等进行分析,鉴别其评论的可靠性。如果某评论者为某品牌多个同类产品都发表了恶意评论,则其评论的真实性就值得怀疑。另一方面,在进行大数据分析时,通过机器学习技术,可以发现更多具有新特征的垃圾信息。然而该技术仍然面临一些困难,主要是虚假信息的定义、分析模型的构建等。

目前,基于大数据的数据真实性分析被广泛认为是最为有效的方法。许多企业已经开始了这方面的研究工作,例如,Yahoo 和 Thinkmail 等利用大数据分析技术过滤垃圾邮件;Yelp 等社交点评网络用大数据分析识别虚假评论,新浪微博等社交媒体利用大数据分析鉴别各类垃圾信息。

11.5.4 大数据、SaaS 与云服务安全

从用户角度,软件即服务(Software as a Service,SaaS)产品有三大优势:

(1) 平台部署。客户不需要购买软硬件设备,同时这些软硬件设备由平台方维护。

(2) 选购灵活。客户可以根据服务项数和订购时长阶段性向厂商付费。

(3) 响应即时。SaaS 平台需要即时响应用户反馈。

大数据 SaaS 可以帮助企业快速、灵活地处理和分析大数据,并为企业提供更有价值的信息和洞察。例如,企业可以使用大数据 SaaS 分析客户行为和偏好,并使用这些信息改善产品和服务,或者使用大数据 SaaS 分析市场趋势和竞争情况,并使用这些信息制定更有效的商业策略。

大数据用于信息安全,也就是安全即服务 SECaaS(Security as a Service),最早用于安全管理的外包模式。通常情况下,SECaaS 包括通过互联网发布的应用软件(如反病毒软件)。基于互联网的安全(有时称为云安全)产品是 SaaS 的一部分。

大数据需要强大的计算能力支持,云计算技术是重要实现途径。云计算(cloud computing)是分布式计算的一种,指的是通过网络云将巨大的数据计算处理程序分解成无数个小程序,然后通过多台服务器组成的系统进行处理和分析这些小程序,得到结果并将其返回给用户。

SECaaS一方面从云的角度出发考虑企业安全,云安全的讨论主要集中在如何迁移到云平台,如何在使用云时维持机密性、完整性、可用性和地理位置;另一方面,SECaaS考虑如何通过基于云的服务保护云中的、传统企业网络中的以及两者混合环境中的系统和数据。

生产SECaaS产品的厂商有Cisco、McAfee、熊猫软件、Symantec、趋势科技和VeriSign等,提供的云安全运营服务以网站安全为核心,对网站面临的威胁和安全事件提供7×24全天候的监测与防护。云安全运营服务可以在安全事件发生前对网站提供Web漏洞智能补丁,预防针对Web漏洞的攻击。安全事件发生时,云安全运营服务可对DDoS攻击和Web攻击提供7×24监测与防护,对攻击进行有效的拦截;安全事件发生后,云安全运营服务可及时监测到网站篡改、网站挂马等安全事件并进行响应和处置,快速消除安全事件带来的影响。

从发展趋势看,安全服务未来将不限于咨询和运维,SECaaS这种新的商业模式将成为网络安全产业未来的发展方向,SECaaS也从应用安全转向基础安全领域。这一商业模式将网络安全服务作为一种独立的IT产品。相比于传统模式,它具有以下几个优点:

(1) 无须本地部署安全系统,只需与数据中心对接。

(2) 响应速度快,升级快。

(3) 企业的安全支出将会更加有弹性,对于中小企业尤其是互联网创业公司,可以减少自己初期的开支,刺激它们的需求。

安全即服务的未来前景是以底层大数据服务为基础,各个企业间组成相互信赖、互相支撑的信息安全服务体系,总体上形成信息安全产业界的良好生态环境。

未来,在大数据应用的飞速发展过程中,大数据安全问题将始终伴随左右。针对大数据安全问题和安全风险,必须加大大数据安全技术的研究力度,深入研究新型的大数据安全技术,例如同态加密技术等。确保大数据在存储、处理、传输等过程中的安全性,在充分挖掘数据价值的同时保护用户隐私,从而避免因大数据安全问题给用户的利益造成损失。需要进一步完善与大数据安全相关的法律体系建设,对数据权属界定、数据流动管理、个人信息保护等各种问题,给出明确规定。需要创新研制和推广大数据安全保护的产品和服务,基于大数据研制网络安全产品和服务,推动大数据安全市场发展,保障大数据时代的信息安全。

◆ 本章总结

传统的数据安全机制不能满足大数据的安全需求,大数据安全和隐私保护在安全架构、数据隐私、数据管理和完整性、主动性的安全防护面临着诸多的技术挑战。本章主要介绍大数据概念、大数据安全和隐私保护需求、大数据技术架构模型,重点分析了大数据生命周期安全风险,介绍了大数据安全技术和隐私保护技术、大数据和云计算服务于信息安全的方法和途径。在大数据应用的飞速发展过程中,大数据安全问题的解决将极大地推动整个信息产业的发展和壮大。

思考与练习

1. 大数据是什么?
2. 大数据存在哪些安全威胁?
3. 如何应对大数据的安全威胁?
4. 如何利用大数据提供安全服务?

第12章 物联网系统安全

物联网是一个融合计算机、通信和控制等相关技术的复杂系统,其面临的信息安全问题更加复杂。本章主要论述物联网的基本概念和特征,从不同角度分析探讨物联网的安全现状和面临的信息安全威胁,分析物联网的信息安全体系和安全参考模型概念,介绍感知层、网络层和应用层安全需求和安全策略,最后给出物联网安全分析案例。

本章的知识要点、重点和难点包括:物联网概念、体系结构和技术特点,安全体系,感知层、网络层和应用层安全需求和安全策略。

◆ 12.1 物联网安全概述

物联网代表了未来计算与通信技术发展的方向,被认为是继计算机、互联网之后信息产业领域的第3次发展浪潮。最初,物联网是指基于互联网技术,利用射频识别(Radio Frequency Identification,RFID)技术、产品电子代码(Electronic Product Code,EPC)技术在全球范围内实现的一种网络化物品实时信息共享系统。后来,物联网逐渐演化成了一种融合传统电信网络、计算机网络、传感器网络、点对点(Point to Point,P2P)无线网络、云计算和大数据等信息与通信技术(Information and Communication Technology,ICT)的完整的信息产业链。

12.1.1 物联网的概念

2007年以来,伴随着网络技术、通信技术、智能嵌入技术的迅速发展,"物联网"一词频繁地出现在世人面前。物联网这一概念受到了学术界、工业界的广泛关注,特别是它在刺激世界经济复苏和发展方面的预期作用,帮助全世界度过了2008—2010年的经济危机。

物联网技术已经带来了一场新的技术革命,推动了云计算、大数据和人工智能的发展。尽管物联网经过了多年的发展,但其定义尚未统一。物联网的英文为Internet of Things(IoT)。随着人、机、物融合的日益深入,物联网也被称为Internet of Everythings(IoE)。

顾名思义,物联网就是一个将所有物品连接起来而形成的物物互联的网络。物联网作为新技术,其定义千差万别。目前,一个被大家普遍接受的定义:物联网是通过使用射频识别阅读器、传感器、红外感应器、全球定位系统、激光扫描器等信息采集设备或系统,按约定的协议把任何物品与互联网连接起来,进行通信和信息交换,以实现智能化识别、定位、跟踪、监控和管理的一种网络或系统。

通过以上定义可以看出,物联网包含以下4部分内容:

(1) 多样化感知。感知设备多样化,包括传统的温湿度、压力、流量、位置传感器和新型的智能传感器,以支持物理世界数字化和人员位置的标定。

(2) 电子化身份。利用电子标签(tag)、二维码、视觉和声音进行身份标识,方便信息化系统的构建与使用,以支持人员、物体等的识别与跟踪。

(3) 多模式通信。包括各种无线和有线通信手段,如蓝牙、无线通信技术(如WiFi等)和近场通信(Near Field Communication,NFC)技术等近距离无线通信技术,第4代移动通信技术(4G)、第5代移动通信技术(5G)和微波通信技术等中距离无线传输技术,以及卫星通信技术等远距离无线传输技术等。

(4) 智能化管理。通过对感知数据进行深度分析和可视化,对物理世界和信息世界实现有效监控和管理,以增强物联网系统的智能化。

显然,在物联网的定义中,"计算机""传输与通信"和"检测与控制"被有机地融合在一起,所以物联网是典型的3C(Computer、Communication、Control)融合新技术。

从物联网的定义还可以看出,物联网是对互联网的延伸和扩展,其用户端延伸到世界上的任何物品。国际电信联盟在《ITU互联网报告2005:物联网》中的定义是:物联网是一个能够在任何时间(anytime)、任何地点(anyplace)实现任何物品(anything)互联的动态网络,它包括人与计算机之间、人与人之间、物与人之间、物与物之间的互联。欧盟委员会则认为物联网是计算机网络的扩展,是一个实现物物互联的网络。这些物品可以有IP地址,它们被嵌入复杂系统中,通过传感器从周围环境中获取信息,并对获取的信息进行响应和处理。

12.1.2 物联网的体系结构

认识任何事物都要有一个从整体到局部的过程,尤其对于结构复杂、功能多样的系统更是如此,物联网也不例外。物联网具有一个开放性体系结构,由于物联网仍处于发展阶段,因此不同的组织和研究群体针对物联网提出了不同的体系结构。但不管是三层体系结构还是四层体系结构,其关键技术都是相通或类同的。下面介绍一种物联网四层体系结构,在此基础上进行组合即可实现物联网三层体系结构。

目前,国内外的研究人员在描述物联网的体系结构时,多将国际电信联盟电信标准分局(ITU-T)在2002年提出的泛在传感器网络(Ubiquitous Sensor Network,USN)结构作为基础,它自下而上分为感知网络层、泛在接入层、中间件层、泛在应用层4层,如图12-1所示。

USN结构的一大特点是依托下一代网络(Next Generation Network,NGN)结构,各种传感器在最靠近用户的地方组成无所不在的网络环境,用户在此环境中使用各种服务,NGN则作为核心基础设施为USN提供支持。

显然,基于USN的物联网体系结构主要描述了各种通信技术在物联网中的作用,不能完整反映出物联网系统实现中的功能集划分、组网方式、互操作接口、管理模型等,不利于物联网的标准化和产业化。因此,需要进一步探索实现物联网系统的关键技术和方法,设计一个通用的物联网系统结构模型。

图12-2给出了通用的物联网四层体系结构。该结构侧重物联网的定性描述而不是协

议的具体定义。因此，物联网可以定义为一个包含感知控制层、数据传输层、数据处理层、应用决策层的四层体系结构。

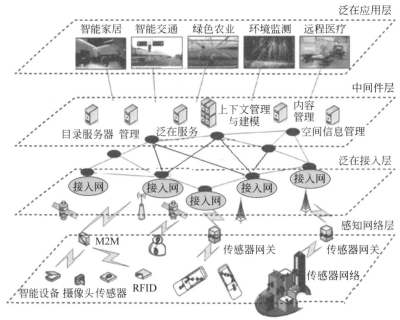

图 12-1 物联网的 USN 结构

图 12-2 通用的物联网四层体系结构

(1) 感知控制层。简称感知层,它是物联网发展和应用的基础,包括条形码识别器、各种类型的传感器(如温湿度传感器、视频传感器、红外探测器等)、智能硬件(如电表、空调等)和网关等。各种传感器通过感知目标环境的相关信息自行组网,以将信息传递到网关接入点,网关再将收集到的数据通过数据传输层提交到数据处理层进行处理。数据处理的结果可以反馈到感知控制层,作为实施动态控制的依据。

(2) 数据传输层。负责接收感知控制层传来的数据,并将其传输到数据处理层,随后将数据处理结果再反馈到感知控制层。数据传输层包括各种网络与设备,如短距离无线网络、移动通信网络、互联网等,并可实现不同类型网络间的融合以及物联网感知与控制数据的高效、安全和可靠传输。此外,数据传输层还提供路由、格式转换、地址转换等功能。

(3) 数据处理层。可进行物联网资源的初始化,监测资源的在线运行状况,协调多个物联网资源(如计算资源、通信设备和感知设备等)之间的工作,实现跨域资源间的交互、共享与调度,实现感知数据的语义理解、推理、决策以及数据的查询、存储、分析与挖掘等。数据处理层利用云计算、大数据和人工智能等技术实现感知数据的高效存储与深度分析。

(4) 应用决策层。利用经过分析处理的感知数据,为用户提供多种不同类型的服务,如检索、计算和推理等。物联网的应用可分为监控型(物流监控、污染监控)、控制型(智能交通、智能家居)、扫描型(手机钱包、高速公路不停车收费)等。应用决策层可针对不同类别的应用决定与之相适应的服务内容。

此外,物联网在每一层中还应包括安全、容错等技术,用来贯穿物联网系统的各个层次,为用户提供安全、可用和可靠的应用支持。在物联网的四层体系结构中,数据处理层可以并入应用决策层,这样物联网四层体系结构就变成了三层体系结构,即感知控制层、数据传输层、应用决策层。

从应用封装的角度划分,可将数据传输层和数据处理层组合成平台层。平台层在整个物联网体系结构中起着承上启下的关键作用,它不仅实现了底层终端设备的"管、控、营"一体化,为上层提供了应用开发支持和统一接口,构建了设备和业务的端到端通道,而且提供了业务融合以及数据价值孵化的土壤,为提升产业整体价值奠定了基础。从历史成因来看,平台层是社会分工和行业划分的产物。有了平台层,企业就可以专注于构建自己的应用或者组建自己的产品网络,而不必考虑如何让设备联网。在物联网中,平台层也可以进一步细分层次关系,也可按照逻辑关系分为连接管理平台(Connectivity Management Platform, CMP)、设备管理平台(Device Management Platform, DMP)、应用使能平台(Application Enablement Platform, AEP)和业务分析平台(Business Analytics Platform, BAP)4部分。

12.1.3 物联网的特征

从物联网的定义和体系结构可以看出,物联网的核心功能包括信息(数据)的感知、传输和处理。因此,为了保证能高效工作,物联网应具备3个特征:全面感知、可靠传递、智能处理。

(1) 全面感知。感知是物联网的核心。物联网是由具有全面感知能力的物品和人组成的。为了使物品具有感知能力,需要在物品上安装不同类型的识别装置,如电子标签、条形码、二维码等,与此同时,可以通过温湿度传感器、红外感应器、摄像头等识别设备感知其物理属性和个性化特征。利用这些装置或设备,可随时随地获取物品信息,实现全面感知。

（2）可靠传递。数据传递的稳定性和可靠性是保证物物相联的关键。由于物联网是一个异构网络，不同实体间的协议格式（规范）可能存在差异，因此需要通过相应的软硬件进行协议格式转换，保证物品之间信息的实时、准确传递。为了实现物与物之间的信息交互，对不同传感器的数据进行统一处理，必须开发出支持多协议格式转换的通信网关。通过通信网关，将各种传感器的通信协议转换成预先约定的统一的通信协议。

（3）智能处理。物联网的目的是实现对各种物品和人进行智能化识别、定位、跟踪、监控和管理等功能。这就需要智能信息处理平台的支撑，通过云（海）计算、人工智能等智能计算技术，对海量数据进行存储、分析和处理，针对不同的应用需求，对物品和人实施智能化的控制。

由此可见，物联网融合了各种信息技术，突破了互联网的限制，将物品接入信息网络，实现了"物物相联的互联网"。物联网支撑信息网络向全面感知和智能应用两个方向拓展、延伸和突破，从而影响着国民经济和社会生活的方方面面。

12.2 面向需求的物联网安全体系

12.2.1 物联网的安全需求

在物联网系统中，主要的安全威胁来自以下几方面：物联网传感器节点接入过程中的安全威胁、物联网数据传输过程中的安全威胁、物联网数据处理过程中的安全威胁、物联网应用过程中的安全威胁。这些威胁是全方位的，有些来自物联网的某一个层次，有些来自物联网的多个层次。不管安全威胁的来源如何多样，都可以将物联网的安全需求归结为物联网感知安全、物联网接入安全、物联网通信安全、物联网数据安全、物联网系统安全和物联网隐私安全6方面，构建以需求驱动的物联网安全体系。

1. 物联网感知安全

物联网感知层的核心技术涉及传感器、条形码和 RFID。传感器在输出电信号时容易受到外界干扰甚至破坏，从而导致感知数据错误、物联网系统工作异常。二维码已经深入人们的日常生活。随着智能手机的普及，二维码成为连接线上、线下的一个重要通道。犯罪分子利用二维码传播手机病毒和不良信息进行诈骗等犯罪活动，严重威胁着消费者的财产安全。

由于 RFID 技术使用电磁波进行通信，并且可存储大量数据，这些信息对于黑客而言具有利用价值，所以其安全隐患较多。例如，攻击者有可能通过窃听电磁波信号偷听传输内容。

无源 RFID 系统中的 RFID 标签会在收到 RFID 读写器的信号后主动响应，发送握手信号，因此，攻击者可以先伪装成一个阅读器靠近标签，在标签携带者毫无知觉的情况下读取标签信息，然后将从标签中偷到的信息——握手信号发送给合法的 RFID 阅读器，进而达到各种非法目的。

显然，物联网的感知节点接入和用户接入离不开身份认证等信息安全技术。

2. 物联网接入安全

在物联网接入安全中，感知层的接入安全是重点。一个感知节点不能被未经认证授权的节点或系统访问,这涉及感知节点的信任管理、身份认证、访问控制等方面的安全需求。在感知层,由于传感器节点受到能源和功能的制约,其安全保护机制较差,并且由于传感器网络尚未完全实现标准化,其中的消息和数据传输协议没有统一的标准,从而无法提供一个统一、完善的安全保护体系。因此,传感器网络除了可能遭受与现有网络相同的安全威胁外,还可能遭受恶意节点的攻击、传输的数据被监听或破坏、数据的一致性差等安全威胁。

物联网除了面临一般无线网络的信息泄露、信息篡改、重放攻击、拒绝服务等多种威胁外,还面临传感节点容易被攻击者物理操纵并获取存储在传感节点中的所有信息,从而控制部分网络的威胁。必须通过其他的技术方案提高传感器网络的安全性能。例如,在通信前进行节点与节点的身份认证;设计新的密钥协商方案,使得即使有一部分节点被操纵,攻击者也不能或很难从获取的节点信息中推导出其他节点的密钥信息;对传输信息加密以解决窃听问题;保证网络中的传感信息只有可信实体才可以访问;保证网络的私密性;采用一些跳频和扩频技术减轻网络堵塞问题。

显然,物联网传输过程的保密性要求信息只能被授权用户使用,不能被恶意用户获取、篡改和重放。常用的接入安全技术包括防侦收(使攻击者侦收不到有用信息)、防辐射(防止有效信息辐射出去)、信息加密(用加密算法加密信息,使对手即使得到加密后的信息也无法读取信息的内容)、物理保密(利用限制、隔离、控制等各种物理措施保护信息不被泄露)等。

另外,物联网授权要求信息在接入和传输过程中保证完整性,未经授权不能改变,即信息在存储或传输的过程中不遭受偶然或蓄意删除、篡改、伪造、乱序、重放等破坏和丢失。这时候还需要利用数字签名、加密传输等技术手段保持信息的正确生成、存储和传输。

3. 物联网通信安全

由于物联网中的通信终端呈指数增长,而现有的通信网络承载能力有限,当大量的网络终端节点接入现有网络时,将会给通信网络带来更多的安全威胁。首先,大量终端节点的接入肯定会造成网络拥塞问题,给攻击者带来可乘之机,对服务器发动拒绝服务攻击;其次,由于物联网中设备传输的数据量较小,一般不会采用复杂的加密算法保护数据,从而可能导致数据在传输过程中遭到攻击和破坏;最后,感知层和网络层的融合也会带来一些安全问题。另外,在实际应用中会大量使用无线传输技术,而且大多数设备都处于无人值守的状态,这使信息安全得不到保障,信息很容易被窃取和受到恶意攻击,进而给用户带来极大的安全隐患。

4. 物联网数据安全

随着物联网的发展和普及,数据呈爆炸式增长,个人和组织都追求更高的计算性能,软硬件维护费用日益增加,使得现有设备已无法满足需求。在这种情况下,云计算、大数据等应运而生。虽然这些新型计算模式解决了个人和组织的设备需求问题,但同时也使其面临对数据失去直接控制的危险。因此,针对数据处理中外包数据的安全隐私保护技术显得尤为重要。由于传统的加密算法在对密文的计算、检索等方面表现得差强人意,因此需要研究在密文状态下进行检索和运算的加密算法。

物联网安全审计要求物联网具有保密性与完整性。保密性要求信息不能被泄露给未授权的用户,完整性要求信息不受各种破坏。影响信息完整性的主要因素有设备故障、误码(由传输、处理、存储、精度、干扰等造成)、攻击等。

5. 物联网系统安全

物联网数据处理过程中依托的服务器系统面临病毒、木马等恶意软件攻击的威胁,因此,物联网在构建数据处理系统时需要充分考虑安全协议的使用、防火墙的应用和病毒查杀工具的配置等。物联网计算系统除了可能面临来自内部攻击的安全问题以外,还可能面临来自网络的外部攻击,如分布式拒绝服务攻击和高级持续威胁攻击。

由于物联网本身的特殊性,其应用安全问题除了现有网络应用中常见的安全威胁外,还存在更为特殊的应用安全问题。在物联网应用中,除了传统网络的安全需求(如认证、授权、审计等)外,还包括物联网应用数据的隐私安全需求、服务质量需求和应用部署安全需求等。

6. 物联网隐私安全

除了上述安全指标之外,物联网中还需要考虑隐私安全问题。当今社会,无论是公众人物还是普通人,保护个人隐私已经成为广泛共识,但对隐私究竟是什么却没有明确的界定。隐私一词来自于西方,一般认为最早涉及隐私权的文章是美国人赛缪尔·沃伦(Samuel D. Warren)和路易斯·布兰蒂斯(Louis D. Brandeis)的论文 *The Right to Privacy*。此文发表于 1890 年 12 月出版的《哈佛法律评论》(*Harvard Law Review*)上。这篇论文首次提出了保护个人隐私的说法以及个人隐私权利不受干扰等观点。这篇文章对后来隐私侵权案件的审判和隐私权的研究产生了重要的影响。隐私涉及的内容很广泛,而且对不同的人、不同的文化和民族,隐私的内涵各不相同。

12.2.2 面向系统的物联网安全体系

此外,还可以从物联网的系统载体角度分析物联网系统硬件、软件、运行和数据的安全。

(1) 物联网系统硬件安全。涉及信息存储、传输、处理等过程中的各类物联网硬件、网络硬件以及存储介质的安全。要保护这些硬件设施不受损坏,能正常提供各类服务。

(2) 物联网系统软件安全。涉及物联网信息存储、传输、处理的各类操作系统、应用程序以及网络系统不被篡改或破坏,不被非法操作或误操作,功能不会失效,不被非法复制。

(3) 物联网系统运行安全。物联网中的各个信息系统能够正常运行并能及时、有效、准确地提供信息服务。通过对物联网系统中各种设备的运行状况进行监测,及时发现各类异常因素并能及时报警,采取修正措施保证物联网系统正常对外提供服务。

(4) 物联网系统数据安全。保证物联网数据在存储、处理、传输和使用过程中的安全,数据不会被偶然或恶意地篡改、破坏、复制和访问等。

◆ 12.3 物联网感知层安全

物联网也可以认为主要由感知层、网络层、应用层 3 个层次组成。

感知层包括传感器等数据采集设备及数据接入网关之前的传感网络。

网络层包括信息存储查询、网络管理等功能,建立在现有的移动通信网和互联网基础上。

应用层主要包含应用支撑平台子层和应用服务子层,利用经过分析处理的感知数据为用户提供信息协同、共享、互通等跨行业、跨系统的应用服务。

物联网感知层是物联网的基础。感知层存在许多与技术相关的安全问题,在实施和部署物联网感知层之前,应该根据实际情况进行安全评估和风险分析,根据实际需求确定安全等级,实施解决方案,使物联网在发展和应用过程中的安全防护措施能够不断完善。

12.3.1 感知层的信息安全现状

在传统的网络中,网络层的安全和业务层的安全是相互独立的,而物联网的特殊安全问题很大一部分是由于物联网是在现有移动网络基础上集成了感知网络和应用平台带来的,移动网络中的大部分机制仍然可以适用于物联网并能够提供一定的安全性,如认证机制、加密机制等,但需要根据物联网的特征对安全机制进行调整和补充。这使得物联网除了面对移动通信网络的传统网络安全问题之外,还存在着一些与已有移动网络安全不同的安全问题。

物联网感知层的典型设备包括 RFID 装置、各类传感器(如红外、超声、温度、湿度、速度等)、图像捕捉装置(摄像头)、全球定位系统、激光扫描仪等。物联网在感知层采集数据时,其信息传输方式基本上是无线网络传输,对这种暴露在公共场所中的信号如果缺乏有效保护措施,很容易被非法监听、窃取、干扰;而且在物联网的应用中,大量使用传感器标示设备,由人或计算机远程控制完成一些复杂、危险或高精度的操作,在此种情况下,物联网中的这些设备大多都是部署在无人监控的地点完成任务的,攻击者就会比较容易地接触到这些设备,从而可以对这些设备或其承载的传感器进行破坏,甚至通过破译传感器通信协议对它们进行非法操控。

传感器节点由传感器模块、处理器模块、无线通信模块和能量供应模块 4 部分组成。感知信息要通过一个或多个与外界网络连接的传感器节点,称之为网关节点(sink 或 gateway),所有与传感器网络内部节点的通信都需要经过网关节点与外界联系。因此,感知层可能遇到的信息安全问题主要表现为以下几方面:

(1) 现有的互联网具备相对完整的安全保护能力,但是由于互联网中存在的数量庞大的节点容易导致大量数据同时发送,使得传感器网络的节点(普通节点或网关节点)受到来自网络的拒绝服务攻击。

(2) 传感器网络的网关节点被敌手控制,安全性全部丧失。

(3) 传感器网络的普通节点被敌手捕获,为入侵者对物联网发起攻击提供了可能性。

(4) 接入物联网的超大量传感节点的标识、识别、认证和控制问题。

传感器网络安全威胁分为外部攻击和内部攻击两类。外部攻击是攻击者未被授权的加入传感器网络中的攻击方式。由于传感器网络的通信采用无线信道,一个被动攻击者可以在网络的无线频率范围内轻易地窃听信道上传送的数据,从而获取隐私或者机密信息。内部攻击是在传感器节点被俘获之后发生的。如果网络中的一个节点被敌手俘获,攻击者就可以利用这个节点发起内部攻击。

物联网感知层典型的传感器是 RFID 系统,是一种非接触式的自动识别系统。下面将其作为经典案例,对其涉及的安全和隐私问题加以深入分析。

1. RFID 系统带来的个人隐私问题

个人身份信息(Personally Identifiable Information,PII)简称个人信息,是指那些可以唯一标识、定位或关联到个人的信息。例如,姓名、社会保险号、护照号、金融账号、信用卡号、指纹等生物特征被认为是个人信息的数据元素,而年龄、性别、居住城市、宗教信仰等可以被多个人共享的特征不是个人信息。

RFID 系统是一种非接触式的自动识别系统，由电子标签、读写器和计算机网络构成。它通过射频无线信号自动识别目标，并获取相关数据。RFID 系统可以支持多种业务，但并非所有的业务都涉及个人隐私问题。例如，物流供应链管理、动物跟踪、资产管理系统等，其中的资产在整个生命周期中从未与个人相关联。只有当系统使用、收集、存储或公开个人信息时，才需要考虑个人隐私方面的问题。RFID 系统可能通过以下几种方式泄露个人信息，对个人隐私安全造成威胁：

(1) 姓名或账号等个人信息存储在 RFID 标签中或存储在企业低级系统的数据库中。

(2) RFID 标签可能与个人物品相关联，如血样、处方药或未妥善处理、失控的过期法律文件、文件夹等。

(3) RFID 标签可能与随人一起移动的物品相关联，例如贴过 RFID 标签的盒子或个人经常驾驶的汽车或卡车上的车辆部件。

不在 RFID 系统中存储个人信息可以在一定程度上保护个人隐私。例如，处方药瓶子上的 RFID 标签仅用于识别瓶子里的药物，不能识别服药人的身份。但是，服用该药的人如果在携带药瓶的过程中被他人用 RFID 系统识别，"此人拥有该药"仍然是个人信息，因为它可能揭示出属于其个人隐私的医疗状况信息。

此外，个人携带其不需要的带有 RFID 标签的物品也可以产生个人隐私问题。例如，如果一名员工携带带有雇主 RFID 标签的计算机或工具，那么 RFID 技术可能被用来跟踪该员工的行踪，如定位员工下班后的位置，从而获取员工的个人信息。

2. RFID 系统带来的安全问题

RFID 系统的安全隐患主要指射频部分的安全隐患，包括标签、读写器及通信链路 3 方面可能遭受的攻击。

主动攻击主要包括以下 3 种：

(1) 获得的射频标签实体，通过物理手段在实验室环境中去除芯片封装，使用微探针获取敏感信号，从而进行射频标签重构的复杂攻击。

(2) 通过软件，利用微处理器的通用接口，通过扫描射频标签和响应读写器的探寻，寻求安全协议和加密算法存在的漏洞，进而删除射频标签内容或篡改可重写射频标签内容。

(3) 通过干扰广播、阻塞信道或其他手段，构建异常的应用环境，使合法处理器发生故障，进行拒绝服务攻击等。

被动攻击主要包括以下两种：

(1) 通过采用窃听技术，分析微处理器正常工作过程中产生的各种电磁特征，获得射频标签和读写器之间或其他 RFID 通信设备之间的通信数据。

(2) 通过读写器等窃听设备，跟踪商品流通动态。

主动攻击和被动攻击都会使 RFID 应用系统面临巨大的安全风险。

3. 实现 RFID 系统安全机制的方法

当前实现 RFID 安全机制所采用的方法大致可分为 3 种：物理安全机制、基于密码技术的安全机制以及基于标签认证的安全机制。

1) 物理安全机制

常用的 RFID 安全的物理方法有杀死（kill）标签、法拉第网罩（Faraday cage）、主动干扰、阻止标签等。这些物理安全机制的使用增加了额外的物理设备，存在较多的局限性。

杀死标签的原理是使标签丧失功能,从而阻止对标签及其携带物的跟踪。但是,kill 命令使标签失去了它本身应有的优点,例如,商品在卖出后,标签上的信息将不再可用,这样不便于此后用户对产品信息的进一步了解以及相应的售后服务。另外,若 kill 识别序列号(PIN)一旦泄露,可能导致不法分子对商品的偷盗。

根据电磁场理论,由传导材料构成的容器(如法拉第网罩)可以屏蔽无线电波,使得外部的无线电信号不能进入容器内,反之亦然。把标签放进法拉第网罩可以阻止标签被扫描,即被动标签接收不到信号,不能获得能量,而主动标签发射的信号不能发出。因此,利用法拉第网罩可以阻止攻击者扫描标签获取信息。

主动干扰无线电信号是另一种屏蔽标签的方法。标签用户可以通过一个设备主动广播无线电信号以阻止或破坏附近的读写器的操作。但这种方法可能会使附近其他合法的 RFID 系统受到干扰,严重时可能阻断附近其他无线系统。

可以采用一个特殊的阻止标签干扰的防碰撞算法使读写器读取命令每次都获得相同的应答数据,从而保护标签。

EPCGen2 协议标准的 RFID 标签现在支持伪随机数生成器(PRNG)和循环冗余码校验,但没有提供哈希函数。虽然现在已经提出了符合 EPCGen2 标准的认证协议,但是其标签发送给读写器的认证消息中没有包含读写器的随机数值,易受到消息重放攻击,并且攻击者可以通过窃听到的消息向读写器发送一个会话结束消息,使得读写器数据和相应的标签数据不同步。

2) 基于密码技术的安全机制

在多个基于密码技术的安全策略中,基于哈希函数的 RFID 安全协议的设计较为实用,因为无论从安全需求还是从低成本 RFID 标签实施的角度,哈希函数非常适合 RFID 认证协议。目前,已有哈希锁协议、随机化哈希锁协议、哈希链协议和基于哈希函数的 ID 变化协议等多种 RFID 安全协议被提出,但这些协议不能抵御重放和假冒攻击,同时存在数据库同步的潜在安全隐患。使用低成本的哈希链机制,通过更新标签秘密信息,并提供前向安全性,其目的是确保其隐私,但它不能避免重放攻击。依赖单向哈希函数可以阻止标签跟踪攻击,但它不提供反跟踪和前向安全机制。基于哈希的 ID 变化协议可使每次对话中的 ID 交换信息都各不相同,这样可以抵抗重放攻击,但标签只能在接收到消息并且验证通过以后才能进行信息的更新,所以这个协议并不适用于分布式数据库的计算环境,而且,该协议还存在数据库同步的潜在安全隐患。

3) 基于标签认证的安全机制

数字图书馆 RFID 协议、分布式 RFID 挑战-应答协议、LCAP 协议和重加密机制都属于基于标签认证的安全机制。其中,前两种方法在防御窃听、伪装和位置跟踪方面效果较好,但都需要一定的标签电路的支持,而且都无法抵御拒绝服务攻击。使用时间戳的 YA-YRAP 协议更易受到拒绝服务攻击。

12.3.2 物联网感知层的信息安全防护策略

物联网感知层的信息安全防护策略包括以下 5 点。

1. 加强对传感器网络机密性的安全控制

在传感器网络内部,需要有效的密钥管理机制,以保障传感器网络内部通信的安全。为了保障机密性,需要在通信时建立一个临时会话密钥。例如,在物联网构建中选择 RFID 系统,应该根据实际需求考虑是否选择有密码和认证功能的系统。

传感器网络密钥管理要考虑的要素如下:
(1) 机制能安全地分发密钥给传感器节点。
(2) 共享密钥发现过程是安全的,能防止窃听、假冒等攻击。
(3) 部分密钥泄露后对网络中其他正常节点的密钥安全威胁不大。
(4) 能安全和方便地进行密钥更新和撤销。
(5) 密钥管理机制对网络的连通性、可扩展性影响小,网络资源消耗少。

2. 加强节点认证

个别传感器网络(特别当传感数据共享时)需要节点认证,确保非法节点不能接入。认证可以通过对称密码或非对称密码方案实现。使用对称密码的认证方案需要预置节点间的共享密钥,效率也比较高,消耗网络节点的资源较少,许多传感器网络都选用此方案;而使用非对称密码技术的传感器网络一般具有较好的计算和通信能力,并且对安全性要求更高。在认证的基础上完成密钥协商是建立会话密钥的必要步骤。

3. 加强入侵检测

一些重要的传感器网络需要对可能被敌手控制的节点行为进行评估,以降低敌手入侵后的危害。在敏感场合,节点要设置封锁或自毁程序,一旦发现节点离开特定应用和场所,就启动封锁或自毁程序,使攻击者无法完成对节点的分析。

4. 加强对传感器网络的安全路由控制

几乎所有传感器网络内部都需要不同的安全路由技术。传感器网络的安全需求所涉及的密码技术包括轻量级密码算法、轻量级密码协议、可设定安全等级的密码技术等,目前已使用的传感器网络安全路由协议有 DirectedDiffusion 协议、Rumor 协议、LEACH 协议、TEEN 协议、GPSR 协议、GEAR 协议、多路径路由协议等。

DirectedDiffusion 是一个典型的以数据为中心的、查询驱动的路由协议,路由机制包含兴趣扩散、梯度建立以及路径加强 3 个阶段。DirectedDiffusion 协议维持多条路径的方法虽然极大地增强了其健壮性,但是由于缺乏必要的安全防护,仍然是比较脆弱的。

Rumor 协议适合应用在数据传输量较小的传感器网络中。该协议借鉴了欧几里得平面上任意两条曲线交叉概率很大的思想,Rumor 协议的基本思想是:事件发生区域的节点创建称为 Agent 的数据包,数据包内包含事件和源节点信息,然后将其按一条路径或多条路径随机在网络中转发,收到 Agent 的节点根据事件和源节点信息建立反向路径,并将 Agent 再次发向相邻节点。

LEACH 是一种自适应分簇的层次型、低功耗路由协议。该协议的主要特点是按周期随机选举簇头、动态形成簇、与数据融合技术相结合。每一个周期(或每一轮)分为簇头选举阶段和稳定阶段。

TEEN 也是一个层次型路由协议,利用门限过滤的方式减少数据传输量,该协议采用和 LEACH 协议相同的形成簇的方式,但是 TEEN 协议不要求节点具有较强的通信能力,簇头根据与基站距离的不同形成层次结构。

GPSR 是一个典型的基于位置的路由协议。在该协议中,每个节点只需知道邻居节点和自身的位置,即可利用贪心算法转发数据。在贪心算法中,接收到数据的节点搜索它的邻居节点表,如果邻居节点到基站的距离小于本节点到基站的距离,则转发数据到邻居节点。

GEAR 和 GPSR 相似,是一个基于地理位置信息的路由协议。不同的是,GEAR 在选择路由节点时还考虑了节点的能量。在 GEAR 路由中,汇聚节点发出查询命令,并根据事件区域的地理位置将查询命令传送到事件区域内距离汇聚节点最近的节点,然后从该节点将查询命令传播到事件区域内的其他节点。

多路径路由是建立数据源节点到目的节点的多条路径。一个经典的算法思想是:首先建立从数据源节点到目的节点的主路径,然后再建立多条备用路径;数据通过主路径进行传输,同时利用备用路径低速传送数据以维护数据的有效性;当主路径失败时,从备用路径中选择次优路径作为新的主路径。

5. 构建和完善信息安全的监管体系

目前监管体系存在以下问题:执法主体不集中,多重多头管理,对重要程度不同的信息网络的管理要求没有差异,没有标准,缺乏针对性,对应该重点保护的单位和信息系统没有实施有效管控。由于传感器网络的安全一般不涉及其他网络的安全,相对独立,安全问题容易解决。但其纳入物联网环境后易遭受外部攻击,需要对其安全等级升级后才能使用。

需要注意的是,无线传感器网络的入侵检测系统与传统网络的入侵检测系统相比需求有所不同,主要表现在以下几方面:

(1) 无固定网络基础。无线传感器网络没有业务集中点,入侵检测系统不能很好地统计数据,这要求无线传感器网络的入侵检测系统能基于部分的、本地的信息进行。

(2) 通信类型的限制。无线传感器网络的通信链路具有低速率、有限带宽、高误码率等特征,断链在无线传感器网络数据传输中是很常见的,往往会导致检测系统误报警。

(3) 可用资源(如能量、CPU、内存等)的限制。传统的入侵检测系统需要的计算量大。无线传感器网络由于可用资源极端受限,入侵检测机制的引入所面临的最大问题就是能耗,必须设计出一种轻量级的计算和通信开销较少的入侵检测系统。

◆ 12.4 物联网网络层安全

物联网的网络层主要实现信息的转发和传送,它将感知层获取的信息传送到远端,为数据在远端进行智能处理和分析决策提供强有力的支持。在网络层传输的数据数量巨大,同时网络中数据量增大且速度增快,对于网络节点的要求也随之提高,异构网络就更容易受到异步攻击和中间攻击。由于物联网本身具有专业性的特征,其基础网络既可以是互联网,也可以是具体的某个行业网络,物联网的网络安全问题涉及各个方面。

物联网的网络层按功能可以大致分为接入层和核心层,因此物联网的网络层安全主要体现在以下两方面:

(1) 来自物联网本身架构、接入方式和各种设备的安全问题。物联网的接入层将采用移动互联网、有线网、WiFi 和 WiMAX 等多种无线接入技术。接入层的异构性使得如何为终端提供移动性管理以保证异构网络间节点漫游和服务的无缝移动成为研究的重点,其中安全问题的解决将得益于切换技术和位置管理技术的进一步研究。另外,物联网的接入将主要依靠移动通信网络,而移动通信网络中移动站与固定网络端之间的所有通信都是通过无线接口进行的。由于无线接口的开放性,使得任何使用无线设备的个体均可以通过窃听无线信道而获得其中传输的信息,甚至可以修改、插入、删除或重传无线接口中传输的消息,达到假冒移动用户身份以欺骗网络端的目的,因此移动通信网络存在无线窃听、身份假冒和数据篡改等不安全因素。

（2）来自数据传输网络的安全问题。物联网核心层功能的实现主要依赖于传统网络技术,其面临的最大问题是现有网络地址空间的短缺,而主要的解决方法寄希望于正在推进的IPv6技术。IPv6采用IPSec协议,在IP层上对数据包进行了高强度的安全处理,提供数据源地址验证、无连接数据完整性、数据机密性、数据抗重播和有限业务流加密等安全服务。但是任何技术都不是完美的,实际上IPv4网络环境中的大部分安全风险在IPv6网络环境中仍将存在,而且某些安全风险随着IPv6新特性的引入将变得更加严重。首先,分布式拒绝服务攻击等异常流量攻击仍然猖獗,甚至更为严重,主要包括TCP Flood、UDP Flood等现有攻击以及IPv6协议本身机制缺陷所引起的攻击；其次,针对域名服务器的攻击仍将继续存在,而且在IPv6网络中提供域名服务的域名服务器更容易成为黑客攻击的目标；再次,IPv6协议作为网络层协议,仅对网络层安全有影响,其他各层（包括物理层、数据链路层、传输层和应用层等）的安全风险在IPv6网络中仍将保持不变；最后,采用IPv6协议替换IPv4协议尚需要一段时间,向IPv6过渡只能采用逐步演进的办法,而为解决两者之间互通所采取的各种措施也将带来新的安全风险。

要实现物联网网络层的安全性,需要综合采用虚拟局域网划分、防火墙、加密、数字签名、身份认证等技术。

12.5 物联网应用层安全

12.5.1 物联网安全参考模型

物联网最为显著的3个特点是全面感知、可靠传输和智能处理。根据这3个特点,物联网的结构通常被划分为4层:物理层、感知层、网络层和应用层。其中,应用层主要负责对感知层收集到的数据进行加工、分析和处理,并最终提交给应用终端。

从技术实现的角度考虑,物联网应用层的主要挑战是如何处理实时传输的海量数据并最终反作用于感知层；从信息安全的角度考虑,物联网应用层的主要挑战是在多样化的应用场景下对硬件资源以及核心数据的保护。

物联网安全参考模型由物联网参考安全分区、物联网系统生存周期、物联网基本安全防护措施3个维度描述。其中,参考安全分区是从物联网系统的逻辑空间维度出发；系统生存周期则是从物联网系统存续时间维度出发,配合相应的基本安全防护措施,在整体架构和生存周期层面上为物联网系统提供了一套安全模型,各类相应的安全标准均可以在此模型基础上进行再开发。

物联网参考安全分区是基于物联网参考体系结构,依据每一个域及其子域的主要安全风险和威胁,总结出相应的信息安全防护需求并进行划分后形成的安全责任逻辑分区。

物联网系统的一个完整生存周期大致可以分为以下4个阶段:规划设计、开发建设、运维管理、废弃退出。每一阶段均有不同的任务目标和相应的信息安全防护需求。

物联网参考安全分区是在物联网参考体系结构的基础上,对不同域及其子域的安全需求进行分析,并结合实际应用后得出的结果,是指导物联网安全参考模型设计的一个重要逻辑空间维度。对于各个域的划分及功能说明参见国家标准 GB/T 33474—2016《物联网参考体系结构》。

物联网基本安全防护措施是以传统互联网信息安全防护为基础,综合考虑物联网系统的特殊安全风险与威胁,推导总结出的针对物联网的安全防护措施,适用于物联网参考安全分区的具体安全加固实现。

物联网安全参考模型是由物联网参考体系结构经过分区抽象,结合系统生存周期及基本安全防护措施共同形成的,能够为设计和实施物联网系统信息安全防护提供参考。

物联网安全参考模型如图 12-3 所示。

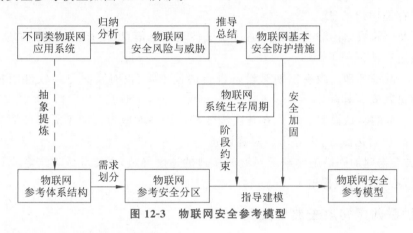

图 12-3 物联网安全参考模型

12.5.2 物联网应用层安全问题

物联网应用层安全问题主要是以下 3 个问题。

1. 权限认证问题

在物联网系统中,收集到的信息数据都需要汇集到应用层中,而这些信息又将根据其属性分发给不同用户,由此引申出对大量用户的权限管理问题,既要保障数据可用性,又要保证机密性。权限认证相关技术包括基于安全芯片认证、基于设备识别号的可信认证、基于云平台的认证、基于可信执行环境的认证。

2. 数据保护问题

数据保护问题涉及对数据隐私的保障和数据的恢复能力两方面。从数据生命周期看,数据保护又可以分为数据产生、数据传输、数据分析、数据存储 4 个阶段。数据保护相关技术包括匿名化、差分隐私、应用加密算法进行数据加密等。

3. 软件安全问题

物联网的软件安全问题包括两方面:一方面讨论开发人员在编程过程中引入的错误以及漏洞的检测与缓解措施;另一方面讨论如何对搭载软件进行保护,防止关键算法被剽窃利用,或防止攻击者对软件进行提取分析。软件安全相关技术包括有源码的安全测试、无源码的安全测试、动态分析方法、静态分析方法等。

常见的软件问题如下:

(1)弱口令或硬编码口令。对于厂商在设备出厂时设置的统一的初始口令以及用户为设备设置的过于简单的弱口令没有加以检测和限制。

(2) 不安全的网络服务。设备开启了超出其正常工作需要的向外服务端口,扩大了潜在的攻击面。

(3) 不安全的生态接口。HTTP/HTTPS API、Web 界面等存在权限认证缺陷、数据加密不健全、输入输出数据过滤缺失等问题。

(4) 缺乏安全的更新机制。设备没有在线远程更新机制,或者更新过程不健全。

(5) 使用不安全或过时的组件。开发过程引入了老版本的第三方库,或者部署后没有及时根据第三方库的漏洞告警进行升级。

(6) 隐私保护不充分。过度收集用户的个人信息,对收集的信息没有合适的保护,未经许可收集并存储用户信息。

(7) 不安全的数据传输与存储。通过明文传输敏感信息,没有正确配置加密协议,对传输内容没有进行认证。

(8) 缺乏设备管理。没有定期对设备进行巡检维护,没有及时更新软件版本并对过期停用的设备进行安全移除。

(9) 不安全的默认设置。用户在首次激活部署设备时应该关闭不需要的服务设置。厂商应完善产品初始化流程,引导用户配置设备。

(10) 缺乏物理加固措施。缺乏对调试接口的适度屏蔽,可能导致攻击者直接获取设备权限,或对核心固件进行提取。

12.5.3 物联网黑客攻击典型案例

1. 僵尸网络

2016 年爆发的 Mirai 病毒总计感染了超过 20 万台物联网设备,攻击者利用僵尸网络对北美主要域名服务提供商 Dyn 发动分布式拒绝服务攻击,造成北美互联网大范围瘫痪。

Mirai 病毒的传播分为 3 个步骤,如图 12-4 所示。

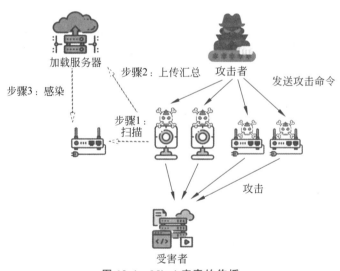

图 12-4 Mirai 病毒的传播

（1）扫描。通过已经被感染的设备扫描白名单外的全网 IP 地址，寻找开放的 23 端口。

（2）上传汇总。将扫描到的结果上传到加载服务器汇总，加载服务器对 IP 地址服务进行穷举爆破，记录成功的结果。

（3）感染。获取登录口令后，链接受害者设备，上传并安装僵尸网络服务器端。

被感染的设备还会进行以下操作：

（1）维持权限。对自身进行持久化操作，清除客户端中其他僵尸网络软件。

（2）传播。扫描网段中的其他高危设备，同时等待上级服务器的攻击指令。

（3）发起攻击。接收到攻击指令后，对目标服务器发送大量垃圾数据包，进行分布式拒绝服务攻击，导致正常用户无法访问目标服务器提供的服务。

2. 车联网安全事件

2015 年，两位安全研究人员演示了远程攻击切诺基吉普车的过程，他们通过车载娱乐系统的漏洞作为切入点，最终实现了对车辆行驶的完全控制。

3. 智能医疗安全事件

2017 年，圣犹达医疗公司生产的一款心脏起搏器被发现存在未授权访问的漏洞，可能对患者造成致命威胁。

4. 智能家居安全事件

美国加州大学伯克利分校和浙江大学的研究人员分别发现了智能音箱在识别声音时的漏洞，可能由于语音识别错误导致执行恶意指令。

5. 高级持续性威胁攻击

高级持续性威胁攻击是指组织（特别是政府）或者小团体利用先进的攻击手段对特定目标进行的长期持续性网络攻击。2018 年，物联网恶意软件 VPNFilter 感染了 50 万台设备，研究人员发现该恶意软件有针对某国政府的攻击代码。该事件再次反映了物联网安全对于国家安全的影响。

12.5.4 安全的物联网应用实现步骤

与火热的智能手机开发不同，物联网的应用开发要复杂得多。在传统模式下，需要开发者考虑到物联网生态链上所有的技术栈。而物联网的产业链又特别长，涉及芯片、终端、网络、平台、应用等多个领域。

作为开发者，首先要解决的第一个问题不是软件开发，而是硬件开发，不管是芯片还是模块，涉及的操作系统有 50 多种，这与 Web 开发面对 Linux 和 Windows 是完全不一样的。其次要解决网络的问题，由于物联网协议至今没有被统一，开发者需要面对多达十几种网络。

应用安全是软件开发的一个关键方面，对于确保物联网应用的安全性和可靠性至关重要。通过实施最佳实践，例如了解最可能的威胁、评估风险、定期更新物联网应用、使用服务网格、保护控制应用以及加密传输中的数据，组织可以防范威胁和漏洞，获得客户和利益相关者的持续信任。

应用安全的实现要从安全需求分析设计、隐私保护评估、安全编码、安全测试 4 方面进行实践。

1. 安全需求分析设计

以下是安全需求分析设计的要点：

- 设计合适的用户账户管理功能。
- 提供安全可靠的用户账号管理功能。
- 根据"最小权限原则"向用户分配权限。
- 采取稳健的密码保存策略。
- 考虑加入双因子认证机制。
- 考虑将物联网应用整合到统一账号管理系统中。
- 考虑对敏感数据进行加密。
- 设计软件升级功能时要考虑操作的合法性认证。
- 设计安全事件告警功能。
- 邀请安全专家对应用进行全面审计。

2. 隐私保护评估

以下是隐私保护评估的要点：

- 记录并检视应用需要使用到的所有用户数据。
- 制定用户数据的收集策略，只收集必需的用户数据。
- 考虑使用匿名化措施处理用户数据。
- 考虑在数据存储和传输过程中使用现有的加密方案对所有用户数据进行加密。
- 确保用户知晓应用中关于个人隐私数据的处理策略，在服务条款中明确列举其应用中对于用户隐私数据的用途，并获得用户的授权同意。

3. 安全编码

安全编码涉及 Web 应用、移动设备和嵌入式固体。

1）Web 应用

Web 应用的安全编码要点如下：

- 对 Web 应用所有的输入数据进行过滤，包括删除输入的非法字符、限制输入的长度以及对输入的内容进行校验。
- 对 Cookie 进行安全性保障。
- 关闭应用的报错显示，关于错误报告的详细信息可以在后台日志中查看，但不需要暴露给普通用户。
- 采用公开的安全加密方法。
- 在引入第三方库依赖前，认真阅读相关文档和安全提示，并且持续跟踪相关的安全事件。
- 对开发人员进行安全培训。

2）移动设备

要考虑如何将应用的软件功能整合到移动设备上，对移动设备存储和传输的数据一律需要采取加密措施。

3）嵌入式固件

嵌入式固件的安全编码要点如下：

- 确保在最新版本的嵌入式固件上进行应用的开发。

- 持续跟进固件厂商的安全事件通告和版本更新信息。
- 在新发布的版本固件上对应用进行统一测试。
- 开发人员应当了解硬件系统上的物理接口。
- 预留自动升级软件的接口,并采用安全连接的方式与更新服务器进行交互。

4. 安全测试

1) Web 应用

Web 应用的安全测试要点如下:

- 使用商业化的漏洞扫描工具检测应用中可能存在的风险与漏洞。
- 发现问题后测试人员向开发人员解释清楚漏洞根源,提出有针对性的解决方案。
- 对应用的测试接口进行加固。
- 组织渗透测试,邀请有经验的白帽黑客对系统进行攻击。让进行渗透测试的白帽黑客向开发人员解释清楚漏洞的成因和危害,并给出针对性的修复建议。

2) 固件

固件的安全测试要点如下:

- 考虑采用成熟的代码分析工具对产品代码进行整体的扫描分析,检测常见的编程漏洞。
- 在静态分析基础上考虑采用模糊测试方法挖掘更深层次的漏洞,可以将源码编译成 x86 架构的可执行文件。
- 在编译固件时尽可能开启所有的漏洞保护缓解措施选项。

12.6 物联网安全分析案例

车联网的概念源于物联网,即车辆物联网,是以行驶中的车辆为信息感知对象,借助新一代信息通信技术,实现车与 X(即车与车、人、路、服务平台)之间的网络连接,提升车辆整体的智能驾驶水平,为用户提供安全、舒适、智能、高效的驾驶感受与交通服务,同时提高交通运行效率,提升社会交通服务的智能化水平。

车联网通过新一代信息通信技术,实现车与云平台、车与车、车与路、车与人、车内设备等全方位网络连接,主要实现了"三网融合",即将车内网、车际网和车载移动互联网进行融合。车联网利用传感技术感知车辆的状态信息,并借助无线通信网络与现代智能信息处理技术实现交通的智能化管理以及交通信息服务的智能决策和车辆的智能化控制。

(1) 车与云平台的通信是指车辆通过卫星无线通信或移动蜂窝等无线通信技术实现与车联网服务平台的信息传输,接受平台下达的控制指令,实时共享车辆数据。

(2) 车与车的通信是指车辆之间实现信息交流与信息共享,包括车辆位置、行驶速度等车辆状态信息,可用于判断道路车流状况。

(3) 车与路的通信是指借助地面道路固定通信设施实现车辆与道路间的信息交流,用于监测道路路面状况,引导车辆选择最佳行驶路径。

(4) 车与人的通信是指用户可以通过 WiFi、蓝牙、蜂窝等无线通信手段与车辆进行信息沟通,使用户能通过对应的移动终端设备监测并控制车辆。

(5) 车内设备间的通信是指车辆内部各设备间的信息数据传输,用于对设备状态的实时检测与运行控制,建立数字化的车内控制系统。

车联网信息安全主要存在三大风险:车内网络架构容易遭到信息安全的挑战,无线通信面临更为复杂的安全通信环境,云平台的安全管理中存在更多的潜在攻击接口。

汽车行业将成为5G物联网解决方案的最大市场,5G使超低延迟网络成为高可用性网络,这一发展带来了将车辆的电子控制单元(Electronic Control Unit,ECU)移动到云端的机会。这样将可以简化电气/电子架构,扩大处理能力,并增强道路态势感知,还可以改善燃料、电池、排放和运营效率。处理器密集型和过于复杂的任务(例如图像处理和路况观察)也可以移至云中。但万一网络断开,应该由本地化的处理器处理这些任务,否则大多数处理都可以由基于云的服务器完成。安全系统可以留在车里,以确保它们即使没有网络连接也能工作,同时可以开发云备份。与单独的车辆相比,云可以随时看到所有的交通情况,通过提供全面的道路态势感知协助汽车的安全系统。

基于云的ECU为创新和技术进步带来了新的机遇,但也在安全方面带来了新的挑战,需要考虑下列安全问题:

(1) 拒绝服务。由于恶意网络攻击者大量使用资源,使得合法用户无法访问资源。设想一下,如果道路上的所有自动驾驶汽车都突然无法访问云端,将会在道路上产生什么样的场景?除非车内有一个非常好的本地备份处理器,可以在没有云的情况下运行整个架构,否则这种场景下发生的碰撞和死亡将不可避免,但这样云的ECU就失去其更大的价值。

(2) 中间人攻击。如果车辆和云之间的所有通信通道都被攻击者拦截,攻击者可以更改、删除和窃取数据,甚至可以延迟车辆的数据传输。所有这些都可能导致车辆出现严重故障,甚至可能导致死亡。

(3) 劫持服务。指一个实体试图劫持车辆正在使用的云服务。检测这种攻击是非常困难的,它们可能会在车辆的运行环境中引入错误。

(4) 延迟问题。如果网络延迟在自然或被攻击的情况下出现持续波动,车辆将不得不在云和本地处理器之间不断切换,这将使车辆无法顺利运行。任何基于云计算架构的车辆都有必要配备一个车载处理器,在出现网络问题时可以作为备份。

(5) 数据隐私。如果使用基于云的架构,关键和私人数据将被存储,包括驱动器的配置文件、汽车的维护和财务数据、来源和目的地数据以及许多其他可能具有敏感性质的数据。这些数据的丢失或更改是一个严重的问题,被视为数据泄露事件。

(6) 认证和管理问题。这种问题可以通过已经发生的事件说明。2020年,特斯拉公司出现了全球网络中断,造成特斯拉汽车所使用的移动应用程序无法运行。用户无法通过应用程序控制他们的汽车,无法解锁汽车,甚至无法调节温度。这表明基于云的认证和管理系统是如何严重影响车辆的运行。由于云供应商的服务器受到分布式拒绝服务攻击,服务可能突然变得不可用。

(7) 不正确的数据。如果车辆实时接收的数据被黑客恶意更改,就会发生事故甚至死亡。这可能是由于云服务器的错误处理或中间人攻击。

(8) 错误配置问题。错误配置是云服务器中很常见的问题,其范围不限于汽车领域的风险。恶意软件感染、数据被盗、劫持和失去控制都会造成错误配置。

(9) 云供应链问题。车联网基于云的架构,利用API与不同层级的云进行通信,然后再将结果传达给目标设备(车辆)。如果这个链条因任何一个云供应商而断裂,所有连接在车联网中的车辆都会受到严重影响。

◆ 本章总结

　　物联网应用的复杂性和网络异质性导致物联网具有独特的信息安全需求，以实现对硬件资源以及核心数据的保护。本章详细介绍了物联网的概念、特征与体系结构，分析了物联网面临的信息安全威胁，从不同角度分析了物联网的安全现状和面临的信息安全威胁，介绍了物联网的信息安全体系和安全参考模型概念，讨论了感知层、网络层和应用层安全需求和安全策略。物联网设备作为现实世界与网络世界之间的桥梁，一旦被攻击者利用，将产生非常严重的后果，甚至威胁到人民群众的生命安全，需要系统设计者高度重视。最后介绍了实现一个安全的物联网系统应用的步骤，从安全需求分析、隐私保护评估、安全编码和安全测试 4 方面分析了开发物联网应用系统时需要特别关心的安全问题。

◆ 思考与练习

1. 简述物联网的概念与特征。
2. 简述物联网的体系结构。
3. 物联网的主要安全问题有哪些？
4. 物联网的主要安全特征有哪些？
5. 简述物联网的安全需求。
6. 简述物联网的信息安全体系和层次结构。
7. 分析物联网感知层的主要安全威胁。
8. 简述一个安全的物联网应用的实现步骤。

第13章 区块链应用安全

区块链是一种由多方共同维护,使用密码学保证传输和访问安全,实现数据一致存储、难以篡改、防止抵赖的分布式记账技术。本章介绍区块链的基本概念和发展史,重点介绍区块链技术,具体包括数字货币与加密货币、共识机制和智能合约,分析区块链应用存在的信息安全威胁和应对策略,最后探讨区块链应用的发展趋势。

本章的知识要点、重点和难点包括:区块链概念和技术特点、数字货币和加密货币、共识机制、智能合约、区块链应用安全问题和应对策略。

13.1 区块链概述

13.1.1 区块链的概念

区块链是一种由多方共同维护,使用密码学保证传输和访问安全,实现数据一致存储、难以篡改、防止抵赖的记账技术,也称为分布式账本技术。区块链技术为进一步解决互联网中的信任问题、安全问题和效率问题提供了新的解决方案,也为互联网、金融等行业的发展带来了新的机遇和挑战。

从根本上说,区块链就是一种新型信息记录方式。可以用一个记账的故事解释区块链。例如,在某个村庄中,张三借给李四 100 元,他要让大家知道这笔账,就通过广播站播出。全体村民听到这个广播,收到信息,会通过自己的方式去核验信息真伪,然后把这个信息记在自己的账本上。这样一来,全部村民的账本上都写着"张三借给李四 100 元"。事后这笔借款就不会有纠纷,也没有做假账的可能。这个记账系统是分布式的,账本数据根据时间顺序组装排列为一个个区块,区块连起来就成了所谓的区块链。它按照时间的顺序头尾相连,可回溯,但不可篡改,因为区块都是加密的。假如要篡改,每个村民都可以核实,这就是"共识算法"。这也可以说明区块链的一个核心思想:单点发起,全网广播,交叉审核,共同记账。包括分布式架构、共识算法、智能合约等在内的一系列技术促成了区块链的实现。

区块链公开、透明、可回溯、难篡改的特点使得通过层层的消息回溯能够直接证明和确认某一主体的所有行为,从而确定性地解决了信息真实性问题。不同主体之间由于不信任而在传统技术领域做出的大量对账行为,在区块链的分布式账本一致性逻辑下便不再需要了。这对于整个互联网的诚信体系,甚至延伸到现实社会中的诚信体系,都有很大的价值。

虽然区块链目前是建立在现有互联网之上、由应用软件相互连接而成的一个新型网络,但是随着时间的推移,它会逐渐下沉到互联网基础层,与现有互联网融合发展,从而共同构建下一代互联网基础设施。

13.1.2 区块链的产生与发展

2008年10月,中本聪(Satoshi Nakamoto)在论文《比特币:一种点对点式的电子现金系统》(*Bitcoin:A Peer-to-Peer Electronic Cash System*)中基于区块链技术描述了一种称为比特币(Bitcoin)的电子现金系统。由此可以看出,区块链起源于比特币,但其后来的发展大大超过了比特币的范畴。2009年1月,比特币系统正式运行,世界上产生了第一个比特币。此时的比特币在密码学、分布式计算等技术的基础上又集成了区块链这一创新技术。在比特币的世界里,币和链是合一的,也就是说,此时的区块链不能脱离比特币这个应用。

2013年,以太坊社区诞生,第一次实现了链币分离,在区块链的底层技术平台上能够支撑任何应用的可能性已经实现,这是一次重大的技术飞跃。但无论是比特币还是以太坊,它们全都是公有链,任何人都可以参与,很难监管;直到2015年,全球才首次出现联盟区块链,其最大的特点是有准入控制,有极好的隐私保护,性能也得到了极大的提升。

2019年6月,Facebook公司加密货币项目"Libra白皮书"正式公布,引起世界各国的高度关注,并再一次将数字货币与区块链技术推向了新的阶段。

由此可见,区块链的发展先后经历了密码货币、可编程区块链和价值互联网3个阶段。比特币的区块链架构主要围绕支持密码货币的实现。区块链2.0的核心理念是把区块链作为一个可编程的分布式信用基础设施,支撑智能合约应用,支持金融领域更广泛的应用场景和流程,不再局限于仅仅作为一个虚拟货币支撑平台,其典型代表是以太坊平台。

区块链将作为下一代互联网的重要组成部分,解决目前互联网存在的建立和维护信用成本高的问题,并将互联网从现在的信息互联网提升到价值互联网。超越货币、金融范围的区块链应用称为区块链3.0,也称为价值互联网。区块链3.0可以为各种行业提供去中心化解决方案,应用领域扩展到人类生活的方方面面,在各类社会活动中实现信息的自证明,不再依靠某个第三人或者机构获取信任或者建立信任,实现信息的共享,在包括司法、医疗、物流等在内的各个领域,区块链技术可以解决信任问题,提高整个系统的运转效率。

如图13-1所示,区块链各层需要相应的技术支持:

(1) 数据层:数据存储的技术,主要是基于密码学的数据存储实现交易安全,包括梅克尔(Merkle)树、数字签名、哈希函数、非对称加密技术等,将数据存储在一个区块中,再通过链式结构,结合时间戳的技术按顺序连接区块,组成一条区块链。

(2) 网络层:点对点的网络中节点沟通的机制影响区块链的信息确认速度,也决定了区块链的可扩展性,构建可靠的分布式网络、数据库和计算平台。

(3) 共识层:统一记账的方式,让分散的节点同意并确认账本的记录,确保区块链的安全性。

(4) 激励层:通过经济激励模型鼓励节点参与区块链,也就是常说的挖矿机制,这是区块链运行的基础。

(5) 合约层:以以太坊为代表的智能合约可以开发并自动执行应用程序。

（6）应用层：提供面向用户需求的区块链技术应用产品。

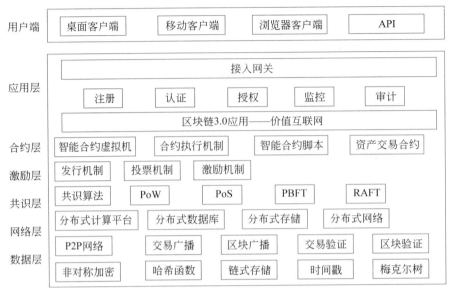

图 13-1　区块链 3.0 通用架构

区块链 3.0 支持很多日常生活需要的应用方案，实现信息共享的可信互联网、银行信贷交易的可信金融、商品的可信追踪等应用。例如：

- 自动化采购采用区块链方案，实现多方共同记账、共同监管，提高效率和透明度以及抗风险能力。
- 智能化物联网应用采用区块链方案，可以在一个分布式的物联网中建立信用机制，利用区块链的记录监控、管理智能设备，同时利用智能合约规范智能设备的行为。
- 供应链自动化管理采用区块链方案，可以登记每个商品的出处，提供一个共享的全局账本，追踪所有引起状态变化的环境，对生产过程、市场渠道的管理以及政府监管都会有所帮助。
- 虚拟资产兑换、转移采用区块链方案，可以实现虚拟资产的公开、公正的转移，不受第三方影响，自动到账。
- 不动产、动产、知识产权、物权、租赁使用权益、商标、执照、许可、各类票据、证书、证明、身份、名称登记等在内的产权登记都可以采用区块链技术，以保证公正、防伪、不可篡改以及可审计等。

从目前趋势来看，西方区块链技术发展的重点是公有链，应用和产业发展的重点主要是基于公有链的金融创新；而中国区块链技术发展的重点是自主可控的联盟链，应用和产业发展的重点是区块链如何服务于产业经济、政府服务和社会治理。2019 年以来，联盟链在我国金融、法律、医疗、能源、公益等诸多领域都有了实际落地的应用。

13.2　数字货币与加密货币

虚拟货币是指未印刷在纸上或铸在金属上的数字式货币，所以它是虚拟的，只存在于虚拟世界中。2014 年，欧洲银行管理局对虚拟货币进行了定义："虚拟货币是价值的一种数字表达,其并非由中央银行或公共权威机构发行,也不一定与某一法定货币挂钩,但被自然人或法人接受用于支付手段,可以进行电子化转移、储藏或交易。"例如,腾讯公司的 Q 币就是一种中心化的虚拟货币,它由腾讯公司自行发行、管理,可通过微信支付、银行卡等方式充值或购买,只能用来购买 QQ 平台的产品(如游戏道具)和服务,只能单向流通,既不能兑换现金,也不能进行转账交易。所以虚拟货币本质上也是一种代币。所谓代币,是一种类似于货币,但限制使用范围、不具通货效力的物品。代币通常需要以金钱换取。

数字货币是互联网上使用的钱。数字货币只能以数字的形式存在。它在现实世界中没有物理等价物。然而,它具有传统货币的所有特征。就像传统的货币一样,人们可以获得、转移或交换数字货币,可以使用它支付订单和服务。数字货币没有地理或政治边界,交易可以从任何地方发起,并收到任何东西。事实上,数字账户和数字钱包可以被视为银行存款。

数字货币的定义分歧最大,但比较一致的观点认为数字货币是一种以数字形式呈现的货币,而非纸币、硬币等实体货币,承担了类似实体货币的职能,能够支持即时交易和无地域限制的所有权转移。数字货币包括加密(数字)货币和央行数字货币,这也是分歧所在,国内部分权威机构认为,只有央行发行的具备法定地位的数字货币才是真正的数字货币。一致认为:数字货币必须具备法定地位、国家主权背书,明确发行责任主体;而以比特币和以太币等为代表的虚拟货币没有国别,没有主权背书,没有合格发行主体,没有国家信用支撑,都不是数字货币。注意,数字货币是真实存在于数字世界的货币;而支付宝、微信、手机银行都是基于电子账户实现的支付方式,本质上只是法定货币的信息化过程,这一类称为电子货币更为精准,但广义上也归入数字货币。真正的(狭义)央行数字货币还处于研究及试用阶段,未来将和现有法定货币同时使用,并将逐步取代现金。

加密货币是各种数字货币,是可交换资产。它被认为是可靠的,因为它是基于密码学的。密码学的主要目标之一是通信安全。密码学研究的加密算法和协议可以保证信息的完整性、可靠性。目前币圈流通的比特币、以太坊、EOS 等币种都是加密货币。加密货币使用区块链和分散的记账。这意味着没有监督机构控制网络中的行为。

虽然加密货币是一种数字货币,但两者又有一些根本的区别:

(1) 在组织结构上,数字货币是集中的,由一组人和计算机管理网络中的交易状态;加密货币是分散的,规则是由大多数社区制定的。

(2) 在匿名问题上,数字货币需要用户识别,需要上传用户照片和一些公共机构出具的文件;加密货币购买、投资和其他流程不需要用户信息。然而,加密货币并不是完全匿名的,虽然传输的数据不包括任何机密信息(如姓名、地址等),但每笔交易都已注册,发件人和收件人都为公众所知,因此所有交易都被跟踪。

(3) 在透明度方面,数字货币是不透明的,不能查看钱包的数据;加密货币是透明的,每个人都可以看到任何用户的交易,因为所有的收入来源都在公共链中。

(4) 在交易操纵上,数字货币有处理问题的中央权威,可根据参与者或当局的要求取消或冻结交易,或判定为涉嫌欺诈或洗钱;加密货币由社区管理,钱的数额是显而易见的,虽然存在破解的风险,但需要经过共识机制批准区块链化。

(5) 在法律方面,大多数国家法律框架都有关于数字货币的规定;但加密货币还缺少国家法律保障,没有明确的官方地位。

13.3 共识机制

区块链被看作一个去中心化的账本。记账需要一个大家都认可的规则,即"怎样记账才有效",这个规则就是共识机制。

13.3.1 概述

共识机制(consensus)是区块链系统在不同节点间建立信任、达成共识、实现去中心化的核心技术。它是结合经济学、博弈论等多学科设计的一套保证区块链中各节点都能维护区块链系统的方法,是保持区块链安全稳定运行的核心。

共识机制基于竞争式或投票式数学原理,以共识协议实现安全的记账规则,决定了参与节点对交易数据达成一致的方式,保证了合规数据最终被全部诚实节点确认,实现了分布式账本数据记录的一致性和活性。

区块链作为一种按时间顺序存储数据的数据结构,可支持不同的共识机制。共识机制是区块链技术的重要组件。区块链共识机制的目标是使所有的诚实节点保存一致的区块链视图,同时满足以下两个性质:

(1) 一致性。所有诚实节点保存的区块链的前缀部分完全相同。

(2) 有效性。由某诚实节点发布的信息终将被其他所有诚实节点记录在自己的区块中。

区块链的自信任主要体现于分布于区块链中的用户无须信任交易的另一方,也无须信任一个中心化的机构,只需要信任区块链协议下的软件系统即可实现交易。这种自信任的前提是区块链的共识机制。即,在一个互不信任的市场中,要想使各节点达成一致的充分必要条件是,每个节点出于对自身利益最大化的考虑,都会自发、诚实地遵守协议中预先设定的规则,判断每一笔记录的真实性,最终将判断为真的记录记入区块链之中。换句话说,如果各节点具有各自独立的利益并互相竞争,则这些节点几乎不可能合谋欺骗一个用户,而当节点在网络中拥有公共信誉时,这一点体现得尤为明显。区块链技术正是运用一套基于共识的数学算法,在计算机之间建立信任网络,从而通过技术背书而非中心化信用机构进行全新的信用创造。

共识机制是区块链的核心技术,与区块链系统的安全性、可扩展性、性能效率、资源消耗密切相关。从选取记账节点的角度,现有的区块链共识可以分为选举类、证明类、随机类、联盟类和混合类5种。

1. 选举类共识

选举类共识是指矿工节点在每一轮共识过程中通过投票选举的方式选出当前轮次的记账节点,首先获得半数以上选票的矿工节点将会获得记账权。将服务作为状态机进行建模,状态机在分布式系统的不同节点进行副本复制,以此构建的实用拜占庭容错(Practical Byzantine Fault Tolerance, PBFT)系统就是这种共识的典型代表,一旦有1/3或更多的记账人停止工作,系统将无法提供服务;当有1/3或更多的记账人联合作恶且其他所有的记账人都恰好被分隔在两个网络孤岛中时,恶意记账人可以使系统出现分叉。

2. 证明类共识

证明类共识被称为 Proof of X 类共识,即矿工节点在每一轮共识过程中必须证明自己具有某种特定的能力,证明方式通常是竞争性地完成某项难以解决但易于验证的任务。在竞争中胜出的矿工节点将获得记账权,具体包括工作量证明(Proof of Work,PoW)共识算法和权益证明(Proof of Stake,PoS)共识算法等。PoW 的核心思想是通过分布式节点的算力竞争保证数据的一致性和共识的安全性。PoS 的目的是解决 PoW 中算力浪费的问题。PoS 中具有最高权益的节点将获得新区块的记账权和收益奖励,不需要进行大量的算力竞赛。PoS 在一定程度上解决了 PoW 算力浪费的问题,但是 PoS 共识算法会导致拥有权益的参与者可以持币获得利息,这样容易产生垄断问题。

3. 随机类共识

随机类共识是指矿工节点根据某种随机方式直接确定每一轮的记账节点。随机类共识算法包括 Algorand 共识算法和所用时间证明(Proof of Elapsed Time,PoET)共识算法等。Algorand 共识算法是为了解决 PoW 共识算法存在的算力浪费、扩展性弱、易分叉、确认时间长等不足而设计的。Algorand 共识算法的优点有 3 个:一是能耗低,不管系统中有多少用户,大约每 1500 名用户中只有 1 名会被系统随机挑中执行长达几秒的计算;二是民主化,不会出现类似比特币区块链系统的矿工群体;三是系统出现分叉的概率低于 10^{-18}。

4. 联盟类共识

联盟类共识是指矿工节点基于某种特定方式首先选举出一组代表节点,然后由代表节点以轮流或者选举的方式依次取得记账权。这是一种以代议制为特点的共识算法,例如授权权益证明(Delegated Proof of Stake,DPoS)共识算法等。

DPoS 是一种新的保障网络安全的共识机制。它在尝试解决传统的 PoW 机制和 PoS 机制问题的同时,还能通过实施科技式的民主抵消中心化所带来的负面效应。DPoS 机制与董事会投票类似,该机制拥有一个内置的实时股权人投票系统,就像系统随时都在召开一个永不散场的股东大会,所有股东都在这里投票决定公司决策。基于 DPoS 机制建立的区块链的去中心化依赖于一定数量的代表,而非全体用户。在这样的区块链中,全体节点投票选举出一定数量的代表节点,由它们代理全体节点确认区块,维持系统有序运行。同时,区块链中的全体节点具有随时罢免和任命代表节点的权力。如果必要,全体节点可以通过投票让代表节点失去代表资格,重新选举新的代表节点,实现实时的民主。

股份授权证明机制可以大大缩小参与验证和记账节点的数量,从而达到秒级的共识验证。然而,该共识机制仍然不能完美解决区块链在商业中的应用问题,因为该共识机制无法摆脱对于代币的依赖,而在很多商业应用中并不需要代币的存在。

5. 混合类共识

混合类共识是指矿工节点采取多种共识算法的混合体选择记账节点,例如验证池(pool)、PoW+PoS 混合共识、DPoS+BFT 混合共识等。通过结合多种共识机制,能够取长补短,解决单一共识机制存在的能源消耗与安全风险问题。

验证池基于传统的分布式一致性技术,加上数据验证机制,是目前区块链中广泛使用的一种共识机制。验证池不需要依赖代币就可以工作,在成熟的分布式一致性算法(Pasox、Raft)基础上,可以实现秒级共识验证,更适合有多方参与的多中心商业模式。不过,验证池也存在一些不足,例如该共识机制能够实现的分布式程度不如 PoW 机制。

13.3.2 评价标准

区块链采用不同的共识机制,在满足一致性和有效性的同时会对系统整体性能产生不同影响。综合考虑各个共识机制的特点,可以从 4 个维度评价各共识机制的技术水平:

(1) 安全性,即是否可以防止二次支付、自私挖矿等攻击,是否有良好的容错能力。以金融交易为驱动的区块链系统在实现一致性的过程中,最主要的安全问题就是如何防止和检测二次支付行为。自私挖矿通过采用适当的策略发布自己产生的区块,获得更高的相对收益,是一种威胁比特币系统安全性和公平性的理论攻击方法。

(2) 扩展性,即是否支持网络节点扩展。扩展性是区块链设计要考虑的关键因素之一。根据对象不同,扩展性又分为系统成员数量的增加和待确认交易数量的增加两部分。扩展性主要考虑当系统成员数量、待确认交易数量增加时随之而来的系统负载和网络通信量的变化,通常以网络吞吐量衡量。

(3) 性能效率,即从交易达成共识被记录在区块链中至被最终确认的时间延迟,也可以理解为系统每秒可处理的交易数量。与传统第三方支持的交易平台不同,区块链技术通过共识机制达成一致,因此其性能效率问题一直是研究的关注点。比特币系统每秒最多处理 7 笔交易,远远无法支持现有的业务量。

(4) 资源消耗,即在达成共识的过程中系统耗费的计算资源大小,包括 CPU、内存等。区块链上的共识机制借助计算资源或者网络通信资源达成共识。以比特币系统为例,基于工作量证明机制的共识需要消耗大量计算资源进行挖矿以提供信任证明完成共识。

◆ 13.4 智能合约

智能合约(smart contract)是依托计算机在网络空间运行的合约,它以信息化方式传播、验证或执行,由计算机读取、执行,具备自助的特点。智能合约允许在没有第三方的情况下进行可信交易,这些交易可追踪且不可逆转。智能合约概念于 1994 年由 Nick Szabo 首次提出并加以定义:"一个智能合约是一套以数字形式定义的承诺(commitment),包括合约参与方可以在上面执行这些承诺的协议。"

区块链的去中心化和数据的防篡改性决定了智能合约更适合在区块链上实现。因此区块链技术的发展让智能合约拥有了更广阔的发展前景。

智能合约事实上是由计算机代码构成的一段程序。其缔结过程包括 3 个步骤:第一步,参与缔约的双方或多方用户商定后将共同合意制定成一份智能合约;第二步,该智能合约通过区块链网络向全球各个区块链的支点广播并存储;第三步,构建成功的智能合约等待条件达成后自动执行。

智能合约的目的是提供优于传统合约的安全方法,并减少与合约相关的其他交易成本。

智能合约是执行合约条款的计算机交易协议。区块链上的所有用户都可以看到基于区块链的智能合约。这会导致包括安全漏洞在内的所有漏洞都可见,并且可能无法迅速修复。一旦遭受针对漏洞的攻击就难以迅速解决。例如,2016 年 6 月,The DAO 的漏洞造成损失 5000 万美元,黑客利用撤除资金之前有一段时间的延迟这个漏洞实施重入攻击,以太坊软件的一个硬分叉在时限到期之前完成了攻击者的资金回收工作。

针对以上问题,智能合约必须具备以下 4 个特点:

(1) 规范性。智能合约以计算机代码为基础,能够最大限度减小语言的模糊性,通过严密的逻辑结构呈现规范性。内容及其执行过程对所有节点均是可见的,所有节点都能够通过用户界面观察、记录、验证合约状态。

(2) 不可逆性。一旦满足条件,合约便自动执行预期计划,在给定的事实输入下,智能合约必然输出正确的结果并可视化。

(3) 不可违约性。区块链上的交易信息公开透明,每个节点都可以追溯记录在区块链上的交易过程,违约行为发生的概率极低。

(4) 匿名性。根据非对称加密的密码学原理(如零知识证明、环签名、盲签名等),在区块链上,虽然交易过程是公开的,但交易双方却是匿名的。

13.5 区块链应用安全问题

区块链技术引入共识机制和智能合约机制,将打包的数据区块串接成链进行验证与存储数据,利用密码学算法保证数据传输安全,是一种多学科交叉的集成创新技术。区块链不仅面临密钥管理、隐私保护等传统网络安全挑战,也面临对等网络、共识机制以及智能合约等核心技术引入的安全风险以及区块链自身的一些问题。

1. 对等网络安全风险

区块链基于对等网络实现全部节点在不需要中央权威机构的情况下同步交易。由于对等网络采用不同于 C/S 架构网络的对等工作模式,传统的防火墙、入侵检测等技术无法进行有针对性的防护。对等网络中的攻击行为普遍具有不易检测、传播迅速等特点,使得其中的节点更容易遭受攻击。例如,攻击者可以利用公有链中缺乏身份验证机制的漏洞伪造多个身份,从而实现女巫攻击;也可以通过控制目标节点的数据传输以限制目标节点与其余节点交互,从而实现日食攻击;还可以通过创建多个身份将网络分区,使得冲突交易通过验证,从而实现克隆攻击。

2. 共识机制安全风险

区块链主要依赖于分布式共识机制,建立点对点式的节点间相互信任,现有的共识机制主要包括 PBFT、PoW、PoS、DPoS。例如,PoW 面临被攻击的问题,如果攻击者的算力超过整个区块链 51% 的算力,具有撤销真实交易的能力,攻击者就可以控制整个区块链,使系统的安全性和稳定性失去保障。同时,攻击者可以修改区块链信息,进而发起双重支付攻击,破坏整个区块链系统的正常交秩序。

共识机制用于在分布式的区块链系统中维护系统运行顺序与公平性,主要面临双重支付攻击和 51% 算力攻击等安全风险。双重支付攻击又被称为双花攻击,是指攻击者将一笔钱花费了两次甚至多次的攻击行为,会对共识算法一致性产生严重破坏。51% 算力攻击是指攻击者利用自己算力的相对优势(占全网算力的 51% 及以上)篡改区块链、制造分叉等恶意行为。

3. 智能合约安全风险

智能合约是可按照预设合约条款自动执行的计算机程序,在区块链中可用于高效支付与发送加密资产,不需要第三方监督即可自动执行。区块链中大多数智能合约控制着数额巨大的数字资产,极易成为黑客的攻击目标。同时,由于区块链具有不可篡改性,一旦合约漏洞被利用,将造成不可逆转的损失。例如,2016年6月,黑客利用智能合约缺陷,对以太坊最大的众筹项目The DAO发动攻击,导致350万以太币被非法提取。当前,智能合约已经成为区块链金融应用领域中的重灾区。

智能合约作为区块链技术中的一项重要技术,具有安全灵活、自动执行、不可更改等优势,但是,如果智能合约设计不合理,不仅不能提供安全有效的技术结果,还有可能被攻击,主要有以下3种:

(1) 多项事件操作,同时调用同一智能合约,一旦改变区块信息,执行顺序被改变,整个网络状态就被改变了。

(2) 重用攻击。当系统在执行合约A的过程中调用合约B时,合约A会暂停执行,直到合约B执行结束。攻击者可以利用这一状态,重复调用智能合约,实施重用攻击。例如,The DAO事件就是攻击者实施重用攻击,不断重复地递归调用withdrawbalance函数,取出本该被清零的以太坊账户余额,窃取以太币。

(3) 异常检测问题。当系统在执行合约A的过程中调用合约B时,如果合约B运行异常,但是合约A缺少对合约B运行结果的验证,那么异常的合约结果则会被忽视,智能合约则会出现安全问题。

随着量子计算的发展,区块链底层依赖的哈希函数、公钥加密算法、数字签名、零知识证明等技术的安全性也将受到影响。

4. 区块容量和效率问题

随着时间推移,区块的数量越来越多,存储空间越来越小,这就严重制约了区块链连续发展的问题。当区块越来越多时,数据占用空间越来越大,会影响到这个区块链的信息传输速率。PoW共识算法确认时间较长,效率低。一个新区块的生成时间为10min,每笔交易的确认需等待至少2min,不适合小额交易。可以通过并行链分片技术、通道技术提高系统吞吐量和效率。

5. 钱包安全问题

在区块链系统中,钱包用于数字资产的存储,存在很多隐患。钱包安全问题主要有3个:一是钱包寄生恶意代码,导致损失资产;二是钱包本身存在设计缺陷;三是私钥丢失会导致资产丢失或被窃取。

部分用户使用钱包时会习惯性地将私钥截图保存在手机里,但当手机出现了丢失或者损坏时,助记词可能永远无法复原;部分用户有一定安全意识,会将助记词手写一份,但是仍然存在助记词丢失的问题。

黑客以某些加密货币资源的名义将应用程序添加到Google Play商店,或者通过网络钓鱼的方式欺骗用户下载该应用程序,该应用程序实则为一个恶意软件。当下载、启动该应用程序后,攻击者即可控制受害者的电话或者手机,然后窃取账户凭据、私钥等更多信息,导致受害者钱包被盗。

6. 加密货币安全问题

区块链开始成为网络黑色产业的新风口,呈现出越来越明显的组织化与专业化趋势,勒索、欺诈及盗窃已成为加密货币的巨大安全威胁。

根据中国人民银行支付结算司的数据显示,2021年涉诈款项的支付方式中,利用加密货币进行支付仅次于银行转账,排名第二位,高达 7.5 亿美元;而 2020 年、2019 年仅为 1.3 亿美元、0.3 亿美元,逐年大幅增长的趋势明显。而且,加密货币转账在"杀猪盘"诈骗中增长迅速。2021 年"杀猪盘"诈骗资金中 1.39 亿美元使用加密货币支付,是 2020 年的 5 倍、2019 年的 25 倍。

为保证个人资产安全,对于个人用户来说,最好能够遵从如下 5 大安全法则:

(1) 零信任。简单来说就是对网络上任何链接以及网友都保持怀疑,而且是始终保持怀疑。对于网络上的知识,要参考多个来源的信息,彼此佐证。

(2) 持续验证。必须验证自己怀疑的每个问题,并且养成习惯。

(3) 做好资产隔离,也就是鸡蛋不要放在一个篮子里。对于存有重要资产的线上钱包,不做轻易更新,不放太多钱,够用就好。

(4) 签名要慎重,不要做可能会后悔的签名行为。

(5) 重视系统安全更新,有安全更新就立即跟进。但不要随意下载安装程序。

◆ 13.6 区块链应用发展趋势

自 2008 年比特币诞生以来,区块链持续引发全球关注。区块链技术的集成应用逐渐成为新的技术革新和产业变革的重要驱动力量,世界各国纷纷加快区块链相关技术战略部署、研发应用和落地推广。区块链已经从加密数字货币领域的专有技术扩展为面向制造、金融、教育、医疗等诸多垂直领域构建信任关系的关键赋能技术。

(1) 打造全新的信息化基础设施,实现价值互联。随着区块链技术在各个行业的应用落地,区块链技术将成为个人与企业信息上链、资产上链、交易上链、各类服务上链的重要支撑,进而发展成一种重要的社会信息化基础设施,实现基于区块链的价值互联与流转。

(2) 打通数据孤岛,提升社会效率。在大数据时代,数据成为重要的资产。然而,数据孤岛问题成为数据发挥价值的拦路虎。区块链技术结合分布式机器学习、隐私计算等技术手段,有望成为打通数据孤岛、实现在保护用户隐私前提下进行数据融合计算的重要支撑工具。数据孤岛的打通将极大地释放数据的价值,实现社会效率的提升。

(3) 重构信任格局,重塑行业形象。当前,在某些领域存在公众对企业、行业信任不足的问题,制约了行业的发展。区块链技术具有方便追溯、不可篡改等特征,结合其他辅助手段,能够重构社会信任关系格局,将公众对企业的信任转变为对政府可监管、群众可参与的区块链技术的信任,重塑行业形象。

(4) 应用于金融领域,促进科技发展。区块链具有的不可篡改和解决信任问题的特点使其拥有在金融领域应用的天然优势,可以很好地解决多方协同的记账问题,能够为数字货币和数字资产提供底层技术支撑,也能促进金融产品交易、保险、普惠金融、金融监管等方向的发展。

(5) 服务政府部门,提升管理能力。除了在商业上的应用,在政府部门的流程优化上,区块链也拥有较大的应用空间。对政府部门来说,安全保障是政务执行和各项工作正常运转的基础条件,其中包括通信安全、数据安全、信息安全等。而区块链技术可以对链上信息提供溯源依据,从而确保网络上的数据和信息的可信及可靠。区块链有望成为推进国家治理体系和治理能力现代化的一个有力抓手。

（6）变革中介行业，推动新业态诞生。部分中介行业存在的主要原因是打造中心化平台，利用信息不对称赚取利润。随着区块链技术的发展和民众对技术的理解、接受，区块链技术凭借去中介化的特点，结合人工智能等技术，将首先取代部分低价值中介行业，进而实现对中介行业的变革。而围绕区块链平台，将可能诞生新的业务场景和服务模式。

（7）革新法律行业，更新监管模式。区块链因具有分布式、防篡改、可追溯等特点已被成功应用于司法存证。随着区块链技术的发展和行业应用的推广，未来法律行业将面临全新的证据形式，围绕区块链数据的法律服务将成为法律行业的重要组成部分。此外，随着链上数据的积累，基于区块链数据的各类监管、取证将成为未来国家监管的重要一环。现有监管体系结合区块链技术将诞生全新的监管模式，促进社会进步。发展基于区块链技术的监管手段，创新监管模式，将成为重要研究课题。

◆ 本章总结

区块链是由多方共同维护的分布式记账技术，将打包的数据区块串接成链进行验证与存储数据，采用共识算法和对等网络技术生成和更新数据，利用密码学算法保证数据传输安全，使用智能合约操作数据。本章主要介绍区块链的基本概念和发展史，分析了区块链技术的主要内容，论述了数字货币与比特币的区别和联系，介绍了共识机制和智能合约主要技术，从不同角度分析了区块链应用存在的信息安全问题，介绍了一些应对策略。

区块链技术的集成应用已成为新的技术革新和产业变革的重要驱动力量，相关技术得到推广应用。新时代的大学生需要掌握区块链的基本知识，才能迎接新时代新任务的挑战。

◆ 思考与练习

1. 数字货币与加密货币有什么区别？
2. 共识机制是什么？有哪些经典算法？
3. 区块链技术包括哪些？
4. 区块链应用存在哪些安全风险？

附录 A 信息安全编程案例

密码学是信息安全的基础,可应用于数据加解密、数字签名、安全认证、电子投票等领域。这里主要介绍两个基于典型的密码算法——SHA-1 以及 RSA 算法的应用和程序实现。

A.1 基于 SHA-1 算法实现文件完整性验证

A.1.1 程序功能要求

1. 算法的主要功能

算法的主要功能如下:

(1) 编写应用程序,正确实现 SHA-1 算法。

(2) 程序不仅能够为任意长度的字符串生成 SHA-1 摘要,而且可以为任意大小的文件生成 SHA-1 摘要。

(3) 程序还可以利用 SHA-1 摘要验证文件的完整性。验证文件的完整性有两种方式:一种是手动输入 SHA-1 摘要的条件下,计算出当前被测文件的 SHA-1 摘要,再将两者进行比对;另一种是先利用系统工具 SHA_1sum 为被测文件生成一个后缀名为.SHA_1 的同名文件,然后让程序计算出被测文件的 SHA-1 摘要,将其与后缀名为.SHA_1 的同名文件中的 SHA-1 摘要进行比较,最后得出验证结果。

2. 程序的输入格式

程序为命令行程序,可执行文件名为 SHA_1.exe,命令行格式如下:

SHA_1 选项 被测文件路径 SHA-1 文件路径

其中,选项是程序为用户提供的各种功能,在本程序中选项包括-h、-t、-c、-v、-f 5 个;被测文件路径指明被测文件在文件系统中的路径;

SHA-1 文件路径指明由被测文件生成的同名文件。

3. 程序的执行过程

程序的执行过程如下:

(1) 在控制台命令行中输入./ SHA_1 -h,打印程序的帮助信息。

(2) 在控制台命令行中输入./SHA_1 -t,打印程序的测试信息。

(3) 在控制台命令行中输入./SHA_1 -c 被测文件路径,计算出被测文件的 SHA-1 摘要并打印出来。在 Windows 操作系统环境下,可利用 CertUtil 工具软件获得其 SHA1 摘要,从而进行比较。

4. 验证文件完整性方法 1

在控制台命令行中输入./SHA_1 -mv 被测文件路径,程序会先让用户输入被测文件的 SHA-1 摘要,然后再重新计算被测文件的 SHA-1 摘要,最后将两个摘要逐位比较。若一致,则说明文件是完整的;否则,说明文件遭到了破坏。

5. 验证文件完整性方法 2

在控制台命令行中输入./SHA_1 -fv 被测文件路径 同名文件路径,程序会将两个文件的 SHA-1 摘要进行逐位比较。若一致,则说明文件是完整的;否则,说明文件遭到了破坏。

A.1.2 SHA-1 算法原理

SHA 由美国国家标准与技术研究院(NIST)设计,并于 1993 年作为美国联邦信息处理标准(FIPS180)发布。当 SHA 的缺点被发现后,1995 年发布了修订版 FIPS180-1,通常称之为 SHA-1。SHA-1 产生 160 位的哈希值。2002 年,NIST 提出了该标准的修订版 FIPS180-2,它定义了 3 种新的 SHA 版本,哈希长度分别为 256 位、384 位及 512 位,称为 SHA-256、SHA-384 及 SHA-512。新版本具有与 SHA-1 相同的基础结构,并使用相同类型的模算术运算和逻辑二进制运算。

SHA-1 是使用最为广泛的哈希算法,可以对长度不超过 264 位的消息进行计算,输入以 512 位数据块为单位处理,产生 160 位长的消息摘要作为输出。

A.1.3 SHA-1 算法的 C 语言程序实现

1. 定义头文件 sha1.h

```
#include<stdint.h>                          //需要支持 C99 编译环境
typedefstruct_Sha1Digest
{
    uint32_t digest[5];                     //分别存放 H0,H1,H2,H3,H4
} Sha1Digest;
Sha1Digest    Sha1Digest_fromStr(constchar* src);
                                            //将 SHA-1 摘要从十六进制数转换为整数
void          Sha1Digest_toStr(constSha1Digest* digest, char* dst);
                                            //将 SHA-1 摘要转换为十六进制数
typedefstruct_Sha1CtxSha1Ctx;
Sha1Ctx*      Sha1Ctx_create(void);
void          Sha1Ctx_reset(Sha1Ctx*);
void          Sha1Ctx_write(Sha1Ctx*, constvoid* msg, uint64_tbytes);
Sha1Digest    Sha1Ctx_getDigest(Sha1Ctx*);
void          Sha1Ctx_release(Sha1Ctx*);
Sha1Digest    Sha1_get(constvoid* msg, uint64_tbytes);
                                            //定义得到 SHA-1 摘要的函数
```

2. 定义 sha1.c 函数

```c
#include<assert.h>
#include<ctype.h>
#include<stdlib.h>
#include<string.h>
#include"sha1.h"
staticuint32_t rotl32(uint32_t x, int b)          //旋转运算函数
{
    return (x<<b) | (x>> (32-b));
}
staticuint32_t get32 (constvoid* p)
{
    constuint8_t * x = (constuint8_t*)p;
    return (x[0] << 24) | (x[1] << 16) | (x[2] << 8) | x[3];
}

staticuint32_t f(int t, uint32_t b, uint32_t c, uint32_t d)
{
    assert(0 <= t&&t< 80);
    if (t< 20)
        return (b&c) | ((~b) &d);
    if (t< 40)
        return b ^ c ^ d;
    if (t< 60)
        return (b&c) | (b&d) | (c&d);
}
struct_Sha1Ctx
{
    uint8_t block[64];
    uint32_t h[5];
    uint64_t bytes;
    uint32_t cur;
};

void Sha1Ctx_reset(Sha1Ctx* ctx)
{
    ctx->h[0] = 0x67452301;
    ctx->h[1] = 0xefcdab89;
    ctx->h[2] = 0x98badcfe;
    ctx->h[3] = 0x10325476;
    ctx->h[4] = 0xc3d2e1f0;
    ctx->bytes = 0;
    ctx->cur = 0;
}
Sha1Ctx* Sha1Ctx_create(void)
{
    //TODO custom allocator support
    Sha1Ctx* ctx = (Sha1Ctx*)malloc(sizeof(Sha1Ctx));
    Sha1Ctx_reset(ctx);
    return ctx;
}
void Sha1Ctx_release(Sha1Ctx* ctx)
```

```c
{
    free(ctx);
}
staticvoid processBlock(Sha1Ctx* ctx)
{
    staticconstuint32_t k[4] =
    {
        0x5A827999,
        0x6ED9EBA1,
        0x8F1BBCDC,
        0xCA62C1D6
    };
    uint32_t w[16];
    uint32_t a = ctx->h[0];
    uint32_t b = ctx->h[1];
    uint32_t c = ctx->h[2];
    uint32_t d = ctx->h[3];
    uint32_t e = ctx->h[4];
    int t;
    for (t = 0; t < 16; t++)
        w[t] = get32(&((uint32_t*)ctx->block)[t]);
    for (t = 0; t < 80; t++)
    {
        int s = t & 0xf;
        uint32_t temp;
        if (t >= 16)
            w[s] = rotl32(w[(s + 13) & 0xf] ^ w[(s + 8) & 0xf] ^ w[(s + 2) & 0xf] ^ w[s], 1);
        temp = rotl32(a, 5) + f(t, b,c,d) + e + w[s] + k[t/20];
        e = d; d = c; c = rotl32(b, 30); b = a; a = temp;
    }
    ctx->h[0] += a;
    ctx->h[1] += b;
    ctx->h[2] += c;
    ctx->h[3] += d;
    ctx->h[4] += e;
}
void Sha1Ctx_write(Sha1Ctx* ctx, constvoid* msg, uint64_t bytes)
{
    ctx->bytes += bytes;
    constuint8_t* src = msg;
    while (bytes--)
    {
        //TODO: could optimize the first and last few bytes, and then copy 128 bit blocks with SIMD in between
        ctx->block[ctx->cur++] = *src++;
        if (ctx->cur == 64)
        {
            processBlock(ctx);
            ctx->cur = 0;
        }
    }
}
```

```c
Sha1Digest Sha1Ctx_getDigest(Sha1Ctx* ctx)
{
    ctx->block[ctx->cur++] = 0x80;
    if (ctx->cur > 56)
    {
        memset(&ctx->block[ctx->cur], 0, 64 - ctx->cur);
        processBlock(ctx);
        ctx->cur = 0;
    }
    memset(&ctx->block[ctx->cur], 0, 56 - ctx->cur);
    uint64_t bits = ctx->bytes * 8;
    //TODO a few instructions could be shaven
    ctx->block[56] = (uint8_t)(bits >> 56 & 0xff);
    ctx->block[57] = (uint8_t)(bits >> 48 & 0xff);
    ctx->block[58] = (uint8_t)(bits >> 40 & 0xff);
    ctx->block[59] = (uint8_t)(bits >> 32 & 0xff);
    ctx->block[60] = (uint8_t)(bits >> 24 & 0xff);
    ctx->block[61] = (uint8_t)(bits >> 16 & 0xff);
    ctx->block[62] = (uint8_t)(bits >> 8  & 0xff);
    ctx->block[63] = (uint8_t)(bits >> 0  & 0xff);
    processBlock(ctx);
    {
        Sha1Digest ret;
        int i;
        for (i = 0; i < 5; i++)
            ret.digest[i] = get32(&ctx->h[i]);
        Sha1Ctx_reset(ctx);
        return ret;
    }
}
Sha1Digest Sha1_get(constvoid* msg, uint64_t bytes)
{
    Sha1Ctx ctx;
    Sha1Ctx_reset(&ctx);
    Sha1Ctx_write(&ctx, msg, bytes);
    return Sha1Ctx_getDigest(&ctx);
}
Sha1Digest Sha1Digest_fromStr(constchar* src)
{
    Sha1Digest d;
    int i;
    assert(src);
    for (i = 0; i < 20; i++)
    {
        //TODO just use atoi or something
        int c0 = tolower(*src++);
        int c1 = tolower(*src++);
        c0 = '0'<= c0 && c0 <= '9' ? c0 - '0' : ('a'<= c0 && c0 <= 'f' ? 0xa + c0 - 'a' : -1);
        c1 = '0'<= c1 && c1 <= '9' ? c1 - '0' : ('a'<= c1 && c1 <= 'f' ? 0xa + c1 - 'a' : -1);
        ((uint8_t*)d.digest)[i] = (uint8_t)((c0 << 4) | c1);
    }
```

```c
        return d;
}
void Sha1Digest_toStr(constSha1Digest * digest, char * dst)
                                                            //将 SHA-1 摘要转换为十六进制数
{
    int i;
    assert(digest&&dst);
    for (i = 0; i < 20; i++)
    {
        int c0 = ((uint8_t *)digest->digest)[i] >> 4;
        int c1 = ((uint8_t *)digest->digest)[i] & 0xf;
        assert(0 <= c0 && c0 <= 0xf);
        assert(0 <= c1 && c1 <= 0xf);
        c0 = c0 <= 9 ? '0' + c0 : 'a' + c0 - 0xa;
        c1 = c1 <= 9 ? '0' + c1 : 'a' + c1 - 0xa;
        * dst++ = (char)c0;
        * dst++ = (char)c1;
    }
    * dst = '\0';
}
```

A.1.4 文件完整性验证

1. 基本步骤

文件完整性验证在 main() 函数中实现。应用程序为用户提供多个选项,不但可以在命令行计算文件的 SHA-1 摘要,验证文件的完整性,还可以显示程序的帮助信息和 SHA-1 算法的测试信息。

在 main() 函数中,程序通过区分参数 argv[1] 的不同值启动不同的工作流程。如果 argv[1]等于-h,表示显示帮助信息;如果 argv[1]等于-t,表示显示测试信息;如果 argv[1] 等于-c,表示计算被测文件的 SHA-1 摘要;如果 argv[1]等于-v,表示根据手工输入的 SHA-1 摘要验证文件的完整性;如果 argv[1]等于-h,表示根据 SHA_1 文件中的摘要验证文件的完整性。

帮助信息可以使用户快速地了解命令行输入格式。测试信息可以让用户验证 SHA-1 算法的正确性。用于测试的消息字符串都是 SHA-1 算法官方文档(RFC1321)中给出的例子,如果计算的结果相同,则说明程序的 SHA-1 运算过程正确无误。

程序按照功能要求提供了两种验证文件完整性的方式。

手工输入验证分为以下 6 个步骤:

(1) 通过参数 argv[1]的值判断是否进行手工输入验证。若是,则继续下面的步骤;否则,退出。

(2) 检测被测文件的路径是否存在。若存在,则继续下面的步骤;否则,退出。

(3) 打开被测文件的 SHA-1 摘要并保存在数组 SHA1Digest 中。

(4) 打开被测文件,读取被测文件的内容,并调用 Sha1_get 函数计算被测文件的 SHA-1 摘要。

(5) 调用 Sha1Digest_toStr 函数将 SHA-1 摘要表示成十六进制的形式。

(6) 调用 strcmp 函数判断两个摘要是否相同。若相同,则说明被测文件是完整的;否则,说明文件受到了破坏。

利用 SHA-1 文件进行验证也分为 6 个步骤:

(1) 通过参数 argv[1]的值判断是否利用 SHA-1 文件进行验证。若是,则继续下面的步骤;否则,退出。

(2) 检测被测文件的路径和 SHA-1 文件的路径是否存在。若存在,则继续下面的步骤;否则,退出。

(3) 打开 SHA-1 文件,读取文件的记录,获得被测文件的 SHA-1 摘要。

(4) 打开被测文件,读取被测文件的内容,并调用 Sha1_get 函数计算被测文件的 SHA-1 摘要。

(5) 调用 Sha1Digest_toStr 函数将 SHA-1 摘要表示成十六进制的形式。

(6) 调用 strcmp 函数判断两个摘要是否相同。若相同,则说明被测文件是完整的;否则,说明文件受到了破坏。

2. 实现代码

```
#include"sha1.h"
#include<stdio.h>
#include<string.h>
#define LENGTH_OF_ARRAY(x) (sizeof(x)/sizeof((x)[0]))
int runTests (void)                          //定义测试函数
{
    typedef struct_TestVec                   //定义测试数据结构
    {
        const char* src;                     //明文
        const char* dst;                     //SHA-1 值
    } TestVec;
    const TestVec tests[] =                  //定义测试集
    {
        {
            "",
            "da39a3ee5e6b4b0d3255bfef95601890afd80709"
        },
        {
            "abc",
            "a9993e364706816aba3e25717850c26c9cd0d89d"
        },
        {
            "abcdbcdecdefdefgefghfghighijhijkijkljklmklmnlmnomnopnopq",
            "84983e441c3bd26ebaae4aa1f95129e5e54670f1"
        },
        {
            "The quick brown fox jumps over the lazy dog",
            "2fd4e1c67a2d28fced849ee1bb76e7391b93eb12"
        },
        {
            "The quick brown fox jumps over the lazy cog",
            "de9f2c7fd25e1b3afad3e85a0bd17d9b100db4b3"
        },
```

```c
        {
            "01234567012345670123456701234567012345670123456701234567",
            "e0c094e867ef46c350ef54a7f59dd60bed92ae83"
        },
        {
            "Jaska ajaa allaskaljaa. Jaskalla jalalla kaljaa. Kassalla jalka, jalalla kassa. Lakas kalja.",
            "9cd84ad78816c6c39fbed822ae8188fd8e6afd11"
        },
        {
            "hoaxHOAXhoaxHOAXhoaxHOAXhoaxHOAXhoaxHOAXhoaxHOAXhoaxHOAX"
            "hoaxHOAXhoaxHOAXhoaxHOAXhoaxHOAXhoaxHOAXhoaxHOAXhoaxHOAX"
            "hoaxHOAXhoaxHOAXhoaxHOAXhoaxHOAXhoaxHOAXhoaxHOAXhoaxHOAX"
            "hoaxHOAXhoaxHOAXhoaxHOAXhoaxHOAXhoaxHOAXhoaxHOAXhoaxHOAX",
            "5350efaf647d6b227d235e1263007e957f3151f4"
        }
    };
    int i, failCount;
    for (i = 0, failCount = 0; i < LENGTH_OF_ARRAY(tests); i++)
    {
        constTestVec* test = &tests[i];
        Sha1Digest computed = Sha1_get(test->src, strlen(test->src));
        Sha1Digest expected = Sha1Digest_fromStr(test->dst);
        printf("Testing %d/%zu...", i + 1, LENGTH_OF_ARRAY(tests));
        if (memcmp(&computed, &expected, sizeof(Sha1Digest)))
        {
            char cStr[41];
            printf("failed!\n");
            Sha1Digest_toStr(&computed, cStr);
            printf("Expected %s, got %s\n", test->dst, cStr);
            failCount++;
        }
        else
        {
            char cStr[41];   //two bytes per digit plus terminator
            Sha1Digest_toStr(&computed, cStr);
            printf("Expected %s, got %s\n", test->dst, cStr);
            printf("success.\n");
        }
    }
    return failCount;
}
int main(intargc, char* argv[])
{
    FILE * fp;                        //定义文件指针
    char fileBuf[36500];              //获取文件内容的缓存区,注意文件大小不超过
                                      //36 500 字节,若超过则需修改
    long fileLen;                     //存放文件大小
    char SHA1Digest[60];              //存放手动输入的 SHA-1 摘要信息十六进制值
    char * pFilePath;                 //需要进行 SHA-1 计算的文件路径
    char * pSHA_1FilePath;            //存放 SHA-1 摘要的.SHA_1 文件路径
    char * pHelpMsg = { "-h" };       //帮助信息
    char * pTestMsg = { "-t" };       //SHA-1 测试程序的应用信息
```

```c
    char * pCompute = { "-c" };              //计算指定文件的 SHA-1 摘要
    char * pMValidate = { "-mv" };           //手动对文件进行 SHA-1 认证
    char * pfValidate = { "-fv" };           //通过比较对文件的 SHA-1 摘要进行认证
    char * pSpace = { " " };                 //定义空格
    char cStr[41];
    //参数检测
    if (argc<2 || argc>4)
    {
        strcpy(fileBuf, "123abc");
        Sha1Digest computed = Sha1_get(fileBuf, strlen(fileBuf));
        Sha1Digest_toStr(&computed, cStr);
        printf("%s SHA1= %s\n",fileBuf, cStr);
        printf("Parameter Error !\n");
        return -1;
    }
    //显示帮助信息
    if ((argc == 2) && (!strcmp(pHelpMsg, argv[1])))
    {
        printf("SHA-1 usage:    [-h] --help information\n");
        printf("                [-t] --test SHA-1 application\n");
        printf("                [-c] [file path of the file computed]\n");
        printf("                --compute SHA-1 of the given file\n");
        printf("                [-mv] [file path of the file validated]\n");
        printf("                --validate the integrality of a given file by manual input SHA-1 value\n");
        printf("                [-fv] [file path of the file validated]   [file path of the .SHA_1 file]\n");
        printf("                --validate the integrality of a given file by read SHA-1 value from .SHA_1 file\n");
    }
    //显示 SHA-1 应用程序的测试信息
    if ((argc == 2) && (!strcmp(pTestMsg, argv[1])))
    {
        strcpy(fileBuf, "123abc");
        Sha1Digest computed = Sha1_get(fileBuf, strlen(fileBuf));
        Sha1Digest_toStr(&computed, cStr);
        printf("%s SHA1= %s\n", fileBuf, cStr);
        printf("SHA-1(\"ABCDEFGHIJKLMNOPQRSTUVWXYZabcdefghijklmnopqrstuvwxyz0123456789\") = ");
        strcpy(fileBuf,"ABCDEFGHIJKLMNOPQRSTUVWXYZabcdefghijklmnopqrstuvwxyz0123456789");
        computed = Sha1_get(fileBuf, strlen(fileBuf));
        Sha1Digest_toStr(&computed, cStr);
        printf("%s\n", cStr);
        runTests();
    }
    //计算指定文件的 SHA-1 摘要,并显示出来
    if ((argc == 3) && (!strcmp(pCompute, argv[1])))
    {
        //如果没有文件路径,则参数出错
        if (argv[2] == NULL)
        {
            printf("Parameter Error ! Please input file path !\n");
```

```c
        return -1;
    }
    else
    {
        pFilePath = argv[2];
    }
    //打开指定的文件
    fp = fopen(pFilePath, "rb");
    if (fp == NULL)
    {
        printf("\ncanno open file: %s\n", pFilePath);
        exit(1);
    }
    fileLen = fread(fileBuf, 1, 36400, fp);
    fileBuf[fileLen] = '\0';
    fclose(fp);
    //输出计算结果
    Sha1Digest computed = Sha1_get(fileBuf, strlen(fileBuf));
        Sha1Digest_toStr(&computed, cStr);
        printf("SHA1(%s)= %s\n", fileBuf,cStr);
}
//手动进行文件完整性检测
if((argc == 3)&&(!strcmp(pMValidate,argv[1])))
{
    //如果没有文件路径,则参数出错
    if(argv[2] == NULL)
    {
        printf("Parameter Error ! Please input file path !\n");
        return -1;
    }
    else
    {
        pFilePath = argv[2];
    }
    //手动输入被检测文件的 SHA-1 摘要
    printf("Please input the SHA-1 value of file %s\n",pFilePath);
    scanf("%s",SHA1Digest);
    //在摘要的字符串末尾加上结束符
    SHA1Digest[41] = '\0';
    //打开指定的文件
    fp=fopen(pFilePath,"rb");
    if(fp==NULL)
    {
        printf("\ncanno open file: %s\n",pFilePath);
        exit(1);
    }
    fileLen=fread(fileBuf,1,36400,fp);
    fileBuf[fileLen]='\0';
    fclose(fp);
    //输出计算结果
    Sha1Digest computed = Sha1_get(fileBuf, strlen(fileBuf));
    Sha1Digest_toStr(&computed, cStr);
    printf("SHA1(%s)= %s\n", fileBuf,cStr);
```

```c
        //输出两个摘要
        printf("The SHA-1 digest of file:%s \n which you input is:%s \n", 
pFilePath, SHA1Digest );
        printf("which calculate by program is :%s \n", cStr);
        //比较摘要的结果是否相同
        if (strcmp(cStr, SHA1Digest))
        {
            printf("Match Error! The file is not integrated!\n");
        }
        else
        {
            printf("Match Successfully! The file is integrated!\n");
        }
    }
    //通过.SHA_1文件进行文件完整性验证
    if((argc == 4)&&(!strcmp(pfValidate,argv[1])))
    {
        //如果没有文件路径,则参数出错
        if((argv[2] == NULL)||(argv[3] == NULL))
        {
            printf("Parameter Error ! Please input file path !\n");
            return -1;
        }
        else
        {
          pFilePath = argv[2];
          pSHA_1FilePath = argv[3];
        }
        fp = fopen(pFilePath, "rb");
        if (fp == NULL)
        {
            printf("\ncanno open file: %s\n", pFilePath);
            exit(1);
        }
        fileLen = fread(fileBuf, 1, 36400, fp);
        fileBuf[fileLen] = '\0';
        fclose(fp);
        //输出计算结果
        Sha1Digest computed = Sha1_get(fileBuf, strlen(fileBuf));
        Sha1Digest_toStr(&computed, cStr);
        printf("SHA1(%s)= %s\n",fileBuf, cStr);
        //打开.SHA_1文件
        fp = fopen(pSHA_1FilePath, "rb");
        if (fp == NULL)
        {
            printf("\ncanno open file: %s\n", pSHA_1FilePath);
            exit(1);
        }
        //读取.SHA_1文件中的记录
        fileLen = fread(SHA1Digest, 1, 50, fp);
        SHA1Digest[fileLen] = '\0';
        fclose(fp);
        //输出两个摘要
```

```c
        printf("The SHA-1 digest of file:%s \n which you input is:%s \n",
pFilePath, SHA1Digest);
        printf("which calculate by program is :%s \n", cStr);
        //比较摘要的结果是否相同
        if (strcmp(cStr, SHA1Digest))
        {
            printf("Match Error! The file is not integrated!\n");
        }
        else
        {
            printf("Match Successfully! The file is integrated!\n");
        }
    }
    return 0;
}
```

A.2 基于 RSA 算法实现数据加解密

A.2.1 基本目标

通过 RSA 算法实现达到下列基本目标:
(1) 理解 RSA 算法的基本工作原理。
(2) 掌握实现 RSA 算法的编程方法。
(3) 掌握基于 RSA 算法实现数据加解密的工作原理和实现方法。

A.2.2 RSA 算法原理

RSA 是最常用的非对称加密算法,是第一个比较完善的公开密钥算法,它既能用于加密,也能用于数字签名。RSA 的安全基于大数分解的难度。其公钥和私钥是一对大素数(100~200 位十进制数或更大)的函数。从一个公钥和密文恢复出明文的难度等价于分解两个大素数之积(这是公认的数学难题)的难度。

RSA 算法的详细内容可参考 2.5.4 节。

A.2.3 超大整数表示方法和基本运算

RSA 算法加解密运算超出了计算机语言的基本整数表示范围,需要编写超大的整数加减乘除等基本算法,这里介绍一种经典的方法作为编程参考。

1. 超大整数存储

在 C 语言程序中可以用长度为 MAX 的 int(或 char)数组存储无符号超长整数,这里定义 MAX=100:

```
#define MAX 100                          //定义十进制整数最大长度
```

改变该值可以实现不同长度的运算,也影响计算速度。

例如,定义超大整数放入整型数组 bignum[MAX],每个元素存放十进制数的一位。

bignum[0]存放最低位(个位)值；bignum[MAX-1]存放实际长度值；bignum[MAX-2]存放正负符号,0 为正,'-'为负。

如需要连续存放超大十进制整数(如明文或密文)时,可定义存放超大十进制整数数据结构 slink：

```
struct slink
{
    int bignum[MAX];
    struct slink * next;
};
```

2. 超大整数的基本运算

超大整数的基本运算实现如下：

(1) 加法。两数个位对齐,自个位逐位相加,如果有进位则高位加1。

(2) 减法。比较两数大小,大数减去小数,两数个位对齐,自个位逐位相减,如果不够减就向高位借1。

(3) 乘法。取其中任意一个数,依次用此数各位与另一个数相乘,将各个结果的重叠部分相加,并考虑进位。

(4) 除法。在计算机中,减法的实现要比除法简单得多,因此可以考虑把除法转变成减法,同时可以通过移位加快计算速度。除法还要处理以下特殊情况：除数不能为 0；当被除数为 0 时,商为 0；当被除数小于除数时,商为 0；当被除数等于除数时,商为 1。

(5) 模运算。在除法运算的基础上获得其余数。

3. 将超大整数的基本运算定义为函数

void sub(int a1[MAX], int a2[MAX], int c[MAX])函数：超大整数减法,c=a1-a2。

int cmp(int a1[MAX], int a2[MAX])函数：比较超大整数 a1 和 a2 的大小。若 a1>a2,返回 1；若 a1=a2,返回 0；若 a1<a2,返回-1。

voidcopy(int a[MAX], int * b)函数：复制超大整数 a 到 b。

void mul(int a1[MAX], int a2[MAX], int * c)函数：超大整数乘法,c=a1*a2；

void add(int a1[MAX], int a2[MAX], int * c)函数：超大整数加法,c=a1+a2；

void mod(int a[MAX], int b[MAX], int * c)函数：超大整数模运算,c=a mod b。注意,经检验,a 和 c 的数组内容都会改变。

void divt(int t[MAX], int b[MAX], int * c, int * w)函数：超大整数除法(向右移位),试商法。调用以后 w 为 a mod b, c 为商(a div b)。

void mul mod(int a[MAX], int b[MAX], int n[MAX], int * m)函数：计算 m=a * b mod n。

void exp mod(int a[MAX], int p[MAX], int n[MAX], int * m)函数：计算 m=a^p mod n。

int is_prime_san(int p[MAX])函数：检验是否为素数,返回值 1 为真。

int coprime(int e[MAX], int s[MAX])函数：检测两个大数是否互质,返回值 1 为真。

void prime_random(int * p, int * q)函数：产生随机素数 p 和 q。

void erand(int e[MAX], int m[MAX])函数：产生与(p－1)*(q－1)互素的随机数 e。

void rsad(int e[MAX], int g[MAX], int *d)函数：根据上面的 p、q 和 e 计算密钥 d。

unsigned long rsa(unsigned long p, unsigned long q, unsigned long e)函数：求解密密钥 d(根据欧几里得算法)。

struct slink * encode(int e[MAX], int n[MAX], struct slink * head)函数：加密模块，例如 C＝M^e mod n。

void decode(int d[MAX], int n[MAX], struct slink * h)函数：解密模块，例如 M＝C^d mod n。

int setZero(int num[MAX], int len)函数：将 num 设置为 0 值。

4. RSA 算法程序实现

RSA 算法的 C 语言实现如下：

```cpp
//RSA.cpp: 定义控制面板应用程序的入口点
#include<stdio.h>
#include<string.h>
#include<stdlib.h>
#include<time.h>
#include<math.h>
#include<malloc.h>
#define MAX 100
#define LEN sizeof(struct slink)
void sub(int a[MAX], int b[MAX], int c[MAX]);
struct slink
{
    int bignum[MAX];
    struct slink * next;
};
//大数运算结果显示
void print(int a[MAX])
{
    int i;
    for (i = 0; i<a[MAX-1]; i++)
        printf("%d", a[MAX-1] - i - 1]);
    printf("\n\n");
    return;
}
int cmp(int a1[MAX], int a2[MAX])
{
    int l1, l2;
    int i;
    l1 = a1[MAX-1];
    l2 = a2[MAX-1];
    if (l1>l2)
        return 1;
    if (l1<l2)
        return -1;
    for (i = (l1 - 1); i >= 0; i--)
    {
```

```c
            if (a1[i]>a2[i])
                return 1;
            if (a1[i]<a2[i])
                return -1;
        }
        return 0;
}
void copy(int a[MAX], int * b)
{
    int j;
    for (j = 0; j<MAX; j++)
        b[j] = a[j];
    return;
}
//大数相乘(向左移)
void mul(int a1[MAX], int a2[MAX], int * c)
{
    int i, j, y, x, z, w, l1, l2;
    l1 = a1[MAX - 1];
    l2 = a2[MAX - 1];
    if (a1[MAX - 2] == '-'&& a2[MAX - 2] == '-')
        c[MAX - 2] = 0;
    else if (a1[MAX - 2] == '-')
        c[MAX - 2] = '-';
    else if (a2[MAX - 2] == '-')
        c[MAX - 2] = '-';
    for (i = 0; i<l1; i++)
    {
        for (j = 0; j<l2; j++)
        {
            x = a1[i] * a2[j];
            y = x / 10;
            z = x % 10;
            w = i + j;
            c[w] = c[w] + z;
            c[w + 1] = c[w + 1] + y + c[w] / 10;
            c[w] = c[w] % 10;
        }
    }
    w = l1 + l2;
    if (c[w - 1] == 0)w = w - 1;
    c[MAX - 1] = w;
    return;
}
//大数相加,注意进位
void add(int a1[MAX], int a2[MAX], int * c)
{
    int i, l1, l2;
    int len, temp[MAX];
    int k = 0;
    l1 = a1[MAX - 1];
    l2 = a2[MAX - 1];
    if ((a1[MAX - 2] == '-') && (a2[MAX - 2] == '-'))
```

```
{
    c[MAX - 2] = '-';
}
else if (a1[MAX - 2] == '-')
{
    copy(a1, temp);
    temp[MAX - 2] = 0;
    sub(a2, temp, c);
    return;
}
else if (a2[MAX - 2] == '-')
{
    copy(a2, temp);
    temp[MAX-2] = 0;
    sub(a1, temp, c);
    return;
}
if (l1<l2) len = l1;
else len = l2;
for (i = 0; i<len; i++)
{
    c[i] = (a1[i] + a2[i] + k) % 10;
    k = (a1[i] + a2[i] + k) / 10;
}
if (l1>len)
{
    for (i = len; i<l1; i++)
    {
        c[i] = (a1[i] + k) % 10;
        k = (a1[i] + k) / 10;
    }
    if (k != 0)
    {
        c[l1] = k;
        len = l1 + 1;
    }
    else len = l1;
}
else
{
    for (i = len; i<l2; i++)
    {
        c[i] = (a2[i] + k) % 10;
        k = (a2[i] + k) / 10;
    }
    if (k != 0)
    {
        c[l2] = k;
        len = l2 + 1;
    }
    else len = l2;
}
c[MAX-1] = len;
```

```c
        return;
}
//大数相减,注意借位
void sub(int a1[MAX], int a2[MAX], int * c)
{
    int i, l1, l2;
    int len, t1[MAX], t2[MAX];
    int k = 0;
    l1 = a1[MAX - 1];
    l2 = a2[MAX - 1];
    if ((a1[MAX - 2] == '-') && (a2[MAX - 2] == '-'))
    {
        copy(a1, t1);
        copy(a2, t2);
        t1[MAX - 2] = 0;
        t2[MAX - 2] = 0;
        sub(t2, t1, c);
        return;
    }
    else if (a2[MAX - 2] == '-')
    {
        copy(a2, t2);
        t2[MAX - 2] = 0;
        add(a1, t2, c);
        return;
    }
    else if (a1[MAX - 2] == '-')
    {
        copy(a2, t2);
        t2[MAX - 2] = '-';
        add(a1, t2, c);
        return;
    }
    if (cmp(a1, a2) == 1)
    {
        len = l2;
        for (i = 0; i<len; i++)
        {
            if ((a1[i] - k - a2[i])<0)
            {
                c[i] = (a1[i] - a2[i] - k + 10) % 10;
                k = 1;
            }
            else
            {
                c[i] = (a1[i] - a2[i] - k) % 10;
                k = 0;
            }
        }
        for (i = len; i<l1; i++)
        {
            if ((a1[i] - k)<0)
            {
```

```
                c[i] = (a1[i] - k + 10) % 10;
                k = 1;
            }
            else
            {
                c[i] = (a1[i] - k) % 10;
                k = 0;
            }
        }
        if (c[l1 - 1] == 0)
        //使数组 C 中的高位的 0 不显示，如 0980 显示为 980
        {
            len = l1 - 1;
            i = 2;
            while (c[l1 - i] == 0)
            {
                len = l1 - i;
                i++;
            }
        }
        else
        {
            len = l1;
        }
    }
    else
        if (cmp(a1, a2) == (-1))
        {
            c[MAX - 2] = '-';
            len = l1;
            for (i = 0; i<len; i++)
            {
                if ((a2[i] - k - a1[i])<0)
                {
                    c[i] = (a2[i] - a1[i] - k + 10) % 10;
                    k = 1;
                }
                else
                {
                    c[i] = (a2[i] - a1[i] - k) % 10;
                    k = 0;
                }
            }
            for (i = len; i<l2; i++)
            {
                if ((a2[i] - k)<0)
                {
                    c[i] = (a2[i] - k + 10) % 10;
                    k = 1;
                }
                else
                {
                    c[i] = (a2[i] - k) % 10;
```

```c
                    k = 0;
                }
            }
            if (c[l2 - 1] == 0)
            {
                len = l2 - 1;
                i = 2;
                while (c[l1 - i] == 0)
                {
                    len = l1 - i;
                    i++;
                }
            }
            else len = l2;
        }
        else if (cmp(a1, a2) == 0)
        {
            len = 1;
            c[len - 1] = 0;
        }
    c[MAX - 1] = len;
    return;
}
//取模数
void mod(int a[MAX], int b[MAX], int * c)
//注意:经检验数组 a 和 c 都改变了内容
{
    int d[MAX];
    copy(a, d);
    while (cmp(d, b) != (-1))
    {
        sub(d, b, c);
        copy(c, d);
    }
    return;
}
//大数相除(向右移位)
void divt(int t[MAX], int b[MAX], int * c, int * w)
{
    int a1, b1, i, j, m;
    int d[MAX], e[MAX], f[MAX], g[MAX], a[MAX];
    copy(t, a);
    for (i = 0; i<MAX; i++)
        e[i] = 0;
    for (i = 0; i<MAX; i++)
        d[i] = 0;
    for (i = 0; i<MAX; i++) g[i] = 0;
    a1 = a[MAX - 1];
    b1 = b[MAX - 1];
    if (cmp(a, b) == (-1))
    {
        c[0] = 0;
        c[MAX - 1] = 1;
```

```
            copy(t, w);
            return;
        }
        else if (cmp(a, b) == 0)
        {
            c[0] = 1;
            c[MAX - 1] = 1;
            w[0] = 0;
            w[MAX - 1] = 1;
            return;
        }
        m = (a1 - b1);
        for (i = m; i >= 0; i--)
        {
            for (j = 0; j<MAX; j++)
                d[j] = 0;
            d[i] = 1;
            d[MAX - 1] = i + 1;
            copy(b, g);
            mul(g, d, e);
            while (cmp(a, e) != (-1))
            {
                c[i]++;
                sub(a, e, f);
                copy(f, a);
            }
            for (j = i; j<MAX; j++)
                e[j] = 0;
        }
        copy(a, w);
        if (c[m] == 0) c[MAX - 1] = m;
        else c[MAX - 1] = m + 1;
        return;
}
//实现 m=a*b mod n
void mulmod(int a[MAX], int b[MAX], int n[MAX], int *m)
{
    int c[MAX], d[MAX];
    int i;
    for (i = 0; i<MAX; i++)
        d[i] = c[i] = 0;
    mul(a, b, c);
    divt(c, n, d, m);
    for (i = 0; i<m[MAX - 1]; i++)
        printf("%d", m[m[MAX - 1] - i - 1]);
    printf("\nm length is : %d \n", m[MAX - 1]);
}
//实现 m=a^p mod n
void expmod(int a[MAX], int p[MAX], int n[MAX], int *m)
{
    int t[MAX], l[MAX], temp[MAX];
    int w[MAX], s[MAX], c[MAX], b[MAX], i;
    for (i = 0; i<MAX - 1; i++)
```

```c
        b[i] = l[i] = t[i] = w[i] = 0;
    t[0] = 2; t[MAX - 1] = 1;
    l[0] = 1; l[MAX - 1] = 1;
    copy(l, temp);
    copy(a, m);
    copy(p, b);
    while (cmp(b, l) != 0)
    {
        for (i = 0; i<MAX; i++)
            w[i] = c[i] = 0;
        divt(b, t, w, c);
        copy(w, b);
        if (cmp(c, l) == 0)
        {
            for (i = 0; i<MAX; i++)
                w[i] = 0;
            mul(temp, m, w);
            copy(w, temp);
            for (i = 0; i<MAX; i++)
                w[i] = c[i] = 0;
            divt(temp, n, w, c);
            copy(c, temp);
        }
        for (i = 0; i<MAX; i++)
            s[i] = 0;
        mul(m, m, s);
        for (i = 0; i<MAX; i++)
            c[i] = 0;
        divt(s, n, w, c);
        copy(c, m);
    }
    for (i = 0; i<MAX; i++)
        s[i] = 0;
    mul(m, temp, s);
    for (i = 0; i<MAX; i++)
        c[i] = 0;
    divt(s, n, w, c);
    copy(c, m);
    m[MAX - 2] = a[MAX - 2];
    return;
}
int is_prime_san(int p[MAX])
{
    int i, a[MAX], t[MAX], s[MAX], o[MAX];
    for (i = 0; i<MAX; i++)
        s[i] = o[i] = a[i] = t[i] = 0;
    t[0] = 1;
    t[MAX - 1] = 1;
    a[0] = 2;
    a[MAX - 1] = 1;
    sub(p, t, s);
    expmod(a, s, p, o);
    if (cmp(o, t) != 0)
```

```c
        {
            return 0;
        }
        a[0] = 3;
        for (i = 0; i<MAX; i++) o[i] = 0;
        expmod(a, s, p, o);
        if (cmp(o, t) != 0)
        {
            return 0;
        }
        a[0] = 5;
        for (i = 0; i<MAX; i++) o[i] = 0;
        expmod(a, s, p, o);
        if (cmp(o, t) != 0)
        {
            return 0;
        }
        a[0] = 7;
        for (i = 0; i<MAX; i++) o[i] = 0;
        expmod(a, s, p, o);
        if (cmp(o, t) != 0)
        {
            return 0;
        }
        return 1;
}
//检测两个大数是否互质
int coprime(int e[MAX], int s[MAX])
{
    int a[MAX], b[MAX], c[MAX], d[MAX], o[MAX], l[MAX];
    int i;
    for (i = 0; i<MAX; i++)
        l[i] = o[i] = c[i] = d[i] = 0;
    o[0] = 0; o[MAX - 1] = 1;
    l[0] = 1; l[MAX - 1] = 1;
    copy(e, b);
    copy(s, a);
    do
    {
        if (cmp(b, l) == 0)
        {
            return 1;
        }
        for (i = 0; i<MAX; i++)
            c[i] = 0;
        divt(a, b, d, c);
        copy(b, a);
        copy(c, b);
    } while (cmp(c, o) != 0);
    //printf("They are not coprime!\n")
    return 0;
}
//产生随机素数 p 和 q
```

```c
void prime_random(int * p, int * q)
{
    int i, k;
    time_t t;
    p[0] = 1;
    q[0] = 3;
    p[MAX - 1] = 10;                        //这里选择的随机产生的素数长度不大,只作为示范
    q[MAX - 1] = 11;
    do
    {
        t = time(NULL);
        srand((unsigned long)t);
        for (i = 1; i<p[MAX - 1] - 1; i++)
        {
            k = rand() % 10;
            p[i] = k;
        }
        k = rand() % 10;
        while (k == 0)
        {
            k = rand() % 10;
        }
        p[p[MAX - 1] - 1] = k;
    } while ((is_prime_san(p)) != 1);
    printf("素数 p 为: ");
    for (i = 0; i<p[MAX - 1]; i++)
    {
        printf("%d", p[p[MAX - 1] - i - 1]);
    }
    printf("\n\n");
    do
    {
        t = time(NULL);
        srand((unsigned long)t);
        for (i = 1; i<q[MAX - 1]; i++)
        {
            k = rand() % 10;
            q[i] = k;
        }
    } while ((is_prime_san(q)) != 1);
    printf("素数 q 为: ");
    for (i = 0; i<q[MAX - 1]; i++)
    {
        printf("%d", q[q[MAX - 1] - i - 1]);
    }
    printf("\n\n");
    return;
}
//产生与(p-1) * (q-1)互素的随机数
void erand(int e[MAX], int m[MAX])
{
    int i, k;
    time_t t;
```

```c
        e[MAX - 1] = 5;
        printf("随机产生一个与(p-1) * (q-1)互素的 e: ");
        do
        {
            t = time(NULL);
            srand((unsigned long)t);
            for (i = 0; i<e[MAX - 1] - 1; i++)
            {
                k = rand() % 10;
                e[i] = k;
            }
            while ((k = rand() % 10) == 0)
                k = rand() % 10;
            e[e[MAX - 1] - 1] = k;
        } while (coprime(e, m) != 1);
        for (i = 0; i<e[MAX - 1]; i++)
        {
            printf("%d", e[e[MAX - 1] - i - 1]);
        }
        printf("\n\n");
        return;
}
//根据上面的 p、q 和 e 计算密钥 d
void rsad(int e[MAX], int g[MAX], int * d)
{
        int r[MAX], n1[MAX], n2[MAX], k[MAX], w[MAX];
        int i, t[MAX], b1[MAX], b2[MAX], temp[MAX];
        copy(g, n1);
        copy(e, n2);
        for (i = 0; i<MAX; i++)
            k[i] = w[i] = r[i] = temp[i] = b1[i] = b2[i] = t[i] = 0;
        b1[MAX - 1] = 0; b1[0] = 0;
        b2[MAX - 1] = 1; b2[0] = 1;
        while (1)
        {
            for (i = 0; i<MAX; i++)
                k[i] = w[i] = 0;
            divt(n1, n2, k, w);
            for (i = 0; i<MAX; i++)
                temp[i] = 0;
            mul(k, n2, temp);
            for (i = 0; i<MAX; i++)
                r[i] = 0;
            sub(n1, temp, r);
            if ((r[MAX - 1] == 1) && (r[0] == 0))
            {
                break;
            }
            else
            {
                copy(n2, n1);
                copy(r, n2);
                copy(b2, t);
```

```c
                for (i = 0; i<MAX; i++)
                    temp[i] = 0;
                mul(k, b2, temp);
                for (i = 0; i<MAX; i++)
                    b2[i] = 0;
                sub(b1, temp, b2);
                copy(t, b1);
            }
        }
        for (i = 0; i<MAX; i++)
            t[i] = 0;
        add(b2, g, t);
        for (i = 0; i<MAX; i++)
            temp[i] = d[i] = 0;
        divt(t, g, temp, d);
        printf("由以上的(p-1) * (q-1)和e计算得出的d: ");
        for (i = 0; i<d[MAX - 1]; i++)
            printf("%d", d[d[MAX - 1] - i - 1]);
        printf("\n\n");
}
//求解密密钥d
unsigned long rsa(unsigned long p, unsigned long q, unsigned long e)
{
    unsigned long g, k, r, n1, n2, t;
    unsigned long b1 = 0, b2 = 1;
    g = (p - 1) * (q - 1);
    n1 = g;
    n2 = e;
    while (1)
    {
        k = n1 / n2;
        r = n1 - k * n2;
        if (r != 0)
        {
            n1 = n2;
            n2 = r;
            t = b2;
            b2 = b1 - k * b2;
            b1 = t;
        }
        else
        {
            break;
        }
    }
    return (g + b2) % g;
}
//加密和解密
void printbig(struct slink * h)
{
    struct slink * p;
    int i;
    p = (struct slink *)malloc(LEN);
```

```c
        p = h;
    if (h != NULL)
        do
        {
            for (i = 0; i<p->bignum[MAX - 1]; i++)
                printf("%d", p->bignum[p->bignum[MAX - 1] - i - 1]);
            p = p->next;
        }
    while (p != NULL);
        printf("\n\n");
}
struct slink * input(void)
{
    struct slink * head;
    struct slink * p1, * p2;
    int i, n, c, temp;
    char ch;
    n = 0;
    p1 = p2 = (struct slink *)malloc(LEN);
    head = NULL;
    printf("\n 请输入要加密的内容: \n");
    while ((ch = getchar()) != '\n')
    {
        i = 0;
        c = ch;
        if (c<0)
        {
            c = abs(c);
            p1->bignum[MAX - 2] = '0';
        }
        else
        {
            p1->bignum[MAX - 2] = '1';
        }
        while (c / 10 != 0)
        {
            temp = c % 10;
            c = c / 10;
            p1->bignum[i] = temp;
            i++;
        }
        p1->bignum[i] = c;
        p1->bignum[MAX - 1] = i + 1;
        n = n + 1;
        if (n == 1)
            head = p1;
        else p2->next = p1;
        p2 = p1;
        p1 = (struct slink *)malloc(LEN);
    }
    p2->next = NULL;
    return(head);
}
```

```c
//加密模块
struct slink * encode(int e[MAX], int n[MAX], struct slink * head)
{
    struct slink * p;
    struct slink * h;
    struct slink * p1, * p2;
    int m = 0, i;
    printf("\n");
    printf("加密后生成的密文内容:\n");
    p1 = p2 = (struct slink *)malloc(LEN);
    h = NULL;
    p = head;
    if (head != NULL)
        do
        {
            expmod(p->bignum, e, n, p1->bignum);
            for (i = 0; i<p1->bignum[MAX - 1]; i++)
            {
                printf("%d", p1->bignum[p1->bignum[MAX - 1] - 1 - i]);
            }
            m = m + 1;
            if (m == 1)
                h = p1;
            else p2->next = p1;
            p2 = p1;
            p1 = (struct slink *)malloc(LEN);
            p = p->next;
        } while (p != NULL);
    p2->next = NULL;
    p = h;
    printf("\n");
    return(h);
}
//解密模块
void decode(int d[MAX], int n[MAX], struct slink * h)
{
    int i, j, temp;
    struct slink * p, * p1;
    char ch[65535];
    p1 = (struct slink *)malloc(LEN);
    p = h;
    j = 0;
    if (h != NULL)
        do
        {
            for (i = 0; i<MAX; i++)
                p1->bignum[i] = 0;
            expmod(p->bignum, d, n, p1->bignum);
            temp = p1->bignum[0] + p1->bignum[1] * 10 + p1->bignum[2] * 100;
            if ((p1->bignum[MAX - 2]) == '0')
            {
                temp = 0 - temp;
            }
```

```c
            ch[j] = temp;
            j++;
            p = p->next;
        } while (p != NULL);
        printf("\n");
        printf("解密密文后生成的明文：\n");
        for (i = 0; i<j; i++)
            printf("%c", ch[i]);
        printf("\n");
        return;
}
//选择一种操作
void menu()
{
    printf("R--------产生密钥对\n");
    printf("T--------简单测试\n");
    printf("Q--------退出\n");
    printf("请选择一种操作：");
}
void main()
{
    int i;
    char c;
    int p[MAX], q[MAX], n[MAX], d[MAX], e[MAX], m[MAX], p1[MAX], q1[MAX];
    struct slink * head, * h1, * h2;
    for (i = 0; i<MAX; i++)
        m[i] = p[i] = q[i] = n[i] = d[i] = e[i] = 0;
    while (1)
    {
        menu();
        c = getchar();
        getchar();
        if ((c == 'R') || (c == 'r'))
        {
            for (i = 0; i<MAX; i++)
                m[i] = p[i] = q[i] = n[i] = d[i] = e[i] = 0;
            printf("\n\n随机密钥对产生如下：\n\n");
            prime_random(p, q);
            mul(p, q, n);
            printf("由 p、q 得出 n: ");
            print(n);
            copy(p, p1);
            p1[0]--;
            copy(q, q1);
            q1[0]--;
            mul(p1, q1, m);
            erand(e, m);
            rsad(e, m, d);
            printf("密钥对产生完成,现在可以直接进行加解密！\n");
            printf("\n按任意键返回主菜单……");
            getchar();
        }
        else if ((c == 'T') || (c == 't'))
```

```c
        {
            head = input();
            h1 = encode(e, n, head);
            decode(d, n, h1);
            printf("\nRSA 测试工作完成!\n");
            printf("\n 按任意键返回主菜单……");
            getchar();
        }
        else if ((c == 'Q') || (c == 'q'))
        {
            break;
        }
    }
}
```

附录 B 基于机器学习方法的 SQL 注入检测

SQL 注入是指攻击者利用 Web 网页对输入数据进行处理时存在的漏洞向数据库发起恶意请求。这种漏洞一般是对输入数据没有进行过滤处理或者处理规则不完善，将攻击者输入的恶意 SQL 语句或参数注入查询命令中并传给 Web 服务器，Web 程序执行被注入的 SQL 语句。当注入的 SQL 语句带有恶意性时，在数据库端的执行最终导致信息泄露或数据库系统被破坏。

由于 SQL 数据库在 Web 应用中的普遍性，使得 SQL 攻击在很多网站上都可以进行。并且这种攻击技术的难度不高，但攻击变换手段众多，危害性大，使得它成为网络安全中比较棘手的问题。

在第 5 章已经列举了范例，这里主要介绍应用机器学习的方法实现 SQL 注入检测，重点介绍阿里云的天池 AI 学习平台提供的基于 Jupyter 的在线交互实验环境，使用其配置的与机器学习和大数据处理相关的开发包实现数据的学习训练分类基础代码。对于 SQL 注入范例，可以在特征选择、特征工程、各种分类器对分类效果的影响、特征数量、数据非平衡性的影响等方面做进一步探索。

◆ B.1 SQL 注入的检测方法

在进行 SQL 注入的检测时，通常要对输入的内容进行校验，其中较为有效的是对请求数据格式或者内容进行规则处理。目前主要的检测方法如下。

1. 针对特定类型的检查

考虑到 SQL 注入是在特定的 Web 页面输入框中实现的，每个输入有其特定的格式要求，因此可以对页面变量的数据类型、数据长度、取值格式、取值范围等进行检查。例如，在 where id={$id}中，对于输入的 id 进行类型检查。只有当这些要求都通过检查之后，才把请求发送到数据库执行。这种方法能对有特定的数据格式的输入起到防止 SQL 注入的作用。但其局限性较大，对每个网页程序接口输入都进行格式判断的工作量较大，并且容易遗漏或不准确。

2. 对特定格式的检查

对于格式有明确要求的输入，如邮箱或者电话等，可以采用正则表达式过滤方法排除不符合要求的变量。正则表达式过滤的方法也可以过滤一些常见的注入。例如，对于"' or 1=1"之类的 SQL 注入，其匹配的正则表达式为('\s+)? or\s+[[:alnum:]]+\s*=\s*[[:alnum:]]+\s*(--)?，只要拒绝符合该正则表达式的输入即可达到防止 SQL 注入的目的。这种方法的优点是可以过滤已知的各种注入方法,但是不能过滤未知的注入。其缺点是会将符合过滤正则表达式的合法输入也过滤掉。例如,用户的博客中的某一句子带有"' or 1=1 --",那么该句子会被错误地过滤掉。

3. SQL 预编译的防御方法

SQL 预编译的基本思想是创建 SQL 语句模板,将参数值用"?"代替,例如"select from table where id=?",然后经过语法树分析和查询计划生成,缓存至数据库。这种方法不论输入内容包含什么,总是被当作字符串。这样,用户传入的参数只能被视为字符串用于查询,而不会被嵌入 SQL 语句中再去执行语法分析。一些 Web 框架,如 Hibernate、MyBatis 等,已经实现了参数化查询,是目前比较有效的防止 SQL 注入的方法。但是考虑到程序员的编程习惯、预编译对资源的占用以及所选择的框架等因素,仍存在需要采取字符串拼接生成 SQL 语句的场景。

4. 机器学习方法

机器学习方法把 SQL 注入检测看作一个二分类问题,从而按照机器学习的一般流程进行设计,主要环节包含训练数据收集与标注、特征提取、分类器选择与训练以及执行分类等。下面重点介绍这种方法。

◆ B.2　SQL 语句的特征提取

使用机器学习方法进行 SQL 注入的检测,首先需要解决 SQL 语句特征表示的问题。主要的方法有基于图论的方法、基于文本分析的方法等。

B.2.1　基于图论的方法

在文本分析、关键词提取、社交网络分析等应用中,利用图表示其中的特征是很常见的。SQL 语句具有文本特征,因此有文献提出基于图论的 SQL 语句特征提取方法。该方法把 SQL 查询建模成标记图,进而生成以标记为节点、以节点间的交互为带权边的图,利用该图实现 SQL 语句的转换和表示。

首先定义 SQL 语句中的标记(token),把 SQL 语句中的关键字、标识符、操作符、分隔符、变量以及其他符号都称为标记。这样,一个 SQL 查询,无论是真正的查询还是注入的查询,都是一个标记序列。检测的基本思路是:对这些查询的标记序列进行特征提取,然后在特征空间中构建识别注入查询的分类器模型。

本方法定义的部分标记及其规范化的符号如表 B-1 所示,其中包含用户定义的对象、SQL 关键字、字符类型、运算符和符号等。

表 B-1　本方法定义的部分标记及其规范化符号

标　　记	规范化符号	标　　记	规范化符号
整数	INT	SQL 关键字、函数	转换为大写
IP 地址	IPADDR	<	LT
十六进制数	HEX	>	GT

续表

标　记	规范化符号	标　记	规范化符号
系统表	SYSTBL	()	去除
用户表	USRTBL	,	CMMA
用户表中的字段	USRCOL		

对于一条 SQL 语句,按照表 B-1 给出的替换关系进行转换,同时对语句做以下特殊处理:

(1) 将匹配的括号对删除;对不能匹配的括号予以保留,并转换成标记。

(2) 空注释(只包含空白符的注释)可以删除,但非空注释必须保留。这是因为攻击者通常在注入代码中嵌入空注释(例如/**/OR/**/1/**/=/**/1),企图绕过检测。

以下是两个替换的例子:

```
select * from books where price 20.5 and discount 0.8
```

规范化为

```
SELECT STAR FROM USRTBL WHERE USRCOL GT DEC AND USRCOL LT DEC
select count(*),sum(amount) from orders order by sum(amount)
```

规范化为

```
SELECT COUNT STAR CMMA SUM USRCOL FROM USRTBL ORDER BY SUM USRCOL
```

最终构建出 686 个不同的标记。每个标记都被看作最终数据集中的一个属性(维度)。本方法定义了以下 3 种图:

(1) 标记图。是一个有权图 $G=(V,E,w)$,其中,V 中的每个顶点对应一个规范化序列中的标记,E 是边的集合,w 是一个定义边权重的函数。如果 t_i 和 t_j 在一个长度为 s(标记个数)的滑动窗口中同时出现,则称在标记 t_i 和 t_j 间有一条权重为 w_{ij} 的边。如果在该窗口滑动过程中 t_i 和 t_j 间又出现新的边,则它的权重要加上原有边的权重。

(2) 无向标记图。在无向标记图中,如果标记 t_i 和 t_j 间有一条边,那么它具有对称的权重 $w_{ij}=w_{ji}$。如果在同一个长度为 s 的滑动窗口中出现了 t_i 和 t_j,不进行权重累加。

(3) 有向标记图。在有向标记图中,当一个长度为 s 的窗口滑过时,如果 t_i 出现在 t_j 之前,则认为 $t_i \rightarrow t_j$ 形成一条权重为 w_{ij} 的有向边。有向边 $t_i \rightarrow t_j$ 和 $t_j \rightarrow t_i$ 的权重是分别计算的。对于有向标记图,在 SQL 语句中从左到右寻找标记并建立有向边。

计算含权图中两个节点间连接权重的两种加权方法如下:

(1) 在滑动窗口内,每个标签具有相同的权重。

(2) 在滑动窗口内,离得近的标签权重大,离得远的标签权重小。

以图 B-1 所示的两个 SQL 标记序列为例,图 B-1(a)采用的是均匀权重,图 B-1(b)采用的是距离权重。

标记图的示例如图 B-2 所示。每个顶点以一定的特征值表示,特征值应当反映顶点的

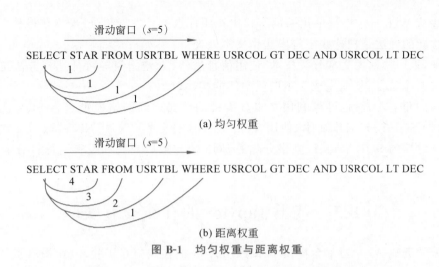

图 B-1　均匀权重与距离权重

重要性。可以选择的特征包括度数、紧密度等中心性度量，这些特征也经常用于衡量文本、社交关系中的重要性。但对于 SQL 注入而言，考虑到在 SQL 数据库上执行对服务器资源的消耗，可以选择计算量小的度量。

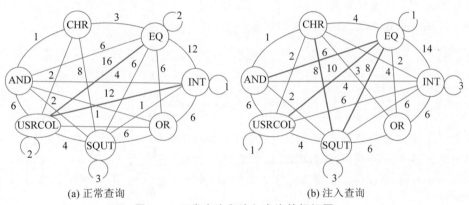

图 B-2　正常查询和注入查询的标记图

B.2.2　基于文本分析的方法

注入内容是一种文本信息，基本遵循 SQL 的语法，而非杂乱无章的内容。从这点来看，它与自然语言类似。因此，可以尝试按照自然语言文本分类的方式进行 SQL 注入的检测。

对 SQL 语句注入的请求信息进行切分。例如，对于以下 Web 日志：

```
--post-data
"Login= 'and'1'= '1~~~&Password= 'and'1' = '1~~~&ret_page= 'and'1' = '1~~~
&querystring= 'and'1' = '1~~~&FormAction=login&FormName=Login"
```

将其转换为

```
-post-data "Login= ' and '1'= '1~~~&Password= ' and '1'= '1~~~&ret_page= ' and '1'='1~~~&querystring= ' and '1'= '1~~~&FormAction=login&FormName=Login"
```

把这些从 Web 日志中提取出来的字符串按照标点符号进行切分,最终获得其中的词汇特征集。这样的做法是把这些字符串当作文本处理。

接下来,采用普通的文本分类技术,使用信息增益、方差阈值等特征选择方法选择有利于分类的前 k 个特征,从而完成文本向量空间的构建。

从文本的角度,当然也可以利用文本分类中的经典神经网络模型进行 SQL 注入的检测。例如,把 SQL 语句当作文本,使用 TextCNN 进行分类,TextCNN 的输入文本信息可以是标记化之后的 SQL 语句、以空格分隔的 SQL 语句或以空格和逻辑运算符分隔的 SQL 语句。

◆ B.3 基于 Jupyter 的在线交互实验

阿里云的天池 AI 学习平台提供了基于 Jupyter 的在线交互实验环境,提供了丰富的配套数据和计算资源。用户可以运用其设计的算法解决各类实际问题。这里利用它主要进行 SQL 注入检测编程实践。

数据集选自从某个网站收集的链接请求,只有 normal(正常)和 attack(攻击)两类,分别对应标签 0 和 1。该数据集共 480 条记录,有 SQL 注入记录 339 条和正常记录 141 条。以下两条记录分别是 SQL 注入样本和正常样本。

```
--post-data ""username=test' %20or%201=1 ~ ~ ~&password= ' ' ' ~ ~ ~"" http://endeavor.cc.gt.atl.ga.us:8080 checkers_current/servlet/processlogin
--post-data ""username=and&password=test"" http://endeavor.cc.gt.atl.ga.us:8080/ checkers_current /servlet/processlogin
```

基本任务是构建分类器完成 SQL 注入语句的检测,区分正常访问和含 SQL 注入攻击的网络请求。基本思路是对整个训练文本集进行切分,转换为 TF-IDF(Term-Frequency-Inverse Document Frequency,词频-逆文本频率)向量,然后使用各种分类器进行训练和测试。

(1) 数据处理部分:

```
train_data = pd.read_csv("train.txt" header = None sep = " ")
test_data = pd.read_csv("test.txt" header = None sep = " ")
train_data.dropna(inplace = True)                    #删除有缺失值的行
test_data.dropna(inplace = True)
```

(2) 文本-向量转换处理,使用 sklearn 提供的 TfidfVectorizer 完成向量表示。可以自行实现 word2vec 等更多方法。

```
x_train = list(train_data[0])
y_train = train_data[1]
x_test = list(test_data[0])
y_test = test_data[1]
vectorizer = TfidfVectorizer()
X = vectorizer.fit_transform(x_train + x_test)
point = len(x_train)
```

```
x_train = X[:point]
x_test = X[point:]
#查看特征空间
print "特征空间"
print(vectorizer.get_feature_names())
```

(3) 构建分类器,测试性能。可以利用神经网络模型等更多分类器进行测试。由于数据质量较高,采用支持向量机(SVM)分类器和决策树的 F1 值分别达到 0.9406 和 0.9914。

```
svm = SVC()
svm.fit(x_train y_train)
print('F1 svm % 4f' % f1_score(y_test,svm.predict( x_test)))
dt = tree.DecisionTreeClassifier()
dt.fit(x_train, y_train)
print('F1 Decision Tree % 4f' % f1_score (y_test, dt.predict( x_test)))
```

特征空间的部分维度如下:'delete_priv'、'drop_priv'、'exec'、'fieldname'、'file_priv'、'from'、'grant_priv'、'having'、'host'、'index_priv'、'information_schema'、'inner_join'、'insert'、'insert_priv'、'into'、'join'、'left'、'limit'、'master'、'mysql'、'or'、'outer'、'password'、'process_priv'、'references_priv'、'reload_priv'、'select'、'select_priv'、'set'、'show'、'shutdown_priv'、'string'、'tab'、'table'、'table_name'、'tablename'、'tables'、'top'、'union'。

可以看出,这里选出的特征都是 SQL 语句的常用词汇,因此用它们判断 SQL 注入是比较合适的。

参 考 文 献

[1] 冯登国,赵险峰. 信息安全技术概论[M]. 北京:电子工业出版社,2009.
[2] STINSON D R. 密码学原理与实践[M]. 冯登国,译. 3版. 北京:电子工业出版社,2009.
[3] 陈天洲,陈纯,谷小妮. 计算机安全策略[M]. 杭州:浙江大学出版社,2004.
[4] 杨义先,钮心忻. 网络安全理论与技术[M]. 北京:人民邮电出版社,2003.
[5] 朱海波,辛海涛,刘湛清. 信息安全与技术[M]. 2版. 北京:清华大学出版社,2019.
[6] 贺雪晨. 信息对抗与网络安全[M]. 2版. 北京:清华大学出版社,2010.
[7] 张雪峰. 信息安全概论[M]. 北京:人民邮电出版社,2013.
[8] 戴宗坤. 信息安全管理指南[M]. 重庆:重庆大学出版社,2008.
[9] 洪帆. 访问控制概论[M]. 武汉:华中科技大学出版社,2010.
[10] 雷吉成. 物联网安全技术[M]. 北京:电子工业出版社,2012.
[11] 桂小林. 物联网安全与隐私保护[M]. 北京:人民邮电出版社,2020.
[12] 陈永,池瑞楠,尹愿钧,等. 信息安全概论[M]. 北京:清华大学出版社,2021.
[13] 徐茂智,邹维. 信息安全概论[M]. 2版. 北京:北京邮电大学出版社,2020.
[14] 朱节中,姚永雷. 信息安全概论[M]. 北京:科学出版社,2016.
[15] 翁健. 区块链安全[M]. 北京:清华大学出版社,2020.
[16] 石瑞生. 大数据安全与隐私保护[M]. 北京:北京邮电大学出版社,2019.
[17] 李红娇,李晋国,李婧. 网络安全程序设计[M]. 北京:清华大学出版社,2017.
[18] 曾剑平. 人工智能安全[M]. 北京:清华大学出版社,2022.

图书资源支持

感谢您一直以来对清华版图书的支持和爱护。为了配合本书的使用,本书提供配套的资源,有需求的读者请扫描下方的"书圈"微信公众号二维码,在图书专区下载,也可以拨打电话或发送电子邮件咨询。

如果您在使用本书的过程中遇到了什么问题,或者有相关图书出版计划,也请您发邮件告诉我们,以便我们更好地为您服务。

我们的联系方式:

清华大学出版社计算机与信息分社网站:https://www.shuimushuhui.com/

地　　址:北京市海淀区双清路学研大厦 A 座 714

邮　　编:100084

电　　话:010-83470236　010-83470237

客服邮箱:2301891038@qq.com

QQ:2301891038(请写明您的单位和姓名)

资源下载: 关注公众号"书圈"下载配套资源。

资源下载、样书申请

书 圈

图书案例

清华计算机学堂

观看课程直播